中国当代小城镇规划建设管理丛书（第二版）

小城镇防灾与减灾

汤铭潭　编著

中国建筑工业出版社

图书在版编目(CIP)数据

小城镇防灾与减灾/汤铭潭编著. —2版. —北京：中国建筑工业出版社，2014.2
中国当代小城镇规划建设管理丛书（第二版）
ISBN 978-7-112-16067-9

Ⅰ.①小…　Ⅱ.①汤…　Ⅲ.①小城镇-防灾②小城镇-减灾　Ⅳ.①X4

中国版本图书馆CIP数据核字(2013)第261334号

我国是世界上遭受自然灾害最为严重的国家之一，小城镇在国家防灾减灾工作中有不可或缺的重要地位。

本书以地震、火灾、洪涝灾害、风灾、地质灾害等主要灾害防治为主线，系统全面论述小城镇不同灾害的成因、评估、防灾用地评价、设防区划与设防标准、设施布局与防灾对策、专项防治与综合防治、监测预警与应急救援、防灾管理体系与机制建设以及灾后重建防灾减灾与试点案例示范分析。本书基于编者负责完成与合作完成的国家"十五""十一五"相关防灾标准、应急预案、试点示范等课题研究与长期的规划实践，突出相关理论研究和实践应用知识的系统性、先进性与实用性。

本书可作为从事城镇防灾与安全及城乡规划建设管理与研究的技术人员、城镇（乡）领导与其他行政管理人员使用，也可作为大专院校师生的参考用书。

责任编辑：胡明安　姚荣华
责任设计：李志立
责任校对：姜小莲　党　蕾

中国当代小城镇规划建设管理丛书（第二版）
小城镇防灾与减灾
汤铭潭　编著

*

中国建筑工业出版社出版、发行（北京西郊百万庄）
各地新华书店、建筑书店经销
北京科地亚盟排版公司制版
北京建筑工业印刷厂印刷

*

开本：787×1092毫米　1/16　印张：17½　插页：12　字数：470千字
2014年4月第一版　2014年4月第一次印刷
定价：**70.00**元
ISBN 978-7-112-16067-9
(24826)

中国当代小城镇规划建设管理丛书

序　一

从历史的长河看，城市总是由小到大的。从世界的城市看，既有荷兰那样的中小城市为主的国家；也有墨西哥那样人口偏集于大城市的国家；当然也有像德国等大、中、小城市比较均匀分布的国家。从我国的国情看，城市发展的历史久矣，今后多发展些大城市、还是多发展些中城市、抑或小城市，虽有不同主张，但从现实的眼光看，由于自然特点、资源条件和历史基础，小城市在中国是不可能消失的，大概总会有一定的比例，在有些地区还可能有相当的比例。所以，走小城市（镇）与大、中城市协调发展的中国特色的城镇化道路是比较实际和大家所能接受的。

《中共中央关于制定国民经济和社会发展第十个五年计划的建议》提出："要积极稳妥地推进城镇化"，"发展小城镇是推进城镇化的重要途径"，"发展小城镇是带动农村经济和社会发展的一个大战略"。应该讲是正确和全面的。

当前我国小城镇正处在快速发展时期，小城镇建设取得了较大成绩，不用说在沿海发达地区的小城镇普遍地繁荣昌盛，即使是西部、东北部地区的小城镇也有了相当的建设，有一些看起来还是很不错的。但确实也还有一些小城镇经济不景气、发展很困难，暴露出不少不容忽视的问题。

党的"十五大"提出要搞好小城镇规划建设以来，小城镇规划建设问题受到各级人民政府和社会各方面的前所未有的重视。如何按中央提出的城乡统筹和科学发展观指导、解决当前小城镇面临亟须解决的问题，是我们城乡规划界面临需要完成的重要任务之一。小城镇的规划建设问题，不仅涉及社会经济方面的一些理论问题，还涉及规划标准、政策法规、城镇和用地布局、生态、人居环境、产业结构、基础设施、公共设施、防灾减灾、规划编制与规划管理以及规划实施监督等方方面面。

从总体上看，我国小城镇规划研究的基础还比较薄弱。近年来虽然列了一些小城镇的研究课题，有了一些研究成果，但总的来看还是不够的。特别是成果的出版发行还很不够。中国建筑工业出版社在2004年重点推出中国当代小城镇规划建设管理这套大型丛书，无疑是一件很有意义的工作。

这套丛书由我国高校和国家城市规划设计科研机构的一批专家、教授共同编写。在大量调查分析和借鉴国外小城镇建设经验的基础上，针对我国各类不同小城镇规划建设的实际应用，论述我国小城镇规划、建设与管理的理论、方法和实践，内容是比较丰富的。反映了近年来中国城市规划设计研究院、清华大学、北京大学、浙江大学、华中科技大学等科研和教学研究最新成果。也是我国产、学、研结合，及时将科研教研成果转化为生产力，繁荣学术与经济的又一成功尝试。虽然丛书中有的概念和提法尚不够严谨，有待进一步商榷、研究与完善，但总的来说，仍不失为一套适用的技术指导参考丛书。可以相信这套丛书的出版对于我国小城镇健康、快速、可持续发展，将起到很好的作用。

中国科学院院士
中国工程院院士
中国城市科学研究会理事长
周干峙

序　二

我国的小城镇，到2003年年底，根据统计有20300个。如果加上一部分较大的乡镇，数量就更多了。在这些小城镇中，居住着1亿多城镇人口，主要集中在镇区。因此，它们是我国城镇体系中一个重要的组成部分。小城镇多数处在大中城市和农村交错的地区，与农村、农业和农民存在着密切的联系。在当前以至今后中国城镇化快速发展的历史时期内，小城镇将发挥吸纳农村富余劳动力和农户迁移的重要作用，为解决我国的"三农"问题作出贡献。近年来，大量农村富余劳动力流向沿海大城市打工，形成一股"大潮"。但多数打工农民并没有"定居"大城市。原因之一是：大城市的"门槛"过高。因此，有的农民工虽往返打工10余年而不定居，他们从大城市挣了钱，开了眼界，学了技术和知识，回家乡买房创业，以图发展。小城镇，是这部分农民长居久安，施展才能的理想基地。有的人从小城镇得到了发展，再打回大城市。这是一幅城乡"交流"的图景。其实，小城镇的发展潜力和模式是多种多样的。上面说的仅仅是其中一种形式而已。

中央提出包括城乡统筹在内的"五个统筹"和可持续发展的科学发展观，对我国小城镇的发展将会产生新的观念和推动力。在小城镇的经济社会得到进一步发展的基础上，城镇规划、设计、建设、环境保护、建设管理等都将提到重要的议事日程上来。2003年，国家重要科研成果《小城镇规划标准研究》已正式出版。现在将要陆续出版的《中国当代小城镇规划建设管理丛书》（以下简称《丛书》）则是另一部适应小城镇发展建设需要的大型书籍。《丛书》内容包括小城镇发展建设概论、规划的编制理论与方法、基础设施工程规划、城市设计、建筑设计、生态环境规划、规划建设科学管理等。由有关的科研院所、高等院校的专家、教授撰写。

小城镇的规划、建设、管理与大、中城市虽有共性的一面，但是由于城镇的职能、发展的动力机制、规模的大小、居住生活方式的差异，以及管理运作模式等很多方面的不同，而具有其自身的特点和某些特有的规律。现在所谓"千城一面"的问题中就包含着大中小城市和小城镇"一个样"的缺点。这套《丛书》结合小城镇的特点，全面涉及其建设、规划、设计、管理等多个方面，可以为从事小城镇发展建设的领导者、管理者和广大科技人员提供重要的参考。

希望中国的小城镇发展迎来新的春天。

中国工程院院士
中国城市规划学会副理事长
原中国城市规划设计研究院院长
邹德慈

丛书前言

两年前，中国城市规划设计研究院等单位完成了科技部下达的《小城镇规划标准研究》课题，通过了科技部和住房和城乡建设部组织的专家验收和鉴定。为了落实两部应尽快宣传推广的意见，其成果及时由中国建筑工业出版社出版发行。同时，为了适应新的形势，进一步做好小城镇的规划建设管理工作，中国建筑工业出版社提出并与中国城市规划设计研究院共同负责策划、组织这套《中国当代小城镇规划建设管理丛书》的编写工作，经过两年多的努力，这套丛书现在终于陆续与大家见面了。

一

对于小城镇概念，目前尚无统一的定义。不同的国度、不同的区域、不同的历史时期、不同的学科和不同的工作角度，会有不同的理解。也应当允许有不同的理解，不必也不可能强求一律。仅从城乡划分的角度看，目前至少有七八种说法。就中国的现实而言，小城镇一般是介于设市城市与农村居民点之间的过渡型居民点；其基本主体是建制镇；也可视需要适当上下延伸（上至 20 万人口以下的设市城市，下至集镇）。新中国成立以来，特别是改革开放以来，我国小城镇和所有城镇一样，有了长足的发展。据统计，1978 年，全国设市城市只有 191 个，建制镇 2173 个，市镇人口比重只有 12.50%。2002 年底，全国设市城市达 660 个，其中人口在 20 万以下设市城市有 325 个。建制镇数量达到 20021 个（其中县城关镇 1646 个，县城关镇以外的建制镇 18375 个）；集镇 22612 个。建制镇人口 13663.56 万人（不含县城关镇），其中非农业人口 6008.13 万人；集镇人口 5174.21 万人，其中非农业人口 1401.50 万人。建制镇的现状用地面积 2032391hm^2（不含县城关镇），集镇的现状用地面积 79144hm^2。

党和国家历来十分重视农业和农村工作，十分重视小城镇发展。特别是党的“十五”大以来，国家为此召开了许多会议，颁发过许多文件，党和国家领导人作过许多重要讲话，提出了一系列重要方针、原则和新的要求。主要有：

——发展小城镇，是带动农村经济和社会发展的一个大战略，必须充分认识发展小城镇的重大战略意义；

——发展小城镇，要贯彻既要积极又要稳妥的方针，循序渐进，防止一哄而起；

——发展小城镇，必须遵循“尊重规律、循序渐进；因地制宜、科学规划；深化改革、创新机制；统筹兼顾、协调发展”的原则；

——发展小城镇的目标，力争经过 10 年左右的努力，将一部分基础较好的小城镇建设成为规模适度、规划科学、功能健全、环境整洁、具有较强辐射能力的农村区域性经济文化中心，其中少数具备条件的小城镇要发展成为带动能力更强的小城市，使全国城镇化水平有一个明显的提高；

——现阶段小城镇发展的重点是县城和少数有基础、有潜力的建制镇；

——大力发展乡镇企业，繁荣小城镇经济、吸纳农村剩余劳动力；乡镇企业要合理布局，逐步向小城镇和工业小区集中；

——编制小城镇规划，要注重经济社会和环境的全面发展，合理确定人口规模与用地规模，既要坚持建设标准，又要防止贪大求洋和乱铺摊子；

——编制小城镇规划，要严格执行有关法律法规，切实做好与土地利用总体规划以及交通网络、环境保护、社会发展等各方面规划的衔接和协调；

——编制小城镇规划，要做到集约用地和保护耕地，要通过改造旧镇区，积极开展迁村并点，土地整理，开发利用基地和废弃地，解决小城镇的建设用地，防止乱占耕地；

——小城镇规划的调整要按法定程序办理；

——要重视完善小城镇的基础设施建设，国家和地方各级政府要在基础设施、公用设施和公益事业建设上给予支持；

——小城镇建设要各具特色，切忌千篇一律，要注意保护文物古迹和文化自然景观；

——要制定促进小城镇发展的投资政策、土地政策和户籍政策。

……

上述这些方针政策对做好小城镇的规划建设管理工作有着十分重要的现实意义。

在新的历史时期，小城镇已经成为农村经济和社会进步的重要载体，成为带动一定区域农村经济社会发展的中心。乡镇企业的崛起和迅速发展，农、工、商等各业并举和繁荣，形成了农村新的产业格局。大批农民走进小城镇务工经商，推动了小城镇的发展，促进了人流、物流、信息流向小城镇的集聚，带动了小城镇各项基础设施的建设，改善了小城镇生产、生活和投资环境。

发展小城镇，是从中国的国情出发，借鉴国外城市化发展趋势作出的战略选择。发展小城镇，对带动农村经济，推动社会进步，促进城乡与大中小城镇协调发展都具有重要的现实意义和深远的历史意义。

二

在我国的经济与社会发展中，小城镇越来越发挥着重要作用。但是，小城镇在规划建设管理中还存在着一些值得注意的问题。主要是：

(1) 城镇体系结构不够完善。从市域、县域角度看，不少地方小城镇经济发展的水平不高，层次较低，辐射功能薄弱。不同规模等级小城镇之间纵向分工不明确，职能雷同，缺乏联系，缺少特色。在空间结构方面，由于缺乏统一规划，或规划后缺乏应有的管理体制和机制，区域内重要的交通、能源、水利等基础设施和公共服务设施缺乏有序联系和协调，有的地方则重复建设，造成浪费。

(2) 城镇规模偏小。据统计，全国建制镇（不含县城关镇）平均人口规模不足1万人，西部地区不足5000人。在县城以外的建制镇中，镇区人口规模在0.3～0.6万人等级的小城镇占多数，其次为0.6～1.0万人，再次为0.3万人以下。以浙江省为例，全省城镇人口规模在1万人以下的建制镇占80%，0.5万人以下的占50%以上。从用地规模看，据国家体改委小城镇课题组对18个省市1035个建制镇（含县城关镇）的随机抽样调查表明，建成区平均面积为176hm^2，占镇域总面积的2.77%，平均人均占有土地面积为108m^2。

（3）缺乏科学的规划设计和规划管理。首先是认识片面，在规划指导思想上出现偏差。对“推进城市化”、“高起点”、“高标准”、“超前性”等缺乏全面准确的理解。从全局看，这些提法无可非议。但是不同地区、不同类型、不同层次、不同水平的小城镇发展基础和发展条件千差万别，如何“推进”、如何“发展”、如何“超前”，“起点”高到什么程度，不应一个模式、一个标准。由于存在认识上的问题，有的地方对城镇规划提出要“五十年不落后”的要求，甚至提出“拉大架子、膨胀规模”的口号。在学习外国、外地的经验时往往不顾国情、市情、县情、镇情，盲目照抄照搬。建大广场、大马路、大建筑，搞不切实际的形象工程，占地过多，标准过高，规模过大，求变过急，造成资金的大量浪费，与现有人口规模和经济发展水平极不适应。

针对小城镇规划建设管理工作存在的问题，当前和今后一个时期，应当牢固树立全面协调和可持续的科学发展观，将城乡发展、区域发展、经济社会发展、人与自然和谐发展与国内发展和对外开放统筹起来，使我国的大、中、小城镇协调发展。以国家的方针政策为指引，以推动农村全面建设小康社会为中心，以解决“三农”问题服务为目标，充分运用市场机制，加快重点镇和城郊小城镇的建设与发展，全面提高小城镇规划建设管理总体水平。要突出小城镇发展的重点，积极引导农村富余劳动力、富裕农民和非农产业加快向重点镇、中心镇聚集；要注意保护资源和生态环境，特别是要把合理用地、节约用地、保护耕地置于首位；要不断满足小城镇广大居民的需要，为他们提供安全、方便、舒适、优美的人居环境；要坚持以制度创新为动力，逐步建立健全小城镇规划建设管理的各项制度，提高小城镇建设工作的规范化、制度化水平；要坚持因地制宜，量力而行，从实际需要出发，尊重客观发展规律，尊重各地对小城镇发展模式的不同探索，科学规划，合理布局，量力而行，逐步实施。

三

近年来，小城镇的规划建设管理工作面临新形势，出现了许多新情况和新问题。如何把小城镇规划好、建设好、管理好，是摆在我们面前的一个重要课题。许多大专院校、科研设计单位对此进行了大量的理论探讨和设计实践活动。这套丛书正是在这样的背景下编制完成的。

这套《丛书》由丛书主编负责提出丛书各卷编写大纲和编写要求，组织与协调全过程编写，并由中国城市规划设计研究院、浙江大学、清华大学、华中科技大学、沈阳建筑大学、北京大学、广东省建设厅、广东省城市发展研究中心、广东省城乡规划设计研究院、中山大学、辽宁省城乡规划设计研究院、广州市城市规划勘察设计研究院等单位长期从事城镇规划设计、教学和科研工作，具有丰富的理论与实践经验的教授、专家撰写。由丛书编审委员会负责集中编审，如果没有他们崇高的敬业精神和强烈的责任感，没有他们不计报酬的品德和付出的辛勤劳动，没有他们的经验、理论和社会实践，就不会有这套《丛书》的出版。

这套《丛书》从历史与现实、中国与外国、理论与实践、传统与现代、建设与保护、法规与创新的角度，对小城镇的发展、规划编制、基础设施、城市设计、住区与公建设计、生态环境以及小城镇规划管理方面进行了全面系统的论述，有理论、有观点、有方法、有案例，深入浅出，内容丰富，资料翔实，图文并茂，可供小城镇研究人员、不同专业设计人员、管理人员以及大专院校相关专业师生参阅。

这套《丛书》的各卷之间既相互联系又相对独立，不强求统一。由于角度不同，在论述上个别地方多少有些差异和重复。由于条件的局限和作者学科的局限，有些地方不够全面、不够深入，有些提法还值得商榷，欢迎广大读者和同行朋友们批评指正。但不管怎么说，这套《丛书》能够出版发行，本身是一件好事，值得庆幸。值此谨向丛书编审委员会表示深深的谢意，向中国建筑工业出版社的张惠珍副总编和王跃、姚荣华、胡明安三位编审表示深深的谢意，向关心、支持和帮助过这套《丛书》的专家、领导表示深深的谢意。

中国城市规划设计研究院副院长

刘仁根

前　言

我国地域辽阔，地形复杂，是世界上遭受自然灾害最为严重的国家之一，各种自然灾害发生的频度大、强度高。我国的自然灾害学家预测，从21世纪开始，宇宙天体运动会进入一个新的变异时期，这种变异必然对地球产生较大影响。由此，地震、火山、洪水、山崩、滑坡、泥石流乃至大气层都将十分活跃，会使自然灾害日趋严重。我国经济发展迅速，但另一方面，多年来对自然资源的盲目过度开发，致使生态环境遭受严重破坏，生态失去平衡，自然灾害加剧，而城市特别是村镇建设防御自然灾害能力薄弱，结果就是每次重大自然灾害的发生都要给生命和财产带来巨大损失，并使生态环境进一步恶化。据不完全统计，我国自然灾害造成的直接经济损失，一般年份高达500亿～600亿元，仅对城镇建设造成的直接经济损失就约在300亿～400亿元，而造成的间接经济损失和社会问题则难以估计。

20世纪90年代以来，我国小城镇发展很快，小城镇数量大、分布面广，许多易发地质灾害更集中分布在小城镇和乡村范围，而小城镇建设规模扩大，建设环境日趋复杂，各种危险因素日益增多，以及资源、土地的过度开发和各种工程活动规模的日趋增大，对地质环境干扰破坏严重，又增加了地震、风灾、洪灾、火灾及其他地质灾害等的发生机会，于是小城镇防御与抵抗灾害能力更加薄弱，各种自然灾害造成的破坏更为严重。

以1998年我国长江、嫩江及松花江流域发生的特大洪灾为例，给受灾地区的村镇造成的重大损失就使几千万人无家可归，造成这次洪灾的原因除了多次集中的强降雨，特大暴雨致使江河超过历史最高洪水位，森林滥伐，水土流失严重，江河湖泊淤积，水利设施老化，不合理围垦建设导致生态环境恶化外，同时也暴露出现有村镇建设存在的不少问题。如规划不合理或没有规划，建设选址不当，基础设施简陋，住宅结构不合理，建筑质量差，防洪抗灾力低等。这些问题加重灾害造成的损失。2008年“5·12”汶川特大地震及以后玉树、芦山接二连三的地震灾害，造成受灾地区以县城、镇乡为主的重大人员伤亡、经济损失、生态环境破坏及社会问题，2013年7月，50年一遇特大暴雨引发洪灾、山体滑坡、泥石流地质灾害，再次袭击包括汶川、芦山灾区在内的四川盆地西部大部地区，造成的灾害同样集中暴露了小城镇防灾减灾的诸多薄弱环节和亟待解决的防灾减灾规划、标准、设施、管理与应急体制、机制等等问题，突显小城镇防灾减灾的重要性，以及在国家防灾减灾工作中的不可或缺地位。

小城镇防灾减灾及规划的编制，依据灾害分布和易发灾种灾害评估，一是需要考虑相关区域、流域整体层面的防灾减灾要求，二是要着重考虑镇、乡、村本身的防灾减灾对策与措施。我国小城镇规划及其防灾减灾研究起步晚，基础薄弱，远跟不上小城镇发展的要求。据此，近些年国家一直加大小城镇规划及包括防灾在内的相关技术标准研究的科研力度。本书基于编者负责“九五”、“十五”、“十一五”多个国家小城镇规划及防灾相关标准、应急预案等相关课题研究成果和长期从事城乡规划防灾减灾规划实践的总结；编写完稿还受益于编者负责前述标准编制及参与其他若干相关综合防灾标准评审过程中对不同防灾与安全专项跨学科、跨专业的综合研究。

本书以地震、火灾、洪涝灾害、风灾、地质灾害等5种小城镇主要易发灾害防治为主线，比较系统、全面地论述不同灾害的成因、评估与预警、防御与抗灾、救灾与减灾、专项防治与综合防治、相关标准，以及灾后重建防灾减灾与相关规划案例借鉴。全书分9章。第1章小城镇防灾减灾相关概述。内容包括灾害的定义、分类与特点，自然灾害与社会综合防灾趋势分析，以及防灾与安全综合规划、防灾减灾管理体系构建与机制建设；同时，勾勒出小城镇综合防灾减灾主线，并附加名词术语与国家相关应急预案，便于读者对本章与全书内容深入理解。第2章小城镇气象灾害防灾减灾。重点是暴雨及引发的洪涝灾害与风灾防灾减灾。第3章小城镇工程地质灾害防灾减灾。内容包括泥石流、崩塌、滑坡等地质灾害的成因与灾害相关性、灾害调查、危害性评估与预报、灾害区划、地质评价、抗地质灾害用地布局及其他抗灾对策与措施，突出抗地质灾害规划相关要求。第4章小城镇地震灾害防灾减灾。内容包括地震类型、震级与烈度、地震区划及抗震防灾规划，重点突出设防区划、标准、抗震用地评价、抗震设施布局、抗震防灾对策与措施以及应急管理与应急救援。第5章小城镇火灾防灾减灾。内容包括火灾分类与成因、消防规划、森林防火与草原防火，突出镇乡消防规划要求与镇域，其他火灾风险管理与防火对策。第6章小城镇综合防灾与减灾。内容包括规划内容与基本要求、用地综合防灾适宜性、防灾布局与工程设施，以及应急保障体系，在专项防灾综合基础上，突出小城镇从单向防灾规划管理向综合防灾规划管理的转变。第7章小城镇防灾减灾工程规划标准（建议稿）。也是对前述小城镇防灾减灾规划要求做一标准高度的概括。第8章小城镇灾后重建防灾减灾。内容突出灾区灾后恢复重建的总体布局与规划选址以及防灾减灾体系。第9章小城镇防灾减灾及相关规划案例示范分析。突出第7章、第8章相关的主要示范案例分析。

本书由汤铭潭教授完成主要编写。参加本书部分内容编写及相关防灾标准、应急预案、小城镇规划及相关技术应用示范课题基础研究的专家主要有：马冬辉、苏经宇教授（北京工业大学）、冯国会、刘亚臣、蒋白懿、王庆力教授（沈阳建筑大学）李永洁教授级高级规划师、黄高辉高级规划师（广东省城乡规划设计研究院）、张全副教授（华南理工大学）、王忠杰、陈新高级规划师（中国城市规划设计研究院）。本书编写同时参考与引用相关文献、案例及其他合作研究成果，在此一并致谢！

限于编者水平与视野，书中错漏在所难免，期盼读者指正。

编　者

目　录

第1章 小城镇防灾减灾相关概述

1.1 灾害的定义与分类

灾害是指对人类生命财产和生存条件造成危害的各类事件。

灾害源于天体、地球、生物圈等方面及人类自身的失误、破坏，形成超越本地区防护力量的大量人员和物质毁损。也就是说，灾害发生原因主要是自然变异和人为影响。基于以上分析，灾害形式可分为自然态灾害和人为态灾害。

自然灾害以自然变异为主因，对人类的生命、财产以及赖以生存的资源和环境造成灾难性的危害，并表现为自然态的灾害。

自然灾害主要包括：

(1) 气象灾害。

(2) 地质灾害。

(3) 地震灾害。

人为灾害是以人为影响为主因产生的而且表现为人为态的灾害。人为灾害主要有以下方面灾害：

(1) 中毒、火灾、爆炸、污染灾害。

(2) 工程事故灾害。

(3) 战争灾害。

从灾害发生的相关性与连发性区分，灾害还可分为一次灾害与二次灾害。一次灾害即原发灾害，二次灾害即连发、衍生灾害。

1.2 各类灾害规律与特点

我国地域辽阔，跨越热带、亚热带、温带和寒带，地表组成物质多样，地质构造复杂，东临大洋，西踞高原，生态环境与气象多变，又由于一些城镇防灾减灾资源的投入滞后于工农各业发展与城市化进程，存在多种灾害源和灾害隐患，每年都有多种自然灾害与人为灾害发生，对多种灾害综合研究的结果表明，我国的灾害主要有如下规律与特点：

1.2.1 多发性、灾害种类多、出现频次高、成灾因素复杂

地质灾害、气象灾害、环境灾害、火灾、海洋灾害、生物灾害以及交通事故、工业安全事故等多种灾害频发。特别是地震灾害、洪涝灾害、干旱、风暴潮、火灾、交通事故、工业安全事故等灾害发生频次较高。严重缺水、环境灾害也威胁着一些城市的可持续发展。成灾既有自然因素，又有人为因素。由于这两种因素的综合作用，灾害类型、规模、

发生频次、严重程度、复杂性与破坏力有增加的趋势，而且出现并发、连发性灾害。

我国小城镇量大面广。小城镇的镇域、乡域分布于整个农村地域，工程地质复杂而多样。多种工程地质灾害多分布在镇域与乡域。因此，一般而言，镇（乡）（含镇域、乡域）较城市灾害更具多发性。以四川会东县为例，县域地质灾害主要有滑坡、泥石流、岩崩、崩塌、塌陷等，已查明县域上述工程地质灾害共 17 处，灾害危险点分布主要在镇（乡）域。又如 2013 年 7 月上中旬强降雨连日袭击四川盆地大部地区，暴雨引发洪涝灾害造成 14 个市州的 64 个县不同程度受灾，受灾人口 145.3 万人，都江堰市中兴镇三溪村发生大型高位山体滑坡，滑坡规模 150 万立方米，汶川、芦山地震灾区多个乡镇交通、通信、供电中断，同时什邡、绵竹等地暴雨也引发多处山体塌方、泥石流灾害。

1.2.2　分布地域广、季节性和地域性强

我国的自然灾害在气圈、水圈、岩石圈、生物圈都有比较广泛的分布。32.5%的国土处于地震烈度 7 度及其以上地区，滑坡、泥石流威胁着 70 多个城市；气象灾害中常见的旱灾不仅发生在北方，连东南沿海、华东、西南地区也时有发生；分布在中、东部的大江大河平均 3 年发生 1 次大的洪涝灾害；沿海城镇经常受到风暴潮的袭击；火灾、交通事故、工业安全事故以及环境污染造成的灾害分布范围更广。许多自然灾害具有季节性与地域特性，例如：洪涝灾害主要集中在夏季和秋季，干旱多发在春季和秋季，冬季和春季可能发生森林火灾和草原火灾，暴雪则发生在冬季；地震主要发生在我国西南、西北和华北地区，干旱、沙尘暴、严重缺水主要分布在西北和华北地区，洪涝灾害主要发生在沿大江大河的地域，森林与草原大火主要发生在东北和内蒙古自治区。

1.2.3　突发性、相关性与高度扩张性

许多灾害，特别是地震灾害，在人类控制灾害的科学技术水平尚未达到相当高度的情况下，难以预测，因而存在较大随机性，具有突发性，突发性是城镇灾害的主要特点。

灾害一般具有相关性、复合性、次生性、群发性，形成并发、连发现象。地震灾害伴生山崩、滑坡、塌陷、海啸、地裂缝、砂土液化以及城市生命线系统瘫痪，甚至导致瘟疫蔓延；洪涝灾害并发或连发滑坡、泥石流、水荒；煤气泄漏与火灾、爆炸，干旱与沙漠化、沙尘暴、严重缺水，多种灾害与瘟病流行，环境污染与疾病发生，气象灾害与交通事故等都存在并发、连发的关系。灾害并发与连发不仅加重灾区的经济损失与人员伤亡，也给防灾减灾带来更大的困难。

同时灾害具有高度扩张性，甚至局部小灾害若得不到及时控制，也有可能会发展成大范围灾害，形成“多米诺骨牌”效应。

1.2.4　高损失性、灾害危害加剧、损失惨重

城镇是人口、建筑物、财富高度集中的地区。随着城市化进程加快与城市经济的快速发展，城市数量、规模与经济实力不断增加，城市在国民经济中的地位越来越重要。因此，城镇一旦发生严重灾害，一般都会造成惨重的经济损失与人员伤亡。1995 年日本阪神地震的直接经济损失高达 1000 亿美元，是 20 世纪经济损失最严重的自然灾害。

小城镇是县（市）及其一定范围农村地区的经济、政治、文化中心，小城镇人口、产

业、建筑相对集中，规模相对较大，灾害造成的损失明显高于农村地区；另一方面小城镇规模虽远比不上大中城市，但由于其分布广，防灾标准与基础落后，往往比城市更容易遭受多种灾害破坏。

1.2.5 一些人为灾害日趋严重

由于灾害管理法规不健全或有法不依、违规违章操作或作业，管理、防护措施不力，缺少强有力的防灾减灾措施，现代管理手段落后以及缺乏经验等原因，火灾与爆炸、交通事故、工业安全事故、公共场所事故、建筑事故、医疗事故、环境污染事故、中毒事件、流行病、城市灾害以及高新技术事故等人为灾害有日益严重趋势。目前在所有灾害中，人为因素造成的灾害大约占全部灾因的80%左右。

除上述特性外，灾害还具有综合性与社会性等特点。

1.3 防灾减灾相关分析

1.3.1 防灾减灾重要性

我国是世界上遭受自然灾害最为严重的国家之一，各种自然灾害发生的频度大、强度高。多年来，对自然资源的过度开发，致使生态环境遭受破坏，造成城市和村镇建设防御自然灾害的能力相对薄弱，结果就是每次重大自然灾害的发生都要给生命和财产带来巨大损失，并使生态环境进一步恶化。据不完全统计，我国自然灾害造成的直接经济损失，一般年份高达500亿～600亿元，仅对城镇建设造成的直接经济损失就在300亿～400亿元，而造成的间接经济损失和社会问题则难以估计。

我国的自然灾害学家预测，从21世纪开始，宇宙天体运动会进入一个新的变异时期，这种变异必然对地球产生较大影响。因此，地震、火山、洪水、山崩、滑坡、泥石流乃至大气层将十分活跃，会使自然灾害日趋严重。我国工农业生产发展迅速，建设中存在不少问题，许多盲目的开发导致生态失去平衡，自然灾害加剧。在各种自然灾害中，尤以洪涝、地震、火灾、风灾和各种地质灾害（滑坡、山崩、泥石流等）对小城镇建设环境威胁最大。为此，应针对我国小城镇易发并致灾的洪涝、地震、火灾、风灾和地质破坏5大灾种，根据不同地区不同小城镇实际情况，因地制宜，制定合理的设防标准，搞好小城镇防灾减灾工程规划，提高其综合防灾能力，这对保护人民生命财产、保障社会经济发展具有重要长远意义。

同时，随着我国经济的发展，小城镇的数量增加，人口密度增大，建设规模扩大，建设环境日趋复杂，以至于小城镇的生产活动和居民生活对基础设施的依赖程度愈来愈大。小城镇中的各种危险因素日益增多，以及资源、土地的过度开发和各种工程活动规模的日趋增大，对地质环境干扰破坏严重，增加了地震、风灾、洪灾、火灾及地质灾害等发生机会。结合我国小城镇建设的现状和发展要求以及所面临的灾害形势，参照近期各国在城市建设中防御自然灾害的经验教训，研究小城镇各种自然灾害的防治措施，制定区域综合防御体系，健全小城镇灾害综合防治措施，对于减轻我国小城镇灾害损失，保障生命财产安全和社会可持续发展是十分必要的，也具有重要现实意义。

1.3.2　易发主要灾害相关分析

地震灾害、风灾、洪涝灾害、火灾及地质灾害是小城镇通常5大主要灾害，也是小城镇防灾减灾主要方面。

1.3.2.1　地震灾害及防灾分析

在众多的自然灾害中，地震因其孕育机制的隐蔽性、爆发的突然性和损失的巨大性，成为群灾之首。我国地处环太平洋地震带和欧亚地震带之间，无论在历史上还是在近代，都是世界上地震死亡人数最多、经济损失最严重的国家。从地震区的分布来看，我国有60%的国土位于地震烈度6度及6度以上地区。可见我国地震区分布之广，面临的地震形势十分严峻。另外，小城镇是人口和物质财富相对集中的地区，如果防震减灾工作做不好，一旦地震发生，必将造成严重的人员伤亡和经济损失。

大地震造成的强烈地面运动除直接使建筑物倒塌或破坏之外，还诱发山崩、地裂、滑坡、泥石流、地基液化等地质灾害，从而加剧建筑物的倒塌破坏。例如，发生在我国东部的邢台、海城、唐山大地震不仅使大量建筑倒塌破坏，而且还引起大范围地面沉陷、开裂、积水、滑坡和喷砂，导致大批房屋倒塌、桥梁坠毁、水坝坍裂、机井淤积等灾害，受灾面积分别达1000、3600和20000km^2。地震使建筑物和工程设施倒塌、设备破坏，从而引起火灾、水灾、爆炸、毒气蔓延扩散及瘟疫流行等次生灾害。随着我国经济建设的发展，特别是关系国计民生的煤气、热力、电力、通信、交通等生命线系统的扩大，地震所造成的次生灾害将会日益突出。

2008年“5·12”汶川大地震及之后的玉树芦山大地震都突显小城镇地震灾害防治的迫切性与重要性。

1.3.2.2　风灾及防治分析

风灾是对人民生命财产威胁十分严重的一种自然灾害，它频度高、范围大。据统计，我国风灾平均每年造成的直接经济损失达100多亿元，死亡人数5000～10000人。台风是最为频繁而且危害最严重的风灾，我国东临西北太平洋，是世界上发生台风最多的海区。有的台风在沿海地区登陆后，可深入内地500～1500km，它不仅影响沿海地区省份，有时也影响到湖北、山西、陕西等内陆省份。台风除直接对建筑物和工程设施造成破坏之外，通常带来暴雨，引起严重的洪涝灾害。我国仅1994年浙江温州的一次台风造成的经济损失就达近200亿元人民币，综合该年其他地区风灾损失，其值远大于上述统计数字。可见，减少风灾损失是十分重要和迫切的任务。

鉴于风在抗灾防灾上的重要性，我国相关国标和省市标准规范，如1988年的《建筑结构荷载规范》GB 9—1987、1991年的《钢筋混凝土高层建筑结构设计与施工规程》JGJ 3—1991、1996年的《公路桥梁抗风设计指南》等都对风荷载作了整章或整本的专门的条文规定。特别是，由于我国的建设正处于蓬勃发展阶段，大量出现的新工程均需要进行合理全面的抗风设计计算。为此，我国对相关国标和规范作了大量研究工作，而这些工作基本属于对大中城市中的高层建筑、高耸建筑及生命线工程、大跨度桥梁等而言，而对我国小城镇的抗风防治措施的研究是一个空白。

我国地域广阔，小城镇的自然条件千差万别，有的位于沿海地区，有的位于山区，有的位于平原，且各个小城镇经济条件、人口分布、民族生活习惯、生活居住环境等不同，因此造成各种不同的风灾危险性也是不同的，要求的防风等级也是不一样的。因此，有必要针对风灾各种不同的情况，把小城镇划分成不同的类别区域，即做好小城镇的风灾区划工作。另外，小城镇的建筑一般包括居民住宅、工业厂房、学校、商业建筑及桥梁等，还有的小城镇拥有一些珍贵的历史建筑。同样，有必要根据小城镇的特点制定其相应防治措施。

1.3.2.3 洪涝灾害及防治分析

从世界灾害发生历史来看，洪涝灾害始终是现在和未来人类面临自然灾害的主要部分。近些年来，随着地球环境的不断恶化，地球上洪涝灾害发生的频率也愈来愈高，洪涝灾害对人类活动的破坏作用以及造成的经济损失也愈来愈严重。目前，世界各国都在积极开展洪涝灾害的防灾减灾工作，并投入大量人力和物力进行科学研究，其目的就是减轻洪涝灾害给人类带来破坏和损失。

我国洪涝灾害发生频繁，由于特殊的自然条件和现实因素，我国是世界上洪涝灾害最严重的国家之一，全国70%的固定资产、44%的人口、1/3的耕地、数百座城市，以及大量的重要基础设施和工矿企业都位于大江大河的中下游地区，受洪水威胁严重。据新中国建国60多年来的不完全统计，平均每年受灾面积1.1亿多亩，经济损失约100亿元。

我国防洪基础设施薄弱，防洪标准较低，是我国洪涝灾害严重的主要原因之一。历史的经验告诉我们，制定合理的防洪标准并建设符合防洪标准的防洪工程，是减少洪涝灾害损失的最有效方法。我国现行的《防洪标准》(GB 50201—1994)，主要对城市和乡村的防洪标准做了具体的规定，但对小城镇的洪涝设防论述较少。小城镇既有别于城市，又区别于乡村。因此，制定符合我国小城镇特点的洪涝防治措施十分必要。

制定小城镇防洪防治措施，应结合我国现阶段的社会经济条件，按照具有一定的防洪安全度，承担一定的风险，经济上基本合理、技术上切实可行的原则，突出小城镇防洪涝的特点。积极开展小城镇洪涝防治措施研究，制定出适合我国小城镇特点的防洪防治措施，在减少我国小城镇洪涝灾害损失，促进小城镇建设等方面具有重要意义。

1.3.2.4 火灾及防治分析

火灾的发生，既有人为因素也有自然因素。据统计，发达国家每年因火灾造成的财产损失达几亿至几十亿美元。我国20世纪80年代平均每年发生建筑火灾3万次以上，年损失2亿元，死亡人数2000～3000人。进入20世纪90年代以后，火灾发生的次数和损失都有所增大，特别是发生了新疆克拉玛伊友谊馆、辽宁阜新艺苑歌舞厅、北京隆福大厦等恶性火灾，造成了巨大的生命和财产损失。随着经济和技术的发展，火灾已经成为发生频率大、损失严重的一种灾害。

目前我国在城市消防防治措施方面已经制定了一些相关法规，与大城市相比，小城镇有自己的特点，不能简单套用大城市的防火防治措施，各国对小城镇的防火防治措施研究，还相当薄弱，甚至说在小城镇的防火防治措施研究方面尚属空白。改革开放以来，我国小城镇建设发展很快，认真研究小城镇的防火防治措施，对建设现代化的小城镇具有重要意义。

我国地域广阔，小城镇的自然条件千差万别，有林区的小城镇，也有沿海地区的小城镇，有东部发达地区的小城镇，也有西部的欠发达地区的小城镇，还有一些具有历史悠久的小城镇，各小城镇的经济发展状况、人口分布、建筑的类型、交通情况、通信网络水平、广场、学校、历史古迹、公园等分布情况以及其他灾害的程度及可能性千差万别，它们的火灾危险性是不同的，要求的防火等级也是不一样的。火灾多与人为的因素有关，多数是可以预防的，必须对小城镇的火灾防治规划引起足够重视，要吸取一些大城市的经验和教训，作好小城镇的防火防治措施工作。没有一个好的防火防治措施，小城镇的经济社会发展就会受到影响，人民的生命财产就要受到威胁，小城镇的防火防治措施对于小城镇的可持续发展具有十分重要的意义。

1.3.2.5 地质灾害及防治分析

由于自然和人为地质作用，使生态环境遭到破坏的灾害事件，统称为地质灾害。地质灾害对人类生产、生活活动的破坏作用由来已久。20 世纪，全球性地质灾害，如地震、泥石流、洪水、滑坡、崩塌、岩溶塌陷、砂土液化、地面沉降、地裂缝等屡有发生，且有日渐加剧的趋势。据估计，全球每年因各类地质灾害的损失达 850 亿～1200 亿美元。

我国是一个地质灾害多发的国家，很多小城镇分布于自然地质条件复杂地带，受地质灾害的影响严重。然而，我国大多数地质灾害都是由人为因素引发的。首先，目前我国在小城镇地质灾害的设防区划工作还没有开展，地质灾害形成、预报、防治的系统理论研究等和国外相比还有较大的差距；其次，我国多数城镇还没有树立对地质灾害设防的正确概念，城镇的布局，建筑物场地的选取很少或甚至没有考虑到地质灾害这一十分重要的因素。有的城镇的设防工作简陋而经不起重大地质灾害的考验，有的城镇由于缺少基础工作及科学的论证，而使设防工作无针对性；再加上肆意采伐林木、随意开垦、过度放牧等使天然植被破坏，致使崩塌、滑坡、泥石流、水土流失、土地沙漠化形成；另外，过度、不科学地采矿会导致煤岩和瓦斯突出，过量开采地下水会使地面沉降等。

小城镇地质灾害常见类型、形成条件、区域性特征及在全国范围内的分布规律、地质灾害与人类工程活动的关系等是确定总体设防区划工作的基础。由于不同地质灾害发生的特点、危害程度、影响范围的不同，应重点分析研究设防区常见地质灾害防治的有效方法及技术防治措施。

1.3.3 防灾减灾重点与技术方法

小城镇防灾减灾以上述易发致灾的洪涝、地震、火灾、风灾及地质破坏 5 大灾种的防灾减灾为主。

结合我国小城镇及其防灾减灾实际，小城镇防灾减灾的技术方法主要有以下方面：

（1）以小城镇房屋建筑为主的综合抗震、抗风、防火、防地质灾害的设计和施工技术。在我国许多小城镇，房屋建筑受到许多自然灾害的威胁，单一的防灾措施不能保障其安全使用功能。为此，在进行房屋建筑设计时，应根据小城镇的灾害风险图，提出综合防御多种自然灾害的要求。

（2）江河湖泊的综合治理。采用工程和非工程措施，包括在小城镇上游修建水库、整修堤防、开辟蓄水区、增辟分洪渠道以及建造具有抗洪能力的建筑等工程措施。对洪水进行预报、监视洪水区域的土地划分与管理、洪水保险、洪水救灾等非工程措施。

（3）地质灾害的整治技术。主要包括滑坡治理、崩塌治理、泥石流引导、拦挡和防护，在地裂区勘察技术和控制裂缝方法，控制地下水开采、减轻地面下沉等。对各种不同地质灾害的整治应该是综合性的多种措施相结合。

（4）小城镇综合防灾体系的计算机辅助系统。包括：灾害数据库、灾害区划图、城市建设清单和地理信息系统、灾害模拟、防灾规划管理、应急对策和救援预案、组织管理体制、灾害保险和救济等。

(5) 推广用于洪泛区和滞洪区建筑的防水、防渗漏、抗冲刷和耐浸泡的水泥砂浆和添加剂，用于砌筑各类房屋建筑，提高砌体结构的抗洪能力。

1.3.4 其他灾害与社会综合防灾趋势分析

小城镇自然灾害除易发的主要5大灾种灾害外，还包括干旱、冰雹、雪灾、霜冻、雷击、雾凇、雨凇、寒潮等灾害。涉及小城镇安全还有工业危险源引起灾害、环境污染引发灾害、恐怖袭击与破坏造成人为灾害，以及突发公共卫生事件、道路交通事故等等。综观国内外相关防灾减灾及发展趋势，上述灾害（灾难）的社会防灾减灾从单项灾种防灾减灾管理已向多灾种综合防灾减灾管理转变：

(1) 对主要自然灾害链（如地震、火山爆发与海啸、台风与火灾等）的应急对策综合起来进行立法，制定规划。

(2) 把灾害或危机事件的“监测、预防、应急、恢复”全过程的抗灾减灾管理对策综合起来，协调实施。

(3) 将减灾管理的行为主体（中央政府、地方政府、社区、民间团体、家庭）纵向综合，形成一体化管理。

(4) 强调灾害或危机的预防，把预防作为主要内容纳入防灾减灾规划，并与社会经济发展规划、土地利用规划、城乡规划、灾后恢复重建规划等相关规划综合协调。

同时，从20世纪90年代联合国开展国际减灾十年活动以来，由于国际政治环境重大变化，重大自然灾害和国际恐怖活动加剧，综合防灾管理开始向危机综合管理转变，形成防灾减灾—危机管理—国家城镇安全保障三位一体，其中危机管理既承担原来自然灾害和人为灾害等危机事件的综合应急管理，又承担危及国家、城镇安全的重大灾害、恐怖事件的综合应急管理。

1.4 防灾与安全综合规划

1.4.1 防灾与安全综合规划目标

小城镇防灾与安全综合规划目标主要有以下方面：

(1) 完善的防灾与公共安全法规体系及规范标准体系。

(2) 完善的预防与应急管理体系，包括统一灾害防御体系、统一监测和预警系统、信息平台系统、应急物资储备保障系统、应急队伍建设系统。

(3) 防灾基础设施不仅满足防御大灾和应对重大突发公共事件要求，而且满足具有合理有效避难疏散设施与应急救援通道要求。

(4) 重大工程与生命线基础设施满足高一等级设防要求。

(5) 工程设施抗灾设防、安全设施与应急处置救援体系做到平战结合、立足常态化建设、管理与使用，对突发灾害事件应急救援确保及时、迅速、高效。

(6) 政府具有高效防灾减灾和应急管理能力，民众有良好的防灾减灾意识和技能。

1.4.2　防灾与安全综合规划内容

小城镇防灾与安全综合规划内容包括以下方面：

1. 安全风险分析

依据系统安全工程与安全科学理论，定性定量评价小城镇系统存在的各种风险，确定系统发生危险的可能性与严重程度。

2. 公共安全限制性评价分析

内容包括规划区场地脆弱性评价、建筑抗灾易损性评价及小城镇综合风险评价、重要次生灾害危险源辨识、危险性评价、重要次生灾害危险性区划等。

3. 防灾减灾资源优化配置

防灾减灾资源可分为场所、机构、队伍、设施设备等。

防灾减灾资源优化配置规划以防灾减灾资源完备性评价及城镇综合风险区划为基础，主要包括防灾减灾资源的空间布局和规模控制，制定防灾资源使用策略，确定其设防标准、建设指标，进行防灾减灾资源综合配置。

4. 风险消除减弱措施

在小城镇系统风险识别与评价基础上，利用工程技术对策、教育对策、法制对策等一切措施，达到消除或减少小城镇灾害事故的发生及财产损失的目的。在规划小城镇安全风险的防治措施过程中，应坚持预防为主，善后为辅的原则，来制定和完善小城镇安全灾害事故的预防措施。分析、评价生命线设施易损性，进行生命线系统抗灾能力等级划分，提出基础设施规划建设防灾减灾指标。针对要害部门建（构）筑物，如通信、医疗、消防、物资、供应、学校、人群聚集场所及保障部门等单位的主要建筑物，提出其规划建设防灾减灾指标，对新建建筑规划建设提出防灾减灾指标。提出重大次生灾害危险源防治、搬迁、改造等指标，制定次生灾害应对措施。

5. 防灾与安全应急救援系统

小城镇系统中人群和财产的密集特性、系统的脆弱性和敏感性使小城镇系统原发事故损害程度增大，致使小城镇灾害事故极易造成重大的人员伤亡和财产损失，甚至造成小城镇生产、生活秩序的紊乱和小城镇生命线的瘫痪。预防措施的有效实施是防止小城镇灾害事故发生的重要环节，灾害事故发生后的快速应急救援是减少人员伤亡和财产损失的有力手段。小城镇安全应急救援是一个涉及面广，专业性很强的工作，单靠某一个部门是无法完成任务的，必须把各个部门的力量组织起来，形成统一的救援指挥中心，来协调安全、消防、公安、交通、环保、卫生等各个救援组织，协同作战，迅速有效地进行应急救援和善后处理。应急平台、应急队伍、保障资金等资源纳入防灾减灾资源优化配置规划内容，统一进行规划。包括应急平台和指挥体系规划、应急救援物资储备配置规划、应急避难疏散规划、应急救援道路规划、应急医疗规划，还有应急预案体系及应急组织体制建设。

6. 小城镇防灾与安全规划的信息管理系统

小城镇防灾与安全规划信息管理系统是小城镇灾害事故的预防和善后快速应急救援的必然要求，建立小城镇安全现状、风险预防及应急救援等基础信息数据库，实现系统内信息资源的共享，形成协调统一的决策指挥网络，对提高小城镇灾害事故预防、应急救援和小城镇安全规划工作的整体水平具有重要的意义。现代化的信息管理系统可以为管理者进行应急救援决策和小城镇防灾与安全规划提供准确、可靠依据，是小城镇防灾与安全规划的重要组成部分，是现代化小城镇防灾与安全管理中公共安全信息处理的枢纽，它具有信息收集、录入、存储、传输、加工和输出等功能。

7. 小城镇防灾与安全规划的实施

小城镇防灾与安全规划的实施是一个综合性的概念，由政府组织领导，公民、法人和社会团体积极参与履行义务和职责。小城镇人民政府居主导地位，体现为小城镇人民政府依法授权负责组织编制和实施小城镇防灾与安全规划；公民、法人和社会团体参与小城镇防灾与安全规划的实施。小城镇防灾与安全规划的实施关系到小城镇的长远发展和整体利益，也关系到公民、法人和社会团体方方面面的根本利益。所以，实施小城镇防灾与安全规划既是政府的职责，也是全社会的事情。小城镇防灾与安全规划的实施应满足如下基本条件。

（1）小城镇防灾与安全规划应纳入小城镇总体规划。

（2）小城镇防灾与安全规划的实施应在镇政府直接领导的防灾与安全规划管理部门的监督下有步骤，有计划地进行。

（3）小城镇防灾与安全规划管理部门应确保小城镇防灾与安全规划所需各项资金的落实。

（4）应根据小城镇防灾与安全近期和中长期规划编制城镇防灾安全年度计划。

（5）实行小城镇防灾与安全工程建设的目标管理。

1.5 防灾减灾管理体系构建与机制建设

1.5.1 防灾减灾管理体系框架构建

1. 组织体系框架

小城镇防灾减灾管理体系组织体系框架构建包括以下方面：

（1）防灾安全领导小组

镇防灾安全领导小组是小城镇防灾安全管理领导机构和应急指挥机构。一般由镇长任组长，成员由镇政府有关部门组成。

（2）防灾安全决策咨询委员会和管理办公室

分别负责提供小城镇防灾与安全决策咨询服务，政府指令与各单位防灾安全的联系。下设镇突发灾害事件应急管理中心与防御应急相关若干办事部门。

（3）各专业部门

包括公安、地震、医疗、防疫、农林、环保、安监、交通、电力、城管、水利、电信、气象等。建立专业防御与应急处理系统，组建专业救援队伍，配备专业处理装备，保持与上级管理部门、管理系统联系。

2. 内容体系框架

图 1-1 为小城镇防灾安全管理的内容体系框架。

上述系统应满足预防预报、应急救援和灾后重建全方位防灾安全需要。

（1）承灾体防灾体系

沿承灾体防灾体系维展开的是各类实体要素，是针对城镇、城区、工程系统、单体等

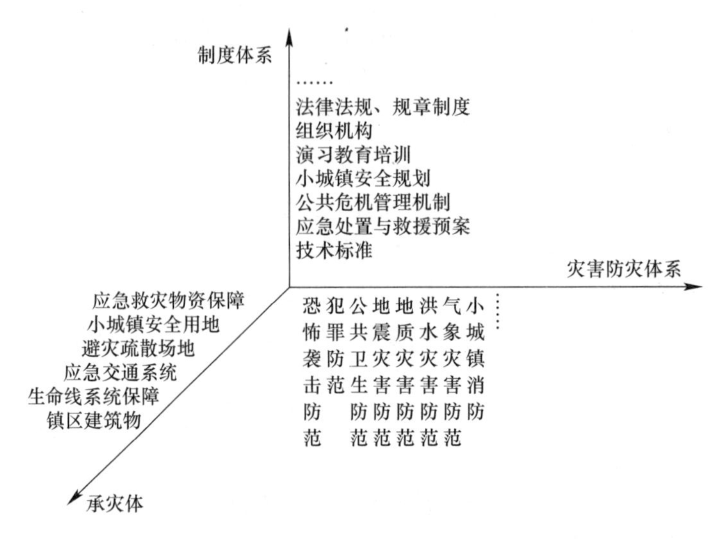

图 1-1　小城镇防灾安全管理的内容体系框架图

不同层次，综合考虑城镇用地、基础设施、防灾设施、重大灾害源、镇区建筑等各类承灾体的综合防灾要求。主要包括城镇安全管理所涉及的小城镇安全用地、避灾疏散场地、应急交通系统、生命线系统保障、应急救灾物资保障、城区建筑物防灾减灾设施、救援器材与装备、通信保障系统、资金保障系统等。

（2）灾害防灾体系

沿灾害防灾体系维展开的主要是各类防灾体系要素，综合考虑城镇所面临的自然灾害、事故灾难、突发公共卫生事件和突发社会安全事件，考虑各种灾害的交叉连锁影响，从单灾种设防逐步走向综合防灾，全面规划，统一设防。主要包括小城镇消防、气象灾害防范、洪水灾害防范、地质灾害防范、地震灾害防范、公共卫生防范、犯罪防范、恐怖袭击防范等。

（3）防灾与安全制度体系

沿小城镇灾害安全制度体系维展开的主要是各类制度要素，完善城镇综合防灾与公共安全的法制、体制、机制建设，从法规、技术标准、机构、财政、科技、演习、教育、管理监督等方面逐步建立完善的实施保障体系。主要包括城镇安全管理的法律法规、规章制度、组织机构、技术标准、演习、教育、培训、城镇安全规划、公共危机管理机制、应急处置与救援预案等。

1.5.2　防灾减灾管理体系主要内容

1. 承灾体防灾体系

（1）城镇用地安全布局

小城镇用地安全大致由地震地质条件、环境安全条件（重大危险源）和避灾条件（安全防护和分隔、建设密度）3 项基本要素组成，要求不会受到地裂、塌陷、滑坡、崩塌等地质灾害的侵害，不受到地震的重大影响，不受到外部事故灾害的危害，并可以有效躲避内部产生的各类事故灾害。

（2）避灾疏散场地

避难场所规划主要有分析现状避灾系统，制定避灾策略，进行避灾救援方案研究，制定各类避灾场所布局方案，确定避难场所规模等级、数据确定、避灾服务范围与避灾人口计算、避难场所规划建设要求、避难场所的安全性评估、避难场所的防灾功能与设施配置等项目。

划定并改造街区避灾场所，在小城镇居住小区和公建区，以 $1km^2$ 左右范围内选择街区内的公园绿地、中小学校或小广场等作为街区避灾场所，按避灾场所要求进行改造，配置服务设施，并实施有效管理。

(3) 应急交通系统

通过对小城镇应急交通系统情况进行全面系统的分析，理出应急交通系统在抗灾应急方面存在的问题或缺陷；制定应急交通系统策略，针对存在的问题或缺陷制定应急交通系统规划方案，提出灾时应急交通组织策略、交通管理要求和规划实施的保障措施。

选择小城镇主要对外干道作为灾害应急道路，加强其安全可靠性，对道路结构和联系桥梁等设施的抗震能力和灾后通行能力进行评估，根据评估结果采取加固拓宽等改造措施。

(4) 生命线系统保障

小城镇生命线工程系统是指城镇供水、供气、供电、交通、通信等基础设施系统。

供水安全应从合理规划城镇空间布局、划定危险品禁止运输路段及管制方案、严格划定饮用水源保护区、制定城镇供水备用方案等方面进行保障方案的构建，进行突发性水污染事故可能性分析；供气安全要从长输管线安全、燃气气源储备等方面进行安全保障，建立预警及应急机制，落实燃气抢险机构，确保供应安全。

(5) 城区建筑物

对旧城区和城中村等地段的建筑抗震、抗风和抗火灾能力进行评估，结合旧城改造加强其抗灾能力，并使之适应救灾和疏散的需要。

(6) 应急救灾物资保障

小城镇应对灾害和突发事件需储备的应急救灾物资大致分应急救灾设备、避灾生活用品和抢险救灾器材 3 种类型。物资管理，必须坚持平灾结合的原则，确定应急物资储备种类、方式和数量，及时补充和更新各类物资，落实各类应急物资储备布局，创建高效可靠的应急物资供应系统。小城镇应视规模及交通状况规划建设救灾物资集配中心。

2. 灾害防灾体系

(1) 小城镇消防

按照国家、省（市）的要求，建成消防法规健全、基础设施配套完善、队伍装备先进、企事业单位防火组织健全、居民有较高消防安全意识和防灾减灾能力的城镇消防安全保障体系。

(2) 气象灾害防范

在遭遇强台风（50 年一遇）袭击时，满足设防要求的房屋和工程设施主体结构基本不发生危及生命安全的破坏，重要生命线工程不发生严重的破坏，小城镇建筑工程边坡和高挡墙不发生严重失稳破坏，小城镇防洪排涝体系不发生严重危及功能的破坏，小城镇功能基本正常。

(3) 洪水灾害防范

小城镇应根据其社会经济地位的重要性或非农业人口数分为四个等级，城镇洪水灾害按《防洪标准》(GB 50201—1994) 中规定的防洪标准进行规划建设。

(4) 地质灾害防范

与所在省、市的地质灾害防治目标相对应，建立起相对完善的地质灾害防治法律法规体系和适应社会主义市场经济要求的地质灾害防治监督管理体系，严格控制人为诱发地质灾害的发生；建立并逐步完善地质灾害监测和群测群防体系，提高地质灾害预报预警水平。

(5) 地震灾害防范

进行小城镇抗震地质条件和建筑抗震能力的评估，确定抗震建设与改造的范围，提出抗震救灾设施的建设改造要求。新建、改扩建一般工程，及编制社会经济发展和国土利用规划按照《中国地震动参数区划图》(GB 18306—2001) 中地震动参数区划图及其技术要素和使用规定进行抗震设防。

(6) 突发公共卫生安全事件防范

建立小城镇突发公共卫生事件应急反应体系，提高小城镇公共卫生安全能力建设，建立完善的公共卫生应急系统，在小城镇防护、机构建设、灾种管理疾病预防控制、医疗救援体系、信息管理与发布、现场指挥与应急处理、防灾减灾培训、全民健身等方面形成良性运行体系。

(7) 犯罪、恐怖袭击安全事件防范

加强政府与公民，尤其是边缘群体的合作；通过环境设计、社区发展和教育来阻止治安性犯罪；将社会阻止和物质环境变化（优化）的方法结合起来；小城镇安全性成为引起环境变化的催化剂。政策的制定者在考虑减轻恐怖袭击的影响时，要综合应用物质的、组织的、政治的、法律的和社会的策略。

3. 小城镇安全的制度体系

(1) 制定与完善防灾法规与制度

在已有的规章文件基础上，打破部门和行业的法律法规的界限，制定一部综合的法律法规，以满足综合防灾和公共安全的制度需求，达到综合防灾的目的。

(2) 建设完善的防灾与公共安全管理组织机构

打破公安、消防、抗洪救灾、交通安全等“各自为政”的工作状态，将公共安全管理与天然灾害一并归入灾害防救体系运作，建立小城镇应急联运系统；加强专项应急指挥部及其常设办事机构和其他临时应急指挥部的建设，建立镇乡社区防灾组织管理体系。

(3) 城镇安全规划机制

完善小城镇安全规划、公共危机管理机制、应急处置与救援预案等工作。

(4) 小城镇安全传播机制

包括技术标准、演习、教育、培训等工作。

1.5.3 自然灾害应急管理机制建设

灾害管理应急管理机制是应急管理的重要内容，也是减少灾害损失，提高应急能力的重要保证。自然灾害应急管理机制主要包括以下方面。

1. 预警预报机制

主要通过监测与预报来实现。对自然灾害的监测是减灾的先导性措施，通过对自然灾害的监测提供数据和信息，从而进行示警和预报，因而灾害监测的作用和任务是相当明确的，也是抗灾、减灾工作所必不可少的一个重要环节。预报是减灾工作的前期准备和各级减灾行动的科学依据。对预报工作，目前在对综合自然系统的变异进行深入研究的基础上，加强对各类单项自然灾害的预报工作，并逐步走向系统性、综合性的预报，这是当前灾害预报科学中一个新的研究方向。随着科学技术的发展，特别是信息通信技术、空间卫星技术、天气预报技术的发展，我国的监测与预报水平将不断提升。

2. 协调指挥机制

在我国，对自然灾害的管理涉及众多部门，如公安、消防、军队、武警、卫生、医疗、交通、供水、供气、供电等。重大突发性事件发生后，各部门如何各司其职又密切配合等，尚未形成有效的具有约束力的规范和机制，影响了处置工作的时效。有的地方虽然成立由政府牵头、公安机关负责、各有关力量参加的公共抢险救援组织，并组建了指挥、通信、消防、救护、治安、抢险等专门小组，但由于缺少必要的协同训练和演练，指挥部和各救援队伍之间缺乏协调能力及信息沟通渠道，一旦发生重大突发性事件也难以形成工作合力。因此，建立灾害管理的协调机制就显得尤为必要。

3. 信息疏导机制

建立完善的信息疏导机制是应急机制是否完善的基础。信息疏导机制的建立首先要求建立现代化的通信系统。从我国历次灾害的救灾工作经验来看，通信联络是通报灾情、疏散群众、请求支援的关键环节，没有一个健全的通信信息保障，减灾工作是无法顺利进行的。这就需要各级政府下大力气，增加通信建设投入，特别是流动通信系统建设，确保灾害来临时，通信网络的畅通。其次是建立及时的信息报告制度。突发性重大自然灾害灾情报告是灾民紧急救助工作的重要组成部分，是实施灾害紧急救助，保障灾民生活的重要前提，必须确保其准确性和时效性。针对目前一些地方不同程度地存在灾情报告不及时、内容不全面、救灾信息系统建设缓慢等问题，应建立及时的自然灾害信息报告制度，具体内容包括自然灾害上报的时限，灾害发生的背景、时间、地点、影响范围，人口受灾情况、人员伤亡数字、房屋倒塌和损坏情况、农作物受灾情况、救灾工作情况以及灾区存在的主要困难和问题。三是建立透明的信息披露制度。自然灾害发生后，封锁信息、信息不明或传言传播的失真性，很容易加剧人们的恐慌情绪，使社会心态发生难以预料的变化，极有可能导致社会的失稳。因此，政府必须及时向公众披露信息，化解公众的怀疑情绪，唤起公众的理解与支持。因此，有必要建立新闻发言人制度，及时公布有关灾害信息。在此，对于信息披露的基本要求是：时间第一，争取舆论主动权；言行一致，确立信息沟通的可信度和权威性；明确信息发布渠道和时间；处理与各种媒体的关系，建立政府与媒体的合作机制。

4. 快速反应机制

自然灾害是不可避免的，它无时不发生，无处不发生。迄今为止，人类既不能准确地预测，又不能完全地控制自然灾害。鉴于危机的破坏性和负面影响，自然灾害一旦发生，时间因素极为重要，作为危机应对者的政府必须第一时间在现场采取果断措施，及时控制灾区局势，迅速恢复社会秩序，这是政府应急管理快速机制的客观要求。当前，我国政府的快速反应机制还远远不能适应自然灾害救治的要求，主要表现为各自然灾害管理部门相互独立，各自为政，相互间协调能力差，影响了效率。

1.6　防灾与安全综合管理信息系统

1.6.1　系统总体框架

小城镇防灾与安全综合管理信息系统主要为小城镇防灾与安全管理工作提供有效的工具，服务于小城镇防灾与安全管理的三个阶段：预防准备、响应和恢复阶段。系统总体框架，如图 1-2 所示。

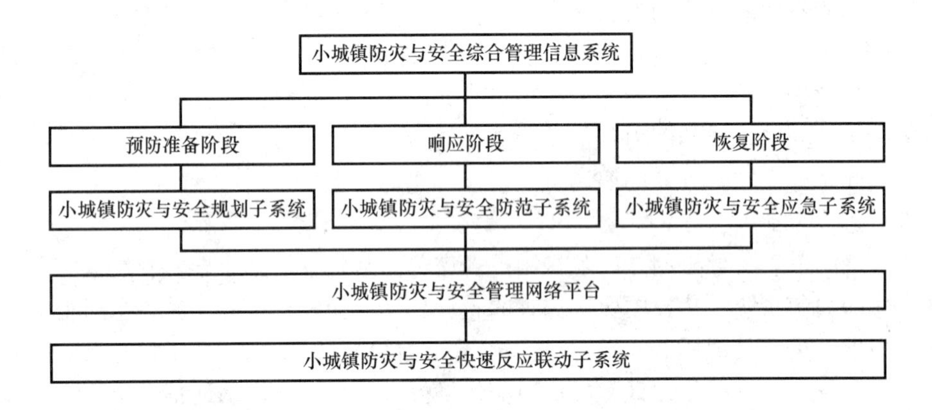

图 1-2　小城镇防灾与安全综合管理信息系统总体框架图

1.6.2　系统组成

小城镇防灾与安全综合管理信息系统，它应包括小城镇防灾与安全规划子系统、小城镇防灾与安全防范子系统和小城镇防灾与安全应急子系统三大部分。但它们并不是孤立存在的；它们之间是密切联系、相互支持的。三个子系统只有相互联系、相互支持，才能有效运行，真正起到维护城镇安全的作用。

1. 小城镇防灾与安全规划子系统

小城镇防灾与安全规划子系统将地理学、信息科学、城镇防灾学、火灾科学、地震学、计算机技术等融合起来，为小城镇规划管理提供决策支持，也为有关灾害应急部门提供应急指挥服务。

2. 小城镇防灾与安全防范子系统

该子系统中的“监测”应是一个包含通信、人员、机构的网络。专家和职能部门应针对小城镇实际的灾害环境，对险区、险段坚持常年监测，将特有的各种致灾因子进行分析评价，以便有的放矢地采取管理。

鉴于各类灾害的突发性、强破坏性及不可避免性，“监测”应立足于以往的经验，总结出各个小城镇主要的安全事件，而相应的负责部门就应该对这些安全事件的相关因子进行连续追踪记录，将特定观测信息提供给信息管理子系统。针对人为灾害的随机性，偶然性及不可预测性，“监测”应首先普查易燃、易爆、有毒物质贮罐区和库区等重大危险源，及生产场所等等，监测因子超出范围，“预警”会启动灾害决策救助子系统。

3. 小城镇防灾与安全应急子系统

首先建立职责明确、上下贯通的领导责任制，其次建立分级负担、相互配套、逐年增加的投资机制，再次建立依行政区域分级负责的管理体制。

4. 小城镇防灾与安全管理网络平台

基于现代信息通信技术、信息存储、处理等技术的通信、信息及预警控制信息系统平台，形成从信息报告、实时调度到网上信息收集、处理、信息反馈等，集火灾等灾害报警、控制为一体的接警、处警平台。小城镇防灾与安全管理网络平台是小城镇防灾与安全系统的重要组成部分。

5. 小城镇安全快速反应联动子系统

建设主要依托突发灾害事件应急联动系统的组织机构。

1.7 防灾减灾相关名词术语

1.7.1 小城镇基本解释与界定

小城镇 Small city and town

小城镇基本解释是“城之尾，乡之首”城乡结合部的社会综合体，是介于城市与乡村居民点之间的、处于城镇体系尾部，兼有城与乡特点的一种过渡型居民点；是由部分从事非农业劳动人员聚居而形成有一定服务功能的社区；是其辐射所及的县（市）域区域经济、政治、文化中心，或其主要辐射所及的一定农村区域的经济、文化中心。

本书所指小城镇主要为包括县城镇、中心镇和一般镇的建制镇。

1.7.2 抗震减灾

1. 地震灾害 earthquake environment

地震造成的人员伤亡、财产损失、环境和社会功能的破坏。

2. 地震次生灾害 secondary earthquake disasters

地震造成工程结构和自然环境破坏而引发的灾害。常见的有地震次生火灾，爆炸，洪水，有毒有害物质溢出或泄漏，传染病，地质灾害（如泥石流、滑坡等）等对城镇正常功能的破坏。

3. 抗震设防烈度 seismic fortification intensity

按国家规定的权限批准作为一个地区抗震设防依据的地震烈度。

4. 抗震设防标准 seismic fotrification criterison

根据抗震设防烈度和建筑物使用功能重要性综合确定的衡量抗震设防要求的尺度。

5. 设定地震 scenario earthquake

预期对某一区域可能产生震害的地震，包括震中、震级。

6. 场地 site

具有相似的地震动反应谱特征的工程群体所在地，其范围一般相当于大于 $1km^2$ 的工业园区、居住小区。

7. 地震动参数 ground motion parameter

用以描述地震动影响程度的一个或一组物理参数，如加速度、速度、位移和反应谱等。

8. 工作区 working district

进行防灾规划编制时根据规划建设与发展特点划分的不同层次研究区域。

9. 地震环境 earthquake environment

地震均造、地震活动性和地震地质背景的总称。

10. 工程结构地震易损性 seismic vulnerability of structures

与地震动参数相关的工程结构的条件破坏概率。

11. 构造类比 tectonic analog

一种地震活动性分析方法。该方法认为具有类似构造标志的地区，有发生同样强度地震的可能。

12. 场地影响 site effect

局部场地条件对地震动的影响。

1.7.3　地质灾害防灾减灾

1. 地质灾害 geological disaster

由于自然产生或人为诱发的对人民生命和财产安全造成危害的地质现象。

2. 地质灾害危险性评估 assessment of geological disaster

工程建设可能诱发、加剧地质灾害和工程建设本身可能遭受地质灾害危害程度的估量。

1.7.4　洪涝灾害防灾与减灾

1. 洪涝灾害 flood disaster

洪涝造成的人员伤亡、财产损失、环境和社会功能的破坏。

2. 洪涝次生灾害 flood secondary disasters

洪涝造成自然环境破坏而引发的灾害。

3. 生命线工程系统 lifeline engineering system

能源（电、气、油、热）供应、通信、交通、供水等工程系统的总称。

4. 淹没水深 submergence depth

所指河道断面水位与地面高程之差。

1.7.5　风灾防灾与减灾

1. 风灾 wind disaster

风造成的人员伤亡、财产损失以及环境和社会功能的破坏。

2. 热带气旋 tropical cyclone

热带海洋上的大气旋涡。

3. 龙卷风 tornado

一种小尺度的强烈风涡旋。

4. 台风/飓风 typhoon/hurricane

中心附近的平均最大风力为 12 级或 12 级以上的大气旋涡。

5. 气象探测 meteorologycal detection

利用科技手段对大气和近地层的大气物理过程、现象及其化学性质等进行的系统观察和测量。

6. 气象灾害 meteorologyical disaster

各种气象现象所造成的灾害

7. 设定风 scenario wind

预期对某一区域可能产生灾害的风。

8. 风灾次生灾害 wind-lnduced disasters

风灾造成工程结构和自然环境破坏而引发的灾害。

9. 抗风设防标准 wind resistance standard

由基本风压和建筑使用功能的重要性确定的衡量抗风设防要求的尺度。

10. 基本风压 fundamental wind pressure

一般按空旷平坦地面上 10m 高度处 10min 时间平均的风速观测数据，经概率统计得出 50 年一遇最大值确定的风速及相应的风压。

基本风压不得小于 0.3kN/m^2。

1.7.6 火灾防灾减灾

火灾 fire

火造成的人员伤亡、财产损失以及环境和社会功能的破坏。

1.7.7 综合防灾

1. 防灾布局 spatial layout for disaster prevention

基于建设用地的安全避让与防护和合理选择使用，以建设工程抗灾能力为基础，通过采取危险源/区的有效防护和控制，空间防灾分区与组织，防灾工程设施和应急服务设施的合理布设，应急保障设施的有效支撑，适宜的建筑工程防灾间距和形态等空间防灾措施，所形成的具有应对重大或特大突发灾害应对能力的空间结构形态。

2. 防灾措施 measures of disater prevention and mitigation

城镇应对不高于预定设防标准的突发灾害所采取的空间防灾措施和用地避让与防护措施，改善或提高用地、建筑工程及设施设备抗灾能力的预防性工程措施。

3. 减灾措施 measures of disaster alleviation and emergency prepardness

城镇应对超过预定设防标准的突发灾害所采取的加强灾害监测预警水平、完善应急预案、加强应急演练、强化应急宣传和教育培训等对策，以提高应急管理水平，完善政府、社会和个人灾害应对能力的预防性非工程措施和应急处置措施。

4. 应急措施 measures of disaster emergency response

为防止、减缓突发灾害发生或减轻突发灾害影响后果，城镇所采取的应急防控、紧急处置、抢险救援、紧急疏散、应急恢复等紧急应对措施。

5. 突发灾害应对阶段划分 division of emergeny phases of disaster

根据突发灾害孕育、发生、发展过程中所对应的常态防御和应急救灾的特点所做的具有时间特征的应对阶段划分。一般可包括平时，临灾时期，灾时和灾后。

（1）平时 phase of disaster mitigation

城镇既无突发灾害发生又无灾害预警的常态灾害防御时期。

（2）临灾时期 phase of pre-disaster

城镇自宣布进入突发灾害预警期始至灾害发生或解除灾害预警的时期。

（3）灾时 phase when disaster occurring to end

城镇自突发灾害发生始至灾害直接作用影响结束的时期。

（4）灾后 phase of post-disaster

城镇自突发性灾害发生后到恢复重建结束的时期。

6. 应急保障基础设施 infrastructures for emergency response

交通、供水、能源电力、通信等基础设施中，保障应急救援和抢险避难顺利进行所必需的工程设施。

7. 防灾工程设施 construction and facilities of anti-disaster

为控制、防御灾害以减免损失而修建，具有确定防护标准和防护范围的工程设施，如防洪工程、消防站、应急指挥中心。

8. 应急服务设施 sites and facilities for emergency service

满足应急救援、抢险避难和灾后生活所必需的应急医疗卫生、物资储备分发、避难等场所和设施。

9. 专业救灾队伍 professional team for emergency disaster recue，response，relief and recovery

应急救援队及消防、抢险抢修、医疗救护、防疫、运输、治安保卫等担负救灾任务的专业组织和人员。

10. 防灾避难场所 emergency shelter

为应对突发性灾害，指定用于避难人员集中进行救援和避难生活，经规划设计配置应急设施、有一定规模的场地和符合应急避难要求的建筑工程，简称避难场所。

（1）应急救灾和疏散通道 emergency route

应对突发灾害应急救援和抢险避难、保障灾后应急救灾活动的交通工程设施，通常包括救灾干道、疏散主通道、疏散次通道和一般疏散通道，简称应急通道。

（2）防灾隔离带 spatial separate belt for disaster overspreading protection

为阻止城镇突发灾害及其次生灾害大面积蔓延，对保护生命、财产安全和城镇重要应急功能正常运行起防护作用的隔离空间和建（构）筑物设施。

（3）有效避难面积 effective sheltering area

避难场所内用于人员安全避难的应急住宿区及其配套应急保障基础设施和辅助设施的面积，包括避难场地与避难建筑面积之和。设置于避难场所的城镇级应急指挥、医疗卫生、物资储备分发、专业救灾队伍驻扎等应急功能占用的面积不包括在内。

（4）避灾疏散场地 disaster site for evacuation

用作受灾人员避灾之用的疏散场地。

(5) 应急功能保障分级 classification for ensuring emergency function

城镇直接服务于应急救灾和疏散避难的应急保障基础设施，根据突发灾害发生时需要提供的应急功能及其在抗灾救灾中的作用，综合考虑可能造成的人员伤亡、直接和间接损失、社会影响程度等因素，对其所做的应急功能保障级别划分。

(6) 工程抗灾设防标准 criteria of disaster fortification of engineering design

城镇工程建设时所采用的衡量特定灾种设防水准高低的尺度，通常采用一定的物理参数来表达。如抗震采用抗震设防烈度或设计地震动参数，抗风采用基本风压，防洪采用洪水水位等。

(7) 预定抗灾设防标准 assigned criteria for disaster prevention of city

城镇确定防灾空间布局、空间防灾措施和用地避让措施，安排应急保障基础设施和应急服务设施时，所需考虑的灾害的设防水准或灾害水平。

1.8 国家自然灾害救助应急预案
(2006年1月10日新华社授权发布)

1.8.1 总则

1. 编制目的

建立健全应对突发重大自然灾害紧急救助体系和运行机制，规范紧急救助行为，提高紧急救助能力，迅速、有序、高效地实施紧急救助，最大限度地减少人民群众的生命和财产损失，维护灾区社会稳定。

2. 编制依据

依据《中华人民共和国宪法》、《中华人民共和国公益事业捐赠法》、《中华人民共和国防洪法》、《中华人民共和国防震减灾法》、《中华人民共和国气象法》、《国家突发公共事件总体应急预案》、《中华人民共和国减灾规划（1998～2010年）》、国务院有关部门“三定”规定及国家有关救灾工作方针、政策和原则，制定本预案。

3. 适用范围

凡在我国发生的水旱灾害，台风、冰雹、雪、沙尘暴等气象灾害，火山、地震灾害，山体崩塌、滑坡、泥石流等地质灾害，风暴潮、海啸等海洋灾害，森林草原火灾和重大生物灾害等自然灾害及其他突发公共事件达到启动条件的，适用于本预案。

4. 工作原则

(1) 以人为本，最大限度地保护人民群众的生命的财产安全。

(2) 政府统一领导，分级管理，条块结合，以块为主。

(3) 部门密切配合，分工协作，各司其职，各尽其责。

(4) 依靠群众，充分发挥基层群众自治组织和公益性社会团体的作用。

1.8.2 启动条件

出现下列任何一种情况，启动本预案。

1. 某一省（区、市）行政区域内，发生水旱灾害，台风、冰雹、雪、沙尘暴等气象灾害，山体崩塌、滑坡、泥石流等地质灾害，风暴潮、海啸等海洋灾害，森林草原火灾和重大生物灾害等自然灾害，一次灾害过程出现下列情况之一的：

（1）因灾死亡30人以上。

（2）因灾紧急转移安置群众10万人以上。

（3）因灾倒塌房屋1万间以上。

2. 发生5级以上破坏性地震，造成20人以上人员死亡或紧急转移安置群众10万人以上或房屋倒塌和严重损坏1万间以上。

3. 事故灾难、公共卫生事件、社会安全事件等其他突发公共事件造成大量人员伤亡、需要紧急转移安置或生活救助，视情况启动本预案。

4. 对救助能力特别薄弱的地区等特殊情况，上述标准可酌情降低。

5. 国务院决定的其他事项。

1.8.3　组织指挥体系及职责任务

国家减灾委员会（以下简称“减灾委”）为国家自然灾害救助应急综合协调机构，负责研究制定国家减灾工作的方针、政策和规划，协调开展重大减灾活动，指导地方开展减灾工作，推进减灾国际交流与合作，组织、协调全国抗灾救灾工作。

减灾委办公室，全国抗灾、救灾综合协调办公室设在民政部。减灾委各成员单位按各自的职责分工承担相应任务。

1.8.4　应急准备

1. 资金准备

民政部组织协调发展改革委、财政部等部门，根据国家发展计划和《中华人民共和国预算法》规定，安排中央救灾资金预算，并按照救灾工作分级负责，救灾资金分级负担，以地方为主的原则，督促地方政府加大救灾资金投入力度。

（1）按照救灾工作分级负责，救灾资金分级负担的原则，中央和地方各级财政都应安排救灾资金预算。

（2）中央财政每年根据上年度实际支出安排特大自然灾害救济补助资金，专项用于帮助解决严重受灾地区群众的基本生活困难。

（3）中央和地方政府应根据财力增长、物价变动、居民生活水平实际状况等因素逐步提高救灾资金补助标准，建立救灾资金自然增长机制。

（4）救灾预算资金不足时，中央和地方各级财政安排的预备费要重点用于灾民生活救助。

2. 物资准备

整合各部门现有救灾储备物资和储备库规划，分级、分类管理储备救灾物资和储备库。

（1）按照救灾物资储备规划，在完善天津、沈阳、哈尔滨、合肥、武汉、长沙、郑州、南宁、成都、西安10个中央救灾物资储备库的基础上，根据需要，科学选址，进一步建立健全中央救灾物资储备库。各省、自治区、直辖市及灾害多发地、县建立健全物资储备库、点。各级储备库应储备必需的救灾物资。

(2) 每年年初购置救灾帐篷、衣被、净水设备（药品）等救灾物资。

(3) 建立救助物资生产厂家名录，必要时签订救灾物资紧急购销协议。

(4) 灾情发生时，可调用邻省救灾储备物资。

(5) 建立健全救灾物资紧急调拨和运输制度。

(6) 建立健全救灾物资应急采购和调拨制度。

3. 通信和信息准备

通信运营部门应依法保障灾害信息的畅通。自然灾害救助信息网络应以公用通信网为基础，合理组建灾害信息专用通信网络，确保信息畅通。

(1) 加强中央级灾害信息管理系统建设，指导地方建设并管理覆盖省、地、县三级的救灾通信网络，确保中央和地方各级政府及时准确掌握重大自然灾害信息。

(2) 以国家减灾中心为依托，建立部门间灾害信息共享平台，提供信息交流服务，完善信息共享机制。

(3) 充分发挥环境与灾害监测预报小卫星星座、气象卫星、海洋卫星、资源卫星等对地监测系统的作用，建立基于遥感和地理信息系统技术的灾害监测、预警、评估以及灾害应急辅助决策系统。

4. 救灾装备准备

(1) 中央各有关部门应配备救灾管理工作必需的设备和装备。

(2) 民政部、省级民政部门及灾害频发市、县民政局应配备救灾必需的设备和装备。

5. 人力资源准备

(1) 完善民政灾害管理人员队伍建设，提高其应对自然灾害的能力

(2) 建立健全专家队伍。组织民政、卫生、水利、气象、地震、海洋、国土资源等各方面专家，重点开展灾情会商、赴灾区的现场评估及灾害管理的业务咨询工作。

(3) 建立健全与军队、公安、武警、消防、卫生等专业救援队伍的联动机制。

(4) 培育、发展非政府组织和志愿者队伍，并充分发挥其作用。

6. 社会动员准备

(1) 建立和完善社会捐助的动员机制、运行机制、监督管理机制，规范突发自然灾害社会捐助工作。

(2) 完善救灾捐赠工作应急方案，规范救灾捐赠的组织发动、款物接收和分配以及社会公示、表彰等各个环节的工作。

(3) 在已有 2.1 万个社会捐助接收站、点的基础上，继续在大、中城市和有条件的小城市建立社会捐助接收站、点，健全经常性社会捐助接收网络。

(4) 完善社会捐助表彰制度，为开展社会捐助活动创造良好的社会氛围。

(5) 健全北京、天津、上海、江苏、浙江、福建、山东、广东 8 省（市）和深圳、青岛、大连、宁波 4 市对内蒙古、江西、广西、四川、云南、贵州、陕西、甘肃、宁夏和新疆 10 省（区）的对口支援机制。

7. 宣传、培训和演习

(1) 开展社区减灾活动，利用各种媒体宣传灾害知识，宣传灾害应急法律规范和预防、避险、避灾、自救、互救、保险的常识，增强人民的防灾、减灾意识。

(2) 每年至少组织 2 次省级灾害管理人员的培训。每两年至少组织 1 次地级灾害管理人

员的集中培训。省或地市级民政部门每年至少组织1次县级及乡镇民政助理员的业务培训。不定期开展对政府分管领导、各类专业紧急救援队伍、非政府组织和志愿者组织的培训。

（3）每年在灾害多发地区，根据灾害发生特点，组织1～2次演习，检验并提高应急准备，指挥和响应能力。

1.8.5　预警预报与信息管理

1. 灾害预警预报

（1）根据有关部门提供的灾害预警预报信息，结合预警地区的自然条件、人口和社会经济背景数据库，进行分析评估，及时对可能受到自然灾害威胁的相关地区和人品数量作出灾情预警。

（2）根据灾情预警，自然灾害可能造成严重人员伤亡和财产损失，大量人员只需要紧急转移安置或生活救助，国家和有关省（区、市）应做好应急准备或采取应急措施。

2. 灾害信息共享

减灾办公室、全国抗灾救灾综合协调办公室及时汇总各类灾害预警预报信息，向成员单位和有关地方通报信息。

3. 灾情信息管理

（1）灾情信息报告内容包括灾害发生的时间、地点、背景，灾害造成的损失（包括人员受灾情况，人员伤亡数量，农作物受灾情况，房屋倒塌、损坏情况及造成的直接经济损失），已采取的救灾措施和灾区的需求。

（2）灾情信息报告时间

1）灾情初报。县级民政部门对于本行政区域内突发的自然灾害，凡造成人员伤亡和较大财产损失的，应在第一时间了解掌握灾情，及时向地（市）级民政部门报告初步情况，最迟不得晚于灾害发生后2小时。对造成死亡（含失踪）10人以上或其他严重损失的重大灾害，应同时上报省级民政部门和民政部。地（市）级民政部门在接到县级报告后，在2小时内完成审核、汇总灾情数据的工作，向省级民政部门报告。省级民政部门在接到地（市）级报告后，应在2小时内完成审核、汇总灾情数据的工作，向民政部报告。民政部接到重特大灾情报告后，在2小时内向国务院报告。

2）灾情续报。在重大自然灾害灾情稳定之前，省、地（市）、县三级民政部门均须执行24小时零报告制度。县级民政部门每天9时之前将截至前一天24时的灾情向地（市）级民政部门上报，地（市）级民政部门每天10时之前向省级民政部门上报，省级民政部门每天12时之前向民政部报告情况。特大灾情根据需要随时报告。

3）灾情核报。县级民政部门在灾情稳定后，应在2个工作日内核定灾情，向地（市）级民政部门报告。地（市）级民政部门在接到县级报告后，应在3个工作日内审核、汇总灾情数据，将全地（市）汇总数据（含分县灾情数据）向省级民政部门报告。省级民政部门在接到地（市）级的报告后，应在5个工作日内审核、汇总灾情数据，将全省汇总数据（含分市、分县数据）向民政部报告。

（3）灾情核定

1）部门会商核定。各级民政部门协调农业、水利、国土资源、地震、气象、统计等部门进行综合分析、会商，核定灾情。

2）民政、地震等有关部门组织专家评估小组，通过全面调查、抽样调查、典型调查和专项调查等形式对灾情进行专家评估，核实灾情。

1.8.6 应急响应

按照“条块结合，以块为主”的原则，灾害救助工作以地方政府为主。灾害发生后，乡级、县级、地级、省级人民政府和相关部门要根据灾情，按照分级管理、各司其职的原则，启动相关层级和相关部门应急预案，做好灾民紧急转移安置和生活安排工作，做好抗灾、救灾工作，做好灾害监测、灾情调查、评估和报告工作，最大程度地减少人民群众生命和财产损失。根据突发性自然灾害的危害程度等因素，国家设定四个响应等级。

1. Ⅰ级响应

（1）灾害损失情况

1）某一省（区、市）行政区域内，发生水旱灾害，台风、冰雹、雪、沙尘暴、山体崩塌、滑坡、泥石流，风暴潮、海啸，森林草原火灾和生物灾害等特别重大自然灾害。

2）事故灾难、公共卫生事件、社会安全事件等其他突发公共事件造成大量人员伤亡、需要紧急转移安置或生活救助，视情况启动本预案。

3）对救助能力特别薄弱的地区等特殊情况，启动标准可酌情降低。

4）国务院决定的其他事项。

（2）启动程序

减灾委接到灾情报告后第一时间向国务院提出启动一级响应的建议，由国务院决定进入Ⅰ级响应。

（3）应急响应

由减灾委主任统一领导、组织抗灾救灾工作。民政部接到灾害发生信息后，2小时内向国务院和减灾委主任报告，之后及时续报有关情况。灾害发生后24小时内财政部下拨中央救灾应急资金，协调铁路、交通、民航等部门紧急调运救灾物资；组织开展全国性救灾捐赠活动，统一接收、管理、分配国际救灾捐赠款物；协调落实党中央、国务院关于抗灾、救灾的指示。

（4）响应的终止

灾情和救灾工作稳定后，由减灾委主任决定终止一级响应。

2. Ⅱ级响应

（1）灾害损失情况

1）某一省（区、市）行政区域内，发生水旱灾害，台风、冰雹、雪、沙尘暴，山体崩塌、滑坡、泥石流，风暴潮、海啸、森林草原火灾和生物灾害等重大自然灾害。

2）事故灾难、公共卫生事件、社会安全事件等其他突发公共事件造成大量人员伤亡、需要紧急转移安置或生活救助，视情况启动本预案。

3）对救助能力特别薄弱的地区等特殊情况，启动标准可酌情降低。

4）国务院决定的其他事项。

（2）启动程序

减灾委秘书长（民政部副部长）在接到灾情报告后第一时间向减灾委副主任（民政部部长）提出启动Ⅱ级响应的建议，由减灾委副主任决定进入Ⅱ级响应。

（3）响应措施

由减灾委副主任组织协调灾害救助工作。

民政部成立救灾应急指挥部，实行联合办公，组成紧急救援（综合）组、灾害信息组、救灾捐赠组、宣传报道组和后勤保障组等抗灾、救灾工作小组，统一组织开展抗灾、救灾工作。

灾情发生后 24 小时内，派出抗灾、救灾联合工作组赶赴灾区慰问灾民，核查灾情，了解救灾工作情况，了解灾区政府的救助能力和灾区需求，指导地方开展救灾工作，紧急调拨救灾款物。

及时掌握灾情和编报救灾工作动态信息，并在民政部网站发布。

向社会发布接受救灾捐赠的公告，组织开展跨省（区、市）或全国性救灾捐赠活动。

经国务院批准，向国际社会发出救灾援助呼吁。

公布接受捐赠单位和账号，设立救灾捐赠热线电话，主动接受社会各界的救灾捐赠；每日向社会公布灾情和灾区需求情况；及时下拨捐赠款物，对全国救灾捐赠款物进行调剂；定期对救灾捐赠的接收和使用情况向社会公告。

（4）响应的终止

灾情和救灾工作稳定后，由减灾委副主任决定终止Ⅱ级响应。

3. Ⅲ级响应

（1）灾害损失情况

1）某一省（区、市）行政区域内，发生水旱灾害，台风、冰雹、雪、沙尘暴，山体崩塌、滑坡、泥石流，风暴潮、海啸，森林草原火灾和生物灾害等较大自然灾害。

2）事故灾害、公共卫生事件、社会安全事件等其他突发公共事件造成大量人员伤亡、需要紧急转移安置或生活救助，视情况启动本预案。

3）对救助能力特别薄弱的“老、少、边、穷”地区等特殊情况，启动标准可酌情降低。

4）国务院决定的其他事项。

（2）启动程序

减灾委办公室在接到灾情报告后第一时间向减灾委秘书长（民政部副部长）提出启动Ⅲ级响应的建议，由减灾委秘书长决定进入Ⅲ级响应。

（3）响应措施

由减灾委员会秘书长组织协调灾害救助工作。减灾委办公室、全国抗灾救灾综合协调办公室及时与有关成员单位联系，沟通灾害信息；组织召开会商会，分析灾区形势，研究落实对灾区的抗灾、救灾支持措施；组织有关部门共同听取有关省（区、市）的情况汇报；协调有关部门向灾区派出联合工作组。

灾情发生后 24 小时内，派出民政部工作组赶赴灾区慰问灾民，核查灾情，了解救灾工作情况，了解灾区政府的救助能力和灾区需求，指导地方开展救灾工作。

灾害损失较大时，灾情发生后 48 小时内，协调有关部门组成全国抗灾救灾综合协调工作组赴灾区 ，及时调拨救灾款物。

掌握灾情和救灾工作动态信息。并在民政部网站发布。

（4）响应的终止

灾情和救灾工作稳定后，由减灾委秘书长决定终止Ⅲ级响应，报告减灾委副主任。

4. Ⅳ级响应

(1) 灾害损失情况

1) 某一省(区、市)行政区域内，发生水旱灾害，台风、冰雹、雪、沙尘暴，山体崩塌、滑坡、泥石流，风暴潮、海啸，森林草原火灾和生物灾害等一般自然灾害。

2) 事故灾难、公共卫生事件、社会安全事件等其他突发公共事件造成大量人员伤亡、需要紧急转移安置或生活救助，视情况启动本预案。

3) 对救助能力特别薄弱的“老、少、边、穷”地区等特殊情况，启动标准可酌情降低。

4) 国务院决定的其他事项。

(2) 启动程序

减灾委办公室在接到灾情报告后第一时间决定进入Ⅳ级响应。

(3) 响应措施

由减灾委办公室、全国抗灾救灾综合协调办公室主任组织协调灾害救助工作。减灾委办公室、全国抗灾救灾综合协调办公室及时与有关成员单位联系，沟通灾害信息；协调有关部门落实对灾区的抗灾救灾支持；视情况向灾区派出工作组。

灾情发生后24小时内，派出民政部工作组赶赴灾区慰问灾民，核查灾情，了解救灾工作情况，了解灾区政府的救助能力和灾区需求，指导地方开展救灾工作，调拨救灾款物。

掌握灾情动态信息，并在民政部网站发布。

(4) 响应的终止

灾情和救灾工作稳定后，由减灾委办公室、全国抗灾救灾综合协调办公室主任决定终止Ⅳ级响应，报告减灾委秘书长。

5. 信息发布

(1) 信息发布坚持实事求是、及时准确的原则。要在第一时间向社会发布简要信息，并根据灾情发展情况做好后续信息发布工作。

(2) 信息发布的内容主要包括：受灾的基本情况、抗灾救灾的动态及成效、下一步安排、需要说明的问题。

1.8.7 灾后救助与恢复重建

1. 灾后救助

(1) 县级民政部门每年调查冬令(春荒)灾民生活困难情况，建立政府救济人口台账。

(2) 民政部会同省级民政部门，组织有关专家赴灾区开展灾民生活困难状况评估，核实情况。

(3) 制定冬令(春荒)救济工作方案。

(4) 根据各省、自治区、直辖市人民政府向国务院要求拨款的请示，结合灾情评估情况，会同财政部下拨特大自然灾害救济补助费，专项用于帮助解决冬春灾民吃饭、穿衣等基本生活困难。

(5) 灾民救助全面实行“灾民救助卡”管理制度。对确需政府救济的灾民，由县级民政部门统一发放“灾民救助卡”，灾民凭卡领取救济粮和救济金。

（6）向社会通报各地救灾款下拨进度，确保冬令救济资金在春节前发放到户。

（7）对有偿还能力但暂时无钱购粮的缺粮群众，实施开仓借粮。

（8）通过开展社会捐助、对口支援、紧急采购等方式解决灾民的过冬衣被问题。

（9）发展改革、财政、农业等部门落实好以工代赈、灾歉减免政策，粮食部门确保粮食供应。

2. 灾后恢复重建工作坚持“依靠群众，依靠集体，生产自救，互助互济，辅之以国家必要的救济和扶持”的救灾工作方针，灾民倒房重建应由县（市、区）负责组织实施，采取自建、援建和帮建相结合的方式，以受灾户自建为主。建房资金应通过政府救济、社会互助、邻里帮工帮料、以工代赈、自行借贷、政策优惠等多种途径解决。房屋规划和设计要因地制宜，合理布局，科学规划，充分考虑灾害因素。

（1）组织核查灾情。灾情稳定后，县级民政部门立即组织灾情核定，建立因灾倒塌房屋台账。省级民政部门在灾情稳定后10日内将全省因灾倒塌房屋等灾害损失情况报民政部。

（2）开展灾情评估。重大灾害发生后，人民政府会同省级民政部门，组织有关专家赴灾区开展灾情评估，全面核查灾情。

（3）制定恢复重建工作方案。根据全国灾情和各地实际，制定恢复重建方针、目标、政策、重建进度、资金支持、优惠政策和检查落实等工作方案。

（4）根据各省、自治区、直辖市人民政府向国务院要求拨款的请示，结合灾情评估情况，民政部会同财政部下拨特大自然灾害救济补助费，专项用于各地灾民倒房恢复重建。

（5）定期向社会通报各地救灾资金下拨进度和恢复重建进度。

（6）向灾区派出督查组，检查、督导恢复重建工作。

（7）协调有关部门制定优惠政策，简化手续，减免税费，平抑物价。

（8）卫生部门做好灾后疾病预防和疫情监测工作。组织医疗卫生人员深入灾区，提供医疗卫生服务，宣传卫生防病知识，指导群众搞好环境卫生，实施饮水和食品卫生监督，实现大灾之后无大疫。

（9）发展改革、教育、财政、建设、交通、水利、农业、卫生、广播电视等部门，以及电力、通信等企业，金融机构做好救灾资金（物资）安排，并组织做好灾区学校、卫生院等公益设施及水利、电力、交通、通信、供排水、广播电视设施的恢复重建工作。

1.8.8　附则

1. 名词术语解释

自然灾害：指给人类共存带来危害或损害人类生活环境的自然现象，包括洪涝、干旱灾害，台风、冰雹、雪、沙尘暴等气象灾害，火山、地震灾害，山体崩塌、滑坡、泥石流等地质灾害，风暴潮、海啸等海洋灾害，森林草原火灾和重大生物灾害等自然灾害。

灾情：指自然灾害造成的损失情况，包括人员伤亡和财产损失等。

灾情预警：指根据气象、水文、海洋、地震、国土等部门的灾害预警、预报信息，结合人口、自然和社会经济背景数据库，对灾害可能影响的地区和人口数量等损失情况作出分析、评估和预警。

环境与灾害监测预报小卫星星座：为满足我国环境与灾害监测的需要，2003年2月，国务院正式批准“环境与灾害监测预报小卫星星座”的立项。根据国家计划，小卫星星座系统拟采用分步实施战略："十五"期间，采用"2+1"方案，即发射两颗光学小卫星和一颗合成孔径雷达小卫星，初步实现对灾害和环境进行监测；"十一五"期间，实施"4+4"方案，即发射四颗光学小卫星和四颗合成孔径雷达小卫星组成的星座，实现对我国及周边国家、地区灾害和环境的动态监测。本预案有关数量的表述中，"以上"含本数，"以下"不含本数。

2. 国际沟通与协作

按照国家外事纪律的有关规定，积极开展国际间的自然灾害救助交流，借鉴发达国家自然灾害救助工作的经验，进一步做好我国自然灾害突发事件防范与处置工作。

3. 奖励与责任

对在自然灾害救助工作中作出突出贡献的先进集体和个人，由人事部和民政部联合表彰；对在自然灾害救助工作中英勇献身的人员，按有关规定追认烈士；对在自然灾害救助工作中玩忽职守造成损失的，依据国家有关法律法规追究当事人的责任，构成犯罪的，依法追究其刑事责任。

4. 预案管理与更新

本预案由减灾委办公室、全国抗灾救灾综合协调办公室负责管理。预案实施后，减灾委办公室、全国抗灾救灾综合协调办公室应适时召集有关部门和专家进行评估，并视情况变化作出相应修改后报国务院。各省、自治区、直辖市自然灾害救助应急综合协调机构根据本预案制定本省（区、市）自然灾害救助应急预案。

5. 预案生效时间

本预案自印发之日起生效。

第 2 章　小城镇气象灾害防灾减灾

2.1　暴雨及引发的洪涝灾害防灾减灾

暴雨是主要气象灾害之一，除了造成直接灾害外，还会引发洪涝灾害及山体滑坡、泥石流等地质次生灾害。

从世界灾害发生历史来看，洪涝始终是人类面临的主要自然灾害。近些年来，随着地球环境的不断恶化，地球上的洪涝灾害发生的频率也越来越高，洪涝灾害对人类活动的破坏作用及造成的经济损失也越来越严重。

暴雨引发洪涝灾害是指暴雨引发洪涝造成的人员伤亡、财产损失，及环境与社会功能的破坏。

2.1.1　暴雨成因

暴雨的形成过程复杂，产生暴雨的主要物理条件是充足的源源不断的水汽、强盛而持久的气流上升运动和大气层的不稳定。天气系统和地形的有利组合往往会产生较大的暴雨。

我国大面积暴雨的天气系统包括气象的锋、气旋、切变线、低涡槽、台风、东风波和热带辐合带。在干旱与半干旱的局部地区雷阵雨可造成短时、小面积的特大暴雨。暴雨常常是从积雨云中落下的。形成积雨云的条件是大气中要含有充足的水汽，并有强烈的上升运动，把水汽迅速向上输送，云内的水滴受上升运动的影响不断增大，上升气流托不住时，就急剧地降落到地面。

2.1.2　暴雨预警及防御

1. 暴雨的强度级别

暴雨是指降水强度很大的雨。一般指每小时降雨量 16mm 以上，或连续 12 小时降雨量 30mm 以上，或连续 24 小时降雨量 50mm 以上的降水。我国气象上规定，24 小时降水量为 50mm 或以上的雨称为“暴雨”。按其降水强度大小又分为三个等级，即 24 小时降水量为50～99.9mm 称“暴雨”；100～200mm 为“大暴雨”；200mm 以上称“特大暴雨”。

世界上最大的暴雨出现在南印度洋上的留尼汪岛，24 小时降水量为 1870mm。我国最大暴雨出现在台湾省新寮，24 小时降水量为 1672mm。

我国是多暴雨的国家之一，除西北个别省、区外，都有暴雨出现。冬季暴雨局限在华南沿海。4～6 月间，华南地区暴雨频发。6～7 月间，长江中下游常有持续性暴雨出现，历时长、面积广、暴雨量大。7～8 月是北方各省的主要暴雨季节，暴雨强度很大。8～10 月雨带又逐渐南撤。夏秋之后，东海和南海台风暴雨十分活跃，台风暴雨的降雨量往往很大。

2. 暴雨预警信号

一般暴雨预警信号分四级，分别以蓝色、黄色、橙色、红色表示。

(1) 暴雨蓝色预警信号

对应12小时内降雨量将达50mm以上，或者已达50mm以上且降雨可能持续。

(2) 暴雨黄色预警信号

对应6小时内降雨量将达50mm以上，或者已达50mm以上且降雨可能持续的暴雨。

(3) 暴雨橙色预警信号

对应3小时内降雨量将达50mm以上，或者已达50mm以上且降雨可能持续的暴雨。

(4) 暴雨红色预警信号

对应3小时内降雨量将达100mm以上，或者已达100mm以上且降雨可能持续的暴雨。

3. 暴雨防御指南

对应不同暴雨预警的防御指南如下：

(1) 蓝色预警暴雨

防御指南：政府及相关部门按照职责做好防暴雨准备工作；学校、幼儿园采取适当措施，保证学生和幼儿安全；驾驶人员应当注意道路积水和交通阻塞，确保安全；检查城镇、农田、鱼塘排水系统，做好排涝准备。

(2) 黄色预警暴雨

防御指南：政府及相关部门按照职责做好防暴雨工作；交通管理部门应当根据路况在强降雨路段采取交通管制措施，在积水路段实行交通引导；切断低洼地带有危险的室外电源，暂停在空旷地方的户外作业，转移危险地带人员和危房居民到安全场所避雨；检查城市、农田、鱼塘排水系统，采取必要的排涝措施。

(3) 橙色预警暴雨

防御指南：政府及相关部门按照职责做好防暴雨应急工作；切断有危险的室外电源，暂停户外作业；处于危险地带的单位应当停课、停业，采取措施保护已到校学生、幼儿和其他上班人员的安全；做好城市、农田的排涝，注意防范可能引发的山洪、滑坡、泥石流。

(4) 红色预警暴雨

防御指南：政府及相关部门按照职责做好防暴雨应急和抢险工作；停止集会、停课、停业（除特殊行业外）；做好山洪、滑坡、泥石流等灾害的防御和抢险工作。

2.1.3 洪涝灾害成因

洪灾除受地理地形、气候条件等自然因素影响外，也受人类活动的人为因素影响。城镇洪涝灾害还与排水系统有很大关系。

1. 自然因素

我国幅员辽阔、地形复杂、河流众多，季风气候十分显著。受季风气候的影响，各地的降水年内分配不均（全年降水大多集中在汛期），洪涝灾害甚为频繁。全国约有60%的国土存在着不同类型和不同程度的洪水灾害，洪灾分河洪和山洪。东部地区城镇洪灾主要由暴雨、台风和风暴潮造成，西部地区城镇洪灾主要由融冰、融雪和局部暴雨造成。

2. 人为因素

（1）城市化对降水量的影响。城市化对降水量的影响表现在降水量有增大的趋势，其原因是城镇、热岛效应、城市阻碍效应及城市大量的凝结核被排放到空气中，促进降雨形成。

（2）城市化对产流量的影响。其影响表现在城市地面硬化，使下垫面的不透水面积大量增加，从而导致地表的下渗能力大幅度降低，地下水水位下降，地表径流量大幅度增加，次降水产生的径流总量增加，洪峰流量增大，直接的后果是整个城市的防洪压力增大。

（3）城市化对汇流量的影响。城市化一方面导致地表下渗能力降低，从而影响产流，另一方面使地表坡度增大、糙率减小，使地表汇流时间缩短，从而影响汇流。

2.1.4　防洪排涝主要问题分析

1. 防洪排涝标准普遍低

我国现有 85％的城市防洪标准低于 50 年一遇，50％的城市防洪标准低于 20 年一遇，小城镇防洪标准较多低于 10 年一遇，小城镇防洪相关的流域防洪标准也较低。小城镇蓄滞洪区建设滞后，多数防洪预警系统和防洪减灾体系尚未形成。

2. 防洪排涝设施简陋不完善

小城镇防洪排涝设施不完善，多数存在简陋、落后、质量差、遗留隐患多，远远不能满足小城镇发展的要求。同时，小城镇排水系统或缺乏或很不健全，问题更多。汛期暴雨江河水位高涨很容易造成洪水无法自排，镇区水体又无法调蓄，加重洪涝灾害。

3. 防洪排涝减灾管理落后

多数小城镇缺乏洪灾预警系统，相关法律法规、体制与机制不健全，严重影响小城镇防洪排涝减灾工作的开展。

2.1.5　防洪涝设防区划

1. 设防区洪涝环境

（1）各频率洪水淹没范围的确定

根据防洪保护区的某一控制断面发生不同频率洪水的洪峰流量及与上、下游计算断面的相应洪峰流量，利用河道的纵横端面实测资料，运用一维恒定非均匀流方法，推求河道各计算断面的无堤水面线，并将同一频率水面线成果点绘在防洪保护区的地形图上，其连线即为该频率洪水的淹没范围的淹没面积。亦可从二维非恒定流的基本理论出发，利用大容量的计算机，模拟计算洪水在洪泛区的动态演进过程，最终编制出洪泛区的洪水风险图，以确定各种频率洪水的淹没面积和程度。

（2）淹没水深的确定

根据河道代表断面的水位（H）与流量（Q）关系曲线，各频率洪水的洪峰流量确定淹没水深。

2. 设防区地理影响及洪涝灾害评价

（1）基本规定

可利用已有的测量、地质、水文气象等资料和数据，进行适当的勘察与调查补充工作，采用规范方法或其他经验方法进行设防区类别划分、设防区洪涝影响分析和设防区洪涝灾害评价，编绘设防区类别分区图、设防区动参数小区规划图及设防区洪涝灾害小区划图。

（2）设防区地质条件勘察与调查

1）勘察与调查工作，应符合《城市防洪工程设计规范》GB/T 50805—2012 的规定。

2）勘察工作内容，应包括设防区水文地质和工程地质勘察。

3）调查工作内容，应包括收集、整理和分析水文气象、工程地质、水文地质和地形地貌等资料。

（3）洪涝灾害评价

洪涝灾害评价可包括洪涝作用引起的设防区建筑物、生命线工程以及其他灾害的评价。

（4）成果表达方式

1）洪涝灾害小区划图可以是一幅等多种类型灾害信息综合表示图，也可以是多幅单一类型灾害信息表示图。表达方式上除了平面图之外，宜以必要的柱状图与剖面图辅助说明。

2）场地类别分区图、洪涝动参数小区划图和洪涝灾害小区划图的比例尺，可结合具体工作要求确定，但应满足洪涝预测分析中确定的工作区分区或单元能被识别的要求。

3. 洪涝灾害预测

（1）洪涝灾害分级

根据工作区实际按基本完好、中等破坏和严重破坏三个等级区分。

（2）专题基础资料

根据防洪统计资料，配合现场调查，给出预测单元的统计数据，按预测单元显示预测结果。

（3）主要成果表达方式

1）提供相关统计数据和调查资料。

2）防洪能力综合评价，指出工作区内高危害类型、存在问题与防洪涝薄弱环节。

3）工作区在设定洪水或设防洪水动参数作用下的洪涝灾害程度及空间分布。

4. 洪涝灾害生命线工程功能保障分析

按应急保障基础设施、防灾工程设施及应急服务设施的功能要求调查研究分析，确定其设施功能、洪涝灾害防御目标和设防标准等特殊的防灾要求。

5. 洪涝次生灾害估计

（1）包括毒气泄漏与扩散、环境或放射性污染等灾害的估计。

（2）调查灾害源的分布，危险品的种类、贮量，环境污染源类型，作出分布图。

（3）调查其他次生灾害。

（4）提出灾害源的危害性分级，次生灾害危害性分 3 级：

Ⅰ级　危及灾害源相关大片区域的次生灾害。

Ⅱ级　危及灾害源及附近空间环境的次生灾害。

Ⅲ级　仅危及灾害源本身的次生灾害。

（5）主要成果：调查及评估结果或信息表格。

次生灾害源分布图，以及防御能力与防御对策。

6. 人员伤亡与经济损失估计

(1) 人员伤亡及需安置人员估计。

(2) 经济损失估计包括直接、间接经济损失及抗洪抢险费用支出。

2.1.6　防洪涝灾害规划

1. 规划依据与原则

(1) 小城镇防洪工程规划必须以小城镇总体规划和所在江河流域防洪规划为依据。

(2) 编制小城镇防洪规划除向水利等有关部门调查分析相关资料外，还应结合小城镇现状与规划，了解分析设计洪水、设计潮位的计算和历史洪水和暴雨的调查考证。

(3) 小城镇防洪工程规划应遵循统筹兼顾、全面规划、综合治理、因地制宜、因害设防、防治结合、以防为主的原则。小城镇防洪规划不仅要与流域防洪规划相配合，同时还要与小城镇总体规划相协调，要统筹兼顾小城镇建设各有关部门的要求和所在河道水系流域防洪的相关要求，做出全面规划。

(4) 小城镇防洪工程规划应结合其处于不同水体位置的防洪特点，合理选定防洪标准，制定防洪工程规划方案和防洪措施。充分发挥小城镇防洪工程的防洪作用，并考虑流域防洪设施的资源共享。

(5) 小城镇防洪工程规划期限与总体规划期限相一致，远期规划年限为 20 年。

(6) 小城镇防洪工程规划应有两个以上的技术方案，以便进行综合分析比较。

(7) 小城镇防洪工程规划尽可能与农业生产相结合，结合小城镇特点，充分考虑发挥效益，保护环境，美化城镇。

2. 规划内容、步骤与方法

(1) 规划内容

小城镇防洪工程规划内容包括：提出历史洪灾和防洪现状分析；确定规划原则、防洪区域和防洪特点及防洪标准；提出和选定防洪规划方案，以及防洪设施和防洪措施（包括工程治理措施和生物处理措施）。

(2) 规划步骤与方法

1) 收集资料，实地踏勘，综合研究

除调查研究小城镇现状、总体规划、布局、气候、自然地理和工程地质状况等相关基础资料外，重点调查考证历史洪水发生时间的洪水位、洪水过程、河道糙率及断面的冲淤变化，同时了解雨情、灾情、洪水来源，洪水的主流方向、有无漫流、分流、死水以及流域自然条件有无变化，现有防洪、排水、人防工程的设施及使用情况，有关河道湖泊管理的文件规定等。通过实地踏勘取得第一手资料后，还要进行多方面的比较、核实、研究，为下一步的规划工作提供依据。

2) 确定防洪标准

小城镇防洪标准按洪灾类型，并依据现行国标《防洪标准》GB 50201—1994 和行标《城市防洪工程设计规范》GB-T 50805—2012 的相关规定，确定山丘区、平原、洼地及滨海等地区的小城镇防洪标准并包括小城镇中的工矿企业、交通运输、公用设施、水利水电、通信设施及文物古迹和旅游设施等防洪标准。并依据小城镇性质地位、人口规模、经济社会发展、受洪（雨）水威胁程度、淹没损失大小、工程修复难易程度、环境污染状况以及其他自然经济条件等因素，综合分析，合理选定。

3）进行小城镇防洪的计算

主要包括洪水计算、沿海地区的潮位计算、防洪堤的位置和种类、防洪闸的类别和布置及水力计算、排洪渠道和截洪沟分类等。我国大多数河流的洪水由暴雨形成，可以利用暴雨径流关系，推求出所需要的设计防洪标准。

4）选定防洪方案，确定防洪工程措施

根据防洪标准和洪峰流量，合理确定防洪规划方案和防洪工程措施。

3. 防洪标准与方案选择

（1）防洪标准

防洪工程规模是以所抗御洪水的大小为依据，洪水的大小在定量上通常以某一重现期（或某一频率）的洪水流量表示。

小城镇防洪标准，见表 2-1 所示。关系到小城镇的安危，也关系到工程造价和建设期限等问题，是防洪规划中最重要的环节。其值应按照现行国标《城市防洪工程设计规范》（GB-T 50805—2012）相关规定的范围，结合考虑小城镇人口规模、经济社会发展、受洪（雨）水威胁程度、淹没损失大小、工程修复难易程度、环境污染状况以及其他自然经济条件等因素，进行综合分析，合理选定，见表 2-1 所示。

小城镇防洪标准表 **表 2-1**

	河（江）洪、海潮	山　洪
防洪标准［重现期（年）］	50～20	10～5

从小城镇所处河道水系的流域防洪规划和统筹兼顾流域城镇的防洪要求考虑，沿江河湖泊小城镇的防洪标准，应不低于其所处江河流域的防洪标准。

如果大型工矿企业、交通运输设施、文物古迹和风景区受洪水淹没，损失大、影响严重，防洪标准应相对较高。统筹兼顾上述防洪要求，减少洪水灾害损失考虑，对邻近大型工矿企业、交通运输设施、文物古迹和风景区等防护对象的小城镇防洪规划，当不能分别进行防护时，应按就高不就低的原则，按其中较高的防洪标准执行。

涉及江河流域、工矿企业、交通运输设施、文物古迹和风景区等的防洪标准，应根据国标《防洪标准》等的相关规定确定，表 2-2 为小城镇相关工矿企业防洪标准。

小城镇相关工矿企业防洪标准表 **表 2-2**

等　级	工矿企业规模	防洪标准［重现期（年）］
Ⅱ	大型	100～50
Ⅲ	中型	50～20
Ⅳ	小型	20～10

注： 1. 各类工矿企业的规模，按国家现行规定划分。
2. 对防洪有特殊要求的小城镇相关工矿企业防洪标准按国标《防洪标准》相关条款规定的要求。

（2）防洪方案选择

城镇防洪涝设防区类型、级别及所处地理位置、自然环境条件不同，其防洪方案也不相同，一般来说，主要有以下几种情况：

1）位于沿江、河、湖泊沿岸小城镇的防洪规划，应与流域规划相配合，泄蓄兼顾，以泄为主。上游主要以蓄水分洪为主，中游应加固堤防以防为主，下游应增强河道的排泄能力以排为主。

2）位于河网地区的小城镇防洪规划，根据镇区被河网分割的情况，防洪工程应采用分片封闭的形式，镇区与外部江河湖泊相通的主河道应设防洪闸控制水位。

3）位于山洪区的小城镇的防洪规划，宜按水流形态和沟槽发育规律对山洪沟进行分段治理，山洪沟上游的集水坡地的治理应以水土保持为主，中流沟应以小型拦蓄工程为主，工程措施与生物措施相结合，因地制宜考虑防洪方案。

4）沿海小城镇防洪规划，以堤防洪为主，同时规划应做出暴潮、海啸及海浪的防治对策。

5）同时位于以上2种或3种水体位置情况的小城镇，要考虑在河、海高水位时，山洪的排出问题及可能产生的内涝治理问题。位于河口的沿海小城镇要分析研究河洪水位，天文潮位及风暴潮增高水位的最不利组合问题。

6）沿江滨湖洪水重灾区一般小城镇的防洪规划应按国家“平垸行洪、退田还湖、移民建镇”的防洪抗灾指导原则和根治水患相结合的灾后重建规划考虑。对于生态旅游主导型的小城镇，还应强调沿岸防洪堤规划与岸线景观规划、绿化规划的结合与协调。

7）对地震区的小城镇，防洪规划要充分估计地震对防洪工程的影响。

4. 设计洪峰流量计算

相应于防洪设计标准的洪水流量，称为设计洪水流量。计算洪水流量的方法较多，常用方法主要有4种。

（1）推理公式

估算山洪所用的推理公式有水科院水文研究所公式、小径流研究组公式和林平一公式3种。如水科院水文研究所公式形式为（式2-1）：

$$Q = 0.278 \times \frac{\omega \cdot S}{\tau^{n}} \cdot F \qquad \text{（式 2-1）}$$

式中　Q——设计洪水流量（L/s）；

S——暴雨雨力，即与设计重现期相应的最大一小时降雨量（mm/h）；

ω——洪峰径流系数；

F——流域面积（km^2）；

τ——流域的集流时间（h）；

n——暴雨强度衰减指数。

当流域面积为40～50km^2时，用此推理公式效果较好。公式中各参数的确定方法，需要较多基础资料，计算过程较复杂，参数确定详见相关资料。

（2）经验公式

在缺乏水文直接观测资料的地区，可采用经验公式。常见的经验公式以流域面积为参数，如以下经验公式（式2-2）：

$$Q = K \cdot F^{n} \qquad \text{（式 2-2）}$$

式中　Q——设计洪水流量（L/s）；

F——流域面积（km^2）；

K、n——随地区及洪水频率而变化的系数和指数，当 $F \leqslant 1km^2$ 时，$n=1$。

此经验公式适用于流域面积 $F \leqslant 10km^2$，该法使用方便，计算简单，但地区性较强。参数的确定详见水文有关资料和地区水文手册。

（3）洪水调查法

包括形态调查法与直接类比法两种。

形态调查法主要是：

1）深入现场，勘察洪水位的痕迹，推导它发生的频率、选择和测量河槽断面；

2）按下列公式计算洪峰流速（式 2-3）：

$$v = \frac{1}{n} R^{\frac{2}{3}} I^{\frac{1}{2}} \qquad \text{（式 2-3）}$$

式中 n——河槽壁粗糙系数；

R——水力半径；

I——水面比降，可用河底平均比降代替。

3）按下列公式计算出调查的洪峰流量（式 2-4）：

$$Q = Av \qquad \text{（式 2-4）}$$

式中 A——过水断面。

4）最后通过流量变差系数和模比系数法，将调查到的某一频率的流量换算成设计频率的洪峰流量。

对以上 3 种方法，应特别重视洪水调查法。在此法的基础上，再结合其他方法进行。

（4）实测流量法

若小城镇上游设有水文站，且具有 20 年以上的流量等实测资料，利用多年实测资料，采用数理统计方法，计算出相应于各重现期的洪水流量。计算成果的准确性优于其他几种方法。在有条件的地区，最好采用实测流量推求洪水流量。

5. 防洪设施与措施

小城镇防洪、排涝设施主要由蓄洪滞洪水库、防洪堤、排洪沟渠、防洪闸和排涝设施组成。小城镇防洪规划应注意避免或减少对水流流态、泥沙运动、河岸、海岸产生不利影响，防洪设施的选择应适应防洪现状与天然岸线走向，并与小城镇总体规划的岸线规划相协调。

洪水的防治，应从流域的治理入手。一般说来，对于河流洪水防治有“上蓄水，中固堤，下利泄”的原则。一般主要防洪措施有以蓄为主或以排为主两种。

（1）以蓄为主的防洪措施

1）径流调节

在河流上游适当位置处利用湖泊、洼地或修建水库，拦蓄或滞蓄洪水。在洪水季节，水库容纳河流断面不能承担的部分洪水来削减下游河道的洪峰流量，可以减轻或消除洪水对城镇的灾害。在缺水地区或以调节枯水径流，增加枯水流量，保证了供水、航运及水产养殖。径流调节是小城镇采用较多的一种有效的防洪措施。

靠近山地的城镇，如果有条件可结合城镇园林绿化，在城镇用地的适当地段，开辟水池，修建水库，疏浚城镇原有的狭水河道和水沟，改善冲沟洼地，把死水变成活水，这是城镇防洪排水和园林绿化密切结合的一种最好的方法。

2）水土保持

修建谷坊、塘、埝，植树造林以及改造坡地为梯田，在流域面积上控制径流和泥沙，不使其流失和大量进入河道。这是一种在大面积上保持水土的有效措施，既有利于防洪，又有利于农业。即使在小城镇周围，加强水土保持，对于小城镇防止山洪的威胁，也会起到积极的作用。

① 山坡防护工程是用改变小地形的方法防止坡地水土流失，将雨水及融雪水就地拦蓄，使其渗入农地、草地或林地，减少或防止形成面径流，增加农作物、牧草以及林木可利用的土壤水分。同时，将未能就地拦蓄的坡地径流引入小型蓄水工程。在有发生重力侵蚀危险的坡地上，可以修筑排水工程或支撑建筑物防止滑坡作用。属于山坡防护工程的措施有：梯田、拦水沟、水平沟、水平阶、水簸箕、钱鳞坑、山坡截流沟、水窖（旱井）以及稳定斜坡下部的挡土墙等。

② 小型蓄水用水工程的作用在于将坡地径流及地下潜流拦蓄起来，减少水土流失危害，灌溉农田，提高作物产量。其工程包括小水库、蓄水塘坝，淤滩造田、引洪湿地、引水上山等。

③ 梯田是基本的水土保持工程措施，对于改变地形，减沙、改良土壤，改善生产条件和生态环境等都有很大作用。具有沟床铺砌、种草皮、沟底防冲林带等措施。

④ 谷坊是在山区沟道内为防止沟床冲刷及泥沙灾害而修筑的横向挡拦建筑物，又名冲坝、沙土坝、闸山沟等。谷坊高度一般小于 3m，是水土流失地区沟道治理的一种主要工程措施。谷坊的主要作用是防止沟床下切冲刷。

⑤ 沙坝在减少泥沙来源和拦蓄泥沙方面能起重大作用。拦沙坝将泥石流中的固体物质堆积库内，可以使下游免遭泥石流危害。如苏联阿拉木图麦杰奥地区修建了一座高达 115m 的拦坝，1973 年 7 月 15 日在小阿拉木图河发生了一场特大泥石流，该坝拦蓄了 400 万 m^3 的固体物质，使阿拉木图市免除了一场泥石流灾祸。

（2）以排为主的防洪措施

1）修筑堤坝

沿干流与小城镇区域内支流的两侧筑防洪堤，是小城镇以排为主的防洪措施。它可增加河道两岸高度，提高河槽泄洪能力，有时也可起到束水攻沙的作用。其布置应考虑小城镇最高洪水位与最低枯水位、小城镇泄洪口标高、地下水位标高等因素。平原地区河流多采用这种防洪措施。

围堤本身并不复杂，但是由于筑堤牵涉到城镇内原有河流的出口、地面排水出口以及影响地下水位升高等许多复杂问题，因此筑堤也必须在具有充分技术经济依据的条件时才可采用。

解决排除镇区水流与筑堤之间的矛盾，有下述几种处理方法：

① 沿干流及镇区内支流的两侧筑堤，部分地面水采用水泵排除。这种方法，对排泄支流的流量很方便，但缺点是增加围堤的长度和道路桥梁的投资。

② 只沿干流筑堤，支流和地面水用水泵（或不用水泵）抽出。这种方法，只有在支流流量较小，堤内有适当的蓄水面积（如洼地、水池）和洪峰持续较短等情况下方可采用。它的作用原理是：当洪水来时，将支流和城镇内的地面水及时储蓄在堤内，洪水退

后，再把堤内的水放出。

③ 沿干流筑堤，把支流下游部分的水用管道排出，即直接利用水流本身的压力排出，不需使用抽水设备。这种方法，只有在城镇用地具有适宜坡度时才能采用。

④ 在支流修建调节水库，城镇的上游设置截洪沟，把所蓄的水导向城镇外，以减小城镇内蓄水面积。

在小城镇规划中，选用上述某一种或综合利用几种措施，都须作技术经济方案比较才可确定。

在围堤定线时，要注意以下几个方面：应符合城镇规划的要求；选择较高的地段，以减少土方工程量；围堤的路线要与设计淹没线以及流向相适应；在堤顶筑路时，应符合道路的要求；少拆迁现有的建筑物。

2）整治河道

对河道截弯取直及加深河床，使水流通畅，水位降低，大大提高泄洪能力，从而减少了洪水的威胁。河道的疏浚影响上下游河床，因此必须经过计算。

（3）排洪沟渠

排洪沟渠是应用较为广泛的一种防洪工程设施，特别在山区小城镇和工业区应用更多。排洪沟渠按作用和设置的位置可分为截洪沟、分洪沟和排洪沟。其断面形式通常是梯形与矩形明渠。

截洪沟是在斜坡上每隔一定距离依坡修筑的具有一定坡度的沟道，山坡截流沟能阻截径流，减免径流冲刷，将分散的坡面径流集中起来，输送到蓄水工程里或直接输送到农田、草地或林地。山坡截流沟与梯田、沟头防护以及引洪湿地等措施相配合，对保护其下部的农田，防止沟头前进，防止滑坡，维护村庄和公路、铁路的安全有重要的作用。

山前截洪沟主要采用明渠截洪。排洪沟设计流量在 $150m^3/s$ 以上的采用明渠排洪。设计量在 $150m^3/s$ 以上的可根据城镇用地情况采用暗渠排洪或明渠排洪。为美化城镇景观，按实际需要及排洪明渠底坡情况，设置橡皮坝等活动蓄水构筑物，使排洪沟形成可供居民接近的水面。

（4）填高被淹用地

抬高被淹用地的设计地坪标高是防止水淹的一项简单措施。它的采用条件是：

1）当采用其他方法不经济，而又有方便足够的土源时。

2）由于地质条件不适宜筑堤时。

3）小面积的低洼地段一旦积水影响环境卫生。

采用填高低地的优点是可以根据建设需要进行填土，而且可以分期投资，节约经常开支。缺点是土方工程量大，总造价昂贵，某些填土地段在短期内不能用于修建。如果马上用来修建，需要采用人工基础（如打桩或加深基础等）。采取填高用地的办法，要对土质加以选择。例如砂质黏土就是较好的填土材料，而纯黏土则较难夯实。

6. 不同地区不同洪灾防洪规划特征及分析

（1）重庆山区的小城镇防洪

重庆山区的小城镇，它们多属于老、少、边、穷地区，山高陡峭，加之多年来毁林开荒、广种薄收、耕作粗放，造成森林资源遭到破坏，水土流失严重，水土流失面积占土地面积的60%以上；二是山区小城镇建设不结合当地地形、地貌及地质条件，盲目追求规模，采用移山填沟、高边坡深开挖方式建设，不但破坏自然生态组合，造成隐患，而且大量的弃渣、弃土破坏植被、引起水土流失，加上山区小城镇防洪工程设施基础较薄弱，造成山洪、暴雨、崩塌、滑坡和泥石流等灾害频繁。又例如三峡库区的小城镇，位于水陆生态交错地带，小城镇分布较密集，近年来毁林开荒、陡坡植垦，库区原有森林植被遭受严重破坏，沿江两岸森林覆盖率仅为5%～7%，且主要为人工林和次生林，水源涵养和水土保护能力较低，加之地形破碎，地面切割强烈，地质薄弱，以及土地过度开垦，致使水土流失严重，滑坡、崩塌和泥石流频繁发生。

上述地区小城镇防洪应在加强防洪设施建设的同时，封山植树、退耕还林，保护环境生态；库区小城镇移民迁建、选址布局规划与建设应重视防洪和环境生态并考虑必要的异地移民。

（2）江西省鄱阳湖地区及赣、抚、信、饶、修等河流尾闾地区防洪

沿江滨湖洪水重灾区的一般小城镇，由于多年来河道、湖泊、沙滩不断被不合理围垦和利用，加上河道上游水土流失日趋严重，导致江河湖泊淤积，排洪能力减弱，且水利设施老化，长年受洪水困扰、损失惨重。

江西省鄱阳湖地区及赣、抚、信、饶、修等河流尾闾地区，由于上述原因造成对鄱阳湖调蓄洪水及河道行洪能力的严重影响，鄱阳湖建国初期高水湖面面积由约5100km^{2}减为现要的3900km^2，蓄洪容积由370×108m^{3}减为现在的298×108m^3，赣、抚、信、饶、修五大河流及其支流也普遍出现同流量下水位升高的现象，而该地区对1万亩以上5万亩以下圩堤按相应湖水位21.68m设防，绝大多数的圩堤现状防洪能力为3～30年一遇不等，中小圩堤的现有防洪能力一般在3～15年一遇，历史上1995～1999年5年中有4年洪灾，且最高水位超过21.8洪水溃垸时有发生，特别是1998年的特大洪水，使江西省溃决千亩以上10万亩以下圩堤240座，仅此淹没农田就有109万亩。

沿江滨湖洪水重灾区一般小城镇防洪应按“平垸行洪、退田还湖、移民建镇”的国家重大防洪举措和洪水灾后小城镇重建规划，改变原来就地防洪、避洪为易地主动防洪，通过碍洪圩堤的平退，扩大江河行洪断面，增加湖区蓄洪容积以及移民建镇，新镇科学合理规划选址、布局与建设，为分、蓄洪区防洪、水利设施安全建设和沿江滨湖洪水重灾区小城镇根除水患创造条件。

（3）密云县防洪规划

密云县位于北京市东北部，地处燕山南麓，长城脚下。全县总面积为2227.6km^2，其中山区为1866.7km^2，占83.8%，水面为229.5km^{2}占10.3%，南部为山前冲洪积平原为131.4km^2，占5.9%，俗称“八山一水一分田”。全县地势北高南低，向西南倾斜，境内主要河流有10多条，属潮白河、句错河两大水系，其中属潮白河水系的有潮河、白河东西分流，纵贯全县，于县城西南河槽村汇合后称潮白河，其他支流有白马关河、牤牛河、安达木河、清水河、红门川河、沙河等；属句错河水系的有错河等。此外，还有一条京密引水渠。

在全县范围内有大、中、小型水库24座，其中大型水库1座，中型水库3座，小型水库20座。此外，还有塘坝52座。防洪主要存在水库大坝抗震加固未达标潮河及其他支流防洪标准偏低等问题。

密云县防洪规划着重水库除险加固规划、河道治理规划、泥石流防治规划以及河道两

侧绿化保护规划。

1）水库除险加固规划。密云水库潮河主坝及 6 座副坝，坝体斜墙上游保护层抗震能力较差，急需加固；3 座中型水库，基本达标；20 座小型水库，有 13 座未达标，其中对中心镇、建制镇和一般乡镇防洪有威胁的小型水库，如银冶岭、白河涧、牤牛河水库等，首先安排除险加固，使其达到防洪标准。

为控制山区洪水，规划在清水河上兴建潮岭子水库和在沙河支流上兴建牛盆峪水库。为建设板桥峪抽水蓄能电站，需要在白河上兴建青石岭水库。

2）河道治理规划。潮河卫星城段河道右堤由现状 10～20 年一遇标准，应提高到 50 年一遇标准。

位于古北口和太师屯中心镇的潮河和清水河现状行洪能力不足 10 年一遇标准，为确保中心镇防洪安全，中心镇应布置在潮河和清水河 20 年一遇洪水位淹没线以上。在中心镇段河道，按规划标准进行治理。

位于建制镇和一般乡镇（不老屯、冯家峪、番字牌、北庄、大城子、新城子和东邵渠等）的牤牛河、白马关河、水河、红门川河、安达木河和错河等现状行洪能力较低，为此，以上建制镇和一般乡镇布置也应在上述河道 20 年一遇洪水位线以上。在建制镇和一般乡镇段河道，按规划标准进行治理。

3）泥石流防治规划

密云县山区泥石流灾害频繁。根据地矿部地质遥感中心于 1985 年 12 月编制的《北京市泥石流分布图》，以及密云县水土保持工作站提供的密云县泥石流防治规划，在密云县境内易发生泥石流预测区分为重点和一般 2 个区，其中易发生泥石流重点预测区分布在北部的番字牌至半城子一带，西北部的四合堂至二道河一带，以及东部的潮岭子至庄户峪一带。泥石流治理措施是以植物措施和工程措施相结合，即治本与治标相结合。植物措施：坡面以水平条、鱼鳞坑等形式植树造林；工程措施：治沟、以修筑石坝、护村堤等；同时要加强管理，控制人为的水土流失等。并有计划地将泥石流易发区内的农民迁移到安全地带。

4）河道两侧绿化隔离带，加强河道保护

为加强河道的保护和管理，提高绿化和环境卫生水平，确保河道行洪安全和供水、排水通畅，特将密云县域内划定主要河道两侧绿化隔离带的宽度。

① 潮白河（河漕村——县境内）河长 10km，河道两侧绿化带宽度各 100m。

② 潮河（潮河大坝下——河漕村）河长 31km，河道两侧绿化带宽度各 100m。

③ 白河（白河大坝下——河漕村）河长 17km，河道两侧绿化带宽度各 80m。

④ 其他河道绿化带宽度为 10～20m，见表 2-3 所示。

绿化隔离带表 **表 2-3**

河道名称	起讫地段	河道长度（km）	绿化隔离带宽度（m）	
			左岸	右岸
白河上游	石城前草洼村——石城乡二道河村	20.0	20	20
白河下游	白河大坝下——河漕村	17.0	80	80
潮河上游	古北口镇河东村——太师屯镇上金山村	24.0	20	20
潮河下游	潮河大坝下——河漕村	31.0	100	100

续表

河道名称	起讫地段	河道长度（km）	绿化隔离带宽度（m）	
			左岸	右岸
潮白河	河漕村——密云县境内	10.0	100	100
红门川河	大城子乡营房台村——穆家峪镇邓家湾	20.5	10	10
安达木河	新城子乡北岭村——太师屯镇桑园村	50.0	10	10
清水河	大城子乡关上村——太师屯镇不管峪村	36.0	10	10
牤牛河	半城子乡东沟村——水老屯镇陈各庄村	26.0	10	10
白马关河	番字牌乡水泉沟村——冯家峪镇番子洼	34.5	10	10
沙河	西日各庄镇小水峪村——建新村	10.2	10	10
错河	东邵渠乡银冶岭村——东邵渠乡太保庄	13.4	10	10

（4）浙江萧山临浦防洪规划

1）现状概况

① 流域概况。临浦境内浦阳江和西小江统属钱塘江水系，为感潮性河流。浦阳江发源于浦阳县，经诸暨流入临浦，再经闻堰镇注入钱塘江，沿途接纳西小江等多条支流。由于诸暨安华以下江道弯曲，水流不畅，下游受钱塘江湖水顶托，遇梅雨及台风、暴雨季节，易发洪涝灾害。

② 现有防洪能力。由于临浦位于浦阳江下游，历史上水旱灾害频繁。宋明以后，先后开掘迹堪山，建造麻溪坝，兴修西江塘等水利工程，水旱灾害得以控制。目前镇区（浦阳江以北）主要有火神塘、西江塘等防洪堤，防洪能力分别达到 100 年和 50 年一遇的标准。

2）存在的问题

局部河道泥沙淤积，导致部分河床抬高；往江中倾倒垃圾现象普遍，加速了河床的淤积；镇区内部分桥梁跨度小，进水断面减小，严重影响防洪；浦阳江南岸防洪堤防洪能力相对偏低，目前为 20 年一遇标准。

3）规划目标

严格执行《防洪法》、《防洪标准》，采取有效防范措施，确保城镇居民和财产安全，保障社会、经济健康发展。

4）规划措施

① 疏浚河道，提高泄洪能力。

② 及时清除河道淤积泥砂和垃圾杂草，严禁建筑物、构筑物侵占河道，规划镇区沿河岸不作用地扩展对象，已占用部分用地要求逐渐拆除。

③ 修筑加固堤防，巩固并加强防洪能力。

④ 进行山体及江道两岸绿化，增强蓄水能力。

⑤ 城镇新建建筑物地坪标高要求按 50 年一遇的高程以上设计。

2.1.7　河流流域与城镇联动防暴雨洪涝借鉴

1. 河流流域超标洪水防洪

以北京市超标流域洪水防洪安全减灾规划为例。

（1）规划目标

根据北京市主要河道防洪能力确定超标洪水发生时的分洪措施，达到有计划分洪。主要工作有：划定分洪风险区，评估洪水风险，拟定分洪方案，制定分洪工程建设规划等。主要内容有：安全区建设、人员财产的撤离道路、紧急避险工程、预警设施、抢险救灾方案等。蓄泄洪区和超标洪水风险区的安全政策是保障区域持续、稳定发展。主要内容有：经济发展模式、人口政策、移民政策、分洪救助与补偿政策等。蓄滞洪区灾后重建计划，实现蓄滞洪区使用后迅速恢复重建。注重发挥蓄滞洪区多种功能，促进雨洪资源化利用，保护生态环境等。

（2）超标洪水的界定

北京市防汛抗旱指挥部制定了防御超标洪水，即卢沟桥拦河闸下泄 2500m³/s 的堤防防守预案。现阶段规划确定，当卢沟桥拦河闸闸前水位超过 23m（来量超过 2055m³/s）时，即可确定发生了超标洪水。因为此时已经超过河道的现状行洪能力，可能出现满溢、溃堤等险情，可由指挥部决定在合适地点局部分洪。

2. 防暴雨相关借鉴

（1）基于 GIS 的城镇暴雨强度信息管理系统

1）杭州建立全国首套暴雨强度信息系统

杭州这套智能系统中，考虑到城市市域面积扩大，降雨退水时间的延长，暴雨分析历时由过去的 120min 增加了 150min、180min 两个时段，为提高暴雨强度公式对不同地域、不同雨型的适用性与提高计算成果精度，绘制了杭州地区暴雨强度等值线图，包括 1～100 年、5～180min，11 个时段等的整个杭州市的暴雨强度空间分布。

2）浙江省城市暴雨强度公式

2008 年 4 月，杭州市完成“浙江省城市暴雨强度公式”研究，涵盖了该省 69 座城市暴雨强度公式，填补了城市长期没有暴雨强度公式的空白，“达到国际领先水平”。

研究在对浙江地区 700 余个雨量观测站数据进行比较分析基础上，筛选出 84 个覆盖全浙江省的国家级标Ⅰ雨量观测站，收集整理了 3497 站/年的降水资料，从剖析现行规范中城市暴雨强度公式编制方法存在的技术弊端入手，在基础资料收集的途径、雨量站位置及代表性的要求、降雨观测资料的插补延长方法、频率曲线分布模型、重现期的提高、年最大值的选样方法、时段延长、资料系列长度要求等方面展开了深入研究，创新地提出了一整套完整、便捷、实用且计算精度高的城市暴雨强度公式设计计算方法——年最大值法。

为了便于杭州市区暴雨强度信息的查询与分析，开发了基于 GIS 的暴雨强度信息管理系统。通过计算机推求绘制等值线初图后，提交专家对不同频率各个历时暴雨等值线进行综合分析和协调。在协调时以单站暴雨强度公式为依据，采用 1、2、3、5、10、20、30、50、100a 九个频率和 5、10、15、20、30、45、60、90、120、150、180min11 个时段的等值线为主要依据，然后定义不同频率条件下的各历时的等值线图参数；反映地形与气象条件对暴雨强度的影响的关系。

新一代暴雨强度公式覆盖面广、精确度高，可反映出城市精确至各个空间点的暴雨强度信息，但在使用中存在信息量大，计算操作过程复杂的问题。科研人员通过研究地理、地貌、雨型与降水分布之间的关系，结合 GIS 的图属互联思想，建立可视化的暴雨信息查询系统，实现了快捷、准确地提取暴雨强度信息的要求。研究提出的年最大值法选样方法能客观反映现代城市排水设计重现期范围的暴雨雨样的统计规律，使我国 1500 多座城镇建立符合当地客观实际的暴雨强度公式、暴雨强度信息查询系统成为现实。

（2）重庆市洪涝灾害管理系统

重庆市洪涝灾害管理系统是以 GIS 系统建立工作平台，利用 RS 和 GPS 等系统提供各种管理数据，从而实现对重庆市洪涝灾害数据的管理、查询以及空间分析等功能，为决策部门提供各种管理数据，从而可以提高重庆市的减灾力。洪涝灾害管理系统包括监测、预报、预防、应急反应、救助、援建 6 个模块。

1）洪涝监测模块。利用遥感对重庆市水文、气象、土壤等特征进行全天候、全天时的监测。遥感数据提供了精确的空间信息，经过遥感图像的数字处理（包括大气纠正、几何配准、增强处理、参数反演、图像叠加），可以直观显示涝情分布、演变等宏观信息。气象卫星可见光和近红外通道的地面探测图像，含有土壤水分信息，尤其是热红外通道与土壤水分具有很好的相关性；SAR（合成孔径雷达）的微波图像是土壤的介电性质的反映，而介电性质是直接和土壤含水量相关的，因此可探测土壤的含水量，从而可以实现洪涝灾区的监测。

2）洪涝预报模块。建立洪涝预报系统。应用地理信息系统技术，气象局可以通过卫星遥感资料、雷达测雨资料等获得气象预报资料，建立实时数据库。然后定出一个标准，一旦出现大于这一标准的洪水，即会出现造成灾害，即形成灾害性洪水。模块的功能就是预报出洪水发生的时间（对长期预报而言则是洪水发生的年份）。可以用周期分析的方法模拟灾害性洪水发生的周期性。这样实时库和历史库结合，建立洪涝信息数据库。可以采用谱分析的方法模拟洪水的周期过程，用自回归过程模拟不确定因素，从而建立预报模型。

3）洪涝预防模块。预防模块是在监测、预报到洪灾信息后，继续对灾变进行跟踪，采取防灾措施和修建防灾设施，将灾情降到最低。

4）应急反应模块。应急反应模块主要负责当灾害发生时，能快速作出反应。对洪涝灾害，要建立应急预案，灾害发生时，能根据预案迅速反应并处理。

5）救援模块。该模块主要负责灾时救援。利用前面检测到的洪涝灾害数据，依托 GIS 技术，建立洪涝灾害遥感救援模块。在洪涝灾害发生时，本系统的数据库能快速、准确地提供通往淹没区的最佳救援路径等，为宏观决策提供了科学依据。

6）援建模块。该模块主要负责对灾后的直接和间接损失进行评估，以便决策救灾方案、制订灾后援灾计划。

洪涝信息数据库模块流程 ，如图 2-1 所示。

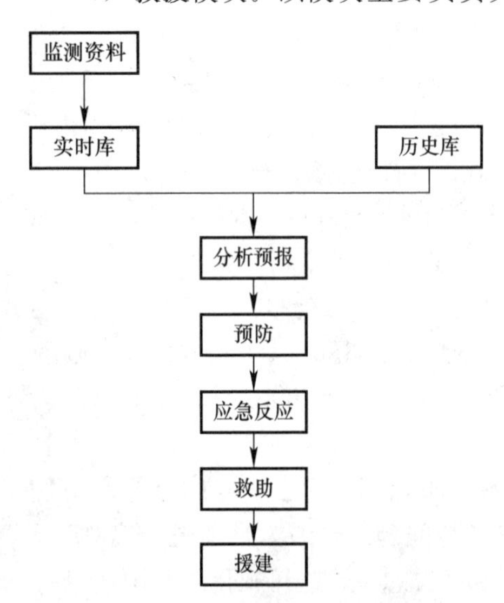

图 2-1　洪涝信息数据库模块流程图

（3）城镇暴雨防范对策

总结各地城镇暴雨防范对策，主要有以下方面：

1）城镇建设用地选择避开山洪泛滥区域与低洼积水区域，上述用地宜规划生态公园、湿地、湖泊、既可降低洪水风险，又可调蓄洪水、改善生态环境。

2）重视雨洪水利用和滞洪区规划。

3）结合实际提高地下排水管线排放标准。排水系统的建设要提高防御标准，新建城区要充分考虑防洪排涝能力，配套地下排水管网等设施。在规划建设中要提高电力、道路交通、供水、通信等设施防御标准，地下空间的设计应充分考虑防洪排涝问题。人员集中的学校、医院、地下大型商场、停车库、仓库等地要配备应急排涝设施。

4）合理利用暴雨洪水资源。加强城市暴雨规律的研究，探索城市暴雨资源化。减少城市不透水面积，在公园、广场、小区等地增加绿地面积，新建小区建设蓄水调节池等设施，减少暴雨产汇流量，延长产汇流时间，变暴雨洪水为可利用的资源。

5）建立与完善暴雨预警体系。加强暴雨预警体系建设，建立气象雷达系统，充分利用先进的科学技术，提高灾害性天气，特别是短历时强对流天气的预报、预警水平，提高实时监测能力。

6）加强抢险机动队伍建设。完善城镇防汛抢险支队的建设，建立一支部门参与、社会联动、反应迅速的抢险队伍，可以在灾害发生后及时有效地组织抢险救援。

7）提高全民防范意识。有关职能部门要在民众自防自救方面加强宣传，做好“防、避”工作。

2.1.8 雨水资源化利用

雨水利用尤其是城镇雨水的利用是从20世纪80年代开始发展起来的。

1. 国外雨水资源化利用借鉴

随着城镇化带来的水资源紧缺和环境与生态问题的产生雨水利用逐渐引起人们的重视。许多国家开展了相关的研究并建成一批不同规模的示范工程。城镇雨水的利用首先在发达国家逐步进入到标准化和产业化的阶段。

（1）德国于1989年就出台了雨水利用设施标准（DIN 1989），并对住宅、商业和工业领域雨水利用设施的设计、施工和运行管理，过滤，储存，控制与监测4个方面制定了标准。到1992年已出现“第二代”雨水利用技术。又经过近10年的发展与完善，到今天的“第三代”雨水利用技术，新的标准也正在审批中。

（2）英国的雨水利用是使用地面蓄水系统，把局部地域内收集到的雨水径流，用人工方式贮存起来，成为城市中水的重要水源，提供人们生活所需的部分杂用水。如在英国诺丁汉有一个旅社，人们在建筑物附近地面采用“蓄水地面”，利用人行道、车道、停车场的地下空间，贮存、滞留雨水，贮水量可达$100L/m^2$，经过用透水性很小的高聚物薄膜——土工膜处理后，雨水（中水）用于冲洗厕所。

（3）近年来，各种雨水收集设施，包括渗井、渗沟、渗池等在日本得到迅速发展。这些设施占地面积小，可修建在楼前屋后。较知名的是日本名古屋街道下修建的若宫大通调节池，长约316m，宽度为47～50m，最大贮流量约为$10\times10^4m^3$。这既能使雨水资源化，又能减少城市的洪涝灾害。日本政府于1992年颁布了“第二代城市排水总体规划”，正式将雨水渗沟、渗塘及透水地面作为城市总体规划设计的组成部分，要求新建、改建的大型公共建筑物必须设置雨水就地下渗设施。

（4）澳大利亚雨水利用的做法是在很多新开发居民点附近的停车场、人行道全部铺设透水砖，并在地下修建地下蓄水管网。雨水收集后，先被集中到第一级人工池里过滤、沉淀；然后，在第二级池子里进行化学处理，除去一些污染物；最后在第三个种有类似芦苇的植物并养鱼的池塘里进行生物处理，让池塘中的动、植物消化掉一些有机物。三道工序后。处理后的雨水被送到工厂作为工业用水直接利用。

2. 我国雨水资源化利用

我国雨水资源丰富，年降水量达 $61900\times10^8\text{m}^3$，且雨水收集利用在经济上是可行的。甘肃省研究分析后得出的结论是：解决人畜用水问题，雨水积蓄工程国家资金投入较低，仅为人畜饮水常规工程的1/15～1/2，不需要国家补助运行费；为远距离拉水的（1/18）～（1/6），另外雨水利用对水环境不会造成负面影响。北京修建了橡胶坝拦截雨水。西北干旱地区修建水池、水窖拦截、收集雨水，抗旱效果明显。南京某新建小区对雨水进行收集，经过初期弃流池、混凝地、沉淀池之后，用于浇灌绿地，喷洒道路等。

我国城镇雨水利用相对起步较晚，较早主要是在缺水地区有一些小型、局部的非标准性应用。例如山东的长岛县、大连的獐子岛和浙江省舟山市葫芦岛等地有雨水集流利用工程。2001年国务院批准了包括雨（洪）水利用规划内容的“21世纪初期首都水资源可持续利用规划”，并且北京市政设计院开始立项编制雨水利用设计指南。

与缺水地区农村雨水收集利用工程不同，小城镇雨水的利用，涉及小城镇雨水资源的科学管理、雨水径流的污染控制、雨水作中水等杂用水源的直接收集利用、用各种渗透设施将雨水回灌地下的间接利用、城镇生活小区水系统的合理设计及其生态环境建设等方面，是一项涉及面很广的系统工程。

小城镇雨水的利用不是狭义的利用雨水资源和节约用水，它包括减缓城区雨水洪涝和地下水位的下降、控制雨水径流污染，改善城镇生态环境等广泛的意义。因此，它是一种多目标的综合性技术。目前雨水利用的应用技术可分为以下几大类；分散住宅的雨水收集利用中水系统；建筑群或小区集中式雨水收集利用中水系统；分散式雨水渗透系统；集中式雨水渗透系统；屋顶花园雨水利用系统；生态小区雨水综合利用系统（屋顶花园、中水、渗透、水景）等，充分利用雨水渗透绿地植被，减少硬地铺装，扩大雨水渗透能力，居住区地面水、雨水、污水等尽可能改造为景观水；雨水贮留供水系统，主要是用屋顶、地面集留，可提供家庭生活供水之补充水源、工业区之替代用水、防水贮水及减低城镇洪峰负荷量等多目标用途的系统雨水的利用受气候、地质、水资源、雨水水质、建筑等因素的影响，小城镇的不同区域或项目之间，各种因素和条件的不同都能决定应采用完全不同的方案。

总而言之，小城镇雨水利用技术应避免生搬硬套，应该充分体现因地制宜、针对性强、灵活多样的特点。

目前，我国在雨水收集利用技术与规范，雨水回用于工业，商业和农业，雨水利用与建筑中水，城镇雨水的收集利用，雨水利用与生态环境，雨水水质控制，湿润与干旱地区的雨水利用，雨水利用与屋顶花园，雨水利用的法律与法规，雨水利用的市场化等方面进行深入研究，在应用中不断完善。

3. 河北雨洪水资源化利用借鉴

从1988年河北省就开始雨洪资源利用。1996年8月上旬海河南系大水，全省多拦蓄地表水17多亿 m^3，补充地下水75多亿 m^3，增加土壤水约100亿 m^3。

（1）搞好水土保持

增加林草植被，加速实施退耕还林，还草措施，大搞“三北”防护林和水源涵养林建设，优选适宜当地生长的树种，坚持乔、灌、草结合，尽快增加林草植被、水保工程和绿地面积，减少水土流失量，增加叶面、地面对雨水的截留量和蓄积量，变雨后洪水倾泻为青山叠翠、绿水长流。

（2）调整种植结构，巧用雨水润田

积极引导农民因地制宜地调整种植结构。积极推广一优（谷子、豆类、薯类、苜蓿、芦笋、食用菌和小杂粮等耐旱作物优种）、二调（调整旱地作物种植结构与品种结构）、三改（培肥改土、耕作改制、变"三跑田"为"三保田"）、"四结合"（农机措施与农艺措施、工程措施与生物措施、蓄墒措施与保墒技术、传统抗旱措施与现代抗旱技术结合）；积极植树种草，发展与雨季同期的作物品种，适当推迟作物种植时间、巧用雨水润田；汛前用足土壤水，增加农作物的抗旱能力和土壤的入渗能力，减少暴雨产生的洪涝灾害。

（3）充分利用各类工程设施集雨蓄水

利用地面及小型水利、水保工程拦蓄。山区要充分运用林草植被、梯田、鱼鳞坑、水平沟和水池、水窖、谷坊、塘坝等水土保持和集雨旱作工程截蓄利用雨水；平原要充分利用地埂、地堰、林网、畦田和深渠河网等田间工程拦蓄雨水。利用水库、河渠、坑塘、洼淀存蓄山区的水，是防洪减灾、增加水资源和改善生态环境的一个好办法。1995年，河北省平原采取上述措施蓄水量最多时达到20亿m^3。大力发展引洪淤灌。在山丘区引用汛期洪水淤灌农田，既可增加农田的水肥，又可减少洪水和泥沙对下游的危害。张家口地区一般年可引洪水2亿m^3以上，值得山区推广。引蓄河道基流，实行春旱冬抗。对汛后还有基流的河道，沿河群众可引蓄，存入坑塘、洼淀、田间渠网或进行冬灌。冬季也可在寒冷地区搞蓄水养冰，增加部分水源。重视城市集雨蓄水。今后城市应尽量建设透水地面、路面，利用楼顶、住宅小区和一切可以利用的地方集雨蓄水，以减少内涝、增加中水回用、补充地下水源。

（4）增建河渠串联工程，统一调蓄洪水

在有条件的行洪、排水河渠建拦河闸或橡胶坝，层层拦洪蓄水，搞梯级开发；把各个河系之间及主要灌溉、排水骨干渠道串联在一起，以便于对洪水的统一调度，把汛期多水河道的来水调往少水河渠和干旱地区。

（5）完善分洪滞洪工程，搞好调洪补水

加强蓄滞洪区的分洪闸坝、固定口门等分洪、退洪工程建设，围堤、格堤等分工滞洪工程建设，有计划地分泄、滞蓄河道洪水，以减免下游灾害，回补平原地下水源，以及利用丰水年调蓄洪水，改善水环境。

（6）通过科学调度，实现保安全多蓄水

抓好水库加固除险，逐步抬高汛限水位。改一级控制为多级控制。全省18座大型水库平水年可多蓄水10亿m^3左右。推迟汛限水位的控制时间。省较大暴雨洪水几乎都发生在7月10日之后。汛限水位的执行时间推迟，可减少水库弃水，平水年全省大中型水库可省出3亿～5亿m^3的水。开展汛限水位研究，科学提高汛限水位。灵活机动地调度洪水。预蓄预泄，增加蓄洪水量。对于工程质量较好、防洪标准较高、已安装水情自动测报系统的水库，在不改变水库原有功能、不改变设计洪水、不新建防洪工程、不降低防洪标准、不新增水库移民的原则下，实行汛期浮动水位——掌握实际库水位高出汛限水位1～2m（水库防洪能力和下游河道泄洪能力大的用上限，反之用下限），当预报有暴雨时，提前泄水腾空库容，待上游洪水入库时，水库再恢复至规定的汛限水位。

（7）高科技提高调度水平和洪水预见性

引用"3S"技术与数字网络等高新技术，建设防汛指挥系统。给大型和重要的中型水库安装水情自动测报系统，通过微机进行洪水预报调度；使用"3S"系统进行洪水监测，提高防洪减灾和调洪蓄水的预见性和主动性，达到保安全、多蓄水、多兴利的目标。此外，增设云水开发工程（平时用飞机、汛期用水箭和高射炮驱散冰雹和实施人工增雨），也是充分利用雨洪资源的有效措施。

2.2 风灾及防灾减灾

2.1.1 概况

风灾主要是飓风、台风、季风、暴风雨灾害，是对人民生命财产威胁十分严重的一种自然灾害，它频度高、范围大。据统计，我国风灾平均每年造成的直接经济损失达100多亿元，死亡人数5000～10000人。台风是最为频繁而且危害最严重的风灾，我国东临西北太平洋，是世界上发生台风最多的海区。有的台风在沿海地区登陆后，可深入内地约500～1500km，它不仅影响沿海地区省份，有时也影响到湖北、山西、陕西等内陆省份。台风除直接对建筑物和工程设施造成破坏之外，通常带来暴雨，引起严重的洪涝灾害。我国仅1994年浙江温州的一次台风造成的经济损失就达近200亿元人民币，综合该年其他地区风灾损失，其值远大于上述统计数字。可见，减少风灾损失是十分重要和迫切的任务。

鉴于抗风防风的重要性，我国相关国标和省市标准规范，《建筑结构荷载规范》（GBJ 50009—2012）、1996年的《公路桥梁抗风设计规范》（附条文说明）JTG/TD 60-01—2004等都对风荷载作了整章或整本的专门条文规定。特别是由于我国的建设正处于蓬勃发展阶段，大量出现的新工程均需要进行合理全面的抗风设计计算。为此，我国对有关很多国标和规范作了大量研究工作，而这些工作基本属于对大中城市中的高层建筑、高耸建筑及生命线工程、大跨度桥梁等而言，对我国小城镇的抗风标准规划研究是一个空白。

随着城乡经济的发展，我国小城镇已经进入了加速发展时期，并具备了相当的规模，因此小城镇建设的抗风减灾工作也逐渐提到议事日程上来。我国地域广阔，小城镇的自然条件千差万别，有的位于沿海地区，有的位于山区，有的位于平原，且各个小城镇经济条件、人口分布、民族生活习惯、生活居住环境等不同，因此造成各种不同的风灾危险性也是不同的，要求的防风等级也是不一样的。因此，有必要针对各种不同的情况，按防风区域把小城镇划分成不同的类别，做好小城镇的防风区划工作。另外，小城镇的建筑一般包括居民住宅、工业厂房、学校、商业建筑及桥梁等，还有的小城镇拥有一些珍贵的历史建筑。因此，有必要根据建筑物的种类、性质、规模及用途等制定各种建筑物的抗风设防标准，并制定一个针对小城镇的风灾经济损失的评估方法。

正确制定小城镇风灾评估方法是制定减灾规划和决策的重要依据。风灾与其他自然灾害一样，具有随机性和复杂性，破坏具有广泛性和无规律性，到现在为止，只看到每次风灾带来的经济损失的报告，却很少看到每次风灾以前在不同风压的作用下风灾的科学的估算资料，更谈不上风灾经济损失模型的探讨。这给制定减灾规划和决策、评价减灾效益带来很大的难度。因此，以风灾特点和计算作为科学依据，定量地估算各种风力作用下可能造成的风灾经济损失，是制定减灾规划和决策的重要依据。

目前，我国对小城镇的抗风设防标准和区划研究，还相当薄弱。没有一个好的抗风设防标准和区划，城镇的经济社会发展就会受到影响，人民的生命财产就要受到威胁。开展小城镇的防风设防标准、设防区划、防治措施及建立适合于小城镇的风灾评估方法的研究，对小城镇的持续发展具有良好的推动作用和十分重要的意义。

2.2.2 风的特性及对城镇规划布局的影响

风除造成自然灾害外，还能利用风能并在城镇规划布局上加以利用，减轻城镇大气污染，化害为利。因此，无论是小城镇抗风减灾规划还是用地布局规划，了解、掌握风的特性与相关事物规律是必要的。

1. 风的成因、“静风”与“阵风”

空气的水平运动形成风。太阳的热能输送到地面是很不均匀的，在大气中极地与赤道之间、大陆与海洋之间，空气高层与低层之间的温度差别通常很大。由于温度的不同，空气的密度也就不同，造成了各地不同的气压，冷空气较热空气的气压高，这样高气压区的冷空气便流向低气压区，就形成了自然界的风，假如空气压力在大范围内均匀分布，那么空气几乎就不流动了，这时用一般测风仪是测不到的，这种情况叫“静风”。风的运动是从不平衡到平衡，又从平衡到不平衡，循环不已，永远如此。但是每一循环都进到高的一级，不平衡是经常的、绝对的，平衡是暂时的、相对的。实际观测表明，大气是不断地在调整它的速度，以维持其平衡。但大气运动又是不断发展变化的，所以它的平衡运动是暂时的、相对的，不平衡运动则是经常的、绝对的。大气运动正是在这种由平衡到不平衡，然后又到一个新的基础上产生新的平衡和不平衡中发展变化的。

大气对地面也常有相对运动，它们之间有着相互作用的摩擦力。摩擦力在近地面层较为显著，随着距地面的高度的增加，摩擦力也就逐渐减小。从地面摩擦对大气运动影响的程度来看，可以把大气分为两层，即从地面到1000～1500m高度为摩擦层；1500m以上为自由大气层。摩擦层和人类的活动有密切的关系，所以在城镇规划中要考虑的气象条件主要是摩擦层。

在摩擦层中，风速是时强时弱的，这一特点，称为风的阵性，时强时弱的风称为阵风。风向也是忽上、忽下、忽左、忽右摆动的。大气中的这种阵性和摆动就叫作大气的湍流。它的产生是大气扰动的结果，是气流受到地表不平和地面气温不一致而使气流运动速度不均匀，发生大小不同的涡旋运动所形成的。

2. 风的观测及风的特性

风是一个向量，它是由风速和风向两个量来表示的。

（1）风速

它是单位时间内风经过的水平距离，通常用米/秒（m/s）来计算。风速的快慢，决定风力的大小，风速越快，风力也就越大。测量风速的仪器叫风速计。常用的有电接风速计、达因风压测风仪、风压板测风器、手执风速表和热球（热线）微风仪等。

风速通常在记录中有平均风速（2min的和10min的平均风速）和瞬时风速。最大风速是指在日、月、年中选取10min内的平均风速最大值，分别叫日最大风速、月最大风速和年最大风速。日极大风速是指在每日选取瞬间的最大风速。月和年极大风速也是从月年中选取瞬时最大者。

风速在摩擦层中，是随着离地面的高度增加而增大。这是由于愈近地面，风所受到的摩擦力作用愈显著，动能消耗愈多。一般在距地面 50～100m 以下的风速是随高度按对数律增加的，而在 100m 以上是按指数律增加的。这种变化规律，见表 2-4 所示。

风速的变化规律表　　　　**表 2-4**

离地面高度（m）	2	5	10	20	50	100	200	300
风速（m/s）	0.72	0.88	1.00	1.12	1.28	1.40	1.54	1.64

表中所列是以离地面 10m 为 1.00，计算出风速随高度变化的比值，从表中可以看出，100m 高度处风速比 10m 高度处大 40%，比 2m 高度处约大 2 倍。

在没有仪器的情况下，可以观测物体的摇动征象，来估计风力的大小，这可参考常用的风力等级表，该表分成 12 个等级，无风，列入零级；风力越大，级数越高。

表 2-5 为风力等级与相当风速表。

风力等级与相当风速表　　　　**表 2-5**

风力等级	海面状况		海岸渔船征象	陆地地面物征象	相当风速			
	浪高（m）				（m/s）		（km/h）	（海里/h）
	一般	最高			范围	中数		
0	—	—	静	静，烟直上	0.0～0.2	0.1	小于 1	小于 1
1	0.1	0.1	普通渔船略觉摇动	烟能表示风向	0.3～1.5	0.9	1～5	1～3
2	0.2	0.3	渔船张帆时，每小时可随风移动 2～3km	人脸感觉有风，树叶微响	1.6～3.3	2.5	6～11	4～6
3	0.6	1.0	渔船渐觉簸动，每小时可随风移动 5～6km	树叶和细枝摇动不息，旌旗展开	3.4～5.4	4.4	12～19	7～10
4	1.0	1.5	渔船满帆时，可使船倾于一方	能吹起地面灰尘和纸张，树枝摇动	5.5～7.9	6.7	20～28	11～16
5	2.0	2.5	渔船缩帆（收去帆的一部分）	有叶的小树摇摆，内陆的水面有小波	8.0～10.7	9.4	29～38	17～21
6	3.0	4.0	渔船加倍缩帆，捕鱼需注意风险	大树技摇动，电线呼呼作响，打伞困难	10.8～13.8	12.3	39～49	22～27
7	4.0	5.5	渔船停息港中，在海上的下锚	全树摇动，大树枝弯下，迎风步行困难	13.9～17.1	15.5	50～61	28～33
8	5.5	7.5	近港的渔船停留不出	折毁树枝，步行阻力大	17.2～20.7	19.0	62～74	34～40
9	7.0	10.0	汽船航行困难	烟囱和平房屋顶受到毁坏，小屋受破坏	20.8～24.4	22.6	75～88	41～47

续表

风力等级	海面状况 浪高（m）		海岸渔船征象	陆地地面物征象	相当风速			
					(m/s)		(km/h)	(海里/h)
	一般	最高			范围	中数		
10	9.0	12.5	汽船航行危险	比较少见，可拔起树木，摧毁建筑物	24.5～28.4	26.5	89～102	48～55
11	11.5	16.0	汽船航行特别危险	非常少见，重大损毁	28.5～32.6	30.6	103～117	56～63
12	14.0	—	海浪滔天	绝少，摧毁力极大	大于32.6	大于30.6	大于117	大于63

(2) 风向

它是风吹来的方向。一般风速计上都有风向标，在观测风速的同时，可以观测风向。在风速计没有风向标时，可用绸或布条观测风向。

风向观测通常分16个方位，统一以拉丁缩写字母记录拉丁字母的书写和我国的习惯不同，是将北、南放在前面，如NE、SW等，而我国即写为东北、西南。所谓NNW即北西北，是指北和西北之间的风向，也可读作西北偏北；WNW即西西北，也可读作西北偏西，余类推。

此外，当风速是静风时，风向符号用“C”表示。

在摩擦层中，风速随高度增加而增大。而风向也随高度增加逐渐向右偏转（在北半球）。在中纬度地区的平坦大陆上约偏转40°左右；海洋上仅偏转15°左右。

3. 风向频率

统计风向频率及静风次数，是表示风向最基本的一个特征指标。在一定时间内各种风向出现的次数占所有观测总次数的百分比，叫“风向频率”。由计算出来的风向频率可以知道某一地哪种风向最多，哪种风向比较多，哪种风向最少。如果年风向频率中N11%，即北风出现频率为11%。

4. 风对城镇规划布局的影响

随着工业的迅速发展，工业生产向大气中排放废气和微粒的数量及种类日益增多，往往造成大气污染。风是大气中的一部动力机器，在城镇大气中风起着输送、扩散有害气体和微粒的作用。风速较大时，除了能把有害气体和微粒带走外，还可以使这些物质的浓度降低，起到稀释的作用。所以在城镇规划工作中，正确地布置工业区与居住区的相对位置，以减少大气污染，保证城镇居民的身体健康和环境卫生，就必须对风的变化特点进行分析和研究。

在城镇规划中如果不了解当地经常的风向，就很可能将工厂布置在常年盛行风向的上风地区，居住区布置在盛行风向下风地区。这样，居住区就要受到工厂排出的有害气体和微粒的污染；假使再加上风的频率大，风速小，那么位于上风地区的工厂排出的有害物质，就经常地吹入居住区，长时间地不易扩散。这样，就会严重地危害城镇居民的健康。例如我国有的城镇，由于新中国成立前布置的工厂位置不合理，因而使一部分居住区经常受到工业企业排出烟尘的污染。在城镇规划中根据当地风向资料，把产生有害物质的工厂布置在适宜的方位上，是改善城镇卫生状况的一个重要措施。从环境保护角度分析，向大气排放有害物质的工业企业，应当按当地最小频率的风向，布置在居住区的上风侧，以便尽可能地减少居住区的污染。

工业产生的有害气体和微粒对城镇空气的污染，不仅受风向的影响，而且也受风速的影响。某一风向频率越大，其下风方向受到污染的机会越多；频率越小，其下风方向受污染机会越少。即污染程度与风向频率成正比；另一方面，某一方向的风速越大，即下风方向的污染程度减少，因为来自上风方向的有害物质将很快地被带走或扩散，而使浓度降低。也就是稀释能力比较强，即污染程度与风速成反比。为了综合表示某一方向的风向和风速对其下风地区污染影响的程度，用污染系数（烟污强度系数、卫生防护系数等）来表示。

在我国东部季风气候区，全年有两个风频率大体相等、风向基本相反的时候，工业区大致布置在两盛行风的左右两侧。如果两盛行风向成180°，则在当地风频最小风向的上风侧，布置向大气排放有害物质的工业企业，下风侧布置生活区最为合宜。如两个盛行风向成一个夹角，则在非盛行风向频率相差不大的条件下，生活区布置在夹角之内，工业区放在其对应方向最为合理。

工业企业对城镇空气污染程度如何，是取决于工厂排出的各种物质污染程度的大小，也有的工厂并不排出有害的气体在减少污染方面有的工厂可以利用地形，把工厂布置在高地区用加高烟囱的办法，把烟尘从上空带走；或用绿化地带与居住区隔离的办法；在“综合利用，化害为利”的方针指导下，工业企业可以采取多种技术措施，消除或减少有害气体的烟尘。

5. 局地风与工业布置

在地形或地面状况比较复杂的地区，会形成局部地区性的风，这类风有其独特之处，如山区的山谷风、沿海的海陆风等。

（1）山谷风在山区或高原的边缘地区，风向有明显的日变化。白天，风自谷口吹向上，叫谷风；夜间，自山上吹出谷口，叫山风。这种循环交替的风叫山谷风。

因为白天山坡空气受热较同高度的自由大气空气增热快，故密度较小，空气就顺山坡向上升；夜间，山坡上空气辐射冷却比同高度自由大气为快，空气密度增大，冷空气就由山坡向下流向山口。山谷风的风向较稳定，从实际观测的几个山区来看，其频率大体相等，山风和谷风各占40%～45%。谷风的平均风速在1.3～2.0m/s，远较山风的平均风速0.3～1.0m/s为大。风速最小是在早上7～9点的山风转为谷风和下午17～19点的谷风转山风的转换期。由于山谷的几何形状各异，方位也不同，有时还有支沟和峡谷，所以山谷风实际上是比较复杂的。

在山谷中，晚上最不利于有害气体和微粒的扩散。因为夜晚不但山风风速小，而且在山风出现时，通常伴有逆温出现，大气稳定。这时厂房排出的物质往往会停滞少动，造成工厂周围严重的污染。故在工厂总体布局时，应根据工厂设计规模和产品生产的要求，分清主次，权衡利弊，解决好主要矛盾，处理好次要关系。有害气体的装置或车间不应布置在山谷窝风地带，宜布置在宽敞、通风良好、盛行风向下风侧的山丘地区。易燃易爆车间，应避免布置在窝风区和盛行风向的上风向，可燃物露天场宜布置在盛行风向的左右两侧。

在迎风向山坡叫迎风坡，反之叫背风坡。迎风坡一侧的工厂排出的气体和微粒可以顺风扩散。而背风坡一侧的工厂排出的气体和微粒不仅不易扩散，反而由于翻山风造成山背后的涡流，把从山坡向上吹的物质带向地面造成污染，尤其在风向与山脊垂直时最为严重。在这种情况下，烟囱离开背山坡一段距离为好。

（2）海陆风在海滨和湖滨，白天地表受热，陆地增温比海面快，陆上气温高于海上气温，热空气上升，使高空的气压增加。气流约在1000m左右的高度上向水面流去，水面上的气压因而增加，于是下层冷空气就由海面吹向陆地，称为海风；夜间地表散热冷却，陆地冷却比海面快，冷却空气密度变大，同时下沉，上层压力减少。但在这时水上的气温较高，空气上升，使上空的气压增高，结果形成热力环流，上层风向岸上吹，而在地表就由陆地吹向海面，称为陆风。

海陆风的影响，在内陆50km和海外50km仍可测到。在大湖边也都有这种昼夜变化的风。当风从海面吹向大陆时，由于陆地摩擦力加大，风向就向左偏。在较晚的下午时刻，海风又变为和海岸线平行的趋向。反之，当风从大陆吹向海面时，风向就向右偏。

海陆风这种环状气流，不能把工厂排出的烟尘完全输送出去，而使一部分烟尘在空中循环不已，所以临海工业城镇的布局必须考虑海陆风的影响。

2.2.3 防台风灾害

台风是一种发生频率高、影响范围广、破坏性很强的猛烈风暴。也是我国沿海城镇主要的风灾自然灾害。由于小城镇分布地域广阔，而抗灾能力又较弱，因此，台风是沿海小城镇严重的自然灾害之一。台风灾害在近岸表现为风、浪与风暴潮结合引起的灾害；在内陆则主要表现为风和暴雨灾害，及由暴雨引起的洪水和诱发的滑坡、塌方及泥石流等灾害，能够造成严重的生命财产损失。每年由台风造成的损失已经接近或超过全国最严重的自然灾害总损失的一半。我国受台风影响的区域十分广阔，主要为台湾、海南、广西、广东、福建、浙江、江苏、上海、山东、天津、辽宁等省、市，有些台风登陆后还可影响到湖北、江西、安徽、河南等内陆省份。台风灾害大多出现在5～10月，主要灾害发生于6～9月，尤以8月份最重。我国每年因台风灾害死亡数百人，造成的直接经济损失达数百亿元。

1. 台风成因与特性分析

台风发生在热带洋面上，依靠水汽凝结释放潜热作为其维持和发展的主要能源。台风生成的最基本条件之一就是广阔的高温洋面，包括几十米至几百米深的高温海水。特别是从表面到60m深的海水温度在26～30℃时，台风极易发生。科学模拟结果表明，台风随海面温度的升高，热带气旋中心气压不断降低最大风速不断增大，强度不断增强。

随着地球大气中CO_2等温室效应气体浓度的增大，全球气候变暖，海水表面温度会有所升高，台风也就较易发生。台风发生频率与全球地面平均气温变化值之间存在着明显的线性相关关系。

科学家普遍认为，大气中CO_2等温室效应气体的浓度，如按目前的速度增长下去，到21世纪中期，全球地面平均气温将上升1.5～4.5℃，将对台风形成频率产生不可忽视的影响。假设到21世纪中期，全球地面平均气温升高1.5℃以内，就可估算西北太平洋台风发生概率和中国登陆台风频率的可能变化。因此，随着地球气温的不断升高，台风灾害将越来越严重。

2. 台风灾害评估

对工程结构安全产生影响的灾害性风包括热带气旋（Tropical cyclone）和龙卷风

(Tornado)。热带气旋是发生在热带海洋上的大气旋涡，其中心附近的最大风力为12级及以上时，称为台风（Typhoon）或飓风（Harricane）。

表2-6为灾害性风按强度划分。

灾害性风按强度划分表　　表2-6

灾害性风种类		蒲福氏风级	距地10m风速（m/s）
热带气旋	热带低压	6、7	<17.1
	热带风暴	8、9	17.2～24.4
	强热带风暴	10、11	24.5～32.6
	台风	≥12	≥32.7
龙卷风			32～170

评估台风灾害一般以人员伤亡、受灾面积和直接经济损失3项指标作为主要衡量标准。

台风灾害分为3个等级，划分标准为：

Ⅰ级——较大台风灾害：造成死亡（含失踪）10人以下，或10～14观测站（县或市）出现7级大风或10～19观测站出现100mm以上暴雨（过程雨量）。

Ⅱ级——重大台风灾害：造成死亡10～99人，或15～19观测站出现7级大风，或20～29观测站出现100mm以上暴雨。

Ⅲ级——特大台风灾害：造成死亡100人以上，或20观测站以上出现7级大风，或30观测站以上出现100mm以上暴雨，或直接经济损失占全省（市）GDP的1%以上（1990年以后）。

3. 台风灾害分析

台风及其引发的泥石流、洪涝、滑坡等次生灾害不仅造成镇乡房屋倒塌和人员伤亡及财产损失，而且对小城镇产业，特别是对小城镇农田、农业造成损失更大。

(1) 每次台风登陆都会造成大面积农田受淹和粮食减产，对农业生产和发展造成一定程度的影响。1950～2004年台风造成的我国农作物受灾情况，如图2-2所示。

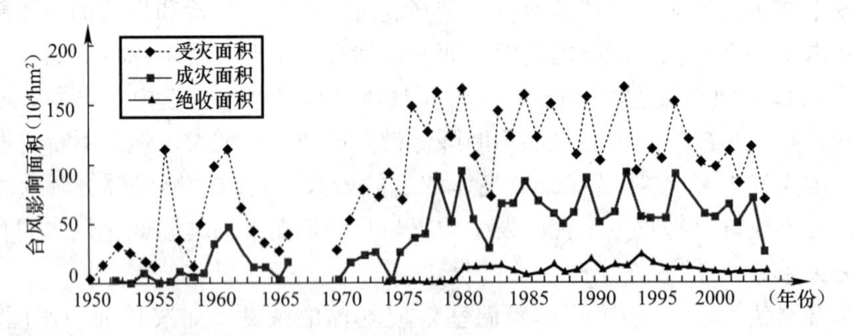

图2-2　1950～2004年台风造成的我国农作物受灾情况图

资料来源：周长兴，城市综合防灾减灾规划

据统计，全国2005年台风共造成农作物受灾面积445.3×10^4hm^2，死亡414人，直接经济损失799.9亿元，属于台风灾害偏重年份。

(2) 台风引发病虫害

台风不仅会直接毁坏农作物，影响作物的生长发育及抗逆能力，而且台风造成的田间小环境还非常适宜病虫害的流行蔓延，特别是水稻细菌性病害和纹枯病的发生。1990 年 8～9月，数次台风引起的大风暴雨，致使浙江晚稻病害大暴发，其中白叶枯病和纹枯病发生面积高达 16 万 hm^2 和 66 万多 hm^2。截至 2006 年 9 月底，据监测，稻飞虱、稻纵卷叶螟、稻瘟病等水稻病虫害发生面积达 $0.931\times10^8km^2$，比 2005 年同期增加 20%。

（3）台风导致农田污染

台风暴风使海面倾斜，低气压使海面升高，发生海水倒灌从而导致农田受淹，也使农业灌溉用水受到污染。部分被淹农田因长时间受海水浸泡，导致土壤中的含盐量升高，造成土地盐碱化，不利于农作物的生长，有的农田甚至废耕。

台风在增加降雨量，缓解旱情方面也有其有利一面。

4. 台风灾害防御监测、评估系统及应急机制建设

（1）台风监测系统建设

以福建防台风风情实时自动遥测系统为例，该系统充分利用已有的洪水预警报系统的通信资源和设备，建成高效可靠、实用先进的覆盖全省沿海和县市的风情实时自动遥测系统，为省市各级政府及防风部门防抗台风提供科学的指挥决策依据。

1）系统组成。由省防汛办为中心的防汛计算机广域网系统、市县超短波网络系统、各市县风情遥测站和应用软件等组成了遥测及信息传输系统。它主要包括 4 个子系统：风情信息采集存储子系统，实时采集各风情自动遥测站点的风情气象信息，经转换发往所属各县市风情监测站，同时由洪水预警报系统的通信网络将风情气象信息转传到上一级设区市防汛办分中心，并按统一格式存入数据库；信息传输子系统，在设区市、县防汛办和风情遥测站间建设超短波网，通过该超短波网传输各站的风情信息。通过建设以省防汛办为中心的连接各设区防汛办的计算机广域网，并利用该计算机广域网集合和转发风情信息，实现全省风情信息的共享；风情实时监视子系统，实时动态监视全省各地的风情变化及设备的状态，以动态画面实时反映各站点的任一时刻风速和风向变化，对风情信息超警戒、站点数据异常、站点故障和网络故障，系统能实时地发出警报；风情信息检索子系统，该子系统具有检索查询、统计全省各市县风情站的实时风情信息、气象特征值、系统异常报警信息和浏览历史台风的功能，并能用图、表方式显示或打印查询、统计结果。

2）系统覆盖范围。系统采用超短波及有线通信方式进行混合组网，系统组网规模为 1 个省中心站，9 个设区市分中心站，13 个县市监视站和 24 个风情遥测站。

3）系统总体功能要求。实时采集、传输和接收各遥测站的风情信息。用计算机处理数据，在线进行风情计算、统计和相关分析。风情实时动态监视，风情超警戒、数据异常、设备和网络故障报警。数据采集精度：风速为 0.1m/s，风向 2.8°。无人值守遥测站应具备的其他所有功能。

系统运行后，经受了 2002 年 8、12、16 号台风的检验，表现出实时性强、精度高和自动化程度高等特点，为防汛减灾提供了科学、可靠的数据，为海上作业人员的安全撤离赢得了宝贵时间，减少了人员伤亡。

（2）基于 GIS 的台风灾害评估系统

运用 GIS 技术在空间分布上对台风灾害进行风险评估，既能实现台风灾害众多因素的海量数据集成，又能更好地对台风的预防和评估作出辅助决策。

1）灾害评估

自然灾害评估主要分为以下几种：①灾害发生之前的预评估。②灾害发生过程中的监测性评估。③灾害发生之后的灾情评定。④减灾效益评估。建立灾害评估模型的统计方法很多，大都是建立在概率统计、模糊系统方法上。目前比较先进的风险评价理论和方法是基于信息扩散技术的。该系统采取以上的方法分析台风灾害的各种信息，确定统计方法，建立评估模型。

在 GIS 的平台上开发台风灾害评估系统是最理想的方法。其灾害评估的功能模块：台风影响评价，包括致灾因子强度分析模块，重大台风灾害分析模块，防灾减灾能力分析模块。台风灾害预评估，包括灾害损失模型库，台风灾害预评估分析模块。台风灾害实时评估，包括灾情信息、天气预报信息、监测信息的获取与处理模块，实时评估分析模块。灾后灾情评定，包括灾情分析模块、工业、农业等灾情评定模块。

2）软件系统研制结果

① 软件环境。系统以 Windows 操作系统为软件开发平台，后台数据库采用 Microsoft Access，图形平台采用美国 ESRI 公司的地理信息系统软件 ArcGIS9.2，图形操作、图层处理、信息显示等均在该平台上进行。此灾害评估系统是集空间数据库管理、非空间数据库管理、台风灾害评估模型库管理以及结果输出于一体的一个集成运行系统。

② 数据库。包括地理信息数据库、台风数据库及模型库 3 个子数据库。各子数据库通过 GIS 平台与电子地图相关联，用户可以通过编辑地图或数据库内容更新数据，地理信息数据库，地理信息数据库存储城市地理、基础设施、经济、人口等信息，包括了比例尺为1∶100 万的全国地图、比例尺为 1∶25 万的浙江省地形图以及台风影响重要地区的比例尺为 1∶5 万的地形图。图层包括中国行政区划（省、市或地区、区县）、铁路、河流和湖泊等、浙江省重点城市、城市道路、人口分布信息、重点受灾区域房屋信息、土地利用信息、浙江省自动监测站及相应监测站等信息。GIS 图层均转换为 ESRI 的 shp 格式，统一采用 WGS1984 大地坐标系统，所有地图图层均在该坐标系统下叠置。台风数据库，主要存储和管理包括与时间和空间相关的台风数据和属性数据，有台风名称和编号、开始时间、生命时数、中心气压和风速、登陆地点、路径趋向、影响时段和其他信息。将现有的多个台风数据库整合为统一标准的数据库，目前包括台风纪要、台风登陆信息、台风中心位置、过程最大风、过程雨量、灾情及社会经济指标等 7 个表。模型库，台风数据获取系统通过自动和人工两种途径获取台风数据。台风数据库中的一些表由自动站将数据自动导入。有些表则由值班人员手工录入。

③ 台风路径显示。系统通过 ADO 访问数据库，并采用 ArcObjects 组件技术解决了自动、快速生成台风路径图的问题。当同时存在多个台风或进行多个台风比较时，可从台风列表中选择多个台风编号，其路径在同一张地图上显示。每个台风的登陆点位置也可以用直观的符号显示出来。

④ 相关信息综合显示。对台风相关信息进行综合显示，如 2005 年“海棠”、“麦莎”、“卡努”台风对浙江有较大影响，在台风列表中用红色标注显示。查询台风相关信息，如根据台风名称、起止时间、登陆时间和地点、影响时段、影响范围等字段来进行查询显示，重要的台风则配以详细的灾情和社会经济指标总结等；在地图上点击台风路径的任一节点，显示台风当前的时间、经纬度、风力、气压等参数。

3）台风灾害评估模型

建立等级制的台风影响评估指标，制定包含人员伤亡、经济损失等灾情因子的等级制灾度标准，结合GIS，建立台风影响评价模型、灾害损失预评估模型、实时评估模型、决策服务效益评估模型等。如在台风灾害预评估中，GIS整合以上的历史台风数据和分析所得的经验等级，经过前期数据的分析，对台风的影响区域、影响区域的人口伤亡、基础设施损坏、房屋损失、农田受灾、直接经济损失等进行预评估。如台风影响某个地区，图形中显示出此影响范围，并根据GIS的空间分析功能，得出此区域内的人员数、基础设施、危险房屋、农田面积等信息，最后将信息以专题图或者报表的形式输出。

4）雨量、风等值线与色块图的绘制及统计

专题制图功能是对用户数据进行可视化分析的强大工具。通过对抽象的数据赋予图形，用户获得了形象简洁的视觉感受，进而更易于挖掘出数据内部潜在的信息及相互关系。这是灾害评估系统中关键的部分。系统针对某一个台风，或查询得到的某一类台风，可以根据相应的自动站提供的数据，方便地绘制等值线与色块平滑图，并对某范围内的雨量区域面积及灾情情况进行统计。本系统的特色：在统一的标准下整合台风数据，建立了比较完备的台风资料库，包括了浙江省1949～2005年间的历次台风数据，另外，数据库能够一源多用、功能复用。GIS平台支持下的台风灾害系统有台风路径的自动生成、相关台风信息的综合查询、雨量等值线以及雨量风速色块图的绘制、灾害评估模型建立等功能。系统操作简单方便，显示直观形象。

（3）台风灾害应急机制建设

以浙江为例，从影响浙江的台风灾害分析来看，2004～2005年的台风强度之强和风力之大为近50年来所罕见，降雨量更是超过历史实测记录。但随着对台风规律认识的提高和多年来水利工程以及应急机制建设，台风所造成的人员伤亡大幅度下降，突显出以人为本的防台理念。

1）责任机制。省、市、县（市、区）建立防台行政首长责任制。各有关部门建立防台主管部门责任制或行业监督管理责任制。乡镇（街道）、村（社区）和防洪工程管理单位（业主）、企事业单位建立直接管理责任制和岗位责任制。台风期间，防台责任人全部上岗到位，履行防台职责，同时实行责任追究制度。

2）预案体系。省、市、县（区）、大部分乡镇（街道）和部分村（社区）制定了防台风预案。水利、气象、国土资源、民政等部门都制定了相应的工作预案。同时，还规范预案制定和发布程序，组织开展预案演练。台风期间，适时启动预案，分阶段、分层次防御台风。

3）水库等水利工程监管巡查机制。小型水库落实一名局（科）级以上行政干部为水库安全监督管理责任人，台风影响期间驻库检查。同时，每座水库落实专人负责安全巡查，在汛期或水库高水位时，每天巡查，发现问题，及时处置，把安全隐患消除在萌芽状态。

4）防台风监视决策支持机制。台风生成后，通过气象卫星云图、互联网等实时监视台风动向，预测台风移动路径、登陆时间地点和风雨影响程度。

5）水雨情监测网络和预警。已建成全省八大河流域、小型以上水库、沿海地区的水情信息采集系统，自动遥测站数量达1000多处，可提供实时的水雨情和预报、预警。

6）防汛远程会商。利用基本建成的省市县三级防汛远程会商系统，实施面对面防台防汛会商调度、指挥，提高决策实效。

7）洪水预报、调度系统。通过已建成的钱塘江、东苕溪、浦阳江、曹娥江等主要流域的预报系统，及大型水库洪水预报调度系统，对洪水进行实时预报和调度。

（4）台风灾害应急预案

安徽台风应急预案涉及防御目标、响应与管理 3 个层面内容。

1）防御目标。及时妥善、有效处置因台风造成的灾害，最大限度地减少人员伤亡和财产损失，避免群死群伤事件发生。坚持“以人为本”以保障人民群众生命安全为首要任务。

2）预案响应。防御阶段划分，把预计编号台风对安徽的影响由低到高划分为消息、警报、紧急警报、影响期、警报解除 5 个阶段，定性和定量地给出每个阶段的特征值，规定各个阶段预报预警主要内容和工作要求等。组织指挥及职责，确定了防御台风工作的组织指挥机构、日常办事及应急处理机构及其职责，对防御台风组织机构中的各成员单位组成及相应的职责作了明确规定。同时确定全省防台风工作按行政区划实行属地管理。工作程序及内容，更进一步细化防御台风工作指挥机构在防御台风 5 个阶段中的工作部署主要内容，进一步明确主要职能部门不同阶段响应具体内容和应对措施。

3）预案管理。说明防台风工作应急预案与其他预案之间的关系。明确台风引发的次生灾害，按其预案执行。制定了防台风工作中的奖惩原则及对预案的管理等规定。

5. 防台减灾对策借鉴

总结地方防台减灾经验对策，提供以下借鉴：

（1）防台、防洪基础设施建设

1）海塘、圩堤、驳岸及沿江防风墙达标建设。

2）河道整治，提高防洪排涝能力。

3）其他抗台、防风工程及排水等相关市政工程建设。

4）生命线工程建设。

（2）完善各类非工程措施建设

1）加强水文和气象监测预报预警系统以及城镇雨水自动监测系统建设，提高预报的及时性和准确性；对重要水利工程如水库大坝、溢洪道、水闸、重涝区、渔港、地质灾害隐患点等实施远程监测。

2）建立预警预预报协作会商机制

加强防风部门、气象部门与水文站之间联系与合作建立会商制度，使预警预报工作更加准确、及时，以便包括镇、乡、村在内的各级组织针对不同的台风路径采取不同侧重点的防御措施。

建立纵向横向防灾协作网络，及时取得相关地区的实测潮位、雨量、风速、风向等资料和防灾抗灾经验，达到防灾减灾的良好效果。

3）防台风指挥系统建设

建成融合防台风预案，重点工程实时监测，水文、气象预警预报，通信系统、计算机及网络系统、决策支持系统为一体的防台风指挥系统，提高防台风指挥决策的现代化水平。

4）加强防台风险管理工作

使防台、防风工作进一步规范化、法制化。制定农村建房抗台防风标准，以及人员转移相关法规标准，通过政府引导，合理规避设施农业风险，通过规划建立台风避灾场所确保转移群众安全。

5）开展抗台应急预案实战训练，增强可操作性，同时加强防灾减灾知识宣传教育，提高群众抗灾自救能力 。

2.2.4 防沙尘暴灾害

1. 沙尘暴与沙尘天气界定

沙尘天气是指强风从地面卷起大量沙尘，使空气混浊、水平能见度明显下降的一种天气。沙尘天气按其强度可分以下 4 种：

（1）浮尘：均匀悬浮在大气中的沙或土壤粒子残留在空中，使水平能见度小于 10km。

（2）扬沙：风将地面沙尘吹起，使空气相当混浊，水平能见度在 1～10km 之内。

（3）沙尘暴：狂风将地面沙尘吹起。使空气非常混浊，水平能见度小于 1km。

（4）强沙尘暴：当水平能见度小于 500m 时定为强沙尘暴天气。

沙尘暴指上述后 2 种沙尘天气。

表 2-7 为内蒙古沙尘暴天气强度划分。

内蒙古沙尘暴天气强度划分表 **表 2-7**

类　别	强　度	瞬间极大风速	最小能见度（m）
沙尘暴	特强	≥10 级，≥25m/s	0 级<50
	强	≥8 级，≥20m/s	1 级<200
	中	6～8 级，≥17m/s	2 级 200～500
	弱	4～6 级，≥10m/s	3 级 500～1000

2. 我国沙尘暴起因及源区与特征

沙尘暴根源是土地荒漠化，沙尘源的扩大并且主要是乱开垦土地、过度放牧、畜群总量大大超过草原承载力。砍伐防护林等人为活动，破坏了原有的生态环境，造成大面积土地裸露，一遇大风便容易造成沙尘暴天气。城市建设中在建工地多等因素，致使地表土裸露面积快速增大，扩大了沙尘源。人为活动是祸首。对野外调查和航空卫星照片的分析还证明，由于过度农垦导致土地退化占沙漠化面积的 25.4%、过度放牧占 28.3%、过度砍伐占 28.3%、水资源利用不当及工矿建设破坏植被所引起的占 9%；而由风力作用沙丘前移所形成的荒漠化土地仅占 5.5%。

我国沙尘暴源区分境外、境内二大源区。境外源区主要是蒙古国东南部戈壁荒漠区和哈萨克斯坦东部沙漠区。我国境内源区主要有内蒙古东部的苏尼特盆地或浑善达克沙地中西部、阿拉善盟中蒙边境地区（巴丹吉林沙漠）、新疆南疆的塔克拉玛干沙漠和北疆的古尔班通古特沙漠。沙尘暴的范围、规模和强度呈持续增大趋势。

沙尘暴发生后，分三路或更多方向向京津地区移动。北路从二连浩特、浑善达克沙地西部、朱日和地区开始，经四子王、化德、张北、张家口、宣化等地到达京津。西北路从内蒙古的阿拉善中蒙边境、乌拉特、河西走廊等地区开始，经贺兰山地区、毛乌素沙地或乌兰布和沙漠、呼和浩特、大同、张家口等地，到达京津。西路从哈密或芒崖开始，经河西走廊、银川或西安、大同或太原等地区，到达京津，甚至可以一路抵达长江中下游地区。

我国沙尘暴的六大特征如下。

1）时间。我国沙尘暴发生的时间主要集中在3～4月。以2002年为例，在这一期间全国共出现沙尘过程12次，其中强沙尘暴过程4次。

2）地域。沙尘暴主要发生地区在北纬38°，东经110°～117°以北的地区，即以河北沧州为界，北到天津、北京直到内蒙古；西到石家庄、银川、兰州、青海。

3）源头。我国沙尘暴主要源地是蒙古国甚至中亚沙漠地区，强度大，明显大于境内源地沙尘暴。我国境内源地是甘肃河西走廊、内蒙古南部、河北北部及其他沙漠区。

4）路径。2004年春季影响北京的沙尘暴路径主要有4条：蒙古——内蒙古——北京转向东北；河西走廊东移至北京；从内蒙古朱日和地区经张家口影响北京。从晋北高原向东影响北京。

5）相关因素。沙尘天气与春季冷空气活动关系密切，当春天冷空气路径偏西、偏南时，华北沙尘天气少，主要过程发生在西北，反之当冷空气主力偏东、偏北时，主要过程发生在华北。

6）沙尘暴的影响。强沙尘暴不仅影响西北、华北、华中、华东地区。如果在距地面7～8km的高空遇到高空急流，同时又有东北冷空气旋涡强烈影响，强沙尘可以影响东北、远东及更北的地区。

3. 沙尘暴的主要危害

我国北方地区沙尘暴灾害发生频繁，经济损失大。浮尘、扬尘和沙尘暴天气每年直接经济损失540亿元。沙尘暴是我国北方地区包括小城镇在内的主要风灾之一，沙尘暴危害主要有：

1）人畜死亡、建筑物倒塌、农业减产。沙尘暴对人畜和建筑物的危害绝不亚于台风和龙卷风。

2）污染。沙尘暴降尘中至少有38种化学元素，它的发生大大增加了大气固态污染物的浓度，给策源地、周边地区及下风地区的大气环境、土壤等造成长期潜在的危害。

3）对农业生产的影响。降尘使植物叶面被遮盖，影响光合作用。农作物赖以生存的薄层的地表土被刮走后，贫瘠的土地将严重影响农作物的产量，每年因各种气候灾害使农田受灾面积达0.33亿hm^2。

4）对人、畜健康的影响。沙尘暴夹着远方的沙土和尾矿粉尘，对人体、动物、植物产生危害。它可能诱发人体、动物的过敏性疾病、流行病及传染病。沙尘暴带来的细微粉尘使人出现咳嗽、气喘等多种不适症状，导致流行病发作，降尘还能引起人们眼疾和呼吸道感染。大风跨越几千千米，将沿途的病菌、传染病菌吹到下风向地区。降尘地区，牲畜食牧草后会引发肚胀、腹泻：

4. 沙尘暴预警预报

（1）沙尘暴监测

沙尘暴的监测主要包括地面监测、遥感监测和利用静止气象卫星监测，以及沙尘暴期间的总悬浮颗粒物与降尘应急监测。

（2）沙尘暴预警预报

1）沙尘暴预警系统

我国沙尘暴预警系统是通过应用气象卫星、雷达、探空和自动气象站等多种手段对沙尘暴的形成、发展与传播进行跟踪、监测，实现沙尘暴天气中、短期预报，以减轻沙尘暴的危害。

2）沙尘天气预警方法

当根据遥感、地面观测资料及数值预报等信息判断未来24h内沙尘天气将影响预报责任区时，应及时向下级台站发布沙尘天气指导预报，预报内容包括沙尘天气种类、强度、落区和移动方向，并随时更新；对影响大城市、范围大、严重的沙尘天气，要及时在公众媒体上向社会公众发布沙尘天气预报警报；对一般影响的沙尘天气，应及时编发内部公报、专报，向各级政府和有关政部门提供。沙尘天气预报、警报应包括发生沙尘天气的区域、时段、强度、可能造成的影响及对策、建议等。

3）沙尘暴天气预报方法

以陕西为例主要方法是：

① 历史沙尘暴天气出现日数分析。

② 沙尘暴前一日8时（北京时间）500hPa高空天气图和地面天气图分析，划分沙尘暴天气的影响类型。

③ 根据500hPa环流形势，判别沙尘暴类型，地面天山附近或河套北部有无冷风出现。冷空气前是否有较强暖空气和低气压发展，了解风前地面情况，以及上游内蒙古、宁夏、甘肃有无沙尘暴出现等。

5. 我国沙尘暴灾害应急管理

（1）沙尘暴灾害应急管理机制分级（两级）

1）国家级应急管理机制。2005年1月26日，国务院第79次常务会议通过了《国家突发公共事件总体应急预案》以及25件专项应急预案，80件部门应急预案（包括沙尘暴应急预案），基本覆盖了我国经常发生的突发公共事件的主要方面。

2）行业部门及各省、自治区和直辖市级应急管理机制。国家林业行政主管部门出台了《重大沙尘暴灾害应急预案》，预案对重大沙尘暴灾害的预警、监测、等级标准、分布程序、应急响应、应急处置、调查评估等做出了明确的规定，形成了一整套工作运行机制，对可能发生和可以预警的重大沙尘暴灾害做到早发现、早报告、早预警、早处置。国家林业局成立了沙尘暴灾害应急机构，负责沙尘暴灾害应急组织管理、应急指挥协调和应急处置工作，同时组成专家咨询组，负责沙尘暴灾害应急处置的决策咨询、技术指导；与国务院相关部门也建立了联络和沟通机制，初步形成了国家层面的沙尘暴灾害应急管理体系。我国北方各省、自治区和直辖市林业行政主管部门正在积极行动，制订相应的沙尘暴灾害应急预案，做到与国家预案衔接，其中新疆、甘肃、内蒙古等沙尘暴多发省区，已将沙尘暴灾害应急预案纳入地方各级政府的总体应急预案，健全了应急机制。

（2）沙尘暴灾害应急管理对策

1）加强“三制”建设。加强沙尘暴灾害应急管理体制、机制和法制的“三制”建设是整个应急管理工作的根基。在管理体制上，应特别强调“属地管理”的原则，将沙尘暴灾害应急管理工作落到实处。在工作机制上，要根据沙尘暴灾害的特点，树立“预防为主”的工作思路，要加强沙尘暴灾害预警、监测、信息报告、应急响应、恢复重建和调查评估等工作机制的建设。要根据预防和处置沙尘暴灾害的需要，抓紧做好有关应急规章制度、标准的制定和修订工作。

2）抓好预案的制定和落实工作。在《重大沙尘暴灾害应急预案》的宏观指导下，分级、分区制定区域沙尘暴灾害应急预案。预案重在落实，要加强对预案的监督检查，经常性开展预案演练，同时，要做好各级预案的衔接工作，加强对预案的动态管理，不断增强预案的针对性和实效性。沙尘暴灾害应急工作要逐渐由以往单纯在灾后采取消极补救措施，开始逐渐转变为在灾前有准备地制定和采取各种防灾措施，在灾害即将或突然发生时，可按预案有针对性地应急抢险和救灾。

3）加强应对沙尘暴灾害的能力建设。针对沙尘暴灾害的特点，要强调灾害预测预警、监测和灾害信息发布机制的完善，对沙尘暴灾害做到早发现、早报告、早预警、早处置。应重点加强的工作：①加强监测系统的建设，在沙尘暴灾害多发区和主要受影响区建设布局合理、装备先进、立体化、全天候的灾害监测体系，实时获取应对沙尘暴所需的各类数据。②加强信息系统的建设，做到各节点的有效连接，具备实时传输、预测预警、信息报告、辅助决策等功能。③加强灾情评估系统的建设，灾情信息获取后，高效准确地开展灾情评估，为制定救援方案服务。

4）建立沙尘暴灾害应急管理系统。建立实际可用的应急管理系统，将大大提高灾害应急管理的水平和工作效率。沙尘暴灾害应急管理系统应采用先进的GIS、GPS、RS及通信网络系统等，实现应急管理技术的体系集成与辅助决策支持，有助于进行大范围系统管理和提高减灾管理决策速度。

5）开展沙尘暴灾害风险评估和区划研究。为揭示沙尘暴灾害的空间分布规律和影响程度，并且为沙尘暴灾害应急管理和防沙治沙工作提供科学依据，我国北方地区必须开展沙尘暴灾害风险评估和区划研究。其研究应结合应急管理的需要，在自然灾害系统理论和灾害风险评估原理的基础上，建立沙尘暴灾害风险综合评估模型，编制沙尘暴灾害风险区划。

6）加强公众教育和国际交流与合作。加强沙尘暴灾害应急管理科普宣教工作，提高社会公众应对突发公共事件的能力。宣传沙尘暴灾害应急预案，全面普及预防、避险、自救、互救、减灾等知识和技能，增强公众的忧患意识、社会责任意识和自救、互救能力。加强与蒙古、韩国、日本、中亚各国及国际组织在应急管理领域的沟通与合作，学习借鉴有关国家在重大沙尘暴灾害预防、紧急处置和应急体系建设等方面的有益经验，促进我国应急管理水平的提高。

6. 沙尘暴防治

（1）国家和地方总体防治

1）在全国总体规划下，各相关省市制定各自的防沙治沙规划并纳入五年规划。经过1～2个五年治沙规划，实现遏制沙进人退的局面，力争生态环境的根本转变。

2）建立以国家投入为主、地方投入为辅、个人投入并存的防沙治沙投资机制，同时实施经济政策扶持，使防沙治沙经济有保证，政策能配套。

3）根据沙尘监测预警，每年在沙区及荒漠化区域适时进行人工增雨、雪作业，使种草种树有充足水源，同时适时飞播造林，加快造林步伐，也可与周边国家共同协作，植树造林，改善大区域生态环境。

（2）沙区小城镇沙尘暴防治

1）建立防沙治沙的技术队伍和治沙专业户，因地制宜，益林则林，益草则草。

2）调动沙区镇乡农民防沙治沙积极性，引导牧区牧民在高效牧业中找出路，降低牛羊存栏数，缓解草原放牧承载力，改变牛羊吃草，草原无草，地面裸露，沙尘随之而来局面。开发沙产业，先种树，后种草，再发展养殖业及经济林业。

3）实现“谁承包、谁治理，谁开发、谁受益”的防沙治沙经济政策，采取沙漠拍卖、租赁、转让、股份合作承包等模式，引进外资，鼓励集体、个人参与沙漠治理。

（3）防治沙尘暴主要措施

1）推广免耕法，最大限度地减少土壤耕作，将作物残茬留存于地表，防止水蚀和风蚀。

2）种植牧草，保护草原。

3）扩大冬小麦面积，在春季风沙严重地区，充分利用冬小麦保护土壤。

4）建立林带、灌木丛、谷物、高杂草及对准田间带状作物等风障，利用垂直于风向的障碍物改变风向、风速减少土壤颗粒分离和输送。

5）充分利用干旱、半干旱地区太阳能、风能等新能源和沼气等可再生能源，减少人为草原、森林植被的破坏。

2.2.5 抗风设防区划

1. 抗风设防区划相关工作内容

抗风设防区划相关工作内容包括：

（1）工作区风灾环境。

（2）场地影响及风灾气象灾害评价。

（3）建筑物风灾预测。

（4）生命线工程系统风灾预测。

（5）次生灾害估计。

（6）人员伤亡及经济损失估计。

（7）防风减灾对策。

（8）信息管理系统。

2. 设防工作区风灾环境

（1）采用抗风结构最优设防烈度决策方法进行风灾危险性分析。

（2）在进行灾害数据库标准化与规范化的基础上，建立以县（市）为基本单位的减灾综合数据库。

（3）采用小城镇设防工作区的1～2个设定风灾，并采用历史风灾法与概率法设定风灾。

3. 场地影响与风灾气象灾害评价

（1）可利用已有资料和数据，进行适当的工程气象条件勘察与调查补充工作，采用规范方法或其他经验方法进行场地类别划分、场地风灾影响分析，编绘场地类别分区图、风灾参数小区划图和风灾气象灾害小区划图。

（2）场地工程气象条件调查。应符合《建筑结构荷载规范》（GB 500092—2012）的规定，包括：调查工作内容：风灾的发生时间、地点、强度估计、时间历程、宽度、长度、破坏面积、灾情以及目击者的现场感受和照片等。调查工作方法：首先判别、筛选强对流天气原始档案中属于风灾的事例，同时下达各县、市气象局和台站，进行核实、补充和上报。场地类别划分：应符合相关规定。

（3）风灾气象灾害评价。可包括风灾引起的灾害的评价。

（4）成果表达方式。风灾气象灾害小区划图：可以是一幅沙尘暴、降温、霜冻及风暴潮等多种类型灾害信息综合表示图，也可以是多幅单一类型灾害信息表示图。表达方式上除了平面图之外，宜以必要的柱状图与剖面图辅助说明。比例尺：场地类别分区图、风灾参数小区划图和风灾气象灾害小区划图比例尺，可结合具体工作要求确定。

4. 建筑物风灾预测

（1）建筑物的分类

现有建筑物可分为重要建筑物和一般建筑物。重要建筑物应包括：党政机关、抗风救灾指挥部等部门的主要办公楼；公安、消防、医疗救护、学校、影剧院等单位的主要建筑物；生命线工程系统的重要建筑物，如主要的水厂、电厂、变电站、通信中心、火车站、汽车站等。一般建筑物：除重要建筑物以外的建筑物。

（2）建筑物风灾的分级

把工程结构遭受的风灾破坏等级分为 6 级：安全级、临界级、轻微损伤、中等损伤、严重损伤、破坏级。对于一般工业与民用建筑结构，可以近似地认为：不坏相当于基本完好，可修相当于中等破坏，不倒相当于严重破坏。

分级方法：采用专家评分方式进行富士达分级级别评定：按风灾出现的年代顺序编排文件序号，列举事实资料；20 名评委对照各条款事实独立评定；评分统计：先统计各评分者对各款实例评级的总分，去掉 3 个最高和 3 个最低总分，余下各 7 份为 1 组，逐一统计中又去掉 1 个最高和 1 个最低分，最后也形成两组有效平均分。富士达等级评定为整数量化，在数据处理阶段将各组评分处理为 0.2 级进制。

（3）专题基础资料。

建筑物专题数据的调查应采集现有房屋的场址、结构、使用状况等数据，调查方式可分为下列 3 种：

1）详查：逐栋收集房屋的有关数据和资料。

2）抽查：对于工作区内的一般建筑物，可采用抽样调查的方式，抽样率一般以占该类建筑总面积的 8%～11%为宜，高层建筑宜为 6%～10%，对建筑物数量较多或可比性较好的工作区，可降低抽样率，但应以满足易损性分析需要为准。抽样应兼顾建造年代、层数、设防标准、地域分布及用途等诸多因素的合理选取。

3）普查：充分利用本地区已有的房屋调查统计资料，调查建筑物的主要数据，如建筑面积、建造年代、层数、结构类型、结构现状等，填写建筑物普查表。

（4）易损性分析方法

重要建筑物应按单体进行抗风分析。详查和抽查的建筑物可采用模式判别法或风灾预测智能辅助决策系统法等方法进行易损性评价。普查的建筑物可采用类比法或经验判定法进行易损性评估。特殊结构形式的建筑物、构筑物，如古建筑、重要的大型工业设施设备等，宜进行专门的风灾反应分析。

5. 建筑结构易损性矩阵

建筑物易损性分析可根据工作区的具体情况，采用一种或几种单元小区。

易损性矩阵：重要建筑物，宜按单体给出易损性结果；可根据抽样的结果采用类比法得到其他建筑物单体的易损性结果；一般建筑物和普查建筑物，可按单元小区给出易损性矩阵。

6. 主要成果表达方式

专题数据资料：应提供工作区建筑物的概况、类型、数量、建筑面积等统计数据，并宜提供建筑物调查的资料，包括建筑结构的参数等。

易损性分析方法与结果：应对各类建筑结构易损性分析所采用方法进行介绍，并给出分析结果。

结论和建议：应对工作区各类建筑物的抗风能力进行综合评价，并应指出工作区内建筑物的高危害类型、存在的主要问题和抗风薄弱环节。

建筑物风灾程度及空间分布：通过信息管理系统的集成，应给出工作区在设定风灾或设防风灾参数作用下的建筑物风灾程度及空间分布。

7. 重要工程风灾预测

重要工程包括应急保障基础设施、防灾工程设施和应急服务设施。重要工程建筑物应按单体进行易损性抗风分析，专题数据资料调查应采用实地调查和查阅资料等方式进行。提出重要工程分布图、建筑、设施、设备等易损性分析结果，抗风薄弱环节。通过信息管理系统集成，给出工作区在风灾作用下的重要工程系统风灾程度及空间分布。

8. 风灾次生灾害估计

宜进行次生洪灾、沙尘暴、霜冻、风暴潮以及有毒有害物质污染等灾害的估计。

(1) 专题数据调查

应对工作区上游可能造成危害的大中型水库和附近的江河堤防进行下列调查：对大中型水库，应给出名称、建造年代、贮水量、水库大坝的坝高、设防标准及发生次生洪灾的主要隐患；对江河堤防，应给出建造年代、设防标准、河流的洪水期及发生次生洪灾的主要隐患。

次生沙尘暴，宜对下列内容进行调查：次生沙尘暴灾害源的分布；易产生次生沙尘暴的范围；画出次生灾害源分布图。

应调查毒气泄漏与扩散、爆炸、环境或放射性污染等灾害源的分布、危险品的种类、贮量、环境污染源类型等，并给出分布图。

(2) 次生灾害危害性分级

在进行次生灾害危害性分析时，应对灾害源的危害性进行分级。次生灾害的危害性可划分为三级：Ⅰ级，蔓延大片，即灾害影响大片区域；Ⅱ级，影响近邻，即灾害影响灾害源附近的空间环境；Ⅲ级，危及本体，即灾害影响仅限于灾害源自身。

9. 人员伤亡与经济损失估计

人员生命损失估计：应主要包括由风灾造成的死亡、重伤与需安置人员数量的估计。

经济损失估计：应主要进行直接经济损失估计。可以某小城镇某一地区为代表进行分析，该代表地区的某一类型建筑又以某一建筑物为代表进行分析，然后通过换算方法推广到该类建筑物和整个小城镇中。

直接经济损失：应包括由风灾造成的建筑结构的破坏损失以及设备和室内财产损失。

专题数据调查工作应调查：工作区常住人口和流动人口数量、人均居住面积、人口总数；有关经济方面的统计资料，包括国民生产总值、国内生产总值和人均年收入等。

应按估计单元给出人员生命损失估计。

各级工作都应按不同的风灾强度的条件下给出工作区的直接经济损失估计总值。

应以行政区估计单元为单位给出直接经济损失的分布估计。

主要成果应包括下列内容：直接经济损失、人员伤亡、需安置人员估计方法和间接经济损失的估计方法；不同风灾强度条件下死亡、重伤和需安置人员估计与分布结果；不同风灾强度下建筑物结构、室内财产、重要工程系统经济损失估计及其汇总结果。

2.2.6 防风灾规划

1. 防风灾规划内容

小城镇防风灾工程规划应根据易受风灾危害地区的风灾类别及灾害危害情况，结合小城镇实际编制。

小城镇防风灾规划的主要规划内容应包括历史风灾分析、抗风设防区划与抗风设防标准、抗风设防的用地与设施布局，风灾预警与应急以及抗风减灾的主要对策与措施。

2. 抗风设防区划与抗风设防标准

按照国家小城镇设防区划研究成果与编制的相关标准，结合小城镇易受风灾危害的历史灾害与现状分析，明确小城镇抗风设防区划，确定抗风设防标准、等级。

3. 用地、建筑及抗风防灾设施布局

(1) 易受风灾地区，小城镇用地选址应避开风口，风沙面袭击和袋形谷地等受风灾危害的地段。

(2) 处于风灾地区的小城镇规划，应在迎风方向的小城镇边缘选种紧密型的防护林带，加大树种的根基深度，提高抗拔力。

(3) 易受台风袭击的地区，小城镇抗风防灾规划，应作以下考虑：

1) 在滨海地区，岛屿应修建抵御风暴潮冲击的堤坎。

2) 确保暴雨及时宣泄，应按国家和省级气象部门提供的5～7d的总降水量和日最大降水量，规划建设排水体系。

(4) 易受风灾地区的小城镇详细规划，应考虑以下要求：

1) 建筑物宜成组成片布置。

2) 迎风处宜布置刚度大的建筑物，外形力求简洁规整。

3) 不宜孤立布置高耸建筑物。

4) 建筑物的长边应同风向平行布置。

4. 抗风防灾对策与措施

(1) 主要对策

1) 加强小城镇抗风设防区划和标准的研究与编制，使小城镇抗风防灾规划和建设有法可依、有章可循。

2) 小城镇抗风设防标准应根据防风安全的要求，并考虑小城镇的社会经济条件及风灾害的特点，同时遵循具有一定的安全度，承担一定的风险，经济上基本合理、技术上切实可行的原则。

3）建立和完善易受风灾地区小城镇抗风防灾管理体制，包括机构、管理权限和工作任务在内的管理体系。

4）小城镇抗风防灾工程规划应作为易受风灾地区小城镇防灾减灾规划不可缺少的重要组成部分。

5）建立和健全易受风灾地区小城镇风灾预测、预报机制。

6）研究推广易受风灾地区小城镇工程设施的抗风灾技术。

7）制定风灾后小城镇恢复生产建设的对策。

（2）主要措施

1）易受风灾危害地区小城镇的用地选择，应把有利抗风防灾放在首要位置。

2）易受风灾地区的建筑物和构筑物设计应符合现行国标《建筑结构荷载规范》（GB 50009—2012）的有关规定，满足不同地区风的设计荷载要求。

3）建立抗风防灾的通信、医疗和救援设施，以及指挥中心。

4）加固生命线工程设施，采用电力和通信电缆提高小城镇电力、通信线路和生命线工程设施的抗风防灾能力。

5）因地制宜的抗风防灾工程设施建设。

6）加强抗风防护林带建设。

第 3 章　小城镇工程地质灾害防灾减灾

3.1　地质灾害概况

地质可分为工程地质与地震地质，前者对应工程地质灾害，后者对应地震灾害。

3.1.1　地质灾害防治重要性

地质灾害（一般即工程地质灾害）是指由于自然产生和人为诱发的地质作用，使人类生产、生活及生态环境遭到破坏的灾害事件。包括泥石流、崩塌、滑坡、地面塌陷、地裂缝、地面沉降等。

地质灾害对人类生产、生活、生态环境的破坏由来已久。20 世纪全球性地质灾害如地震、泥石流、洪水、滑坡、崩塌、岩溶塌陷、砂土液化、地面沉降、地裂缝等屡有发生且有日益加剧的趋势，据统计全球每年因各类地质灾害损失达 850～1200 亿美元。

我国是一个地质灾害多发的国家，很多小城镇分布于自然地质条件复杂地带，受地质灾害的影响严重。然而，我国大多数地质灾害都是由人为因素引发的。首先，我国目前还没有开展小城镇地质灾害的设防区划工作，地质灾害形成、预报和防治的系统理论研究等和国外相比还有较大的差距；其次，我国多数小城镇还没有树立对地质灾害设防的正确概念，小城镇的布局，建筑物场地的选择很少或甚至没有考虑到地质灾害这一十分重要的因素。有的小城镇的设防工作简陋而经不起重大地质灾害的考验，有的小城镇由于缺少基础工作及科学的论证，而使设防工作无针对性；再加上肆意采伐林木、随意开垦、过度放牧等使天然植被破坏，致使崩塌、滑坡、泥石流、水土流失、土地沙漠化形成；另外，过度、不科学地采矿会导致煤岩和瓦斯突出，过量开采地下水会使地面沉降等。地质灾害防治工作日显重要。

3.1.2　我国地质灾害的分布及对小城镇的影响

随着全球气候异常变化，世界范围内的降水、降雨量日渐增多，地质灾害隐患也在不断增加；特别是随着人类活动的加剧和活动范围的不断扩大，工程建设造成的地质性破坏越来越多。我国疆域辽阔，国土面积广大，孕育地质灾害的自然地质环境条件复杂多变，自然变异强烈，不同地区人类工程活动的性质和强度也各不相同，因此所形成的地质灾害的类型、发育强度及危害大小也差异甚大。

我国山区面积占国土总面积的 2/3，而山区城镇主要是小城镇。山区地表的起伏增加了重力作用，加上人类不合理的经济活动的扩大，地表结构遭到严重破坏，使滑坡和泥石流成为一种分布较广的对小城镇影响更大的自然灾害。目前已查明我国共发育有较大的泥石流 2000 多处，崩塌 3000 多处，滑坡 2000 多处，中小规模的崩塌、滑坡、泥石流多达数十万处。全国有350多个县的上万个村庄、100余座大型工厂、55座大型矿山、3000多公里铁路线受到泥石流、崩塌、滑坡等地质灾害的严重威胁。

我国除北京、天津、上海、河南、甘肃、宁夏、新疆以外的24个省、自治区、直辖市都发现了岩溶塌陷灾害。全国岩溶塌陷总数近3000处。塌陷坑3万多个，塌陷面积300多km^2。黑龙江、山西、安徽、江苏、山东等则是矿山采空塌陷严重发育区。据不完全统计，在全国20个省、自治区内共发生过采空塌陷180处以上，塌陷面积超过1000多km^2。

我国水资源分布不均衡，地下水开采量集中，开采布局不合理，造成个别地区地下水水位下降，水质恶化甚至水源枯竭，出现地面沉降、海水入侵、地裂缝和地面塌陷等地质灾害和地质环境问题。上海、天津、江苏、浙江、陕西等16个省、区、市的46个城市出现地面沉降问题。陕西、河北、山东、广东、河南等17个省、区、市出现地裂缝400多处，1000多条。

综上分析，泥石流、崩塌、滑坡是小城镇最主要的工程地质灾害。

3.2 泥石流灾害及防灾减灾

泥石流是山区特有的一种自然地质现象。它是由于降水（暴雨、融雪、冰川）而形成的一种夹带大量泥沙、石块等固体物质的特殊洪流。泥石流爆发突然、历时短暂、来势凶猛、具有强大的破坏力，往往容易造成巨大危害。

3.2.1 泥石流的灾害特点

泥石流对人类经济活动造成直接危害的同时还给区域经济发展造成严重后患。泥石流堆积扇是山区平坦、开阔、水源充足的地方，镇与厂矿、交通设施分布较多，往往容易产生以下直接危害。

1. 危害城镇，特别是小城镇的安全

由于我国小城镇量大面广，地形复杂，特别是山区小城镇形成泥石流的可能性比较大，而县城镇和县城镇外小城镇是县域政治经济文化中心或县（市）域一定农村区域的经济、文化中心及交通枢纽和商品流通的集散地，是直接连接和沟通城市与乡村的桥梁，泥石流直接危害小城镇安全，造成严重危害。据统计四川和重庆有35个，全国有100个以上的县（市、区）级政府驻地均遭受过或面临泥石流危害。

2. 危害山区厂矿、村庄与农田

查明全国受泥石流危害的大型矿山多达30个以上。对山区厂矿和附近村庄安全构成严重威胁。

3. 威胁山区铁路、公路交通安全

全国铁路沿线有泥石流沟1700多条，泥石流爆发，冲毁铁路大桥、大片农田庄园和公路桥梁，危害同样严重。

4. 冲击淤塞山区水利工程造成严重危害。同时，泥石流灾害带来以下后患：

（1）耕地贫瘠化。

（2）经济发展滞后化。

（3）区域经济贫困化。

3.2.2　泥石流的成因与特点

1. 泥石流形成有以下条件

（1）地形条件。山高沟深，地势陡峻，沟谷中具有陡峻的谷坡地形和较大的纵坡，流域的形状便于水流的汇集。

（2）地质条件。构造：地质构造复杂，断层皱褶发育，新构造活动强烈，地震烈度较高的地区，一般对泥石流的形成有利。岩性：结构疏松软弱、易于风化、节理发育的岩层，或软硬相间成层的岩层易遭受破坏，碎屑物质来源丰富。

（3）水文气象条件。水是泥石流的组成部分，又是搬运介质的基本动力。泥石流的形成与短时间内突然的大量流水密切相关。

（4）其他条件。如人为滥伐山林，造成山坡水土流失；开山采矿、采石弃渣堆积等，往往提供大量物质来源。

2. 泥石流形成的一般区域特点

典型的泥石流流域，从上游到下游一般可分为以下3个区：

（1）形成区。大多为高山环抱的扇状山间凹地，植被不良、岩土体疏松，滑坡、崩塌等比较发育。

（2）流通区。位于沟谷中游地段，往往呈峡谷地形，纵坡大，长度一般较形成区短。

（3）堆积区。位于沟谷出口处，地形开阔，纵坡平缓，流速骤减，形成大小扇形、锥形及高低不平的垄岗地形。

3.2.3　泥石流的分类与分布

1. 泥石流的分类

（1）按形成诱发原因，泥石流可分为冰川型、暴雨型、融雪型、地震型和火山喷发型。

（2）根据物质结构与流态特征，泥石流可分为紊流性（稀性）和层流性（黏性）。

（3）从地貌形态上，泥石流可分为河谷型和山坡型。

（4）根据汇水面积的大小，泥石流可分为大（大于10km^2）、中（1～10km^2）、小（小于1km^2）型。

2. 泥石流的分布

我国泥石流的分布明显地受地形、地质和降水条件的影响。尤其在地形条件上表现得更为明显。

（1）泥石流在我国集中分布在两个带上。一个是青藏高原与次一级的高原、盆地的接触带；另一个是上述的高原、盆地与东部的低山丘陵或平原的过渡带。

（2）在上述两个带中，泥石流又集中分布在一些沿大断裂、深大断裂发育的河流沟谷两侧。这是我国泥石流的密度最大，活动最频繁，危害最严重的地带。

（3）在各大型构造带中，高频率的泥石流又往往集中在板岩、片岩、片麻岩、混合花岗岩、千枚岩等变质岩系及泥岩、页岩、泥灰岩、煤系等软弱岩系和第四系堆积物分布区。

（4）泥石流的分布还与大气降水、冰雪融化的显著特征密切相关。即高频率的泥石流主要分布在气候干湿季较明显、较暖湿、局部暴雨强度大、冰雪融化快的地区，如云南、四川、甘肃、陕西、西藏等。低频率的稀性泥石流主要分布在东北和南方地区。

3.2.4 泥石流与地震、暴雨灾害的相关性

1. 地震在泥石流形成中的作用

地震会破坏坡地的稳定性，进而影响次生地质灾害——泥石流的形成和发展。由于地震能激发泥石流活动，故在一定条件下地震带大多是泥石流活动带。我国 23 个地震带中，有 16 个带发生过泥石流，约占地震带总数的 70％以上。全球范围内，有两个特大地震带，即太平洋地震带和喜马拉雅—地中海地震带。两者均是全世界泥石流最为活跃的地带。我国发生的几次强烈地震，都激发了泥石流活动。如 1974 年 5 月 11 日云南永善—大关地区发生 7.1 级地震，1976 年 5 月 29 日云南龙陵地区连续发生的 7.3 级和 7.4 级地震时，均发生了不同程度的泥石流。2008 年四川汶川“5.12”大地震，就出现了 78 条泥石流灾害隐患点。

（1）地震为泥石流形成提供松散固体物质。崩塌方式：地震时，大量的表层土石体和林木灌丛一起崩入沟内。滑坡方式：地震时，使处于临界状态下的土体滑入沟内，成为泥石流固体物质的补给来源之一。冲刷方式：地震后，土石体松动严重，崩塌滑坡体大量产生。这些土石体一遇暴雨和水流，便产生强烈冲刷，大量涌进沟谷，给泥石流形成创造了条件。

（2）地震间接为泥石流形成提供水源。地震破坏引水设施，使水流溢出，冲刷山坡堆积物，形成泥石流。1970 年 5 月 31 日，秘鲁发生强烈地震引起特大冰崩，从而形成特大泥石流就是典型的例子。

（3）地震为泥石流形成既提供固体物质，又提供水源。地震时，山坡崩塌或滑坡物质直接涌进沟床或主河时，便形成天然堤坝，阻水形成堰塞湖，一旦堰塞湖溃决，便形成强大的泥石流。如 1976 年地震时龙陵地震区红木园沟就爆发了这类灾害性泥石流。日本信浓善光寺地震和关东大地震，都因爆发此类泥石流而造成了严重的自然灾害。

2. 泥石流与暴雨

泥石流的发生除与地形和地质条件有关外，还与暴雨的发生有关。凡是山高坡陡，沟壑纵横，植被较差，土层薄，没有高大森林，也没有灌木丛林的山地，当遇有暴雨或大暴雨时，最容易发生泥石流。

泥石流并不一定在一次暴雨过程结束以后才发生，而往往在暴雨过程中由于短时间内强集中降水诱发形成。在当日雨量达 140mm 以上的暴雨过程中，如若出现 1 小时、3 小时和 6 小时最大降水分别为 40mm、80mm 和 100mm 以上就会诱发泥石流。而当日雨量达 300mm 以上时，若出现 1 小时、3 小时和 6 小时最大降水量分别为 60mm、100mm 和 200mm 以上将会诱发较重或严重的泥石流。1988 年 5 月 21 日，闽北地区的一次严重泥石流，就是在 1 小时最大降水量达 68.7mm，4 小时最大雨量达 141.7mm 的特大暴雨过程中形成的。通常认为泥石流的发生与前期有较长时间的降水有关，汛期是泥石流发生的主要季节。

3. 与上述相关性对应的泥石流发生时间特点

（1）季节性。我国泥石流的暴发主要是受连续降雨、暴雨，尤其是集中的特大暴雨的

激发。因此，泥石流发生的时间规律是与集中降雨时间规律基本一致，具有明显的季节性特征。西南地区的四川、云南等降雨多集中在6～9月，故此西南地区的泥石流就多发生在这个时间段；而西北地区降雨多集中在6、7、8三个月，尤其是7、8两个月降雨集中，暴雨强度非常大，因此西北地区的泥石流多发生在这两个月。

（2）周期性。泥石流的出现主要受暴雨、洪水、地震的影响。一般暴雨、洪水、地震又总是周期性地发生，因此，泥石流的发生和发展也就具有了一定的周期性，其活动的周期与暴雨、洪水、地震的活动周期基本一致。当暴雨、洪水两者的活动周期同时出现时，常常形成泥石流活动的一个高峰。

3.2.5　泥石流的预报与监测

1. 预报方法与预报模式

（1）预报方法

1）选择典型的泥石流沟定点观察，分析研究泥石流形成与运动参数。

2）调查研究潜在泥石流的有关参数与特征。

3）加强水文气象预报，特别是小范围局部暴雨预报，一般日降雨量超过150mm时，就应发出泥石流警报。

4）建立泥石流技术档案，包括泥石流沟的流域要素、形成条件、灾害情况、整治措施。

5）划分泥石流危险区、潜在危险区以及灾害敏感度分区。

6）相关预警与模拟研究。

（2）预报模式

1）基于降水统计的预报模式。

2）临界雨量预报模式。

2. 泥石流灾害监测

（1）监测方法

1）综合山洪和滑坡监测技术，重点对降雨量监测。

2）遥测地声警报器、超声波泥位警报器、地震式震动警报器监测报警。

（2）监测点的选择

1）在对城镇和重点集镇、重要工矿企业、重要专业设施或重要农村的安全构成潜在威胁的区域选点。

2）在对公路设施和交通设施的安全运行构成潜在威胁的地段选点。

（3）监测点类型划分

共分4级：一级监测点，即保护对象重要，动态复杂，采用专业技术设备进行综合监测。二级监测点，即保护对象次重要，动态较复杂，采用少量专业技术设备进行监测。三级监测点，即保护对象一般，动态简单，采用监测和群测群防相结合的方法进行监测。四级监测点，即以群防为主的简易监测。

3.2.6　泥石流的防治与应急

1. 泥石流防治

（1）防治原则。以防为主，防治结合，避强制弱，重点治理；沟谷上、中、下游全面规划，山、水、林、田综合治理；工程方案应中小结合，以小为主，因地制宜，就地取材。

(2) 基本要求。宜对形成区、流通区、堆积区统一规划，可以采取生物与工程措施相结合的综合治理方案。

(3) 泥石流的主要防治措施。软件工程措施和硬件工程措施。

1) 硬件工程措施

① 泥石流的主要工程防治措施，见表 3-1 所示。

泥石流的主要工程防治措施表 **表 3-1**

位 置	主要措施	工程方案	措施作用
形成区	水土保持措施（治水、治土）	沟坡兼治：平整山坡、整治不良地质现象 加固沟岸修建谷坊（谷坊群）：改善坡面排水，修建坡面排水系统，使水土分家，如修排水沟、引水渠、导流堤、鱼鳞坑及调洪水库等，植树造林，种植草皮	稳定山坡、固定沟岸，防止岩石冲刷 减少物质来源：调整控制洪雨地表径流、削弱水动力、减少水的供给
流通区	拦挡措施	修筑各种拦截（坝）：如拦截坝、溢流土坝、混凝土拱坝、石笼坝、编篱坝、格栅坝等，坝的材料要尽量就地取材	拦渣滞流：拦蓄固体物质，减弱泥石流规模和流量；固定沟床纵坡比降，减小流速，防止沟岸冲刷，减少固体供给量
堆积区	排导停淤措施	修筑导流堤、排导沟、渡槽、急流槽、束流堤、停淤场、拦淤库等	固定沟床，约束水流，改善泥石流流向、流速，调整流路，限制漫流、改善流势，引导泥石流安全排泄或沉积于固定位置
已建工程区	支挡措施	护坡、挡墙、顺坝、丁坝等	抵御消除泥石流对已建工程的冲击、侧蚀、淤埋等危害

② 生物措施，建立完善的山地林业农业工程与泥石流生物防御体系。

③ 农业措施，退耕还林、等高耕作、滑坡体水田变旱地，以及开发利用泥石流堆积扇等。

2) 软件工程措施

着重管理，包括法制宣传科普教育，建立治理专门指挥机构、制定防治规划等。

3.3 其他工程地质灾害

小城镇其他工程地质灾害还包括崩塌、滑坡、地面塌陷、地裂缝、地面沉降。如同上述影响小城镇更多的是崩塌、滑坡、泥石流地质灾害。

3.3.1 崩塌与滑坡

崩塌与滑坡主要形成于地形起伏较大，切割强烈、坡度较陡的河谷和中低山区，尤其在新构造运动强烈的上升区或地震活动区，表现较强烈，崩塌、滑坡灾害的分布，发生概率以及与地震、暴雨的相关性与泥石流多有相同。

以 2013 年都江堰市中兴镇三溪村“7.10”特大型高位山体滑坡自然灾害为例，经调查分析，“5.12”汶川特大地震致使山体开裂，形成震裂山体，7月8日以来的持续特大暴雨形成的坡面地表水，大量汇流渗入到震裂山体的贯通性裂缝，形成高水头压力在其推动下坡体突发高位滑动，滑体宽度约300m，纵长约150m，体积超过150万m^3，造成11户村民房屋被毁多人遇难与失踪。

3.3.2 地面塌陷与地面沉降

1. 地面塌陷

地面塌陷是城市地质灾害的主要类型之一，对小城镇也有危害。塌陷可以称为缓慢的地震，即在自然和人为因素的作用下，地球表面的一些物质，局部失去支撑，重心发生变化，而引起水平表面不规则的下落。

(1) 分类与特征

地面塌陷可分以下2类：

1) 自然塌陷

自然塌陷受地下水动态演变的控制，多发生在旱涝交替强烈的时节，地下水活动是地质灾害形成的重要影响因素。此外，降雨与岩溶地面塌陷也有很大关联。

2) 人为塌陷

① 抽排水塌陷。抽排地下水造成大面积地面房屋开裂。

② 采空区塌陷。煤矿采空区面积大于顶板岩层的最大暴露面积，引起采空区顶板下沉垮塌，进而引发地表开裂以至沉陷。

3) 形态特征

① 平面形态特征。分圆、椭圆、长条及不规则等4类。

② 剖面形态特征。分竖井状、蝶状、漏斗状及坛状等4类。

(2) 地面塌陷成因

以甘肃华亭县为例，地面塌陷形成主要原因包括以下方面：

1) 地层岩性强度低，易错动，地质环境条件脆弱。

2) 地质构造多层次，不利岩体稳定。

3) 雨水渗透导致岩体强度降低。

4) 采煤矿井多开采不科学。

5) 开采诱发地震加剧产生新的地面塌陷。

2. 地面沉降

地面沉降即地面下沉或地陷。地面沉降有渐进性和累积性，属地质环境恶化型地质灾害，环境恶化到一定程度形成灾害。

(1) 地面沉降影响因素分析

1) 形成地面沉降主要原因是过量抽取地下流体引起土层压缩，厚层松散细粒土层的存在构成了地面沉降的物质基础。地质结构为砂层、黏土层的松散土层地质结构易于发生地面沉降。随着抽取地下水，水压水位降低，含水层本身及其上、下相对隔水层中孔隙水压力减小，地层压缩导致地面沉降。

2) 全球气候变暖，导致海平面上升。海平面上升和地面沉降相辅相成，超量开采地下水引发地面沉降，在区域上增加了相对海平面上升的幅度，同时又使沿海地区生存环境受到威胁。

建筑施工造成局部地面沉降。

(2) 地面沉降危害

1) 对市政管线建筑物造成破坏。

2) 形成地裂缝。

3) 对地下水井设施造成不良影响。

4) 造成地面水准点、地面标高失准。

5) 影响建筑物抗震能力。

6) 加剧洪涝灾害。

7) 造成海潮泛滥及海水入侵地下水。

8) 影响交通运输业发展及运营安全。

3.3.3 地裂缝

地裂指干旱、地下水位下降、地面下沉、地震、构造运动或斜坡失稳等原因造成的地面开裂。在地裂作用下，岩土体中所形成的较大的裂隙称为地裂缝。

1. 地裂缝成因

(1) 地震易发区、地裂缝发生程度较严重、地震活动频繁、地裂缝强度较高。

(2) 地下煤层开采形成采空区，且又重复采动是地裂缝形成主要原因。

(3) 地下水过量开采也是发生地裂缝主要原因之一。

(4) 地质构造活动强烈且地面沉降严重，易发生地面沉降。

2. 地裂缝危害

地质体中地裂产生造成建筑物开裂、地下管线错位、道路断面破裂和局部塌陷、地下工程破裂，以及地裂缝沿线土地使用价值降低，进而对人类产生危害。

3. 地裂缝特征

地裂缝有差异沉降、水平拉张、水平扭动三向变异特征。降量最大，张量次之，错量最小。

3.4 地质灾害调查

3.4.1 地质灾害调查内容

小城镇地质灾害调查是地质灾害设防区划与防治工作的基础，调查的详细程度、准确性也决定了地质灾害设防区划以及地质灾害治理等工作能否科学有效的进行。因此，我国各个地区必须加大投入，在充分收集基础资料的基础上，对重点区域加大调查力度，地质灾害调查的内容大致可以归纳为以下几个方面：

(1) 应注重调查区历史上地质灾害发生的基本资料，包括：区域的基本资料和地质灾害资料。

区域的基本资料包括：区域地形地貌、水文气象、地质及水文地质资料、地震的历史资料、植被覆盖，各种工程活动的分布情况。

地质灾害资料包括：历史上地质灾害类型，影响区域，危害程度，地质灾害的形成原因，防治工程的有效性，灾害的发生频率。

（2）地质灾害调查重点区域应为城镇和人口集中居住区、交通干线、大中型工矿企业所在地、重点水利工程和环保工程、矿山、风景名胜区及自然保护区等。调查的内容应包括：

1）调查区域的水文气象资料、地形、地貌特征和植被发育情况。

2）调查区工程分布，人口分布。

3）调查区土质、地层岩性、地质构造条件。

4）调查区水文地质特征，平原区应重点调查地下水开采与地面沉降的观测资料。

5）调查区岩溶分布规律，特别是地下岩溶的调查，应注意调查地表塌陷与岩溶的关系。

6）调查区特殊土分布及其工程危害。

以上的调查的内容，只是地质灾害调查必需的基础资料，在确定调查区最可能发生的地质灾害类型后，还应有针对性地进行专项调查。在必要的情况下可补充勘探工作量，为定量评价地质灾害作技术准备。

对于崩塌与滑坡的调查应注意：

（1）根据崩塌与滑坡成因，崩塌与滑坡重点地带的地形起伏变化，尤其是人类的工程活动，如铁路、公路的铺设，水电站和矿山开采工程等改变后的地形变化是必须调查的内容之一。

（2）危险斜坡地带岩土体的物质组成，应重点了解有可能成为活动带的土或岩石的性质，并注意发现有可能降低其工程性质的因素。

（3）斜坡岩土体地质构造特征尤其是岩石边坡的岩体结构类型与斜坡的关系应重点调查。另外，应特别注意岩体中软弱夹层的研究。

（4）注意调查区大气降雨，地表水和地下水条件的基础资料，注意水对斜坡体稳定性的影响。

3.4.2　地质灾害等级划分

小城镇工程地质灾害调查和评估时可按表3-2划分工程地质灾害规模等级。

工程地质灾害等级划分表　　　　表3-2

灾种 \ 指标 \ 灾害等级		特大型	大型	中型	小型
崩塌	体积（10^4m^3）	＞100	10～100	1～10	＜1
滑坡	体积（10^4m^3）	＞1000	100～1000	10～100	＜10
泥石流	体积（10^4m^3）	＞50	50～5	5～1	＜1
	固体物质储量体积（$10^4m^3/km^2$）	＞100	100～10	10～5	＜5
	固体物质一次最大冲出量体积（10^4m^3）	＞10	10～5	5～1	＜1
	流域面积（km^2）	＞200	200～20	20～2	＜2
岩溶塌陷及采空塌陷	影响范围（km^2）	＞20	20～10	10～1	＜1

续表

灾种 \ 灾害等级 \ 指标			特大型	大型	中型	小型
地裂缝	影响范围（km^2）		＞10	10～5	5～1	＜1
	地面影响宽度	长度＞1km	＞20m	10～20m	3～10m	＜3m
		长度＜1km		＞20m	10～20m	3～10m
地面沉降	沉降面积（km^2）		＞1000	100～1000	50～100	＜50
	累计沉降量（m）		＞2.0	2.0～1.0	1.0～0.5	＜0.5
海水入侵	入侵范围（km^2）		＞500	500～100	100～10	＜10

3.5　工程地质灾害危害性评估与预报

3.5.1　工程地质灾害评估与预测方法

小城镇地质灾害评估和预报的目的就是对给定区域地质灾害发生的可能性、危害性给出结论性意见，为设防区划工作提供基础资料。因此，该项工作具有十分重要的实际意义。而地质灾害评估和预报的依据就是地质灾害调查的结果。因此，地质灾害调查、地质灾害评估和预报、地质灾害设防区划是紧密联系的三部曲，每个环节的工作都以上一步为前提。

地质灾害评估和预报是利用地质灾害调查的基本数据，根据地质灾害形成的基本理论，运用现代数学力学的方法，以计算机和现代观测技术为手段，对某一个区域的地质灾害形成和发展的规律给出结论性的意见。

由于地质灾害多样性，因此对不同地质灾害应采取不同的评估和预测方法，以下给出方法是目前各种规范中常采用的方法，评价指标的选取和确定满足《土工试验方法标准》GB/T 50123—1999的规定，建议使用。

1. 滑坡评价

滑坡是边坡失稳造成，对土质边坡可以采用圆弧滑动面稳定系数方法，对岩质边坡，如滑面是折面，可以采用稳定系数方法或剩余推力计算方法。评价时应避免单纯依靠力学计算，必须结合地区经验，采用定量和定性相结合的方法给出综合性的评价，同时估算滑坡形成的规模，工程危害等。

2. 崩塌评价

崩塌的评价，可以根据崩塌形成的各种因素综合分析。

3. 泥石流评价

泥石流评价主要采用定性的方法，主要应对泥石流形成条件进行综合分析，并给出泥石流的工程分类。(按岩土工程勘查规范执行)，并划定泥石流的影响范围。

4. 采空区的评价

评价的重点应划定可能导致采空区地表移动和变形的区域，计算地表可能产生的变形大小（主要指现采空区和未来采空区）。

5. 岩溶塌陷的评价

地下岩溶导致的地表塌陷应在综合分析地下岩溶发育规律的基础上，结合一定的勘探手段，对重点地段可能产生的塌陷进行评价，采用定量和定性相结合的方法。

6. 地面沉降

由于抽水引起的地面沉降，涉及的范围大，影响也大。因此必须对可能的沉降范围进行划定，对沉降量以及发展趋势进行计算。可以采用分层总和法和单位变形量法进行计算。

7. 地质灾害预报的内容为：

（1）发生时间。

（2）发生地点。

（3）成灾范围。

（4）影响强度。

3.5.2 工程地质灾害评估预测内容

小城镇工程地质灾害评价应划定地质灾害易发区和危险区。地质灾害易发区应依据地质灾害形成发育的地质环境条件、发育强度、人类工程活动强度等地质灾害现状划分为高易发区、中易发区、低易发区和不发育区四类，见表3-3所示。

地质灾害易发区主要特征　　表3-3

灾种	易发区划分			
	高易发区	中易发区	低易发区	不发育区
滑坡、崩塌	构造抬升剧烈，岩体破碎或软硬相间；黄土垄岗细梁地貌、人类活动对自然环境影响强烈；暴雨型滑坡，规模大，高速远程。如秦岭、喜山东段等地	红层丘陵区、坡积层、构造抬升区，暴雨久雨；中小型滑坡，中速，滑程远。如四川盆地及边缘、太行山前等地	丘陵残积缓坡地带，陈融滑坡，规模小；低速蛹滑，植被好，顺层滑动。如江南丘陵等地	缺少滑坡形成的地貌临空条件，基本上无自然滑坡，局部溜滑。如盆地沙漠和冲积平原等地
泥石流	地形陡峭，水土流失严重，形成被面泥石流；数量多，10条沟/20km以上，活动强，超高频，每年暴发可达10次以上。如藏东南等地。沟口堆积扇发育明显完整、规模大。排泄区建筑物密集	坡面和沟谷泥石流，6～10条沟/20km；强烈活动：分布广，活动强，掩没农田，堵塞河流等。如川西、滇东南等地。沟口堆积扇发育且具一定规模。排泄区建筑物多	坡面、沟谷泥石流均有分布，3～5条沟/20km；中等活动，尤其是陕南、辽南等地。沟口有堆积扇，但规模小，排泄区基本通畅	以沟谷泥石流为主，物源少，排导区通畅：1～2条沟/20km，多年活动一次。沟口堆积扇不明显，排泄区通畅
塌陷	碳酸岩盐岩性纯，连续厚度大，出露面积较广；地表洼地、漏斗、落水洞、地下岩溶发育。多岩溶大泉和地下河，岩溶发育深度大	以次纯碳酸岩盐岩为主，多间夹型；地表洼地、漏斗、落水洞、地下岩溶发育。岩溶大泉和地下河不多，岩溶发育深度不大	以不纯碳酸岩盐岩为主，多间夹型或互夹型。地表洼地、漏斗、落水洞、地下岩溶发育稀疏	以不纯碳酸岩盐岩为主，多间夹型或互夹型；地表洼地、漏斗、落水洞、地下岩溶不发育
地裂缝	构造与地震活动非常强烈，第四系厚度大，如渭河盆地	构造与地震活动强烈，第四系厚度大，形成断陷盆地，超采地下水。如山西高原及华北平原西部	构造与地震活动较为强烈，形成拉分构造。如东北地区和雷州半岛	第四系覆盖薄，差异沉降小

地质灾害的演变趋势应考虑岩组条件变化、降雨条件、人类工程活动、地震活动、区域地壳稳定程度等影响，并可按表 3-4 的分级规定进行预测。

地质灾害影响因素强度等级划分　　表 3-4

影响因素	强度等级			
	强影响	中影响	弱影响	微影响
降雨强度	持续时间长而强度大的降水、大范围大水、沿海特大的台风雨成灾害	持续降水、局部大水、成灾稍轻的飓风大雨	一般性中雨、持续小雨	无雨
人为工程活动	大规模工业挖采，随意弃土石的地区；开挖或弃土量可达数 10 万 m^3，且未加任何防护	中等规模挖采，随意弃土石的地区；开挖或弃土量可达数万～10 万 m^3，且未加任何防护	农业或生活挖采，随意弃土石的地区；开挖或弃土量可达数千～数万 m^3，且未加任何防护	一般性农业或生活挖采，随意弃土石的地区；开挖或弃土量可达数百 m^3
构造与地震活动	岩石圈断裂强烈活动区，或地震烈度＞Ⅸ	基底断裂活动区，或地震烈度Ⅷ～Ⅸ	一般断裂活动区，或地震烈度Ⅶ～Ⅷ	断裂弱活动区，或地震烈度＜Ⅶ
岩组结构	黄土为主的地区、碳酸盐岩与碎屑岩分布区、层状变质岩与碎屑岩分布区、现代崩塌流堆积体分布区	层状变质岩区、新生代沉积物分布区、老崩滑流堆积体分布区	第四系松散沉积物区、岩浆岩、块状变质岩分布区	沙土、冻土分布区

地质灾害危险区应依据地质灾害现状评价结果，综合考虑地质灾害演化趋势进行评估。地质灾害危险性应根据地质灾害发生的可能性和可能造成的危害，按表 3-5 规定分危险性大、中等和小三级进行评估。

地质灾害危险性分级表　　表 3-5

地质灾害发生可能性	地质灾害可能危害范围占评估单元面积的比例		
	＞30％	10％～30％	＜10％
可能性大	危险性大	危险性中等	危险性小
可能性中等	危险性中等	危险性小	危险性小
可能性小	危险性中等	危险性小	危险性小

3.5.3 工程地质灾害危险性评价案例

以昆明市域县区泥石流风险性评价为例。

评价包括危险性评价和易损性评价二部分，采用模型如下（式 3-1）：

$$R = H \times V \tag{式 3-1}$$

式中 R——泥石流风险度；H——泥石流危险度；V——泥石流易损度。

（1）危险性评价（H）

泥石流灾害的危险程度主要取决于泥石流灾害活动的动力条件，主要包括地质条件（岩土性质与结构、活动性构造等）、地貌条件（地貌类型、切割程度等）、气象条件（降水量、暴雨强度等）、人为地质动力活动（工程建设、采矿、耕植、放牧等）。泥石流危险度评价指标体系详见表 3-6 所示。

泥石流危险度评价指标体系表　　表3-6

地质条件	地形地貌条件	水文气象条件	人类活动
地层岩性 构造发育程度 基岩风化程度 松散物体储量 松散物体饱水度 边坡稳定程度 地震频率、强度	流域面积 区域相对高差 山坡坡度 沟谷纵坡坡度 >25°山坡坡度 沟道河床比降 植被覆盖度	年平均降雨量 暴雨日数 一日最大降雨量 前期降雨量 降雨强度 河流流量	工程建筑活动 采矿工程活动 道路工程 垦殖放牧

评价指标的选择是影响泥石流危险度评价结果的关键。一般来说，主要有三大类：直接指标法；间接指标法；直接指标和间接指标相结合。泥石流的发生是众多影响因素综合作用的结果，这些影响因素为危险因子。影响泥石流发生的因子很多，可以分为主要危险因子和次要危险因子。影响泥石流产生的主要因子为地质、地貌、水文气象和人为因素。

（2）评估结果

根据评价模型，得出的昆明市各县区泥石流危险度计算公式如下（式3-2）：

$$H_{区i}=0.33X_i+0.14X_{i1}+0.10X_{i3}+0.02X_{i6}+0.17X_{i8}+0.12X_{i9}+0.07X_{i11}+0.05X_{i16} \qquad (式3\text{-}2)$$

不同危险因子的单位不同，为避免因子不同单位的影响，对各个因子用下式进行无量纲化处理，公式如下（式3-3）：

$$X_{ij}=\frac{x_{ij}-x_{\min j}}{x_{\max j}-x_{\min j}} \qquad (式3\text{-}3)$$

式中　X_{ij}——第i个评价单元第j个因子极差变换后的数值；x_{ij}——第i个评价单元第j个因子的数值；$x_{\min j}$——全部评价单元中第j个因子的最小值；$x_{\max j}$——全部评价单元中第j个因子的最大值；i——评价单元编号；j——因子编号，$j=1$，3，6，8，9，11，16。

得到昆明市14个县市区泥石流分布情况、断裂带分布的情况、市各县区大于25°坡度区域在本县区的面积百分比、年降水量（可代替洪灾发生频率）和大于或等于25mm的大雨次数等后，对统计的数据利用（式3-3）进行单位标准化处理后以（式3-2）加权相加，得到了昆明市各个县市区的危险度。将危险度作为属性赋予昆明市行政区域图后利用分级色彩设置功能进行自然分级并制图输出，得出了昆明市泥石流危险性评价图，如图3-1所示。

从图中可以判断出哪些地区属于极高危险区、高度危险区、中度危险区、低度危险区、极低危险区，因此可以有针对性地进行泥石流防治。重点地区的泥石流沟需要综合治理，同时加强监测预报和预警避难措施，可以实施生物工程和土木工程综合治理，其他泥石流沟比较适宜采取生物防治和检测预报措施。泥石流极高危险区、高度危险区不宜投资建设国防工业、能源工业、交通干线和大型工矿企业。中度危险区内的工矿企业、公共交通、通信线路和其他公益设施要精选建设地点、高质量建设，同时相应实施生物工程和建筑工程措施，以避免一切不必要的灾害损失。低度危险区、极低危险区是安全的投资建设区。

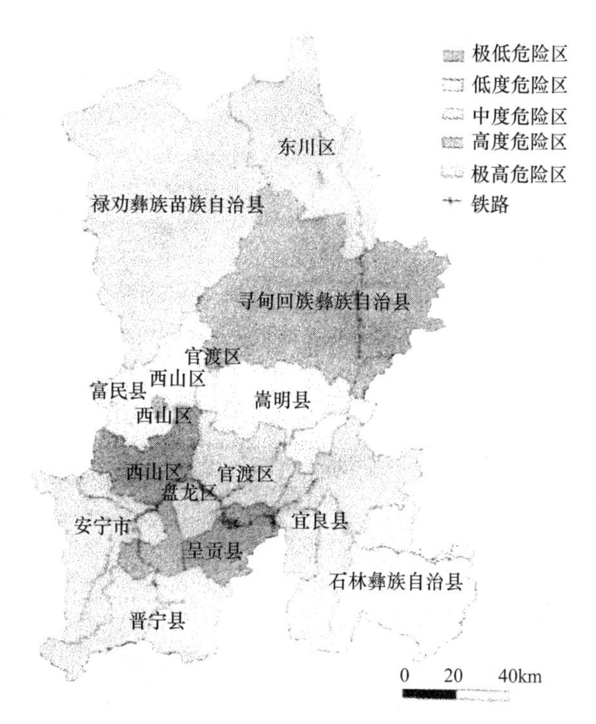

图 3-1 昆明市域区县泥石流危险性评价图

3.6 工程地质灾害区划

3.6.1 工程地质灾害设防区划的基本原则

小城镇地质灾害设防区划的目的是根据人们对某个地区地质灾害发生发展规律的认识，人为的划定若干个区域，使同一个区域内地质灾害发育的情况具有一定的共性。从而使得地质灾害的防治工作具有科学性和针对性。所谓的地质灾害发育的情况具有一定的共性可以从以下几个方面考虑：

（1）地质灾害发育的规模相近，造成的损失相当。

（2）地质灾害的类型一致。

（3）地质灾害发育的频率相近。

（4）地质灾害防治方法相近。

理想的区划应尽量同时考虑上述 3 个方面。当不可能同时考虑时，可以以其中两个或一个方面为区划的要素。

小城镇地质灾害设防区划应该在必要的地质灾害调查的和必要的勘探工作基础上进行，调查的精度应结合当地历年地质灾害发生情况，地质灾害的复杂程度而定。

工程地质灾害区划工作根据对工作区地质灾害科学评价与预测，对工程地质灾害的类型、危害性、可能性进行分区。

分区的详细程度应根据对地质灾害的调查、评价和预测的精度，同时考虑地区经济发展实际状况。没有根据的过分细化和过分粗化都会使区划工作失去应有的作用与意义。

分区后应根据地质灾害的类型，使在同一分区内地质灾害发育的规模相近，或虽灾害类型不同，但可采用相同或相近的防治方法，使划分的分区具有设防工作的实际意义。

3.6.2　工程地质灾害设防区划标准

小城镇地质灾害设防区划不同于大面积（全国范围内和一个省范围内）的区划工作，大面积的区划可用于指导全国或全省的地质灾害防治工作，主要用于有限资金的合理调配，而对于具体地质灾害的防治不起直接指导作用。而小城镇地质灾害设防区划，应执行《县（市）地质灾害调查与区划基本要求》国土资源部的规定，必须体现出设防区划和设防的必然联系，也就是说通过设防区划图，必须明确不同地带设防的等级和防治方法的区别，必须明确工作的重点区域。因此，小城镇设防区划工作必须经过地质灾害的详细调查，认真系统的研究基础上才能达到预期的效果。

（1）小城镇地质灾害设防区划的目的是将研究区内不同地带地质灾害可能发育的类型，规模，危害性评估和预测的结果进行级别和地段的划分，以便有针对性的采取相应技术防治措施。

（2）小城镇地质灾害设防区划工作应执行国土资源部《县（市）地质灾害调查与区划基本要求》和中国地质环境监测院提出的《县（市）地质灾害调查与区划基本要求》规定的要求。

（3）在同一地区，对同一种类型的地质灾害区划级别的划分应采取同一标准，以便于比较。

地质灾害区划级别的选定一般应按如下规定给出：

Ⅰ级　地质危害性极大地带

属于该级别的地带，发生特大地质灾害发生的可能性很大，灾害影响范围内有城镇和人口集中居住区、交通干线、大中型工矿企业所在地、重点水利工程和环保工程、矿山、风景名胜区及自然保护区等。灾害发生后的危害性极大，会给人民生命财产造成的重大损失。

Ⅱ级　地质危害性较大地带

属于该级别的地带，发生大型地质灾害发生的可能性很大，灾害影响范围内有十分重要的建筑物。灾害发生后的危害性较大，会给人民生命财产造成较大损失。

Ⅲ级　地质危害性中等地带

属于该级别的地带，发生中型地质灾害发生的可能性较大，或虽然存在特大或大型地质灾害发生的可能性，但建筑物只是与灾害影响范围相邻，灾害发生后的危害性有限。

Ⅳ级　地质危害性较小地带

属于该级别的地带，发生小型地质灾害发生的可能性较大。或虽然存在大型和中型地质灾害发生的可能性，但建筑物远离灾害影响范围相邻，灾害发生后的危害性很小。

Ⅴ级　无地质危害性地带

属于该级别的地带，无发生地质灾害发生的可能性。

（4）小城镇地质灾害设防区划图的制作应满足以下要求：

1）区划图比例尺应根据地质调查的精度，选择在（1∶5000）～（1∶10000）的工程地质图上完成，图中的符号应采用国家统一标准，并在图例中加以说明。

2）图中应明确标明不同地质危害区划级别的界线，影响范围，有可能受到影响的各种建筑物位置或计划修建的建筑物的位置，人口密集地带的区域，沿海地区城镇应注明海岸线走向，港口的位置。河流和湖泊的分布，公路和铁路的分布。

对于滑坡应标明滑坡周界的位置，有可能的滑坡规模大小，滑坡影响范围，重要建筑是否在其影响范围内。

对于泥石流发育区应标明泥石流的形成区、流通区和堆积区的范围。对于采空区应标明受影响的地表移动范围，并指明重点防范区域。对于由于抽水引起的地面沉降，应标明已经发生沉降的范围和有可能发生新的沉降的范围，并估算沉降量。

3.6.3 小城镇地质灾害设防区划评估

（1）小城镇地质灾害设防区划的结果必须通过省级技术主管部门的认定。

（2）设防区划工作的评估应从如下6个方面进行：

1）地质灾害调查资料的是否齐全和准确。

2）地质灾害的评估和预测的合理性与科学性。

3）地质灾害危害性级别划分的科学性和实用性。

4）小城镇地质灾害区划图制作的规范性。

5）地质灾害防治方法的有效性。

6）地质灾害信息系统的建立。

3.7 抗工程地质灾害规划

3.7.1 规划内容

小城镇抗地质灾害工程规划应根据易受地质灾害地区的地质灾害类别、灾害危害程度，结合小城镇的实际编制。

小城镇抗地质灾害的主要规划内容应包括区域地质灾害发育历史分析、发育类型，地质灾害的危害程度，设防区划，设防等级，工程地质场地评价，抗地质灾害用地布局和技术规定，抗地质灾害的主要对策与措施。

3.7.2 设防区划与设防等级

按照国家小城镇抗地质灾害设防区划研究成果与编制相关标准，结合小城镇区域地质灾害发育历史的分析，地质灾害的发育类型、不同地质灾害的危害程度，明确小城镇抗地质灾害设防区划，确定小城镇抗地质灾害的设防等级。

3.7.3 工程地质评价

通过对小城镇区域地质构造稳定性分析，地形地貌条件、工程地质条件、水文地质条件的分析和地质勘测，由地质勘测部门作出工程场地评价，纳入小城镇抗地质灾害规划。

3.7.4 抗地质灾害用地布局及相关技术要求

根据地质灾害分布和影响情况及场地评价，提出抗地质灾害用地布局要求及相关技术要求。

例如小城镇斜坡地带规划

（1）选择斜坡地带作为小城镇建设用地时，应对场区和周边地带的工程地质和水文地质进行分析和评价，并作出用地论证和说明。

（2）位于斜坡地带布置建筑物、构筑物和工程设施时，应避开可能发生的滑坡、断层、崩塌、沉陷等不良地质地段。

（3）由于特殊需要必须在可能发生和发展的不良地质斜坡地带布置建设项目时，应按下列规定：

1）避免改变原有的地形、地貌和自然排水体系。

2）制定可靠的整治方案和防止引发地质灾害的具体措施。

3）不得布置居住、教育、医疗及其他公众密集活动的建设项目。

（4）位于斜坡地带进行规划设计，应符合现行国标《建筑地基基础设计规范》GB 50007—2011、《膨胀土地区建筑技术规范》GBJ 50112—2013等的有关规定。

3.7.5　抗地质灾害对策与措施

1. 主要对策

（1）加强小城镇抗地质灾害设防区划和相关标准的研究与编制，以及相关立法工作，使小城镇抗地质灾害规划和建设法制化、制度化、规范化。

（2）研究我国小城镇地质灾害常见类型、形成条件特征、地质灾害区域性特征在全国范围内的分布规律、地质灾害与人类工程活动的关系；根据小城镇地质灾害的发育情况，确定地质灾害等级划分原则和相关标准，确定地质灾害设防的级别。

（3）研究分析我国不同地区区域地质构造稳定性、地形地貌条件、地质条件、水文及水文地质条件、区域地质灾害发育历史，明确区域地质灾害发育类型分布，不同地质灾害级区分布，地质灾害设防区划。

（4）建立和完善易受地质灾害地区小城镇抗地质灾害管理体制，包括机构、管理权限和工作任务在内的管理体系。

（5）小城镇抗地质灾害工程规划应作为易受地质灾害地区小城镇防灾减灾规划不可缺少的重要组成部分。

（6）针对地质灾害的自然规律性及其随机性，建立适合于我国不同地区、不同地质灾害、不同信息量基础的城镇地质灾害预测预报方法，如岩土体结构力学分析法、灾变论、灰色系统理论、神经网络理论等有关的预测预报方法。

（7）研究和推广地质灾害地区小城镇生命线工程设施抗地质灾害技术。

（8）制定地质灾害后小城镇恢复生产建设对策。

2. 主要措施

（1）小城镇规划建设用地选址应避开不良地质条件地段。对于需经工程基础处理地段的建设、建筑物、构筑物和工程设施必须符合国家现行相关标准规范的规定要求。

（2）针对小城镇地质灾害的特点、危害程度、影响范围，重点研究和推广设防区常见地质灾害防治的有效方法与技术措施。如排水工程、挡土墙工程、刷方工程、河流整治工程等。

（3）针对不同地区不同地质灾害，因地制宜地加固生命线工程设施，采用多源、环路等不同方法提高生命线工程设施运行的可靠性和抗地质灾害的能力。

（4）建立抗地质灾害的通讯、医疗和救援设施，以及指挥中心。

3.7.6　山区小城镇专项工程地质灾害防灾规划

以泥石流专项防灾为例。

小城镇泥石流防灾规划是山区小城镇主要工程地质灾害防灾规划，也是山区小城镇总体规划的重要组成部分。泥石流防灾规划对于避免或减轻山区小城镇泥石流灾害和保障山区小城镇安全有十分重要意义。

山区小城镇泥石流防灾规划除小城镇防工程地质灾害规划一般要求外，还强调以下规划内容要求：

（1）规划区概况　包括规划区的地理位置、范围、自然地理概况、社会经济概况。

（2）规划区内泥石流综合调查报告　说明规划区内泥石流沟道的流域特征、泥石流发生的原因、活动历史、规模及类型特征、危害范围及泥石流发展趋势。

（3）泥石流防灾标准　目前，城镇泥石流防灾标准尚无规范可循。在四川、云南县级以上城镇的大多数防灾规划中，一般按 20 年一遇的标准设计，50 年一遇的标准校核。

（4）防灾方案　包括防灾目标、防灾原则、防灾体系的构成及防灾的预期效果。

（5）防灾措施：

1）工程措施：工程的总体布置，各单项工程的结构类型、控制尺寸及工程材料的选择。

2）生物措施：流域地质条件的描述，生物治理的分区，主要树种、草种的选择，确定造林方法和时机。

3）预警措施：预警仪器的选择和预警系统的布置，制定灾害发生时的应急措施。

4）社会措施：建立防灾规划区的管理制度和方法，宣传泥石流防灾工作的意义。

（6）投资估（概）算。

以上 6 个部分的内容，可以根据防灾规划工作深度和主管部门的要求，在编制规划时做适当的选取。

第 4 章　小城镇地震灾害防灾减灾

4.1　地震灾害概况

4.1.1　地震及地震灾害

地震是由地球内部的变动而引起的地壳震动，同时产生地震波，从而在一定范围内引起地面震动的现象。

在众多的自然灾害中，地震因其孕育机制的隐蔽性、爆发的突然性和损失的巨大性，成为群灾之首。我国地处环太平洋地震带和欧亚地震带之间，无论在历史上还是在近代，都是世界上地震死亡人数最多、经济损失最严重的国家。从地震区的分布来看，我国有60％的国土位于地震烈度 6 度及 6 度以上地区。可见我国地震区分布之广，面临的地震形势之严峻。另外，小城镇是人口和物质财富相对集中的地区，如果防震减灾工作做不好，一旦地震发生，必将造成严重的人员伤亡和经济损失。

大地震造成的强烈地面运动除直接使建筑物倒塌或破坏之外，还会诱发山崩、地裂、滑坡、泥石流、地基液化等地质灾害，从而加剧建筑物的倒塌破坏。例如发生在我国东部的邢台、海城和唐山大地震，它们不仅使大量建筑倒塌破坏，而且还引起大范围地面沉陷、开裂、积水、滑坡和喷砂，导致大批房屋倒塌、桥梁坠毁、水坝坍裂、机井淤积等灾害，受灾面积分别达 1000km^2、3600km^2 和 20000km^2。2008 年 5 月 12 日四川汶川发生里氏震级 8.0 级，震中烈度 11 度的特大地震，地震造成 69227 人遇难、374643 人受伤，失踪 17923 人，直接经济损失达 8451 亿人民币。而后几年我国又发生青海玉树、四川芦山地震。汶川、玉树、芦山地震都发生在小城镇，毫无疑问地震也是小城镇诸灾之首。

地震使建筑物和工程设施倒塌、设备破坏，从而引起火灾、水灾、爆炸、毒气蔓延扩散及瘟疫流行等次生灾害。地震引起次生水灾按其致灾方式的不同，可以分为 8 种类型：水啸型，又可分为海啸和内陆水啸，包括湖啸、河啸、堤坝溃决型、堰塞湖型、堰塞坝溃决型、沉没型、地裂涌水涌砂型、泥石流型、震雨同发型。海啸是地震水灾中危害最大的一种，其浪高可达数米，甚至数十米，常能颠覆船只，冲毁港口码头设施，甚至登陆上岸，摧毁、淹没城镇、村庄、房屋、道路、桥梁、田野，溺死人畜，范围可达数百、数千，乃至万余千米之外毫无震感的地方。随着我国经济建设的发展，特别是关系国计民生的煤气、热力、电力、通信、交通等生命线系统的扩大，小城镇地震所造成的次生灾害将会日益突出。

我国小城镇，量大面广，小城镇建设也面临地震的严重威胁。然而，对小城镇的抗震设防标准、设防区划工作及防治措施的研究相对薄弱，必须加强此方面的工作。应该开展减轻小城镇的地震灾害的抗震设防标准、设防区划及防治研究，包括编制小城镇抗震防灾、减灾规划，制定区域综合防御体系；根据规划组织实施对房屋、工程设施、设备的抗震设防和加固，提高城镇和区域的综合抗震能力；宣传、普及抗震防灾知识，强化群众自主抗震意识和应变能力。这样才能做到震前稳定群众情绪，保证社会安定；震时指挥自如，临震不乱，减轻地震损失；震后加快恢复生产和重建家园的速度，大大增强我国小城镇综合防灾减灾的能力。

4.1.2 地震类型、震级与烈度

1. 地震分类

地震可分为自然地震和人类活动地震 2 类。

自然地震可按以下分类：

（1）按产生方式分构造地震、火山地震和塌陷地震。其中构造地震占所有地震的 90％。

（2）按震级大小分超微震、微震、弱震、强震、大地震 5 类地震。其中，弱震为 5 级以下，3 级和 3 级以上地震。强震为 7 级以下，5 级和 5 级以上的地震。大地震为 7 级和 7 级以上的地震。

（3）按人的感觉分无感地震和有感地震。

（4）按破坏性分非破坏性地震和破坏性地震。

其中破坏性地震一般为 5 级以上或烈度为 7 度的地震。

（5）按震中距分地方震、近震和远震。

其中，地方震为震中距小于 100km 的地震，近震为震中距小于 1000km 的地震。

人类活动地震是人工爆破、矿山开采、军事施工、地下核试验、人类生产活动等引起的地面震动。

2. 地震震级

地震震级 M 是地震学上用来衡量地震能量大小的一种量度。一次地震只有一个震级，我国现用的地震震级 M 规定的是一种面波震级。

地震越大，所释放的能量越大，震级也越高。全球一年全部地震释放的能量约为 $10^{25}\sim10^{27}$ erg，其中绝大部分来自 7 级和 7 级以上的大地震。

表 4-1 为地震震级和能量对应表。

地震震级和能量对应表 **表 4-1**

震级（M_L）	能量（erg）	震级（M_L）	能量（erg）
0	6.3×10^{11}	5	2×10^{19}
1	2×10^{13}	6	6.3×10^{20}
2	6.3×10^{14}	7	2×10^{22}
2.5	3.55×10^{15}	8	6.3×10^{23}
3	2×10^{16}	8.5	3.55×10^{24}
4	6.3×10^{17}	8.9	1.4×10^{25}

3. 地震烈度

烈度是指地震在地面造成的实际影响，表示地面运动的强度——破坏程度。影响烈度的因素有震级、距震源的远近、地面状况和地层构造等。一次地震只有一个震级，而在不

同的地方会表现出不同的烈度。烈度一般分为 12 度，它是根据人们的感觉和地震时地表产生的变动，还有对建筑物的影响来确定的。一般情况下仅就烈度和震源、震级间的关系来说，震级越大震源越浅，烈度也越大。

我国把烈度划分为 12 度，不同烈度的地震，其影响和破坏程度不同。小于 3 度人无感觉，只有仪器才能记录到；3 度在夜深人静时人有感觉；4～5 度睡觉的人会惊醒，吊灯摇晃；6 度器皿倾倒，房屋轻微损坏；7～8 度房屋受到破坏，地面出现裂缝；9～10 度房屋倒塌，地面破坏严重；11～12 度毁灭性的破坏。通常一次地震发生后，震中区的破坏最重，烈度最高；这个烈度称为震中烈度。从震中向四周扩展，地震烈度逐渐减小。1976 年唐山地震，震级为 7.8 级，震中烈度为 11 度；受唐山地震的影响，天津市地震烈度为 8 度，北京市烈度为 6 度，再远到石家庄、太原等就只有 4～5 度了。

4.1.3　地震区划

图 4-1 为中国地震区带划分图。

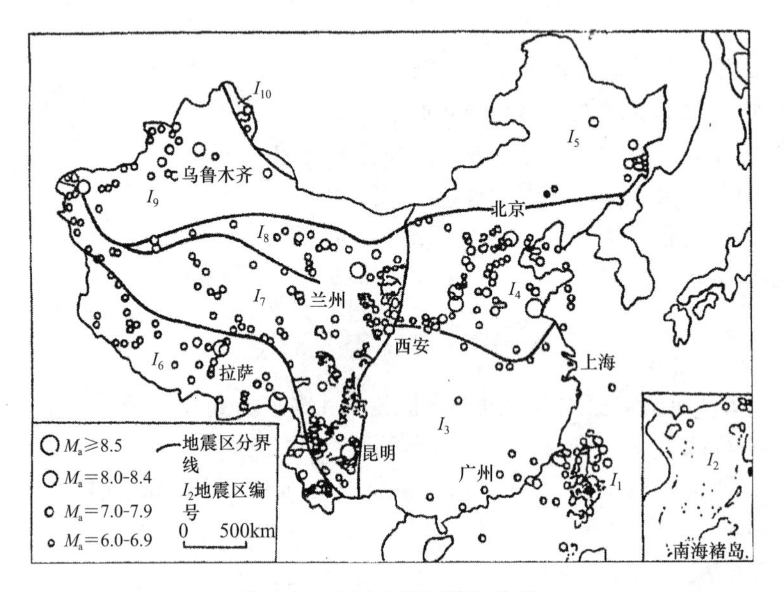

图 4-1　中国地震区带划分图

I_1—台湾地震区；I_2—南海地震区；I_3—华南地震区；I_4—华北地震区；I_5—东北地震区；I_6—青藏高原南部地震区；I_7—青藏高原中部地震区；I_8—青藏高原北部地震区；I_9—新疆中部地震区；I_{10}—新疆北部地震区

（1）图 4-1 中地震烈度值，系指在 50 年期限内，一般场地条件下，可能遭遇超越概率为 10%的烈度值，即地震基本烈度。

（2）图 4-1 适用范围可作为国家经济建设和国土利用规划的基础资料，一般工业与民用建筑的地震设防依据，制定减轻和防御地震灾害对策的依据。

（3）在应用图 4-1 的基础上，应进行专门地震安全性评价工作的工程包括：地震设防要求高于中国地震烈度区划图设防标准的重大工程、特殊工程；可能产生严重次生灾害的工程、位于中国地震烈度区划图分界线附近的新建工程等。

我国地震主要分布在五个区域：华北地区、西南地区、西北地区、台湾地区、东南沿海地区和 23 条地震带上。

（1）“华北地震区”。包括河北、河南、山东、内蒙古、山西、陕西、宁夏、江苏、安徽等省的全部或部分地区。它的地震强度和频度仅次于“青藏高原地震区”，位居全国第二。由于首都圈位于这个地区内，所以格外引人关注。华北地震区共分 4 个地震带。

（2）“西南地区”的“青藏高原地震区”。包括兴都库什山、西昆仑山、阿尔金山、祁连山、贺兰山——六盘山、龙门山、喜马拉雅山及横断山脉东翼诸山系所围成的广大高原地域。涉及青海、西藏、新疆、甘肃、宁夏、四川、云南全部或部分地区，以及苏联、阿富汗、巴基斯坦、印度、孟加拉、缅甸、老挝等国的部分地区。均居全国之首。

（3）“西北地震区”。主要在甘肃河西走廊、青海、宁夏、天山南北麓。

（4）“台湾地震区”。主要是台湾省及其附近海域。

（5）“华南地震区”的“东南沿海外带地震带”。涉及广东、福建等地。

我国地震区（带）划分，见表 4-2 所示。

我国地震区（带）划分表 **表 4-2**

地震区		地震亚区		地震带		地震活动程度
代号	名称	代号	名称	代号	名称	
I_1	台湾地震区	II_1 II_2	台湾东部地震亚区 台湾西部地震亚区	—	—	强度大、频度高 西部频度较低
I_2	南海地震区	—	—	—	—	强度小、频度低
I_3	华南地震区	II_3 II_4 II_5	东南沿海地震亚区 长江中下游地震亚区 秦岭-大巴山地震亚区	III_1 III_2 III_3 III_4 III_5 III_6 III_7	泉州-汕头地震带 邵武-河源地震带 广州-阳江地震带 灵山地震带 雷琼地震带 扬州-铜陵地震带 麻城-常德地震带	中强地震活动，频度较低。东南沿海地震强度较大
I_4	华北地震区	II_6 II_7 II_8	华北平原地震亚区 山西地震亚区 阴山-燕山地震亚区	III_8 III_9 III_{10} III_{11} III_{12} III_{13}	邢台-河间地震带 许昌-淮南地震带 营口-郯城地震带 怀来-西安地震带 三河-滦县地震带 五原-呼和浩特地震带	强度大频度较高
I_5	东北地震区	—	—	—	—	强度小频度低
I_6	青藏高原南部地震区	II_9 II_{10} II_{11} II_{12} II_{13}	滇西南地震亚区 腾冲地震亚区 阿隆岗日地震亚区 察隅-墨脱地震亚区 雅鲁藏布江地震亚区	—	—	强度大、频度高
I_7	青藏高原中部地震区	II_{14} II_{15} II_{16} II_{17}	川滇地震亚区 可可西里-三江地震亚区 西昆仑地震亚区 托素湖地震亚区	III_{14} III_{15} III_{16} III_{17} III_{18} III_{19}	下关-剑川地震带 通海-石屏地震带 东川-嵩明地震带 马边-昭通地震带 冕宁-西昌地震带 炉霍-康定地震带	强度大频度高

续表

地震区		地震亚区		地震带		地震活动程度
代号	名称	代号	名称	代号	名称	
I_8	青藏高原北部地震区	II_{18}	宁夏-龙门山地震亚区	III_{20}	龙门山地震带	强度大频度较高
				III_{21}	松潘地震带	
				III_{22}	天水地震带	
				III_{23}	西海固地震带	
				III_{24}	民勤地震带	
				III_{25}	银川地震带	
		II_{19}	祁连山地震亚区	III_{26}	柴达木地震带	
				III_{27}	祁连地震带	
				III_{28}	河西走廊地震带	
		II_{20}	阿尔金地震亚区			
I_9	新疆中部地震区	II_{21}	北天山地震亚区			强度大 频度高
		II_{22}	南天山地震亚区			
				III_{29}	拜城-和静地震带	
				III_{30}	柯坪-喀什地震带	
I_{10}	新疆北部地震区	II_{23}	阿尔泰地震亚区			强度大频度高

我国地震活动区分为地震区、地震亚区和地震带3个层次。

全国12个抗震防灾重点地区是：京津唐及晋冀蒙交界地区；江苏、山东交界和苏、鲁、皖、浙、沪地区；川西-滇东带；滇西南和滇西北地区；祁连山地区；辽东半岛、辽西及辽蒙交界地区；甘肃东南至甘青川交界地区；宁蒙交界及呼包地区；新疆北天山西和南天山东段地区；山西中南段至晋陕豫交界地区；珠江三角洲和桂东南及琼州海峡沿海地区；东北松辽平原两侧地区。

4.2 抗震防灾工程规划

4.2.1 抗震防御目标

小城镇应根据建设与发展要求，确定以下防御目标。

1）当遭受多遇地震（“小震”，即50年超越概率为63%）影响时，小城镇功能正常，建设工程一般不发生破坏；

2）当遭受相当于本地区地震烈度的地震（“中震”，即50年超越概率为10%）影响时，小城镇生命线系统和重要设施基本正常，一般建设工程可能发生破坏但基本不影响小城镇整体功能，重要工矿企业能很快恢复生产或经营；

3）当遭受罕遇地震（“大震”，即50年超越概率为2%～3%）影响时，小城镇功能基本不瘫痪，要害系统、生命线系统和重要工程设施不遭受严重破坏，无重大人员伤亡，不发生严重的次生灾害。

对于小城镇建设与发展特别重要的局部地区、特定行业或系统，可采取更高的防御要求。

位于抗震设防区的小城镇，采用的地震的设防标准其所对应的灾害影响应不低于本地区抗震设防烈度对应的罕遇地震影响，且应不低于7度地震影响。

4.2.2 规划原则与规划内容

1. 规划原则

小城镇抗震防灾规划的编制应贯彻“预防为主，防、抗、避、救相结合”的方针，根据小城镇的抗震防灾需要，以人为本，平灾结合、突出重点、统筹规划。

2. 规划内容

小城镇抗震防灾工程规划是小城镇防灾减灾工程规划的组成部分。抗震防灾工程规划的主要内容包括历史震灾分析和工程震害预测，抗震设防区划和设防标准等级，规划目标，抗震防灾生命线工程和地震次生灾害预防，避震场地的布置和疏散道路的安排，主要抗震对策和措施。

抗震防灾专项规划内容应包括下列内容：

（1）小城镇规划区总体抗震要求

1）小城镇总体布局的减灾策略和对策。

2）不同区域抗震设防水准和防御目标。

3）不同区域的人口密度、房屋高度、适宜抗震建设的范围和开发建设的范围和开发建设强度等抗震防灾规划要求与技术指标。

（2）工程抗震土地利用

1）规划区内场地类别分区、场地破坏影响（断裂、液化、滑坡等）估计。

2）土地利用抗震适宜性规划，包括用地布局，场地抗震适宜性（如适宜、不宜、危险建设场地等）评价。

（3）抗震防灾要求和措施

1）重要建筑、超高建筑的抗震防灾要求。

2）规划区新建工程抗震要求。

3）基础设施规划布局和建设抗震改造与规划要求。

4）建筑密集或高易损性城区的改造要求。

5）火灾、爆炸等次生灾害源的抗震改造与规划要求。

6）避震疏散场所及通道的设、改造规划要求。

（4）规划的实施和保障。

4.2.3 专项规划基本要求

1）小城镇抗震防灾规划应在小城镇总体规划确定的小城镇性质、规模、建设和发展要求等原则下进行编制、修订。

2）小城镇抗震防灾规划应与小城镇总体规划同步编制，其规划范围和适用期限应与小城镇总体规划保持一致、抗震防灾规划编制的有关专题抗震研究宜根据需要提前安排。

3）小城镇抗震防灾规划应纳入小城镇总体规划一并实施。对一些特殊措施，应明确实施方式。

4）小城镇抗震防灾规划中的抗震设防标准、建设用地评价与要求、抗震防灾措施应根据小城镇的防御目标、抗震设防烈度和国家现行标准确定，作为规划的强制性要求。

5）小城镇抗震防灾规划在确定基本防御目标时，抗震设防烈度与地震基本烈度相当，设计基本地震加速度取值与现行《中国地震动参数区划图》（GB 18306—2001）确定的地震动峰值加速度，其抗震设防标准、建设用地评价与要求、抗震防灾措施应高于现行《建筑抗震设计规范》（附条文说明）GB 50011—2010，达到满足其防御目标的要求。

6）小城镇抗震防灾规划按照小城镇规模、重要性和抗震防灾要求，分为甲、乙、丙三种模式。

位于地震烈度七度及以上地区的大小城镇编制抗震防灾规划应采用甲类模式；中等小城镇和位于地震烈度六度地区的大小城镇应不低于乙类模式；其他小城镇编制小城镇抗震防灾规划应不低于丙类模式。

7）小城镇规划区的工作类别划分为 4 类。编制小城镇抗震防灾规划和进行专题抗震研究时，可根据小城镇不同区域的重要性和灾害规模效应，将小城镇规划区进行类别划分，并应满足：

① 甲类模式小城镇规划区内的建成区和近期建设用地应为一类工作区。

② 乙类模式小城镇规划区内的建成区和近期建设用地应不低于二类工作区。

③ 丙类模式小城镇规划区内的建成区和近期建设用地应不低于三类工作区。

④ 小城镇的中远期建设用地应不低于四类工作区。

在进行抗震评价时，可不考虑小城镇规划区内的山地、林地、农用地、一般风景园林区等非建设用地。

8）为完成小城镇抗震防灾规划的编制，各类工作区的主要工作项目应不低于表 4-3 的要求。

各类工作区的主要工作项目表　　**表 4-3**

主要工作项目			工作区类别			
分　类	序　号	项目名称	一类	二类	三类	四类
工程抗震土地利用	1	场地类别分区	√ *	√	#	#
	2	场地破坏影响估计	√ *	√	#	#
	3	土地利用抗震适应性评价	√ *	√	√	√
基础设施	4	基础设施系统抗震要求	√	√	√	√
	5	交通、供水、供电、供气抗震评价	√ *	√	#	×
	6	医疗、通信、消防抗震评价	√ *	√	#	×
镇区建筑	7	重要建筑工程抗震评价及防灾要求	√ *	√	√	√
	8	新建工程抗震规划要求	√	√	√	√
	9	小城镇建筑评价与改造	√ *	√	#	×
其他专题	10	地震次生灾害估计	√ *	√	#	×
	11	避震疏散场所及通道设置评估	√ *	√	#	×

注：表中的“√”表示应做的工作项目；“#”表示宜做的工作项目；“×”表示可不做的工作项目；“*”表示宜在规划编制之前开展专题抗震研究的工作内容。

9）甲、乙类模式小城镇在编制小城镇抗震防灾规划时，宜建立小城镇抗震防灾规划信息管理系统，并与小城镇规划和工程建设管理相结合建立动态更新机制，提供软件系统及使用说明。

编制小城镇抗震防灾规划时应充分收集和利用小城镇现有资料、各类规划成果和已有的专题研究成果。当现有资料不能满足本标准所规定的规划编制要求时，应补充进行现场测试、调查或进行专题研究。所需的基础资料和专题研究资料要求见附录。

10）小城镇抗震规划的成果应包括：规划文本及说明，小城镇抗震防灾专业规划图件及说明，并应提供电子文件格式。小城镇抗震防灾规划成果图件的比例尺应满足小城镇总体规划的要求。

11）对国务院公布的历史文化名城以及小城镇规划区内的国家重点风景名胜区，国家级自然保护区和申请列入的“世界遗产名录”的地区、小城镇重点保护建筑等，宜根据需要做专门研究。

12）小城镇抗震防灾规划在下述情形下应进行修编：

1）小城镇总体规划进行修编时。

2）小城镇抗震防御目标发生重大变化时。

3）由于小城镇功能和规模发生较大变化时，现有规范已不能适应时。

4）其他有关法律法规规定的情形。

4.2.4 抗震设防区划与设防标准

1. 抗震设防区划

抗震设防区划由有关抗震主管部门组织编制，并应根据城镇总体布局以及地震地质、工程地质、水文地质、地形地貌、土质和土层分布、工程建设现状与发展趋势、历史地震影响，对编制范围内设计地震动和场地地震效应进行综合评价和分区。

抗震设防区划应包括设计地震动和场地破坏效应分区，以及土地利用等定量、定性综合评价结果。

小城镇地震动分区及其选择应包括场地类别分区及相应的设计地震动参数或设防烈度。

小城镇场地破坏效应应包括基本设防水准下的场地破坏效应。

小城镇土地利用规划应包括场地抗震有利、不利或危险地段的划分及土地利用建议。

（1）工作内容。

小城镇抗震设防区划技术工作内容包括以下方面：

1）工作区地震环境。

2）场地影响及地震地质灾害评价。

3）建筑物震害预测。

4）生命线工程系统震害预测。

5）次生灾害估计。

6）人员伤亡及经济损失估计。

7）防震减灾对策。

8）信息管理系统。

在各专题中工作的详细程度以及精度要求有所不同。

相关专题数据与基础数据：

1）根据工作内容，获取各专题数据以及多专题共用的基础数据。

2）做地震动影响场所需的区域基础图件比例尺可选为1∶5万或1∶25万，也可选用其他比例尺的图件，须满足地震影响场表达的需要。

3）建筑物分布图比例尺。图件比例尺可选1∶2000或1∶5000。

（2）工作区地震环境

1）地震危险性分析。

采用《中国地震动参数区划图》GB 18306—2001规定的参数。

2）设定地震：可采用所属小城镇工作区的1个或2个设定地震。

3）确定设定地震可采用以下方法：

① 地震构造法：采用构造类比的方法确定设定地震的震级、距离和破裂方向。

② 历史地震法：参考对工作区有显著影响的历史地震确定设定地震。

③ 概率方法：基于地震发生的概率模型，计算具有一定概率意义的设定地震。

（3）工程抗震土地利用

1）一般要求

工程抗震土地利用评价包括：场地类别分区，场地破坏影响估计，土地利用抗震适宜性评价。

对已经进行过抗震设防区划或地震动小区划并按照现行规定完成审批的小城镇与工作区，当其编制模式没有发生变化的情况下，可以原有成果为基础，结合新的资料，补充相关内容。

进行工程抗震土地利用评价时应充分收集和利用小城镇现有的场地资料。当所收集的钻孔资料不满足本标准的规定时，应进行补充勘查、测试及试验，并应遵守国家现行标准的相关规定。

工程抗震土地利用评价中所需钻孔资料，应能满足揭示工作区主要地质地貌单元地震工程地质特性和建立地震工程地质剖面的要求。

一般情况下，所需钻孔资料数量可按下述要求控制：

一类工作区，每平方公里不宜少于1个钻孔，其中每个主要地质单元上深度达到基岩面（或剪切波速$Vs \geqslant 500m/s$界面）的工程实测控制钻孔不宜少于平均每平方公里0.25个。

对二类工作区，每平方公里不宜少于0.5个钻孔，其中每个主要地质单元上具有剪切波速或深度达到基岩面（或剪切波速$Vs \geqslant 500m/s$界面）的工程实测控制钻孔不宜少于0.25个。

对三、四类工作区，不同地震地质单元宜有一个具有剪切波速或深度达到了基岩面（或剪切波速$Vs \geqslant 500m/s$界面）的工程实测控制钻孔。

2）评价与规划要求

场地类别分区应满足下述要求：

一类工作区的场地类别划分应根据实测钻孔和工程地质资料按《建筑抗震设计规范》（GB 50011）结合场地的地震工程地质特征进行。

三类、四类工作区可结合工作区地质地貌成因环境和典型勘查钻孔资料，根据表4-4所列地质和岩土特征进行。

二类工作区宜按（3）的上述一般要求进行。

场地类别评估地质方法表　　表 4-4

场地类别	主要地质和地貌单元
Ⅰ类场地	松散地层小于 3～5m 的基岩分布
Ⅱ类场地	二级及其以上阶地分布区；风化的丘陵区；河流冲积相地层小于 50m 分布区；软弱海相、湖相地层 5～15m
Ⅲ类场地	一级及其以下阶地地区，河流冲积相地层大于 50m 分布区；软弱海相、湖相地层 16～80m 分布区
Ⅳ类场地	软弱海相、湖相地层大于 80m 地区

场地破坏影响估计应包括对场地液化、地表断错、地质崩塌、滑坡、泥石流、地裂、地陷、场地液化和震陷等影响的估计。

可采用定性和定量相结合的多种方法，评价和圈定潜在地震地质灾害危险地段，编制工作区场地破坏分区图件，并满足以下要求：

对一类工作区，应根据工作区地震、地质、地貌和岩土特征，采用现行《建筑抗震设计规范》GB 50011 进行设防烈度地震和罕遇地震下水准下的影响估计。对其他类比工作区，应进行设防烈度水准下的场地破坏影响估计。

3）土地利用抗震适宜性规划应满足下列要求：

根据场地类别分区和场地破坏影响分区，将场地地段划分为对建筑抗震有利地段、不利地段和危险地段，也可根据地质地形地貌岩土特征等区分适宜、较适宜、有条件适宜、不适宜用地，见表 4-5 所示。

综合考虑小城镇功能分区、土地利用性质、社会经济等因素，提出土地利用抗震适宜性规划。

小城镇土地利用抗震适宜性评价要求表　　表 4-5

类　别	小城镇用地地质、地形、地貌等适宜性特征描述	小城镇用地选择抗震防灾要求
适宜	不存在或存在轻微影响的场地地震破坏因素，一般无须采取整治措施： （1）场地稳定。 （2）无或轻微地震破坏效应。 （3）用地抗震防灾类型Ⅰ类或Ⅱ类。 （4）无或轻微不利地形影响	应符合国家相关标准要求
较适宜	存在一定程度的场地地震破坏因素，可采取一般整治措施满足城市建设要求： （1）场地不稳定，动力地质作用强烈，环境工程地质条件严重恶化，不易整治。 （2）用地抗震防灾类型Ⅲ类或Ⅳ类。 （3）软弱土或液化土发育，可能发生中等及以上液化或震陷。 （4）条状突出的山嘴，高耸孤立的山丘，非岩质的陡坡，河岸和边坡的边缘，平面分布上成因、岩性、状态明显不均匀的土层（如故河道、疏松的断层破碎带、暗埋的塘滨沟谷和半填半挖地基），高含水量的可塑黄土，地表存在结构性裂缝等地质环境条件复杂，存在一定程度的地质灾害危险性	工程建设应考虑不利因素影响，应按照国家相关标准采取必要的工程治理措施，对于重要建筑尚应采取适当的加强措施
有条件适宜	存在难以整治场地地震破坏因素的潜在危险性区域或其他限制使用条件的用地，由于经济条件限制等各种原因尚未查明或难以查明： （1）存在尚未明确的潜在地震破坏威胁的危险地段。 （2）地震次生灾害源可能有严重威胁。 （3）存在其他方面对城市用地的限制使用条件	作为工程建设用地时，应查明用地危险程度，属于危险地段时，应按照不适宜用地相应规定执行，危险性较低时，可按照较适宜用地规定执行

续表

类　别	小城镇用地地质、地形、地貌等适宜性特征描述	小城镇用地选择抗震防灾要求
不适宜	存在场地地震破坏因素，但通常难以整治： （1）可能发生滑坡、崩塌、地陷、地裂、泥石流等的用地。 （2）发震断裂带上可能发生地表位错的部位。 （3）其他难以整治和防御的灾害高危害影响区	不应作为工程建设用地，基础设施工程无法避开时，应采取有效措施减轻场地破坏作用，满足工程建设要求

（4）场地影响及地震地质灾害评价

1）一般要求

可利用已有资料和数据，进行适当的工程地质条件勘察与调查补充工作，采用规范方法或其他经验方法进行场地类别划分、场地地震动影响分析和场地地震地质灾害评价，编绘场地类别分区图、地震动参数小区划图及地震地质灾害小区划图。

2）场地工程地质条件勘察与调查

① 勘察与调查工作，应符合《建筑抗震设计规范》GB 50011—2010 的规定。

② 勘察工作内容，应包括场地工程地质勘察、岩土动力和静力参数测试。

③ 调查工作内容，应包括收集、整理和分析工程地质、水文地质、地形地貌和地震构造等资料。

④ 场地类别划分应符合 GB 50011—2001 的规定。

3）地震地质灾害评价

地震地质灾害评价可包括地震作用引起的地表破裂、砂土液化、软土震陷及岩土崩塌与滑坡等灾害的评价。

4）成果表达方式

① 地震地质灾害小区划图可以是一幅砂土液化、软土震陷、地表破裂等多种类型灾害信息综合表示图，也可以是多幅单一类型灾害信息表示图。表达方式上除了平面图之外，宜以必要的柱状图与剖面图辅助说明。

② 场地类别分区图、地震动参数小区划图和地震地质灾害小区划图的比例尺，可结合具体工作要求确定，但应满足震害预测分析中确定的工作区分区或单元能被识别的要求。

（5）建筑物震害预测

1）建筑物的分类

① 现有建筑物可分为重要建筑物和一般建筑物。

重要建筑物应包括：

A. 党政机关、抗震救灾指挥部等部门的主要办公楼。

B. 公安、消防、医疗救护、学校、影剧院等单位的主要建筑物。

C. 生命线工程系统的重要建筑物，如主要的水厂、电厂、变电站、通信中心、火车站、汽车站等。

一般建筑物指除重要建筑物以外的建筑物。

② 一般建筑物的分类，可参考工作区建筑物统计资料的分类。可分为：

A. 多层砌体房屋。

B. 多层钢筋混凝土房屋。

C. 高层建筑。

D. 单层民宅。

E. 其他类别。

③ 重要建筑物可根据具体情况进行分类。

2）建筑物震害的分级

建筑物震害等级划分可按《地震现场工作　第3部分：调查规范》GB/T 18208.3—2011给出结果。根据工作区的实际情况，也可按基本完好、中等破坏和严重破坏3个等级给出结果。

3）专题基础资料

建筑物专题数据的调查应采集现有房屋的场址、结构、使用状况等数据，调查方式可分为下列3种：

① 详查，逐栋收集房屋的有关数据和资料；

② 抽查，对于工作区内的一般建筑物，可采用抽样调查的方式，抽样率一般以占该类建筑总面积的8%～11%为宜，高层建筑宜为6%～10%，对建筑物数量较多或可比性较好的工作区，可降低抽样率，但应以满足易损性分析需要为准。抽样应兼顾建造年代、层数、设防标准、地域分布及用途等诸多因素的合理选取；

③ 普查，充分利用本地区已有的房屋调查统计资料，调查建筑物的主要数据，如建筑面积、建造年代、层数、结构类型、结构现状等，填写建筑物普查表。

小城镇建筑物专题数据调查应根据工作区建筑物统计资料，配合现场调查，给出预测单元的统计数据，按预测单元显示预测结果。

4）易损性分析方法

① 重要建筑物应按单体进行抗震分析，可选用下列方法：

A. 不超过12层且刚度无突变的钢筋混凝土框架结构、单层钢筋混凝土柱厂房可采用验算其结构薄弱部位层间弹塑性位移的简化计算方法；

B. 弹塑性地震时程反应分析方法。

C. 建筑结构抗震反应分析的其他简化方法。

② 采用详查和抽样调查方法的建筑物，可采用模式判别法或震害预测智能辅助决策系统法等方法进行易损性评价。

③ 普查的建筑物可采用类比法或经验判定法进行易损性评估。

④ 特殊结构形式的建筑物、构筑物，如古建筑、重要的大型工业设施设备等，宜进行专门的地震反应分析。

5）建筑结构易损性矩阵

① 单元小区的划分

建筑物易损性分析可根据工作区的具体情况，采用一种或几种单元小区。单元小区可按下列方式划分：

A. 在工作区内以0.5km×0.5km或更大的尺度划分成相等的方格为单元小区。

B. 按小城镇各行政区划或街道办事处、乡镇、居民委、居民小区等为单元小区。

C. 按社区为单元小区。

② 易损性矩阵

A. 重要建筑物，宜按单体给出易损性结果。

B. 可根据抽样的结果采用类比法得到其他建筑物单体的易损性结果。

C. 一般建筑物和普查建筑物，可按单元小区给出易损性矩阵。

6）主要成果表达方式

① 专题数据资料

应提供工作区建筑物的概况、类型、数量、建筑面积等统计数据，并宜提供建筑物调查的资料，包括建筑结构的参数等。

② 易损性分析方法与结果

应对各类建筑结构易损性分析所采用的方法进行介绍，并给出分析结果。宜提供一套可行的建筑物易损性类比的方法，或者可行的建筑物易损性计算方法。

③ 结论和建议

应对工作区各类建筑物的抗震能力进行综合评价，并应指出工作区内建筑物的高危害类型、存在的主要问题和抗震薄弱环节。

④ 通过信息管理系统的集成，应给出工作区在设定地震或设防地震动参数作用下的建筑物震害程度及空间分布。

（6）重要工程震害预测

重要工程包括应急保障基础设施、防灾工程设施和应急服务设施。

通过信息管理系统的集成，给出工作区在地震作用下的交通系统、供电系统、供水系统、供气系统、通信系统、建筑设施、设备易损性分析、系统功能失效影响场分析、系统抗震薄弱环节、系统震害程度及空间分布。

（7）地震次生灾害估计

1）一般要求

宜进行次生火灾、毒气泄漏与扩散、爆炸、环境或放射性污染、水灾等灾害的估计。

2）专题调查

① 次生火灾调查

A. 易产生次生火灾的老旧民房集中区的范围。

B. 煤气站或天然气贮存与供应设施、液化石油气站的分布。

C. 大型油库、加油站的名称、易燃品贮量、位置。

D. 生产与贮存易燃品的工矿企业、易燃品仓库的名称、隶属关系、种类、数量。

E. 画出次生灾害源分布图。

② 对毒气泄漏与扩散、爆炸、环境或放射性污染等，应调查这些灾害源的分布、危险品的种类、贮量、环境污染源类型等，并给出分布图。

③ 对次生水灾，应对工作区上游可能造成危害的大中型水库和附近的江河堤防进行下列调查：

A. 中型水库，应给出名称、建造年代、贮水量、水库大坝的坝高、设防烈度及发生次生水灾的主要隐患。

B. 对江河堤防，应给出建造年代、设防标准、河流的洪水期及发生次生水灾的主要隐患。

④ 对其他次生灾害，可根据具体情况和要求进行相应的调查。

3）次生灾害危害性分级

① 在进行次生灾害危害性分析时，应对灾害源的危害性进行分级。

② 次生灾害的危害性可划分为三级：

A. Ⅰ级，蔓延大片：即灾害影响大片区域。

B. Ⅱ级，影响近邻：即灾害影响灾害源附近的空间环境。

C. Ⅲ级，危及本体：即灾害影响仅限于灾害源自身。

4）主要成果表达方式

① 各类次生灾害源调查与估计结果或信息表格。

② 各类次生灾害源分布图。

③ 工作区防御主要次生灾害能力。

④ 防御地震次生灾害的对策。

（8）人员伤亡与经济损失估计

1）基本规定

① 人员生命损失估计应主要包括由地震造成的死亡、重伤与需安置人员数量的估计。

② 经济损失估计，应主要进行直接经济损失估计。

③ 直接经济损失应包括由地震造成的建筑结构的破坏损失以及设备和室内财产损失。

2）专题数据调查

工作应调查：

① 工作区常住人口和流动人口数量、人均居住面积、人口总数。

② 有关经济方面的统计资料，包括国民生产总值、国内生产总值、人均年收入等。

3）人员生命损失估计

应按估计单元给出人员生命损失估计。

4）经济损失估计

① 各级工作都应按不同的地震强度的条件下给出工作区的直接经济损失估计总值。

② 应以城镇、乡行政区估计单元为单位给出直接经济损失的分布估计。

5）主要成果，应包括下列内容：

① 直接经济损失、人员伤亡、需安置人员估计方法，间接经济损失的估计方法。

② 不同地震强度条件下死亡、重伤和需安置人员估计与分布结果。

③ 不同地震强度条件下建筑物结构、室内财产、生命线系统经济损失估计及其汇总结果。

④ 地震作用下建筑物结构、室内财产、生命线系统经济损失估计及其汇总结果。

⑤ 地震作用下死亡、重伤和需安置人员等估计结果。

2. 抗震设防标准

（1）抗震设防是指对建筑物进行抗震设计并采取一定的抗震构造措施，以达到结构抗震的效果和目的。这是政策性与技术性相结合的抗震设防总要求。抗震设防的依据是设防烈度和设防地震动参数。

抗震设防标准适用于设防烈度为 6～9 度的小城镇各项新（扩、改）建工业与民用建筑物的抗震设计。特殊要求的行业应按有关专门规定执行。10 度地区的抗震设防应按建设部《地震基本烈度×度区建筑抗震设防暂行规定》（89）建抗字 426 号执行。

（2）按标准进行抗震设计的建筑物，在遭遇频度较高、强度较低的地震时一般不致损坏或不需修理；在遭遇设防烈度的地震时可能出现损坏，但能修复使用；在遭遇频度较低、罕遇地震时不致倒塌或发生危及生命的严重破坏。

(3) 建筑物的设防地震一般应按国家批准权限审定或颁发的文件(图件)中对工程建设场地所确定的基本影响取用;但对已经作过抗震设防区划的地区,应采用经国家主管部门批准的设防烈度和地震动参数。

(4) 建筑物应按其使用功能的重要性及地震破坏后果的严重性确定下列等级:

甲类建筑:小城镇中特别重要的建筑物,其地震破坏会造成社会重大影响或导致人员大量伤亡。

乙类建筑:应属于地震时使用功能不能中断或需尽快恢复的建筑。

丙类建筑:应属于除甲类、乙类和丁类以外的一般建筑。

丁类建筑:次要建筑物,其地震破坏不致造成人员伤亡或较大的经济损失。临时性建筑物不设防。

(5) 各类建筑物的抗震设防标准,应符合以下要求:

各类建筑物的抗震设计一般情况下应按抗震设防地震考虑地震作用。

甲类建筑:地震作用应高于本地区抗震设防烈度的要求,其值应按批准的地震安全性评价结果确定;抗震措施,当抗震设防烈度为6～8度时,应符合大震(50年超越概率2%～3%危险水平)设防烈度的要求,当为9度时,应符合比9度抗震设防更高的要求。

乙类建筑:地震作用应符合比本地区抗震设防烈度稍高的要求,可取与50年超越概率5%相应的地震烈度;抗震措施,一般情况下,当抗震设防烈度为6～8度时,应符合大震(50年超越概率2%～3%危险水平)设防烈度的要求,当为9度时,应符合比9度抗震设防更高的要求;地基基础的抗震措施,应符合有关的规定。对较小的乙类建筑,当其结构改用抗震性能较好的结构类型时,允许仍按本地区抗震设防烈度的要求采取抗震措施。

丙类建筑:地震作用和抗震措施均应符合本地区抗震设防烈度的要求。

丁类建筑:一般情况下,地震作用仍应符合本地区抗震设防烈度的要求;抗震措施应允许比本地区抗震设防烈度的要求适当降低,但抗震设防烈度为6度时不应降低。

(6) 新建工程选址时应遵守以下原则:

建筑物应选择在抗震有利地段上。

甲、乙类建筑物宜避开抗震不利地段,当无法避开时,应采取适当的抗震措施。

不应在抗震危险地段上进行甲、乙类工程建设。

(7) 建筑物的抗震设计应选择有利于建筑物平、立面规则、荷载均匀、墙体和屋盖整体性能好的结构形式。

(8) 小城镇建筑物的施工质量应按照抗震设计要求得以保证。当不能按设计要求进行施工时,应在保持建筑物的抗震性能符合要求前提下,重新设计施工方案。施工中,应对影响建筑物抗震性能的建筑材料进行抽样调查,对施工质量进行监督。

(9) 对分期建设的建筑物或改扩建的已有建筑物,应分析对其结构基本计算参数、受力特点有无较大变化,并应按其不利条件进行抗震设计。

(10) 对已有的、未进行抗震设计的建筑物,应按照有关要求进行抗震鉴定。对不符合抗震要求的建筑物应进行抗震加固;对已经出现一定破坏或损坏、经修理仍可继续使用的建筑物,必须按抗震要求进行加固处理。

（11）设计单位根据工程的重要性和建筑物的特点，需要向勘察单位要求提供抗震所需的地质资料时，下列内容可作参考：

1）建筑场地对建筑有利、不利或危险地段的划分结果及其依据。

2）当有断层时，需对断层的走向、几何尺寸、埋深、活动性质有明确的结论。

3）提供建筑场地类别、分层土剪切波速和平均剪切波速、钻孔柱状图、土承载力等土的物理参数。

4）对可能发生地质灾害（如滑坡、崩塌等）所作的地震稳定性评价结果。

5）对可液化场地，需提供地下水位、分层标准贯入锤击数、液化土层位置、液化判别结果和液化等级的评定结论。

6）对需对建筑物进行动力分析时，应提供土动力特性资料（动刚度、剪切模量、阻尼）。

7）抗震所需的其他要求。

4.2.5 避震疏散与抗震设施布局

1. 避震疏散规划

小城镇避震疏散规划应确定避震疏散的道路和场地，宜有明显标志。

（1）避震疏散场地

小城镇避震疏散场地应符合以下要求：

1）每一疏散场地不宜小于 4000m^2。

2）人均疏散场地不宜小于 3m^2。

3）居民住宅至疏散场地的距离不宜大于 800m。

4）主要疏散场地应具有临时供电、供水和卫生条件。

小城镇的学校操场、公园、广场、绿地等是主要规划的临时避震场地。上述场地规划除满足其自身基本功能的需要和有关法律规范的要求外，作为规划避震疏散场地还应满足抗震防灾方面的相关要求。

（2）避震疏散道路

小城镇避震疏散道路应确保疏散通道及出口，并满足道路抗震设防和避震疏散相关的技术要求。

1）地震区的道路工程及重要的附属构筑物应按国家工程所在地区的设防烈度，进行抗震设防。

道路工程以设计地震烈度表示的设防起点为 8 度。以下 3 种情况设防起点应为 7 度，高填方路基边坡或深挖方路堑边坡，地震时可能产生大规模滑坡、塌方的重要路段；重要附属构筑物，如高挡土墙、高护坡、高护岸；软土层或可液化土层上的道路工程。7 度以下不设防。

2）居住（小）区道路规划，在地震不低于 6 度的地区，应考虑抗震防灾救灾的要求。

3）居住（小）区道路红线宽度不宜小于 20m，小区路路面宽 5～8m，建筑控制线之间的宽度，采暖区不宜小于 14m，非采暖区不宜小于 10m；组团路路面宽 3～5m，建筑控制线之间的宽度，采暖区不宜小于 10m，非采暖区不宜小于 8m；宅间小路路面宽不宜小于 2.5m

4）在地震设防地区，居住区内的主要道路，宜采用柔性路面。

2. 抗震设施布局与相关技术规定

小城镇建筑物、构筑物和工程设施应根据其重要性和震灾可能造成的社会、经济损失大小划分抗震设防类别。

（1）广播、电视和邮电通信建筑应根据其在整个信息网络中的地位和保证信息网络通畅的作用划分抗震设防类别，其配套的供电、供水的建筑抗震设防等级，应与主体建筑的抗震设防类别相同。小城镇终局容量超过5万门的交换局通信建筑为乙类抗震设防。

（2）交通运输系统生产建筑应根据其在交通运输线路的地位和对抢险救灾、恢复生产所起作用划分抗震设防类别。小城镇所辖地域范围内的高速公路、一级公路为乙类公路建筑抗震设防。

（3）县及县级市的二级医院的住院部、门诊部，县级以上急救中心的指挥、通信、运输系统的重要建筑，县级以上的独立采、供血机构的建筑，消防车库，县城镇、中心镇110kV及以上的变电站等动力系统建筑为乙类防灾建筑抗震设防。

（4）小城镇现有建筑物、构筑物和工程设施应依据现行国家有关标准进行鉴定。对不符合抗震要求的工程应结合大修、改建、扩建进行加固或改造；对无加固价值的工程应进行拆迁或翻建。

（5）小城镇建筑物、构筑物和工程设施的体形、高度、局部尺寸、高宽比、长度比、刚度应有利于抗震，并应符合现行国标《建筑抗震设计规范》（附条说明）GB 50011—2010和《构筑物抗震设计规范》GB 50191—2012的规定。

4.2.6 抗震防灾对策与措施

1. 抗震防灾对策

（1）建立和完善抗震防灾管理体制，纳入省市抗震防灾管理体系，下属县建委（局）抗震办公室。

（2）加强抗震防灾的法制化和规范化建设，依法管理抗震防灾工作。

表4-6为国家和有关部门制定的抗震防灾行政法规。

表4-7为我国抗震防灾技术标准与规范。

国家和有关部门制定的抗震防灾行政法规表 **表4-6**

序　号	名　称	颁发单位	颁发日期
1	关于抗震加固工作的几项规定（试行）	国家基本建设委员会、财政部、国家劳动总局	1979年4月9日
2	关于加强抗震加固计划和经费管理的暂行规定	国家基本建设委员会、财政部	1981年3月25日
3	关于印发《设备抗震加固暂行规定》、《地震基本烈度六度地区重要城市抗震设防和加固的暂行规定》、《抗震加固技术管理办法》的通知	城乡建设环境保护部	1984年5月8日
4	关于印发《城市抗震防灾规划编制工作暂行规定》的通知	城乡建设环境保护部	1985年1月23日
5	关于印发《城市抗震防灾规划编制工作补充规定》的通知	城乡建设环境保护部	1987年9月26日

续表

序号	名称	颁发单位	颁发日期
6	关于重点抗震城市供水、煤气、桥梁设施做好抗震防灾的通知	城乡建设环境保护部城市建设管理局	1988年5月27日
7	关于印发《地震基本烈度六度区现有建筑抗震加固暂行规定》和《地震基本烈度十度区建筑抗震设防暂行规定》的通知	建设部	1989年9月12日
8	关于印发《新建工程抗震设防暂行规定》的通知	建设部、国家计划委员会	1989年10月19日
9	关于城市抗震防灾规划编制和评审工作有关问题的通知	建设部	1990年7月11日
10	关于统一抗震设计规范地面运动加速度设计取值的通知	建设部	1992年7月3日
11	关于地震基本烈度六度地区抗震设防和抗震加固问题的通知	建设部	1993年4月10日
12	建设工程抗御地震灾害管理规定（建设部令38号）	建设部	1994年11月10日
13	关于印发《抗震设防区划编制工作暂行规定（试行）》的通知	建设部	1996年1月11日
14	关于发布国家标准《建筑抗震鉴定标准》的通知	建设部	1996年1月3日
15	关于印发《全国抗震防灾“九五”计划和2010年远景目标》的通知	建设部	1997年8月28日
16	关于印发《加强全国抗震防灾工作的几点意见》的通知	建设部	1997年8月28日
17	中华人民共和国防震减灾法（中华人民共和国主席令94号）	中华人民共和国主席	1997年12月29日

抗震防灾技术标准与规范表 **表4-7**

编号	名称	种类
1	建筑抗震设计规范	国标
2	构筑物抗震设计规范	国标
3	室外给水排水和煤气热力工程抗震设计规范	国标
4	工业与民用建筑抗震鉴定标准	国标
5	工业构筑物抗震鉴定标准	国标
6	冶金工业设备抗震鉴定标准（附条文说明）	国标
7	电力设施抗震设计规范	国标
8	道桥抗震设计规范	部标
9	水工建筑物抗震设计规范	部标
10	水运工程水工建筑物抗震设计规范	部标
11	铁路工程抗震设计规范	国标
12	工业设备抗震鉴定标准（电力设施）	部标
13	电力设施抗震设计标准	部标
14	水运工程水工建筑物抗震鉴定标准	部标
15	铁路工程抗震鉴定标准	部标

续表

编　号	名　称	种　类
16	通信设备抗震安装加固技术措施	部标
17	通信设备抗震加固验收办法	部标
18	水运工程建筑物抗震鉴定标准	部标

(3) 小城镇抗震防灾工程规划应作为易受震灾地区小城镇防灾减灾工程规划的必不可少的重要组成部分。

(4) 研究和推广震灾地区小城镇生命线工程设施的抗震防灾技术。

(5) 建立和健全小城镇震害预测预报机制。

(6) 制定小城镇震后恢复与重建的抗震防灾对策。

2. 抗震防灾技术措施

(1) 易震区小城镇与建筑规划设计抗震防灾技术措施。

1) 小城镇规划建设用地应选择抗震防灾有利地区和地段。

2) 严格控制建筑密度，结合旧镇改造，降低人口稠密的旧镇区密度。

3) 预留足够的应急疏散通道和避震场所，疏散人员就近疏散半径一般不大于 300m。

4) 不同地基和场地的建筑物设计，应选择合理抗震结构。

5) 建筑物平面造型长宽比例应适度，平面刚度应均匀。

6) 建筑物应力集中部位结构应适当加强。

7) 建筑物体型力求简洁规整，减轻自重，降低重心。

8) 建筑间距一般按檐高的 1.7～1.8 倍确定。

(2) 易震区小城镇生命线系统抗震防灾和防止次生灾害技术措施。

小城镇生命线工程是小城镇正常运转的基础，在抗震救灾中处于核心地位。

生命线工程包括交通系统、医疗卫生系统、粮食系统、消防系统、公安系统、供电系统、排水系统、供水系统。

地震可能诱发的次生灾害主要有：

1) 由于房屋倒塌、工程设施破坏等诱发的火灾、水灾和爆炸。

2) 有毒、有害物质的散溢。

3) 伴随地震而产生的暴雨、洪水及诱发滑坡、崩塌等地质灾害。

4) 由于人畜尸体来不及处理及环境条件恶化，引起污染和瘟疫流行。

对生命线工程和容易产生严重次生灾害的工程，在规划建设时，一方面要考虑其抗震性能，另一方面要考虑其方便救助和恢复重建，同时要考虑对周围环境、人员和财产的破坏和影响。

生命线工程应考虑多源和有充分备用源，各类系统采用环状网络。

易受震灾地区小城镇的生命线系统抗震防灾和防止次生灾害的技术措施主要有：

1) 涉及铁路路基、线路等应选择抗震有利地段并符合其他有关标准的规定。

2) 公路路线应绕避基本烈度高于 9 度的地区，避开地震时可能诱发滑坡、崩塌、泥石流等地质灾害的地段。

3) 公路路线设计应按技术标准，减少对自然平衡条件的破坏，避免造成较多的高陡临空面。少采用弯桥、坡桥、斜桥、高墩台、高挡墙、高路堤、深长路堑，以及同一山坡上的连续回头等不利抗震的设计方案。路线通过岩土松散，水文地质条件不良或具有倾向路线的构造松软面地段，应采取路基防护措施，加强排水处理。

(3) 公路路线宜避开地震可能坍塌造成交通中断的建筑物。镇区道路应宽些，地震时建筑倒塌不致妨碍紧急疏散和消防扑救活动。当线路无法避开因地震而可能中断交通时，宜采取以下措施维护交通设施：

1) 加强与邻近公路的联系。

2) 当有旧路、老桥、渡口可利用时，要加强养护备用。

3) 考虑修建一段低标准的抗震备用辅助道路。

(4) 加固通信设施、提高通信线路的抗震能力，尽量采用地下通信电缆，当必须通过断裂带时，应采用钢铠装电缆。

县城镇、中心镇可采取有线和无线相结合的通信方式，无线通信机房应建在地震时比较安全的地方，机房可按规定地震基本烈度高 1 度设防。

(5) 采取多路电源供电，变电站、配电室、控制调度室可按规定地震基本烈度高 1 度设防。

(6) 燃气储罐基础应坚实，防止地震时燃气泄漏，诱发次生灾害。

储气罐的进气管应设有紧急切断阀，地震时能自动切断电源。

燃气管道采用钢管、灰口铸铁管，热力管道必须采用钢管并敷在管沟内。

(7) 给水管道采用钢管时，应做好防腐处理。

预应力混凝土和石棉水泥管，采用胶圈填料的柔性连接管道。

铸铁管应急抗震措施，可采用在接口内推入胶圈后，再以石棉水泥或自应力水泥刚性填料堵口。

管道急剧拐弯、丁字接头处，以及穿越河道等特殊部位，采用机械柔性接头。

(8) 预测混凝土和钢筋混凝土排水圆管，采用加强管道刚度的措施提高抗震性能。

(9) 小城镇消防站应与周围建筑保持一定防护间距，消防站执勤的有关建筑物和构筑物按规定地震基本烈度高 1 度设防。

结合消防站内训练场地设计，留出备用场地和备用出口，以保证救灾时通行和停放装备等。

(10) 结合用地布局，搬迁易发生次生灾害的工厂、仓库，因地制宜，建立必要的火灾隔离带，阻断火灾蔓延。

1) 提高医院建筑的抗震设防标准和急救设施备用能力。

2) 保障粮食储备。

3) 提高重要工程设施抗震设防标准。

4) 加强防洪、防泥石流的治理。

5) 加强防止易燃、易爆、剧毒物质和石油、电器、燃气等引发次生灾害的安全管理。

4.2.7 地震灾害的应急管理与应急救援

1. 地震灾害的应急管理

(1) 灾前应急准备

包括应急管理机构的组建、应急基础设施的建设、应急救援队伍建设、应急救援物资储备、应急救援法律法规的建立和完善及大众的防灾减灾意识教育等。

（2）应急救援内容

主要包括灾害应急指挥、人员疏散和安置、被困人员搜救、伤员紧急治疗、灾情监控、救灾物资调运和发放、重要交通、水、电、气等基础设施抢修等。灾害应急指挥包括灾前信息获取、灾中灾情的快速评估和监控以及应急救援的运作指挥等灾害应急的中枢性系统工程。灾害发生时，人员应该怎么疏散和安置，是进行有序灾害救援和维护社会安定的保证。被困人员的搜救和伤员的紧急救治是减少灾害人员伤亡的重要手段，救援时间是否及时，救援方法是否得当，救援力量是否充分，救援技术的改进等都是应急救援研究的重要课题。

（3）灾后应急恢复与提高

主要是指应急救援基础设施、应急救援物资、人力、技术和管理等的恢复与提高。当地震这样的灾害发生时，其对城市基础设施的大面积破坏，必然导致应急救援基础设施在一定程度上的损害，高强度的应急救援，使得应急救援人力物力处于强消耗状态，应急管理方面的薄弱环节和不协调环节被暴露，这些都需要有计划、有步骤地按照轻重缓急进行恢复和提高。总结经验教训，对提高受灾区域应对新的突发灾害和事故的能力具有重要的意义。

地震灾害应急管理的微观区域研究对防灾减灾有重要的意义。通常灾区在灾害发生到政府组织的救援力量到达有一段无法得到救助的时间，称为救援真空。大量的研究数据表明，在灾害救援真空这段时间，恰恰是应急救援的黄金时间，救出的人员最多，成活率也最高，而且在这段时间里主要是灾民自救。同时，灾害应急救援工作，主要是在由高层领导组成的应急管理指挥中心的统一指挥下，局部地区自救为主，各救援力量为辅的过程中完成的，大部分的实际操作性救援工作是在局部地区最底层完成的。因此如何做好局部微观地区的地震灾害应急救援管理工作是减少灾害人员伤亡和财产损失，提高灾害应急有效性和可操作性，以及提高灾害应急管理水平的关键。

2. 防震减灾与灾后应急救援机制

（1）防震减灾机制

日本依靠在技术、人力和组织三大领域的努力，在防灾减灾领域走在世界前列。日本将技术因素作为防震减灾的基础，为了寻找防震的最佳方法，日本建造了世界上最大的震动平台，利用实体建筑试验，找出建筑物最佳的抗震结构设计。为了确保防震措施和技术的科学化和专业化，日本还设有专门的防震设备研究机构和生产厂家，为防震减灾的基础事业打下了坚实的后盾。同时，他们认为人的作用也不容忽视。在日本无论是成人还是孩童，都要接受经常性的防灾训练，他们将这种训练纳入了日常的工作和学习当中，内容既包括有关地震的知识，还包括在灾害发生后，应该怎样正确行动。在这种经常性和专业化的教育下，日本民众对地震灾害的“耐受度”不断地增强，在震害发生时，有效地减轻了灾害的损失程度。

日本的防震减灾机制建设还体现在政府的危机管理意识当中，政府的作用和相关的法律保障起到了不可或缺的作用。

美国防震减灾机制主要体现在它的一体化方面。在多年的防震实践中，形成一套完整的军、警、消防、医疗、民间救难组织等的一体化指挥、调度体系。

美国的防震减灾机制建设中，政府的危机管理意识、机关的职能同样发挥重要作用。在统一的指挥体系下进行人力、物力和财力的有效协调。由联邦政府各相关部门组成危机处理小组结合军方与各级政府，建立中央与地方指挥中心，紧急处理重大灾害，依据救难、医疗、运输等任务需求，迅速编织及任务分配，立即进行灾情搜集与研究判断，下达各项救灾命令。

美国通过针对灾害的一体化建设，形成一套完善、快速有效的防护救援体系。

(2) 灾后应急救援机制

1) 日本灾后应急救援机制

日本在吸取了多次自然灾害教训经验基础上，在1961年制定了《灾害对策基本法》，使防灾体制发生了根本的变化，防灾管理体系转向多灾种的“综合防灾管理体系”。通过这样的体制建设和大量的政府对防灾的公共投资，初步建立了一套完整的应急体系。

① 防灾通信网络的建设。防灾通信网络体系包括：以政府各职能部门为主，由固定通信线路、卫星通信线路和移动通信线路组成的“中央防灾无线网”；以全国消防机构为主的“消防防灾无线网”；以自治体防灾机构和当地居民为主的都道县府、市町村的“防灾行政无线网”，以及在应急过程中实现互联互通的防灾通信无线网等。通过这一通信网络的建设，日本政府在灾害发生时能够快速、及时、有效、准确地发布有关灾情信息以及有关措施，不致受灾人员产生恐慌心理。

② 卫生应急管理网络的建设。为了减少在地震等自然灾害发生时各种疾病传播造成的危害，日本着力发展卫生应急管理网络，并将它纳入到国家危机管理体系之中。这个系统在国家层面由厚生劳动省、派驻地区分局、检疫所、国立大学医学系和附属医院、国立医院、国立研究所等机构组成，其中国家派驻地方的应急管理机构和职员直接对国家负责。在地方层面，日本建立了由都道府县卫生健康局、卫生保健所、县立医院，市町村以及保健中心组成的地方卫生应急系统，与医师会、医疗机构协会等民间组织和消防、治安、铁道、电力、煤气，供水等市政服务公司建立了协调机制，并特别重视都道府县保健所和市町村保健中心在基层和社区的作用。这些机构在群众的公共卫生保障方面发挥了重要的作用。

③ 社区的防震抗灾与各种参与。日本各级政府都通过法规和规划以及政策明确规定市民、市民防灾组织、企事业单位等的具体责任，加强地区、社区和单位等的防灾对策和危机管理功能，鼓励行政机构与企业、市民等进行横向合作，促进抗御灾害能力强的社区的建设。

④ 避难场所的建立。在日本除了公园、广场和指定的空地等室外露天避难场所之外，体育馆、幼儿园、文化中心、小学和中学等也肩负重要的责任。当发生地震等灾害时，附近的居民可以迅速步行到附近避难场所进行避难和使用急救物资。场所内配备了足够的避难设施和物资：灾害应急食品、临时厕所、固体燃料、水槽、毛毯、塑料布、铁锹、医疗急救品等。日本虽然是个地震多发的国家，但是，其不断总结经验，深入进行防震减灾研究和加强灾害管理，在一定程度上使灾害损失不断得到减少。

2) 美国灾后应急救援机制

① 应急管理体制。美国政府应急管理体制由3个层次组成：联邦政府层，国土安全部及派出机构；州政府层，各州均设有应急管理机构；地方政府层，州下属各级地方政府一般都设有应急管理中心。

国土安全部是美国最高的应急事务管理机构，该部是在“9.11”事件后由联邦政府 22 个机构合并组建的。原负责紧急事务的联邦应急管理署（FEMA）于 2003 年并入国土安全部，但该署仍可直接向总统报告，是国土安全部中最大的部门之一。联邦应急管理署的主要职责是：通过应急准备、紧急事件预防、应急响应和灾后恢复等全过程应急管理，领导和支持国家应对各种灾难，保护各种设施，减少人员伤亡和财产损失。联邦应急管理署下设五个职能部门：应急准备部、缓解灾害影响部、应急响应部、灾后恢复部、区域分局管理办公室，全职工作人员 2600 人，还有符合应急工作标准的志愿者 4000 人。同时还设有 10 个区域分局，主要负责与地方应急机构的联络，在紧急状态下，负责评估灾害造成的损失，制订救援计划，协同地方组织实施救助，每个区域分局工作人员大约 40～50 人。州、市应急管理机构是本区域紧急事件的指挥中心。

美国是一个联邦制国家，各个州、市建有独立的一级管理机构，负责辖区内突发事件的处置。州应急管理机构，主要负责处理州级危机事件，负责制定州一级的应急管理和减灾规划，监督和指导地方应急机构开展工作，组织动员国民卫队开展应急行动，重大灾害及时向联邦政府提出援助申请。

市应急管理机构负责处理辖区范围内的危机事件，负责制定市一级的应急管理和减灾规划，监督和指导地方应急机构开展工作，重大灾害及时向州政府、联邦政府提出援助申请。

② 美国政府应急救援管理机制在美国应急管理体制下，以地方政府为节点，形成了应急救援网络，各应急节点的运行均以事故指挥系统、多机构协调系统和公共信息系统为基础。以灾害规模、应急资源需求和事态控制能力作为请求上级政府响应的依据。当灾害发生后，首先由所在州进行自我救援。联邦政府只是“当灾难的后果超出州和地方的处理能力之外时，提供补充性的帮助”。当州政府提出援助请求后，联邦应急管理署在当地的事务局会评估当地损失，向总统提出建议报告，总统据此决定是否发出救援命令。命令一旦发出，政府机制将会通过联邦应急管理署进入紧急状态，一系列应急机制将会运转起来。美国政府应急机制以相互协作、密切配合、反应快速为特征。应急机制包括通过明确分工，制订应急计划，建立统一指挥中心形成的应急决策与处置机制；通过与民间组织、工商企业、社会组织、专业技术人员乃至国际组织签订协议形成的广泛的社会动员机制；针对重大灾害设立新闻发言人及时向社会报告事件进展的信息发布机制；以灾民自救、政府帮扶、社会团体、国际组织等多方参与的善后恢复机制以及专业机构在科学的评价体系、评估指标指导下针对应急管理全过程进行的调查评估机制等。应急救援管理机制的主要特点：*A*. 统一管理。自然灾害、恐怖袭击等各类重大突发事件发生后，一律由各级政府的应急管理部门统一调度指挥，而平时与应急准备相关的工作，如培训、宣传、演习和物资与技术保障等，也归口到政府的应急管理部门。*B*. 属地管理。发生公共突发事件，地方政府应急预案启动后，无论事件的规模有多大，涉及的范围有多广，无论是动用了州的援助还是联邦的援助，指挥任务都由事发地政府来承担，决策权和处置权始终在地方政府，联邦与州政府的任务是援助和协调，没有指挥权和决策权。*C*. 分级响应。强调应急响应的规模和强度，而不是指挥权的转移。在同一级政府的应急响应中，可以采用不同的响应级别。*D*. 标准运行。美国应急管理机构无论是政府部门还是志愿者机构都有相对统一、易于识别的标识。在应急准备、应急恢复的过程中，也遵循标准化的运行程序，包括

物资、调度、信息共享、通信联络、术语代码、文件格式乃至救援人员服装标志等，都采用所有人都能识别和接受的标准，以减少失误，提高效率。美国的应急管理体系经过多年的发展，政府的危机管理意识已深入其中，形成了一套比较完整成熟的应急管理体制和运行机制，在危机的预防和应对中发挥了很大的作用。

(3) 我国灾后应急救援机制

① 地震应急预案的制定。2006 年 1 月 8 日，国务院正式发布《国家突发公共事件总体应急预案》，地震应急是总体应急预案的一项重要内容。破坏性地震发生后，地震应急工作及时、高效、有序地开展，可以最大限度地减轻地震灾害。破坏性地震应急预案的主要内容是破坏性地震临震预报发布后的震前应急防御，以及破坏性地震发生后的震后应急抢险救灾。制订应急预案，是应急准备乃至整个应急工作的核心内容。目前，国务院有关部门，省、自治区、直辖市的人民政府和部分市、县人民政府，甚至乡镇、企事业单位、街道社区等都制定了相应的破坏性地震应急预案。

② 开展应急演练。这种演练是在地方地震局的指导和组织下进行的，其所管辖范围内的单位和小区组织参加。这也体现了紧急情况下的属地管理原则。这些防灾演练包括医疗救护、工程抢险、消防灭火和群众自救互救技术的演练。通过这样的训练，增强了市民减灾防灾的意识和自救的能力。

③ 建设了自救互救队伍。我国的很多地区和组织建立了志愿者队伍，这些志愿者在震灾发生时，能发挥有效的自救与互救的作用。

④ 建设合理的避险路线和避难场所。我国人口众多，居住比较密集，遇到地震灾害发生时，第一要解决好的就是人员的紧急避险和疏散问题。为了解决好这个问题，在规划和建设大型住宅区时，要越来越多地考虑地震发生时人们紧急疏散和避险的需要，预留通道和一定数量的绿地、广场和空地。

3. 应急管理区划

地震灾害应急管理既要有强调政府统一指挥和调度的自上而下管理，又要有强调灾区自救的灾情自下而上报送管理，也被称为灾害的垂直管理模式。同时，在地震灾害的应急管理工作中，还需要有横向的强调所有部门相互协调合作的水平管理模式。然而，在这些大框架下，更为重要的是灾害应急的微观区域化管理。地震灾害应急管理区划就是基于这样一种灾害应急的微观区域化管理思想提出的，这一区划将使得灾前应急准备、灾中的应急救援和灾后的应急恢复等实际应急管理工作都在局部区域进行操作，使其更贴近人民大众（在灾害发生时为灾民），更容易进行局部区域潜在灾源的评估、事故灾害的应急救援和管理，更利于对灾害应对基础设施进行评估和建设，也更益于提高大众的灾害意识教育和推进灾害应急救援演习等工作。

地震灾害应急管理区划是指为提高地震灾害应急管理的效率和可操作性而进行的一种地理区域划分。通常可以分为宏观划分和微观划分，划分的方法可以根据行政区划或灾害应急管理的实际需求来划分。根据行政区划进行的宏观划分是指以县级（县级区）或以上行政区域为单位的划分，通常以国、省、市、县（或县级区）级行政单元来划分。微观划分是指县级（县级区）的实际需求进行的灾害应急管理区划，往往不受行政区划的限制，通常会跨越不同的行政区，也有不同层次的划分。因为这种划分首先考虑的是有利于灾害的应急管理工作本身，因此比较符合灾害应急管理规律，但这种划分不依行政区划进行，在管理上需要成立专门的应急管理机构，进行相应的协调管理工作，这就又对国家的法规建设提出了新的要求。通常在进行城市地震灾害应急管理区划时，需要将两种区划方法进行结合，在较高的宏观层宜根据行政区划来划分，这样便于应急管理工作的统一管理部署；在较低的微观层方便按照灾害应急管理的实际需求来划分，这样有利于灾害应急管理工作的实际开展。

4. GIS 在防震减灾中的应用

地理信息系统（Geographic Information System，简称 GIS）在防震减灾中的应用开始于 20 世纪 80 年代末、20 世纪 90 年代初。20 世纪 90 年代，美国联邦紧急事务管理局（FEMA）责成国家建筑科学研究所（NIBS），联合多所科研机构和大学，完成了房屋建筑震害预测方法的更新换代，建立新的震害预测方法，并集成为计算机管理系统（HAZUS），在网上公布，供公众查询。运用这些技术，美国在全国开展了大量的城市震害预测和对策研究工作，建立了信息管理系统，这项工作不仅在地震多发地区开展，如加利福尼亚州，还包括中等地震活动区域，如纽约州、犹他州等。日本对防震减灾历来十分重视，震害预测工作由来已久，特别是 1995 年阪神大地震以后，从中央到地方，从政府机关到电力、交通、煤气、通信等各企业公司，都投入大量人力物力，开展震害预测和灾害信息管理系统的开发。目前总理府、国土厅、警视厅、消防厅等部门都建立投入使用了震害预测和灾害快速评估系统，在大城市和各省（如东京、静冈、兵库等）及神户、横滨等市都建立了各自的灾害信息管理系统。

我国从 20 世纪 90 年代初开始，在防震减灾领域也对 GIS 的应用开发做了一系列工作并取得了一定的科研成果。“九五”期间，中国地震局利用 GIS 技术，建立了城市社会地理、地震地质构造、地震活动性、地震小区划，房屋建筑、生命线系统、次生灾害源、人口、经济财产、物资需求与对策信息等详尽的防震减灾专业与基础地理信息数据库，其中防震减灾专业数据库包含房屋建筑、生命线系统的震害预测和结果，人员伤亡和经济损失的估计，地震高危害小区和震前预防、震时救灾分析和对策等，同时系统还不同程度地开发了多项相关震害预测与评价的分析模块。与国外同类技术相比，我国在地震背景资料、城市基础设施信息与数据管理、地震灾害对策等方面具有特色，在某些方面处于领先地位。

2003 年 3 月，国家自然科学基金重点项目“基于 GIS 的城市综合减灾评估与对策研究”，研制了基于 GIS 的汕头市抗震减灾决策支持系统。该研究首次提出城市抗震减灾系统应按基础数据层、分析模型层、灾害层、损失层、对策层、决策层等 6 个层次进行设计的思路。从假想地震和概率地震的角度，建立了汕头市的地震作用模型。研究了基于知识库进行震害预测的智能方法。根据城市发展的宏观经济统计，提出了未来的震害预测与经济损失、人员伤亡的计算方法；完成了基于 GIS 的系统实现的关键技术。研究成果既能对未来的情况有宏观的估计，又可以根据实际城市的情况进行调整，可以在大多数中小城市的抗震防灾管理与决策中应用，具有广阔的使用价值。

第5章 小城镇火灾防灾减灾

火灾是城镇常见灾害之一，也是小城镇主要设防灾害之一。火灾发生面广，几乎覆盖镇乡村各个角落，也包括一些城镇域范围发生的森林火灾和草原火灾。上述火灾均可能造成人员伤亡和经济、财产的严重损失。

5.1 火灾分类与成因

5.1.1 火灾分类

火灾按灾源分可分为自然灾害引发的火灾（如雷电引起火灾、地震链发火灾）和人为因素造成火灾（如电气线路、古建筑维护存在火灾隐患，生产违规操作，引起的火灾，以及战争破坏造成火灾），以及由天气、气候、社会与自然界的复杂综合因素造成火灾（如草原突发性火灾）。

5.1.2 火灾成因及火源

火源是引起燃烧和爆炸的直接原因，燃烧和爆炸都可能引发火灾。

防止火灾应控制以下10种火源：

（1）人们日常点燃的各种明火。

（2）企业和各行各业使用的电气设备，由于超负荷运行、短路、接触不良，及自然界中的雷击、静电火花等，都能使可燃气体、可燃物质燃烧。

（3）靠近火炉或烟道的干柴、木材、木器，紧聚在高温蒸汽管道上的可燃粉尘、纤维；大功率灯泡旁的纸张、衣物等，烧烤时间过长都会引起燃烧。

（4）在熬炼和烘烤过程中，由于温度掌握不好或控制失灵，都会着火。

（5）炒过的食物或其他物质，不经散热就堆积起来或装在袋子内，也会聚热起火。

（6）企业的热处理工件，堆放在有油渍的地面上或堆放在易燃品旁，如木材旁等。

（7）在既无明火又无热源的条件下，褐煤、湿稻草、麦草、棉花、油菜籽、豆饼和粘有动植物油的棉纱、手套、衣服、木屑、金属屑及擦拭过设备的油布等，堆积在一起时间过长，本身也会发热，在条件具备时，可能引起自燃。

（8）不同性质的物质相遇，如油与氧气接触就会发生氧化作用，有时也会自燃。

（9）摩擦与撞击。如铁器与水泥地撞击，会引起火花，遇易燃物即可引起火灾。

（10）绝缘压缩、化学热反应，可引起升温，使可燃物质被加热至着火点。

5.2　消防规划

5.2.1　规划内容与规划要求

小城镇消防规划应包括消防安全布局与消防站、消防给水、消防车通道、消防通信等公共消防设施，以及消防对策与措施等内容。

小城镇消防规划水平及相关设施建设，应依据小城镇规模、等级层次、性质、类型、地理区域位置、人口等相关因素分析，遵循因地制宜、经济适用、不拘一格原则。

大中城市规划区范围小城镇防火规划应在城市防火规划中一并考虑，集中或连绵分布小城镇，应相关区域统筹规划、资源共享，分散单独分布小城镇，可结合周边农林消防一并规划。

5.2.2　消防站规划

1. 消防站布局与选址

（1）消防站布局

小城镇一般设普通消防站。分标准型普通消防站和小型普通消防站2种。

小城镇规划区内的普通消防站布局，应以接到报警后5min内消防队可以到达责任区边缘为原则确定。这一要求是根据消防站扑救责任区最远点的初期火灾需要15min消防时间而确定的。

根据我国通信、道路和消防装备军情况，15min消防时间可以扑救砖木结构建筑物初期火灾，有效地防止火势蔓延。

目前，我国城镇虽已建起了相当数量的钢筋混凝土结构和混合结构的建筑，但大多数城镇的旧城区，特别是小城镇的老镇区的砖木结构式木板建筑仍占相当大的数量。

小城镇消防站布局应按小城镇人口、不同地区不同类型小城镇经济社会发展水平和火灾危险性考虑。根据重点单位、中心区、工业园区、人口密度、建筑状况以及交通道路、水源、地形等条件确定。

普通消防站的责任区面积按下列原则确定：

标准型普通消防站不应大于7km^2；

小型普通消防站不应大于4km^2。

消防站的具体责任区面积还可按以下原则确定：

1）石油化工区，大型物资仓库区，商业中心区，重点文物建筑集中区，政府机关地区，砖木结构和木质结构、易燃建筑集中区以及人口密集、街道狭窄地区等，每个消防站的责任区面积一般不宜超过4～5km^2。

2）丙类生产火灾危险性的工业企业区（如纺织工厂、造纸工厂、制糖工厂、服装工厂、棉花加工厂、棉花打包厂、印刷厂、卷烟厂、电视机收音机装配厂、集成电路工厂等），科学研究单位集中区，每个消防站的责任区面积不宜超过5～6km^2。

3）一、二级耐火等级建筑的居民区，丁、戊类生产火灾危险性的工业企业区（如炼铁厂、炼钢厂、有色金属冶炼厂、机床厂、机械加工厂、机车制造厂、制砖厂、新型建筑材料厂、水泥厂、加气混凝土厂等)，以及砖木结构建筑分散地区等，每个消防站的责任区面积不超过 6～7km^2。

4）在镇区内如受地形限制，被河流或铁路干线分隔时，消防站责任区面积应当小一些。这是因为坡度和曲度大的道路，行车速度要大大减慢；还有的城镇被河流分成几块，虽有桥梁连通，但因桥面窄，常常堵车，也会影响行车速度；再有，被山峦或其他障碍物堵隔，增大了行车距离。因此，在规划消防站时，要因地因条件制宜，合理解决。

5）风力、相对湿度对火灾发生率有较大影响的责任区面积考虑。据测定，一般当风速在 5m/s 以上或相对湿度在 50%左右，火灾发生的次数较多，火势蔓延较快，相关消防站责任区面积应适当缩小。

6）物资集中、货运量大、火灾危险性大的沿海及内河城镇，应规划建设水上消防站。水上消防队配备的消防艇吨位，应视需要而定，海港应大些，内河可小些。水上消防队（站）责任区面积可根据本地实际情况确定，一般以从接到报警起 10～15min 内达到责任区最近点为宜。

消防站设置一般来说，人口在 5 万以上、工厂企业较多的县城镇、中心镇、一般镇和工矿区，应设 1～3 个消防站；人口在 1.5 万～5 万的上述小城镇、工矿区应设置 1 个消防站，经济发达地区或规划范围较大的上述小城镇也可设置 2 个消防站；人口不到 1.5 万，但工厂企业较多，物资集中，或位于水陆交通枢纽，有较大火灾危险性的上述小城镇、工矿区，可设置 1 个消防站。

（2）消防站选址

小城镇消防站选址是否合理，对于迅速出动消防车扑救火灾和保障消防站自身的安全有重要的关系。

消防站选址应符合下列条件：

1）应选择在责任区的中心或靠近中心的适中位置和便于车辆迅速出动的临街地段，如主要街道的十字路口附近或主要街道的一侧。

2）消防站主体建筑距医院、学校、幼儿园托儿所、影剧院、商场等容纳人员较多的公共建筑的主要疏散出口不应小于 50m。

3）责任区内有生产、贮存易燃易爆化学危险品单位的，消防站设置在常年主导风向的上风或侧风处，其边界距上述部位一般不应小于 200m。

4）消防站车库门应朝向镇区道路，至镇区规划道路红线的距离宜为 10～15m。

5）设在综合性建筑物中的消防站，应有独立的功能分区。

2. 消防站建设项目与预留用地

（1）消防站建设项目

小城镇消防站建设项目由室外训练场、房屋建筑、装备和人员配备等部分构成。

小城镇普通消防站的消防车库的车位数应符合以下规定：

标准型普通消防站配备消防车辆 4～5 辆；

小型普通消防站配备消防车辆 2 辆。

交通枢纽型小城镇水上消防站根据扑救船舶和沿岸火灾的实际需要，配备消防艇及其他必需的船只。河网地区的陆上消防站根据需要，可配备小型消防艇。

小城镇消防站通信设备配备应符合表 5-1 规定。

小城镇消防站通信设备配备表　　表5-1

设备名称 \ 设备数量 \ 地区		小城镇	工矿区
有线通信设备（部）	火警专用电话	1	1
	普通电话	1～3	1～3
	专线电话	1	1
无线通信设备（台）	基地台	根据需要配备	
	车载台	根据需要配备	
	袖珍式对讲机	每辆消防车1对	

（2）消防站建设用地

小城镇消防站建设用地应根据建筑占地面积、车位数和室外训练场地面积等确定。

配备有消防艇的消防站应有供消防艇靠泊的岸线。

小城镇消防站的建筑面积指标应符合下列规定：

标准型普通消防站　1600～2300m²；

小型普通消防站　350～1000m²。

小城镇消防站建设用地面积应符合下列规定：

标准型普通消防站　2400～4500m²；

小型普通消防站　400～1400m²。

5.2.3　消防给水工程规划

1. 城镇消防给水存在的主要问题

目前，我国城镇消防给水都存在不同程度的问题，主要有以下问题：

（1）水量小、水压低

许多城镇的供水管道，是新中国成立前或新中国成立初期铺设的，管道直径小，或虽铺设了较大的管道，但因使用多年，管道内壁积垢生锈，管径逐渐缩小，致使流量减少，压力降低，满足不了灭火所需要的水量和水压要求。据部分城镇的不完全统计，市政消火栓能完全达到水量、水压要求的为30%，不能完全达到水量、水压要求的为30%，完全达不到水量、水压要求的为40%。

（2）市政消火栓间距大、数量少

许多城镇特别是城镇的边沿地段，市政消火栓的间距都达不到国家防火规范规定的120m的要求。其平均间距都大大超过了这个规定，近者为150m、200m、300m，远者达500m，甚至1000m以上；有的城镇新建成区主要公路干道路边没有安装市政消火栓；还有不少城镇，由于施工而埋压和损坏的市政消火栓未予恢复。

（3）管道陈旧，缺乏检修更新

我国许多老城镇的供水管道铺设年代早，管径小，陈旧失修，常常出现管道破损、中断供水的情况。当发生火灾时，就是由于水量不足、压力低，以致由小火变成大面积火灾，造成严重损失。

（4）消防供水设施不匹配

有的城镇高层建筑小区，虽然按照规定设置了室内消防给水管道，而市政给水管道未相应改造扩大，仍旧是小管径，流量不足，致使室内消防管道和市政管道或小区内的给水管道无法连接，不能通水或不能全部通水，影响室内消防给水系统的作用发挥，不利于灭火要求。

还有些城镇新建成的住宅小区、新村，没有考虑消防给水或者铺设的给水管道上未安装市政消火栓，也未设消防水池，加之道路狭窄，将给火灾扑救带来很大困难。

（5）消火栓规格不一，口径偏小

新中国成立前，我国有不少城镇的一部分被帝国主义列强侵占、租用，安装了各自国家的室外消火栓，因而这些城镇的市政消火栓形式多样，口径大小不一。新中国成立后，又没有有计划地加以改造更新，因而很不利于灭火。

（6）现有天然水源被填掉，造成消防用水缺乏

我国不少城镇的市区内有小河、小溪、水池或人工地下消防水池等，在灭火活动中，这些天然水源都发挥了极好的作用。可是，有不少城镇在规划建设中不注意保护这些天然水源，在修建道路、建筑物或其他市政工程设施时，将一些天然水源填死，再加市政给水管道建设跟不上城镇建设的发展需要，以致造成某些地区消防用水严重缺乏。

2. 消防用水量

在进行小城镇、小城镇居住小区、工业园区规划设计时，必须同时规划设计消防给水系统。

小城镇、小城镇居住小区、工业园区室外消防用水量，应按同一时间内火灾次数和一次灭火用水量确定。

表 5-2 为小城镇和小城镇居住小区室外消防用水量。

小城镇和小城镇居住小区室外消防用水量表　　表 5-2

人数（万人）	同一时间内火灾次数（次）	一次灭火用水量（L/s）
＜1.0	1	10
＜2.5	1	15
＜5.0	2	25
＜10.0	2	35
＜20.0	2	45

工厂、仓库和民用建筑计算消防用水量在同一时间内的火灾次数不应小于表 5-3 的规定。

同一时间内的火灾次数表　　表 5-3

<table>
<tr><th>名　称</th><th>基地面积（hm^2）</th><th>附近居住区人数（万人）</th><th>同一时间内的火灾次数（次）</th><th>备　注</th></tr>
<tr><td rowspan="3">工厂</td><td rowspan="2">＜100</td><td>＜1.5</td><td>1</td><td>按需水量最大的一座建筑物（或堆场、储罐）计算</td></tr>
<tr><td>＞1.5</td><td>2</td><td>工人、居住区各一次</td></tr>
<tr><td>＞100</td><td>不限</td><td>2</td><td>按需水量最大的两座建筑物（或堆场、储罐）计算</td></tr>
<tr><td>仓库、民用建筑</td><td>不限</td><td>不限</td><td>1</td><td>按需水量最大的一座建筑物（或堆场、储罐）计算</td></tr>
</table>

注：采矿、选矿等工业企业，如各分散基地有单独的消防给水系统时，可分别计算。

小城镇建筑物的室外消火栓用水量不应小于表 5-4 的规定。

建筑物的室外消火栓用水量表　　　　表 5-4

耐火等级 \ 建筑物名称及类别 \ 一次灭火用水量（L/s） \ 建筑物体积（m³）			<1500	1501～3000	3001～5000	5001～20000	20001～50000	>50000
一、二级	厂房	甲、乙	10	15	20	25	30	35
		丙、	10	15	20	25	30	40
		丁、戊	10	10	10	15	15	20
	库房	甲、乙	15	15	25	25	—	—
		丙、	15	15	25	25	35	45
		丁、戊	10	10	10	15	15	20
	民用建筑		10	15	15	20	25	30
三级	厂房或库房	乙、丙	15	20	30	40	25	—
		丁、戊	10	10	15	20	25	35
	民用建筑		10	15	20	25	30	—
四级	丁、戊类厂房或库房		10	15	20	25	—	—
	民用建筑		10	15	20	25	—	—

注：1. 室外消火栓用水量应按消防需水量最大的一座建筑物或一个防火分区计算。成组布置的建筑物应按消防需水量较大的相邻两座计算。
2. 火车站、码头和机场的中转库房，其室外消火栓用水量应按相应耐火等级的丙类物品库房确定。
3. 国家级文物保护单位的重点砖木、木结构的建筑物室外消防用水量，按三级耐火等级民用建筑物消防用水量确定。

小城镇堆场、储罐的室外消火栓用水量应按表 5-5 的规定。

堆场、储罐的室外消火栓用水量表　　　　表 5-5

名　称		总储量或总容量	消防用水量（L/s）
粮食（t）	圆筒仓 土圆囤	30～500 501～5000 5001～20000 20001～40000	15 25 40 45
	席穴囤	30～500 501～5000 5001～20000	20 35 50
棉、麻、毛、化纤百货（t）		10～500 501～1000 1001～5000	20 35 50
稻草、麦秸、芦苇等易燃材料（t）		50～500 501～5000 5001～10000 10001～20000 或>20000	20 35 50 60
木材等可燃材料（m³）		50～1000 1001～5000 5001～10000 10001～25000	20 30 45 55

3. 消防水源及其要求

小城镇消防用水可由给水管网、天然水源，以及消防水池供给。

没有管网给水系统的乡村可充分利用江河、湖泊、水塘等天然水源为消防供水，并修建通向天然水源的消防车通道和取水设施。水源距消防责任区的距离不应大于 4km，并应保证枯水期水位最低时以及冬季消防用水的可靠性。

（1）属下列情况之一，应设消防水池：

1）当生产、生活用水量达到最大时，市政给水管道、进水管或天然水源不能满足室内外消防用水量。

2）市政给水管道为枝状或只有一条进水管，且消防用水量之和超过 25L/s。

3）无市政消火栓和无消防通道的建筑耐火低等级建筑密集区。

（2）消防水池应符合下列要求：

1）消防水池的容量应满足在火灾延续时间内室内外消防用水总量的要求。

2）在火灾情况下能保证连续补水时，消防水池的容量可减去火灾延续时间内补充的水量。

单个消防水池容量一般宜为 100～200m^3，如超过 1000m^3，应分设 2 个。

3）消防水池的补水时间一般不宜超过 48h。

4）供消防车取水的消防水池，保护半径不应大于 150m。

5）供消防车取水的消防水池应设取水口，其取水口与建筑物（水泵房除外）的距离不宜小于 15m；与各类储罐距离按相关标准。供消防车取水的消防水池应保证消防车吸水高度不超过 6m。

6）消防用水与生产、生活用水合并的水池，应有确保消防用水不作他用的技术设施。

7）寒冷地区的消防水池应有防冻设施。

（3）利用江河、湖泊、水塘等作为天然消防水源时，应修建消防车辆通道和必需的护坡、吸水坑、拦污设施。

（4）消防给水管网布置要求

1）室外消防给水管网应布置成环状，但在建设初期或室外消防用水量不超过 15L/s 时，可布置成枝状。

2）环状管网的输水干管及向环状管网输水的输水管均不应少于两条，当其中一条发生故障时，其余的干管应仍能通过消防用水总量。

3）环状管道应用阀门分成若干独立段，每段内消火栓的数量不宜超过 5 个。

4）室外消防给水管道的最小直径不应小于 100mm。

（5）室外消火栓布置要求

1）室外消火栓应沿道路设置，道路宽度超过 60m 时，宜在道路两边设置消火栓，并宜靠近十字路口。消火栓距路边不应超过 2m，距房屋外墙不宜小于 5m。

2）甲、乙、丙类液体储罐区和液化石油气储罐区有消火栓，应设在防火堤外。但距罐壁 15m 范围的消火栓，不应计算在该罐可使用的数量内。

3）室外消火栓的间距不应超过 120m。

4）室外消火栓的保护半径不应超过 150m；在市政消火栓保护半径 150m 以内，如消防用水量不超过 15L/s，可不设室外消火栓。

5）室外消火栓的数量应按室外消防用水量计算决定，每个室外消火栓的用水量应按照 10～15L/s 时计算。

6）室外地上式消火栓应有 1 个直径为 150mm 或 100mm 和 2 个直径为 65mm 的栓口。

7）室外地下式消火栓应有直径为100mm或65mm的栓口各1个，并有明显的标志。

5.2.4 消防通道规划

小城镇消防通道规划应考虑以下要求：

（1）镇区道路应考虑消防要求，其宽度不小于4m，消防车通道可利用交通道路，并应与其公路相连通，有河流、铁路通过的小城镇应当采取增设桥梁等措施，以保证消防车辆顺利通行。

（2）根据消火栓保护半径150m的作用范围，消防道路平行间距应控制在160m以内。当建筑物沿街部分长度超过150m，或总长度超过200m时，应在建筑物适中位置设置穿越建筑物的消防通道。

（3）考虑到消防车的高度，消防通道上部应有4m以上的净高。

（4）占地面积超过3000m²的消防规范中甲、乙、丙类厂房，占地面积超过1500m²的消防规范中乙、丙类库房，大型公共建筑、大型堆场、储罐区、重要建筑物四周应设环形消防通道。

（5）消防通道转弯半径不小于9m，回车面积通常取12m×18m。

5.2.5 消防通讯指挥系统规划

小城镇火灾报警和消防通讯指挥系统规划应符合以下要求：

（1）当发生火灾时，通过有线或无线电话报警，小城镇火警接警、火警接警中队与上级消防指挥中心能迅速受理火警，迅速调整。应实现接警、调度、通信、信息传递、消防出车、人员调度等程序自动化。

（2）小城镇电话端局、镇政府至消防指挥中心、火警接警中队的119火灾报警电话专线不少于2对，满足同时发生2处火灾可能的需要。

（3）消防指挥中心、火警接警中队或分队与小城镇供水、供电、供气、急救、交通、环保、新闻等部门以及消防重点单位，应安装专门通信设备或专线电话，确保报警、灭火救援工作顺利进行。

（4）合理利用多层、高层建筑、电视发射塔、山顶电视差转台等建设消防瞭望台，并配备监视设备和有线、无线火灾报警设备。

5.2.6 消防装备

（1）小城镇标准型普通消防站至少配备3台轻型泵浦消防车或中型水罐车，小型普通消防站至少配备2台轻型泵浦消防车，水源充沛地区，可根据实际情况，减少消防车数量。河网地区的消防站可根据需要配备消防艇。

（2）小城镇消防站要为消防队员配备铝铂隔热服、消防空气呼吸器、防火防爆手电筒、手提式强光照明等个人装备，以保证消防队员的人身安全。

5.2.7 消防对策与消防措施

1. 消防对策

（1）分析小城镇消防现状及历年发生过的火灾与存在的火灾隐患，按照“隐患险于明火、防范胜于救灾”的要求，小城镇消防要把预防火灾的发生放在首位，防止和减少火灾发生。

（2）依据《中华人民共和国消防条例》及其实施细则，《建筑防火设计规范》等消防法规、技术规范，落实与搞好消防工作；同时加强消防宣传，增强社会消防法制观念和全民消防意识。

（3）加强消防队伍建设，除公安消防队伍外，同时建立专职消防队和义务消防队。

（4）小城镇消防队伍应向多功能发展，与其他灾害事故的抢险和救援队伍协调发展，并肩作战，使消防队伍成为小城镇各种灾害事故应急抢险救援的重要力量。

（5）落实小城镇消防安全责任制，建立健全小城镇消防安全组织网络。把小城镇消防安全工作纳入社会治安综合治理的范围，有社会各界的大力支持与镇民的共同参与与治理才能取得成效。

2. 消防措施

在小城镇消防规划中应考虑消防措施。消防常规措施主要是以下几个方面：

（1）小城镇总体布局中，必须将易燃易爆物品工厂、仓库布置在小城镇边缘的独立安全地区，并应与小城镇中心区的影剧院、会堂、体育馆、商城等人员较密集的公共建筑或场所，保持规定的防火安全距离，布局不合理的旧镇区，消防存在严重隐患的建筑地段和建筑物，应纳入近期旧镇改建规划，限期消除消防隐患和不安全因素。

小城镇的工业区应单独布置在小城镇常年主导风向的下风或侧风方向，居民区要建在常年主导风向的上风或侧风向，工业区和居民区之间距离要满足防火间距要求，以防火灾蔓延。

（2）合理布局小城镇消防站、点；保证消防车通道和消防水源、消防给水管网和水压、水量，设置必要的市政消火栓；保证火灾报警和消防指挥通信系统畅通。

（3）从消防考虑，易燃易爆危险物品的工业企业生产区、仓库以及散发可燃气体、可燃蒸汽和可燃粉尘的工厂和液化石油气储存基地应设在镇区边缘的独立安全地带，布置在镇区全年最小频率风向的上风侧，满足相关防火间距的规定。

（4）在小城镇规划中应合理确定液化石油气供应站的瓶库、汽车加油站和燃气、天然气调压站的位置，同时采取有效消防措施。

（5）镇区新建各种建筑物应控制三级建筑物，严格限制修建四级建筑。

耐火等级低的旧建筑密集区或大棚户区应纳入改造规划，满足消防要求。

（6）小城镇集市贸易市场，规划部门应会同公安交通和公安消防监督机构，确定设置地点和范围，不得影响交通和堵塞消防车通道。并不宜布置在影剧院、学校、医院、幼儿园等场所的主要出入口处，与甲、乙类生产建筑的防火间距不宜小于 50m。

（7）利用公园、绿地、农田、广场、水面等开阔地形成平面防火隔离带，阻止火灾横向蔓延。

（8）林区小城镇及企事业单位距成片林边缘的防火安全距离不宜小于 300m。

表 5-6 为炼油厂、石油化工厂与相邻工厂或设施的防火间距。

表 5-7 为石油库与周围居住区、工矿企业交通线等的安全距离。

表 5-8 为汽车加油站与周围设备、建筑物、构筑物的安全距离。

表 5-9 为汽车加油站内各建筑物、构筑物的安全距离。

表 5-10 为厂房的防火间距。

表 5-11 为室外变、配电站与建筑物、堆场、储罐的防火间距。

表 5-12 为汽车加油机、地下油罐与建筑物、铁路、道路的防火间距。

表 5-13 为储罐、堆场与建筑物的防火间距。

表 5-14 为储气罐或储区与建筑物、储罐、堆场的防火间距。

表 5-15 为湿式氧气储罐或储区与建筑物、储罐、堆场的防火间距。

表 5-16 为液化石油气储罐或储区与建筑物、堆场的防火间距。

表 5-17 为露天、半露天堆场与建筑物的防火间距。

表 5-18 为库房、储罐、堆场与铁路、道路的防火间距。

表 5-19 为民用建筑的防火间距。

炼油厂、石油化工厂与相邻工厂或设施的防火间距表（单位：m）　　**表 5-6**

<table>
<tr><th>序号</th><th colspan="3">自炼油厂或石油化工厂
至相邻工厂或设施</th><th>生产区（不包括右面两项）</th><th>液化石油气储罐组</th><th>全厂性高架火炬</th></tr>
<tr><td>1</td><td colspan="3">居住区、村庄、公共福利设施</td><td>100</td><td>120</td><td>100</td></tr>
<tr><td rowspan="3">2</td><td rowspan="2">相邻工厂</td><td rowspan="2">总厂内各分厂之间</td><td rowspan="2">已知相邻面单元至未知相邻面单元（至围墙）</td><td colspan="2">按相邻面工艺装置生产单元、储罐及其他设施防火间距，按最大值的 1.30 倍确定</td><td>100</td></tr>
<tr><td>30</td><td>60</td><td>100</td></tr>
<tr><td colspan="3">其他工厂和设施（距围墙）</td><td>45</td><td>70</td><td>100</td></tr>
<tr><td>3</td><td colspan="3">国家铁路线（中心线）</td><td>45</td><td>70</td><td>100</td></tr>
<tr><td>4</td><td colspan="3">其他企业铁路线（中心线）</td><td>30</td><td>40</td><td>80</td></tr>
<tr><td>5</td><td colspan="3">铁路编组站（最外侧铁路或建、构筑物）</td><td>45</td><td>70</td><td>100</td></tr>
<tr><td>6</td><td colspan="3">厂外公路（至路边）</td><td>20</td><td>25</td><td>80</td></tr>
<tr><td>7</td><td colspan="3">区域变配电站</td><td>45</td><td>70</td><td>120</td></tr>
<tr><td>8</td><td colspan="3">架空电力线路（中心线）</td><td>1.5 倍杆高</td><td>1.5 倍杆高</td><td>100</td></tr>
<tr><td>9</td><td colspan="3">Ⅰ、Ⅱ级国家架空通信线路（中心线）</td><td>40</td><td>50</td><td>100</td></tr>
<tr><td>10</td><td colspan="3">厂外液化石油气和可燃液体大型管廊（外边线）</td><td>20</td><td>30</td><td>60</td></tr>
</table>

石油库与周围居住区、工矿企业交通线等的安全距离表（单位：m）　　**表 5-7**

<table>
<tr><th rowspan="2">序号</th><th rowspan="2">名　称</th><th colspan="3">石油库等级</th></tr>
<tr><th>一级</th><th>二级</th><th>三、四级</th></tr>
<tr><td>1</td><td>居住区及公共建筑</td><td>100</td><td>90</td><td>80</td></tr>
<tr><td>2</td><td>工矿企业</td><td>80</td><td>70</td><td>60</td></tr>
<tr><td>3</td><td>国家铁路线</td><td>80</td><td>70</td><td>60</td></tr>
<tr><td>4</td><td>工业企业铁路线</td><td>35</td><td>30</td><td>25</td></tr>
<tr><td>5</td><td>公路</td><td>25</td><td>20</td><td>15</td></tr>
<tr><td>6</td><td>国家一、二级架空通信线路</td><td>40</td><td>40</td><td>40</td></tr>
<tr><td>7</td><td>架空电力线路和不属国家一、二级的架空通信线路</td><td>1.5 倍杆高</td><td>1.5 倍杆高</td><td>1.5 倍杆高</td></tr>
<tr><td>8</td><td>爆破作业场地（如采石场）</td><td>300</td><td>300</td><td>300</td></tr>
</table>

汽车加油站与周围设备、建筑物、构筑物的安全距离表（单位：m）　　表 5-8

序号	加油站等级 油罐建设方式 名称			一级		二级		三级
				地下直埋卧式油罐	地上卧式油罐	地下直埋卧式油罐	地上卧式油罐	地下直埋卧式油罐
1	明火或散发火花的地点			30	30	25	25	17.5
2	重要公共建筑物			50	50	50	50	50
3	民用建筑及其他建筑	耐火等级	一、二级	12	15	10	12	5
			三级	15	20	12	15	10
			四级	20	25	14	20	14
4	主要道路			10	15	5	10	不限
5	架空通信线		国家一、二级	1.5倍杆高	1.5倍杆高	1.5倍杆高		
			一般	不应跨越加油站	不应跨越加油站	不应跨越加油站		
6	架空电力线路			1.5倍杆高	1.5倍杆高	1.5倍杆高		

汽车加油站内各建筑物、构筑物的安全距离表（单位：m）　　表 5-9

序号	建筑物、构筑物名称	直埋地上卧式油罐	地上卧式油罐	加油机或油泵房	站房	独立锅炉房	围墙
1	直埋地上卧式油罐	0.5	—	不限	4	17.5	3
2	地上卧式油罐	—	0.8	8	10	17.5	5
3	加油机或油泵房	不限	8	—	5	15	见注
4	其他建筑物、构筑物	5	10	5	5	5	—
5	汽车油罐的密闭卸油点	—	—	—	5	15	—

注：加油机或油泵与非实体围墙的安全距离不得小于5m，与实体围墙的安全距离可不限。

厂房的防火间距表（单位：m）　　表 5-10

耐火等级 防火间距 耐火等级	一、二级	三级	四级
一、二级	10	12	14
三级	12	14	16
四级	14	16	18

室外变、配电站与建筑物、堆场、储罐的防火间距表　　表 5-11

防火间距（m） 变压器总油量（t） 建筑物、堆场、储罐名称			5～10	＞10～50	＞50
民用建筑	耐火等级	一、二级	15	20	25
		三级	20	25	30
		四级	25	30	35

续表

<table>
<tr><td colspan="3">防火间距（m）＼变压器总油量（t）
建筑物、堆场、储罐名称</td><td>5～10</td><td>>10～50</td><td>>50</td></tr>
<tr><td rowspan="3">丙、丁、戊类厂房及车库</td><td rowspan="3">耐火等级</td><td>一、二级</td><td>12</td><td>15</td><td>20</td></tr>
<tr><td>三级</td><td>15</td><td>20</td><td>25</td></tr>
<tr><td>四级</td><td>20</td><td>25</td><td>30</td></tr>
<tr><td colspan="3">甲、乙类厂房</td><td colspan="3">25</td></tr>
<tr><td rowspan="3">甲、乙类库房</td><td colspan="2">储量不超过 10t 的甲类 1、2、5、6 项物品和乙类物品</td><td colspan="3">25</td></tr>
<tr><td colspan="2">储量不超过 5t 的甲类 3、4 项物品和储量超过 10t 的甲类 1、2、5、6 项物品</td><td colspan="3">30</td></tr>
<tr><td colspan="2">储量超过 5t 的甲类 3、4 项物品</td><td colspan="3">40</td></tr>
<tr><td colspan="3">稻草、麦秸、芦苇等易燃材料堆场</td><td colspan="3">50</td></tr>
<tr><td>甲、乙类液体储罐</td><td rowspan="4">总储量（m³）</td><td>1～50
51～200
201～1000
1001～5000</td><td colspan="3">25
30
40
50</td></tr>
<tr><td>丙类液体储罐</td><td>5～250
251～1000
1001～5000
5001～25000</td><td colspan="3">25
30
40
50</td></tr>
<tr><td>液化石油气储罐</td><td><10
10～30
31～200
201～1000
1001～2500
2501～5000</td><td colspan="3">35
40
50
60
70
80</td></tr>
<tr><td>湿式可燃气体储罐</td><td>≤1000
1001～10000
10001～50000
>50000</td><td colspan="3">25
30
35
40</td></tr>
<tr><td>湿式氧化储罐</td><td>总储量（m³）</td><td>≤1000
1001～50000
>50000</td><td colspan="3">25
30
35</td></tr>
</table>

注：1. 防火间距应从距建筑物、堆场、储罐最近的变压器外壁算起，但室外变、配电构架距堆场、储罐和甲、乙类的厂房不宜小于 25m，距其他建筑物不宜小于 10m。
2. 本条的室外变、配电站，是指电力系统电压为 35～500kV，且每台变压器容量在 10000kVA 以上的室外变、配电站，以及工业企业的变压器总油量超过 5t 的室外总降压变电站。
3. 发电厂内的主变压器，其油量可按单台确定。
4. 干式可燃气体储罐的防火间距应按本表湿式可燃气体储罐增加 25%。

汽车加油机、地下油罐与建筑物、铁路、道路的防火间距表　　表 5-12

名　称	防火间距（m）
民用建筑、明火或散发火花的地点	25
独立的加油机管理室距地下油罐	5

续表

名称			防火间距（m）
靠地下油罐一面墙上无门窗的独立加油机管理室距地下油罐			不限
独立加油机管理室距加油机			不限
其他建筑	耐火等级	一、二级 三级 四级	10 12 14
厂外铁路线（中心线） 厂内铁路线（中心线） 道路（路边）			30 20 5

注：1. 汽车加油站的油罐应采用地下卧式油罐，并宜直接埋设。甲类液体总储量不应超过 $60m^3$，单罐容量不应超过 $20m^3$。当总储量超过时，与建筑物的防火间距应按储罐、堆场与建筑物的防火间距规定执行。
2. 储罐上应设有直径不小于 38mm 并带有阻火器的放散管，其高度距地面不应小于 4m，且高出管理室屋面不小于 50cm。
3. 汽车加油机、地下油罐与民用建筑之间如设有高度不低于 2.2m 的非燃烧体实体围墙隔开，其防火间距可适当减小。

储罐、堆场与建筑物的防火间距表　　表 5-13

名称	防火间距(m) 耐火等级 / 一个罐区或堆场的总储量（m^3）	一、二级	三级	四级
甲、乙类液体	1～50	12	15	20
	51～200	15	20	25
	201～1000	20	25	30
	1001～5000	25	30	40
丙类液体	5～250	12	15	20
	251～1000	15	20	25
	1001～5000	20	25	30
	5001～25000	25	30	40

注：1. 防火间距应从建筑物最近的储罐外壁、堆垛外缘算起。但储罐防火堤外侧基脚线至建筑物的距离不应小于 10m。
2. 甲、乙、丙类液体的固定顶储罐区、半露天堆场和乙、丙类液体堆场与甲类厂（库）房以及民用建筑的防火间距，应按本表的规定增加 25%。但甲、乙类液体储罐区、半露天堆场和乙、丙类液体堆场与上述建筑物的防火间距不应小于 25m，与明火或散发火花地点的防火间距，应按本表四级建筑的规定增加 25%。
3. 浮顶储罐或闪点大于 120℃的液体储罐与建筑的防火间距，可按本表的规定减少 25%。
4. 一个单位如果有几个储罐区时，储罐区之间的防火间距不应小于本表相应储量储罐与四级建筑的较大值。
5. 石油库的储罐与建筑物、构筑物的防火间距可按《石油库设计规范》的有关规定执行。

储气罐或储区与建筑物、储罐、堆场的防火间距表　　表 5-14

名称 / 防火间距（m） / 总容积（m^3）			≤1000	1001～10000	10001～50000	>50000
明火或散发火花的地点，民用建筑，甲、乙、丙类液体储罐，易燃材料堆场，甲类物品库房			25	30	35	40
其他建筑	耐火等级	一、二级	12	15	20	25
		三级	15	20	25	30
		四级	20	25	30	35

注：1. 固定容积的可燃气体储罐与建筑物、堆场的防火间距应按本表的规定执行。总容积按其水容量（m^3）和工作压力的乘积计算。
2. 干式可燃气体储罐与建筑物、堆场的防火间距应按本表增加 25%。
3. 容积不超过 $20m^3$ 的可燃气体储罐与所属厂房的防火间距不限。

湿式氧气储罐或储区与建筑物、储罐、堆场的防火间距表　　表 5-15

名称 \ 防火间距（m） \ 总容积（m^3）			≤1000	1001～50000	＞50000
民用建筑，甲、乙、丙类液体储罐，易燃材料堆场、甲类物品库房			25	30	35
其他建筑	耐火等级	一、二级	10	12	14
		三级	12	14	16
		四级	14	16	18

注：1. 固定容积的氧气储罐，与建筑物、储罐、堆场的防火间距应按本表的规定执行。其容积按水容量（m^3）和工作压力的乘积计算。
2. 氧气储罐与其制氧厂房的间距，可按工艺布置要求确定。
3. 容积不超过 50m^3 的氧气储罐与所属使用厂房的防火间距不限。

液化石油气储罐或储区与建筑物、堆场的防火间距表　　表 5-16

名称 \ 防火间距（m） \ 总容积（m^3）			≤10	11～30	31～200	201～1000	1001～2500	2501～5000
单罐容积（m^3）				≤10	≤50	≤10	≤10	≤10
明火或散发火花的地点			35	40	45	60	70	80
民用建筑，甲、乙类液体储罐，甲类物品库房、易燃材料堆场			30	35	45	55	65	75
丙类液体储罐，可燃气体储罐			25	30	35	45	55	65
助燃气体储罐，可燃材料堆场			20	25	30	40	50	60
其他建筑	耐火等级	一、二级	12	18	20	25	30	40
		三级	15	20	25	30	40	50
		四级	20	25	30	40	50	60

注：1. 容积超过 1000m^3 的液化石油气单罐或总储量超过 5000m^3 的储区，与明火或散发火花的地点和民用建筑的防火间距不应小于 120m，与其他建筑的防火间距应按本表增加 25%。
2. 防火间距应按本表总容积或单罐容积较大者确定。

露天、半露天堆场与建筑物的防火间距表　　表 5-17

名称 \ 一个堆场的总储量 \ 防火间距（m） \ 耐火等级			一、二级	三级	四级
粮食仓（t）	筒仓、土圆	500～10000	10	15	20
		10001～20000	15	20	25
		20001～40000	20	25	30
粮食（t）	席穴囤	10～5000	15	20	25
		5001～20000	20	25	30
棉、麻、毛、化纤、百货（t）		10～500	10	15	20
		501～1000	15	20	25
		1001～5000	20	25	30
稻草、麦秸、芦苇等易燃烧材料（t）		10～5000	15	20	25
		5001～10000	20	25	30
		10001～20000	25	30	40

续表

名称 \ 防火间距（m） \ 一个堆场的总储量 \ 耐火等级		一、二级	三级	四级
木材等可燃材料（m^3）	50～1000	10	15	20
	1001～10000	15	20	25
	10001～25000	20	25	30
煤和焦炭（t）	100～5000	6	8	10
	＞5000	8	10	12

注：1. 一个堆场的总储量如超过本表的规定，宜分设堆场。堆场之间的防火间距，不应小于较大堆场与四级建筑物的间距。
2. 不同性质物品堆场之间的防火间距，不应小于本表相应储量堆场与四级建筑物间距的较大值。
3. 易燃材料露天、半露天堆场与甲类生产厂房、甲类物品库房以及民用建筑的防火间距，应按本表的规定增加25%，且不应小于25m。
4. 易燃材料露天、半露天堆场与明火或散发火花地点的防火间距，应按本表四级建筑物的规定增加25%。
5. 易燃、可燃材料堆场与甲、乙、丙类液体储罐的防火间距，不应小于本表和储罐、堆场与建筑物的防火间距中相应储量堆场与四级建筑物间距的较大值。
6. 粮食总储量为20001～40000t一栏，仅适用于筒仓；木材等可燃材料总储量为10001～25000m^3一栏，仅适用于圆木堆场。

库房、储罐、堆场与铁路、道路的防火间距表　　表5-18

防火间距（m）		铁路、道路				
		厂外铁路线中心线	厂内铁路线中心线	厂外道路路边	厂内道路路边	
					主要	次要
名称	液化石油气储罐	45	35	25	15	10
	甲类物品库房	40	30	20	10	5
	甲、乙类液体储罐	35	25	20	15	10
	丙类液体储罐易燃材料堆场	30	20	15	10	5
	可燃、助燃气体储罐	25	20	15	10	5

注：1. 厂内铁路装卸线与设有装卸站台的甲类物品库房的防火间距，可不受本表规定的限制。
2. 未列入本表的堆场、储罐、库房与铁路、道路的防火间距，可根据储存物品的火灾危险性适当减少。

民用建筑的防火间距表　　表5-19

防火间距（m） 耐火等级 \ 耐火等级	一、二级	三级	四级
一、二级	6	7	9
三级	7	8	10
四级	9	10	12

注：1. 两座建筑相邻较高的一面的外墙为防火墙时，其防火间距不限。
2. 相邻的两座建筑物，较低一座的耐火等级不低于二级、屋顶不设天窗、屋顶承重构件的耐火极限不低于1h，且相邻的较低一面外墙为防火墙时，其防火间距可适当减少，但不应小于3.5m。
3. 相邻的两座建筑物，较低一座的耐火等级不低于二级，当相邻较高一面外墙的开口部位设有防火门窗或防火卷帘和水幕时，其防火间距可适当减少，但不应小于3.5m。
4. 两座建筑相邻两面的外墙为非燃烧体如无外露的燃烧体屋檐，当每面外墙上的门窗洞口面积之和不超过该外墙面积的5%，且门窗口不正对开设时，其防火间距可按本表减少25%。
5. 耐火等级低于四级的原有建筑物，其防火间距可按四级确定。

5.3　森林防火

5.3.1　森林火灾及成因与特点

森林火灾一般是指受害面积在 $1hm^2$ 以上，不足 $100hm^2$ 的森林火灾。森林火灾是林区小城镇的主要火灾之一。

(1) 森林火灾发生的条件

1) 可燃物，森林火灾发生的火源很充足，如乔木、灌木、草本、苔藓、地衣、枯枝落叶等。2) 氧气。它是可燃物的助燃气体，无氧气，可燃物不能燃烧。3) 达到可燃物燃点需要的温度。可燃物可以着火的温度，称为燃点。温度到达燃点后不需要外界火源也可以引起燃烧。这3个条件是预防森林火灾的关键。

(2) 森林火灾的起因

主要有人为火和自然火。人为火：包括农、林、牧业生产用火，工矿、运输生产用火等；非生产性火源：野外吸烟，做饭，上坟烧纸，取暖等；故意纵火：情节严重的，要依法追究刑事责任。在人为火源引起的火灾中，以开垦烧荒、吸烟等引起的森林火灾最多，在森林火灾中占了绝对数量。自然火：包括雷电火、自燃等。由自然火引起的森林火灾，约占我国森林火灾总数的1%。

(3) 森林火灾的特点

通常森林火灾的燃烧范围大，火势猛，损失重，时间长，扑灭困难。森林火灾通常分为地表火、树冠火和地下火3类。3类火可以单独发生，也可同时发生。森林火灾常划分为低、中、高强度火灾3种，主要以火焰的高度作为判断的依据。一般地表火属于低强度的火，树冠火属于中、高强度的火。

5.3.2　森林火灾的危害

森林火灾的危害在于森林火灾不仅能烧死许多树木，降低树林密度，破坏森林结构；同时还能引起树种更替，降低森林利用价值。由于森林烧毁，造成林地裸露，失去森林涵养水源和保持水土的作用，导致洪涝、干旱、泥石流、滑坡、风沙等其他自然灾害发生。被火烧伤的林木，生长衰退，为森林病虫害的大量滋生提供了有利环境，加速了林木的死亡。森林火灾后，促使森林环境发生急剧变化，使天气、水域和土壤等森林原有生态受到破坏，失去平衡，往往需要几十年，甚至上百年才能恢复。森林火灾烧毁林区各种生产设施和建筑物，危及林区人民生命财产安全；威胁森林附近的村镇。森林火灾还烧死并驱走珍贵禽兽。森林火灾发生时产生大量的烟雾，会污染大气环境。扑救森林火灾要消耗大量的人力、物力和财力，影响工农业生产和社会安定。

5.3.3　森林防火与灭火

(1) 森林防火期相关防火规定

森林防火期是指针对森林易发火灾的季节的防火，行政主管部门规定的森林防火时间段。

森林防火期主要相关防火规定：

1）烧荒、烧草场、烧灰积肥、烧秸秆、烧山造林和火烧防火隔离带等用火，必须经过县级人民政府或者县级人民政府授权的单位批准，领取生产用火许可证。要有专人负责进行批准的生产用火作业，事先打好防火隔离带，准备好扑火工具，在三级风以下的天气用火，严防失火。

2）进入林区的人员，必须持有当地县级以上林业主管部门或者其授权单位核发的进入林区证明。从事林副业生产的人员，应当在指定的区域内活动，选择用火的地点要安全，并在周围打好防火隔离带，用火后须彻底熄灭余火。进入国有企业事业单位森林经营区内的活动的，必须持有经省级林业主管部门授权的森林经营单位核发的进入林区证明。

3）森林防火期内，在林区作业及需要通过林区的各种机动车辆，必须配备防火器具，并严防漏火、喷火和机车闸瓦脱落引起火灾。林区行驶的旅客列车和公共汽车，司乘人员要对旅客进行防火安全教育，严防旅客乱丢火种。铁路沿线要设置防火隔离带，配备巡护人员。

4）森林防火期内，禁止在林区使用枪械狩猎及进行实弹演习、爆破、勘察和施工等活动，确实需要的，必须由省级林业主管部门授权的森林经营单位批准，并采取防火措施，做好灭火准备工作。森林防火戒严期内，林区严禁一切野外用火，对可能引起火灾的机械以及区内居民生活用火，也应严加管理。

（2）森林防火的计划火烧与生物防火

1）计划火烧

计划火烧又称计划烧除，人们俗称为“黑色防火工程”。它是在事前选定的地段内，在有效的控制下，有计划地用低强度火烧除林下和林缘可燃物，以消除火灾隐患，降低森林火险等级，提高森林对森林火灾的自防能力的一种防火手段。计划火烧是森林防火工作变被动防火为主动防火、变害为利的重要措施。

① 计划火烧的优缺点

A. 计划火烧的优点：计划火烧限制了危险可燃物的积累，减少森林火灾发生和蔓延的危险性。计划火烧对树木本身，特别是对高大乔木更无影响，相反却从客观上减少了引发森林火灾的可能性。计划火烧成本低，长效明显。每火烧一次，至少能管一年时间，有长期效果，防火成本大为下降。计划火烧有利于变火灾为“火利”。

B. 火的两重性：既能烧毁森林，给人们带来损失，又可成为人们计划经营森林的手段和措施。计划火烧增加了林地营养，可促进林木生长。计划火烧还可使林虫密度下降，改善某些动植物的栖息条件和生活条件。

C. 计划火烧的缺点：如果火烧设计不合理，准备工作不充分，操作步骤不规范，特别是高强度、大面积的火烧，容易引发火灾，造成水土流失，污染河流和空气。

② 计划火烧的注意事项

坚持“几烧、几不烧”：*A.* 林木分年龄、高度、枝干高、粗度等，在一定标准之内才能火烧，超过标准不得火烧（对于风景林、名胜古迹、自然保护区的核心区禁止火烧）。*B.* 按操作要求有充分准备才能火烧，无充分准备或准备不妥，不准火烧。*C.* 坚持火烧时无人指导、无人指挥和无人负责不得烧。计划火烧过程中，如遇大风和风向变换要立即停止用火，避免形成火灾。计划火烧前，对火烧范围进行清山，清理闲散人员和牲畜，避免伤亡和损失。每个单元烧除完毕，必须认真清理余火，做到人离火灭，严防留下隐患。

2）生物防火

生物防火也叫营林防火。要做好森林防火工作，必须从营林的角度考虑育苗、造林、营林及森林规划的全过程，增强森林本身的抗火能力。措施主要有：在林间空地、荒山荒地和道路两旁植树造林。这些地段杂草丛生是火灾策源地，一旦有火就会烧向森林。植树造林，不仅增加森林覆盖率，同时消除了火灾策源地。沟塘草甸也应改造，营造森林。加强营林管理，林区应经常进行抚育间伐、卫生伐，清除濒死木枯木、腐朽木等，以减少可燃物的积累。针叶林内，要进行修枝打杈，将低垂的枝条清除，减少地表火转为树冠火的可能性。及时清理林区的采伐剩余物、火烧地的烧剩物等。营造混交林和防火林带，以降低林分的燃烧性和阻止林火的蔓延，还能改善土壤和防止病虫害。针叶树含油脂多，易燃，而阔叶树含水较多一般不易燃。营林耐火植物带或耐火经济作物带。种植耐火经济作物——马铃薯、叶菜、豆类、苜蓿类或药用植物和其他经济植物，既能阻止地表火的蔓延，又有一定的经济收入，也可将一些耐阴抗火性强的植物配置在防火林带内，使其发挥阻火作用。利用树种之间不同的燃烧特性，通过调节林分结构，减小林分的易燃程度，提高其抗火性，如在易燃的针叶林内引种带状、块状的阔叶树种、难燃的下木层和植物层。利用生物加速林地凋落物的分解，降低林分的抗火性。如在林内引种大量蘑菇和木耳等，能加速大量凋落物和树木枝丫的纤维和半纤维素的分解。生长过菌类的木段是非常难燃的。另外还可以利用低等动物，如原生物蚯蚓等在林内食用凋落物，促使它们大量繁殖，也可大大减少凋落物的数量。

（3）综合治理防火

按森林火灾发生的规律，采取行政、法律、经济与工程相结合的办法，运用科技手段，通过有效综合治理，最大限度地减少火灾发生次数。

（4）严密指挥，有效扑火

按森林火灾燃烧的规律，建立严密的指挥系统，组织有效扑火队伍，运用先进扑火设备和科学方法灭火。

（5）灭火基本方法

1）窒息法（即隔绝空气法）以隔绝燃烧所需要的氧气达到灭火的目的。主要指土埋、化学灭火剂或扑打法。但此法只适合于火灾初期。

2）冷却法，（使温度降到燃点以下）。如在可燃物上覆盖泥土、洒水、风力灭火等，使燃烧物温度降低到燃点以下。

3）隔离法（封锁可燃物）。其一是建立防火线，使已燃与未燃物质彻底分开；其二是增加可燃物的耐火性，喷洒化学阻火剂或水等使其成为难燃物或不燃物，起隔离带作用。

5.3.4　森林防火对策与措施

总结若干地方森林防火工作经验，森林防火主要对策与措施有以下方面：

（1）加强倡导完善森林防火组织机构，明确工作责任制。

（2）健全法规、强化火源管理。

（3）建立护林员队伍，制定防火、护林责任制。

（4）组织督促群众做好林缘、林间农田秸秆的回运、清理及计划火烧，指导责任人做好林区内农事用火的火场疏导。

（5）加强专业扑火队伍建设，提高专业森林扑火队伍综合素质。

（6）加强森林防火瞭望台、专用通信网等森林防火基础设施建设，配备防火交通运输工具、扑火灭火器械与通信工具在重点林区修筑防火道路，建立防火物资储备仓库，提高防灭火能力。

（7）开设防火隔离带或营造防火林带。

（8）编制森林防火应急预案，提高森林防火应急科学水平与处置能力。

5.4 草原防火

草原火灾，即草原火，是一种突发性强、破坏性大、处置救助较为困难、对草原资源危害极为严重的灾害之一，它可直接烧毁过火区域内的草场植被。火灾常常引起房屋烧毁、牲畜死亡和人员伤亡，给当地畜牧业生产造成巨大损失。

草原火灾是牧区小城镇主要防灾规划内容之一。

5.4.1 草原火灾风险与草原火灾

草原火灾风险是指在失去人们控制时草原火的活动及其对人类生命财产和草原生态系统造成破坏损失（包括经济、人口、牲畜、草场、基础设施等）的可能性，而不是草原火灾损失本身，当这种由于火灾导致的损害的可能性变为现实，即为草原火灾。根据目前比较公认的自然灾害风险形成机制和构成要素，草原火灾风险主要取决于四个因素：草原火灾的危险性、草原火灾的暴露性（承灾体）、承灾体的脆弱性（易损性）和防火减灾能力（火灾管理水平）。

5.4.2 草原火险评价与管理

草原火险评价与管理可分为以下 5 个步骤：

（1）相关信息的获取与处理。

（2）草原火灾风险的监测预警（包括风险辨识与分析）。

（3）草原火灾风险管理系统的建立。

（4）草原火灾风险的评价（包括草原火灾危险性分析、暴露性评价、脆弱性评价、火灾影响与评估和防火减灾能力评价等）。

（5）草原火灾风险的应急反应。

5.4.3 草原火灾风险管理对策

草原火灾风险管理的对策主要有 2 大类：控制型风险管理对策和财务型风险管理对策。控制型风险管理对策是在损失发生之前，实施各种对策，力求消除各种隐患，减少风险发生的原因，将损失的严重后果减少到最低程度，属于“防患于未然”的方法，主要通过两种途径来实现：（1）通过降低灾害的危险度，即控制灾害强度和发生频率，实施防灾减灾措施来降低风险，包括风险回避、防御和风险减轻（损失控制）等。（2）财务型风险管理对策是通过灾害发生前所作的财务安排，以经济手段对风险事件造成的损失给予补偿的各种手段，包括风险的自留和转嫁。

表 5-20 为草原火灾风险管理对策。

草原火灾风险管理对策表　　表 5-20

草原火灾风险所处阶段	风险管理对策的采用	具体措施
潜在阶段（灾前）	控制型风险管理对策	风险回避和防御措施； 土地利用规划； 火险和风险分布图； 火灾监测预警； 防火指挥系统； 教育法——消除人为火灾风险； 风险减轻措施； 防火减灾规划； 防火减灾应急响应体系（预案和应急计划，救援队伍等）； 防火物资储备体系（物资储备库、防火站等）； 营造草原防火林带等草原火隔离设施
发生阶段（灾后）	财务型风险管理对策	损失抑制措施：即通过人工或自动灭火方式（如扑打法、土灭法、水灭法、风力灭火法、化学灭火法、航空灭火及各种扑火灭火机具的使用；火场清理法；计划火烧法；开设防火隔离带等）尽早将火扑灭，同时及时开展抢险救助等灾害应急措施
造成后果阶段（灾后）	财务型风险管理对策	风险转嫁措施； 保险； 责任合同、灾害债券等； 风险自留措施； 防火专用基金； 专业自保公司，非基金制准备金

5.4.4　草原火灾风险管理实施战略

草原火灾风险管理的实施战略包括以下方面：

（1）建立科学而完善的草原火灾风险管理流程和风险的全过程监控机制，并将其作为减灾的一个首要原则。（2）构建包括草原火灾在内的灾害风险管理的协调机制和法制体系，包括建立一个综合性、常设性的综合草原风险管理的组织体系和协调部门，即综合草原灾害风险管理体制。（3）建立综合草原灾害风险管理机制及法制。（4）制定综合草原灾害风险管理应急预案。（5）将防火减灾的理念和草原火灾风险管理整合到草原牧业发展规划和管理过程中。（6）改进草原火灾风险信息共享和管理的方法和手段，建立跨部门的政府草原火灾风险综合管理信息系统和决策支持系统，包括火灾资料库、知识系统、规范模型、火灾的预警和风险评价系统、电子信息技术的应用平台等，建立有效的草原火灾风险综合管理的沟通机制和制订火灾风险信息共享计划，实现各部门间、中央与地方间、宏观决策的机构与救灾部门间草原火灾风险信息的及时传送与交换和综合信息的共享。（7）鼓励和引导企业、社区、民间组织和民众等多元的管理主体，参与草原火灾风险管理；广泛普及“预防文化”和“风险管理”的理念，提高全民草原火灾风险意识和防灾减灾意识。

第6章 小城镇综合防灾与减灾

6.1 综合防灾概述

6.1.1 综合防灾及其必要性

综合防灾与减灾是指城镇地震、洪涝、火灾、风灾、地质灾害等各灾种专项防灾资源的统筹与整合，防灾空间体系构建的优化与完善，各防灾设施的协调安排，以及多种灾害应急救灾、疏散避难的综合保障和各灾种防抗系统的彼此协调、统一指挥、协同作用。

国内外对城市的防灾技术进行了大量的研究，在城市的地震影响，抗震设防区划，房屋和生命线系统的单体工程抗震，城市地震灾害预测和城市抗震薄弱环节分析以及提高城市抗震防火能力的对策措施等方面都取得了很大的进展，在我国抗震设防的城镇基本上都编制了抗震防灾规划。针对我国城镇建筑物和基础设施的抗灾能力比较薄弱的特点，1994年国家自然科学基金会在国家科委支持下批准了“城市与工程减灾基础研究”重大项目，并选定鞍山、唐山、镇江、汕头和广州为综合减灾试点和示范城市。但是，以前的研究工作主要是对单一灾种的分析，其对策也都是围绕着各个灾种分别考虑的，虽然也考虑了在某一灾种发生后的次生灾害影响，但还没有对灾害并发或连发的综合成灾模型进行系统深入的研究，在城乡规划中，城镇的防灾工作尚没有系统形成综合减灾的态势。

综合防灾与减灾主要基于使城镇受到威胁的自然灾害与人为灾害的多种多样性与综合性，以及城镇系统本身的复杂性。

（1）城镇灾害具有综合的特征，很多城镇灾害之间有内在联系，表现为：一种原发灾害出现后，往往在城镇造成新的次生灾害，进而引发一系列灾害、形成“灾害链”。即使单一的自然灾害在城镇也会造成新的次生灾害，如城镇地震后往往形成火灾，而断水又造成瘟疫。这种“灾害链”的发生与发展，由于城镇产业和人口的密集而更加复杂，构成城镇灾害系统。

（2）城镇本身是一个经济社会综合体，是一个有机的复杂巨系统，它由生产系统、生活系统、生态系统等多个系统有机构成。城镇现代化程度越高，各系统间相互依存与影响的关系越密切；特别是在城镇遇到灾害时，各系统间的依存与影响尤为突出。

因此，城镇灾害的综合性和城镇系统的复杂性要求我们必须树立城镇综合防灾的观念，将城镇的各项防灾工作综合纳入城镇经济社会发展计划与城镇规划，并在纳入的过程中尽可能使其相互结合。

小城镇不同灾种灾害及防灾、减灾既有许多共性和相同之处，又因不同地区不同小城镇易发灾害、经济发展水平不同，防灾重点和设防标准不同，根据我国防灾相关法律、法规与标准，以及小城镇实际，统筹优化城镇综合防灾防御体系，整合防灾资源，协调防灾设施，对于避免防灾工程重复建设提高小城镇综合防灾能力，防御与减轻小城镇突发灾害造成的危害和损失都是完全必要的。

6.1.2　综合防灾基本要求

小城镇综合防灾应满足以下基本要求：

（1）贯彻“预防为主，防、抗、避、救相结合”的方针，遵循综合防御、重点保障、以人为本、平灾结合、因地制宜、统筹规划的原则。

（2）根据灾害环境特点，在工程抗灾规划和专项防灾规划的基础上，按照防灾和减灾结合的原则统筹规划综合防灾。

（3）以地震、洪水、风灾等灾害中对小城镇影响较大、范围较广的特大规模灾害防御为主线，综合考虑重点设防区域的火灾、内涝、地质灾害和重大危险源防御，兼顾发生其他灾害时的防灾安全和居民疏散避难。

（4）统筹确定小城镇防灾规划和防御目标，完善综合防灾体系，确定设防标准、整合防火资源、优化防灾空间布局。

（5）按照平时功能和多灾种灾害应急功能协调共享的原则，规划应急保障基础设施、防灾工程设施和应急服务设施的布局，综合保障应急救灾和疏散避难。

（6）研究分析小城镇各类灾害可能发生的频度、程度和损失，论证各灾种灾害在小城镇内的空间特征、灾害排序及重点防御内容，结合小城镇实际，确定设防灾种和重点防御灾种，以主要设防灾种为重点，统筹兼顾其他突发事件的综合防御要求，提出小城镇的综合防灾目标和任务，统筹综合以下防灾规划：

1）小城镇消防应统筹考虑火灾和其他突发事件的次生火灾。

2）受江、河、湖、海或山洪、内涝威胁的小城镇应将防洪排涝作为规划重点内容；风暴潮威胁的沿海地区防洪应纳入防御风暴潮，易形成内涝的平原、洼地、水网圩区、山谷、盆地等地区防洪应纳入除涝治涝，山洪可能诱发山体滑坡、崩塌和泥石流的地区防洪应综合考虑防洪和地质灾害防治；寒冷地区有凌汛威胁的小城镇防洪应纳入防凌措施。

3）地震动峰值加速度≥0.05g地区应将抗震防灾作为规划重点内容。

4）遭受地质灾害威胁的地区防灾应纳入地质灾害防治。

5）基本风压≥0.5kN/m^{2}地区防灾应纳入防风减灾；基本雪压≥0.6kN/m^{2}地区防灾应纳入防雪减灾。

6.2　综合防灾规划基本框架

6.2.1　规划原则

（1）小城镇综合防灾工程规划必须依据有关法律，按照相关规范、标准编制。

（2）小城镇综合防灾工程规划应遵循与小城镇总体规划，以及各项基础设施规划相协调原则。

（3）平灾结合、综合利用原则。

（4）因地制宜、预防为主、综合防御的原则。

（5）以易发单灾种专项防灾规划为基础，充分发挥综合防灾减灾优越性的原则。

（6）同小城镇总体规划基础设施规划，经济社会发展规划相协调的原则。

（7）积极采用先进技术的原则。

6.2.2 规划主要内容

小城镇综合防灾规划应包括以下主要内容：

（1）防灾总体目标，应急救灾目标，综合防御目标，各灾种防御目标和设防标准，重要区域和工程的设防等级标准与范围及防灾、减灾措施。

（2）小城镇用地的防灾适宜性区划，建设用地选择及相应防灾要求和措施。

（3）小城镇防灾空间布局与分区，重大危险源布局及防灾要求，主要防灾设施规划布局、配套标准与规模、用地面积，以及应急标识体系。

（4）应急指挥和通信体系，应急保障基础设施、防灾工程设施和应急服务设施存在的问题及其布局、选址和规模，建设与改造要求，明确相应设防标准和建设标准。

（5）重要建筑选址、建设和改造的防灾要求和措施，建筑密集区或高危险区的改造要求，火灾爆炸等次生灾害源的防灾措施。

同时包括小城镇防灾减灾及应急现状分析，各种灾害影响及防灾能力综合评估，专项防灾要求，规划实施与保障及近期防灾工程建设安排。

小城镇综合防灾规划的强制性规划内容，包括防御目标和设施标准，建设用地适宜性要求、防灾空间布局、应急保障基础设施及防灾工程设施布局和建设要求，应急服务设施用地和建设标准及相关防灾措施。

上述小城镇综合防灾强制性内容应在相关小城镇总体规划，详细规划及专项规划中落实。

6.2.3 预定抗灾设防标准与防御目标

1. 预定抗灾设防标准

小城镇综合防灾规划预定抗灾设防标准的确定应符合下列规定：

（1）位于抗震设防区的小城镇，地震的预定抗灾设防标准所对应的灾害影响应不低于本地区抗震设防烈度对应的罕遇地震影响，且应不低于7度地震影响。

（2）风灾的预定抗灾设防标准应按不低于100年一遇的基本风压对应的灾害影响确定；风灾防御应考虑临灾时期和灾时的应急救灾和避难，相当安全防护时间对龙卷风不得低于3hr，对台风不得低于24hr。

（3）承担小城镇防洪应急救灾和疏散避难功能的应急保障基础设施和避难场所的预定抗灾设防标准应高于小城镇防洪标准所确定的水位，且应不低于50年一遇防洪标准。

小城镇排涝标准应合理确定降雨重现期、降雨周期，且降雨重现期不宜低于20年一遇，降雨周期宜按24h计，雨水排除周期不宜大于降雨周期。

小城镇应以灾害综合影响评价为基础，满足预定抗灾设防标准对应的灾害规模所确定的防灾要求。灾害综合影响评价可以重大或特大灾害影响作为控制小城镇防灾空间布局和防灾设施规模的依据。针对不同区域重点防御灾种的最大灾害影响效应进行简化分析，灾害影响评价标准宜按不同区域应对各灾种预定抗灾设防标准的最大灾害效应确定。对于不同区域的潜在突发灾害，根据其特点，考虑灾害的耦合效应与链发效应。

上述预定抗灾设防标准对应综合防御体系；而通常工程抗灾设防标准，则对应工程抗灾设防。后者是前者的基础。前者需要应对突发灾害，要求更高一些。

预定抗灾设防标准是指小城镇综合防灾规划层面所需考虑的灾害的设防水准或防御灾害水平是确定受灾规模和应急保障基础设施、应急服务设施评估及设计的依据。目前我国各类灾害的相关规定，主要是以超越概率和重现期两种形式给出，各灾种的概率水准很不相同。因此，通常情况下，预定抗灾设防标准可采用不低于重大灾害规模对应的设防要求确定。

预定抗灾设防标准便于考虑综合防灾的多种灾害耦合发生因素，多种灾害耦合发生的机理一直是科学研究的难点，在规划中的考虑方式是需要重点解决的问题。

预定抗灾设防标准的确定，通常可采用比一般工程抗灾设防标准高一档的设防水准，或采用历史最大灾害影响、最大可能灾害影响，也可在评估可能遭受突发灾害的种类和规模的基础上按下述要求确定，且不宜低于重大灾害影响相当的灾害水平：

(1) 依据小城镇的历史灾害记录和资料，以及灾害性气候、地质等数据，分析确定该地区的主要灾害种类。

(2) 分析小城镇主要灾害种类的工程设防情况，分析估计主要灾害的特大或重大灾害影响规模。

(3) 本地区历史最大灾害影响及已有评估预测的最大灾害影响。

(4) 相似小城镇的预定抗灾设防水准和历史最大灾害影响及已有评估预测的最大灾害影响。

(5) 预定抗灾设防水准确定，宜采用上限原则，并分别给出各主要应对灾种。

综合防灾规划如何确定灾害的综合影响是难点，大多数情况下，还很难把各灾种之间的耦合问题搞清楚，通常情况可采用以下简化处理方法：

(1) 对于最大灾害影响的考虑，分别有工程抗灾设防标准、预定抗灾设防标准、最大历史灾害和最大可能灾害。

(2) 对于各灾种效应的组合问题有：

1) 所有灾种的最大效应。

2) 可能发生的某种灾害的特大灾害效应（可能的最大灾害效应）。

3) 各个灾种的特大灾害效应中影响最大的灾害效应。

4) 各镇区分别考虑各个灾种的特大灾害效应中影响最大的灾害效应，并以此作为评估与规划基础。

2. 防御目标

小城镇综合防御目标应不低于以下基本防御目标：

(1) 当遭受相当于工程抗灾设防标准的突发灾害影响时，小城镇防灾救灾功能应正常，小城镇生命线系统和重要设施应基本正常，防灾工程设施应能有效发挥作用，重要工矿企业可在短时间内恢复生产或运营，其他建设工程应能基本不影响小城镇整体功能。

（2）当遭受相当于预定抗灾设防标准的突发灾害影响时，小城镇功能应基本不瘫痪，要害系统和重要工程设施不应遭受严重破坏，防灾工程设施可基本发挥作用，应急保障基础设施和应急服务设施不应发生危及重要救灾功能的破坏，小城镇防灾救灾功能应正常或可快速恢复；不应导致严重的次生灾害，潜在危险因素可在灾后得到有效控制；应无重大人员伤亡，受灾人员可有效疏散、避难并满足基本应急和生活需求。

对于以下地区、特定行业、工程设施应提出当遭受高于预定抗灾设防标准的灾害影响时应采取更高的防御要求和对策：

（1）关系小城镇建设与发展特别重要的局部地区、特定行业或系统。

（2）影响应急救援、救灾物资运输和对外疏散的工程设施。

（3）可能导致特大灾害损失或特大次生灾害损失的地区或工程设施。

（4）临灾时期和灾时即需启用或保证持续运行的工程设施。

（5）现有工程抗灾设防标准规定较低、灾害风险较高的地区。

小城镇综合防灾应根据小城镇灾害环境和灾害特点，结合小城镇建设与发展要求，协调和确定小城镇综合防御目标，必要时可区分近期目标与远期目标。

6.3 用地综合防灾适宜性

6.3.1 用地综合防灾适宜性评价与规划

1. 用地防灾适宜性评价与规划要求

小城镇用地综合防灾适宜性评价应划分适宜、较适宜、有条件适宜和不适宜地段，综合考虑建设用地条件，重点进行地震、洪水、地质灾害等对用地安全影响的评估。

用地综合防灾适宜性规划应在上述评价基础上划定较适宜、有条件适宜和不适宜分区，明确限制建设和不适宜建设范围，确定限制使用要求和相应的防灾减灾措施。

2. 用地综合防灾适宜性分类评价

用地适宜性评价应根据地质、地形、地貌等适宜性特征考虑各灾种影响按表 6-1 规定分类评价。

小城镇用地综合防灾适宜性分类评价表 **表 6-1**

类　别	用地地质、地形、地貌等适宜性条件和用地特征	说　明
适宜	不存在或存在轻微影响的场地破坏因素，一般无需采取场地整治措施或仅需简单整治： （1）稳定基岩，坚硬土场地，开阔、平坦、密实、均匀的中硬土场地；土质均匀、地基稳定的场地；土质较均匀、密实，地基较稳定的中硬土或中软土场地； （2）地质环境条件简单无地质灾害影响或影响轻微，易于整治场地；地震震陷和液化危害轻微、无明显其他地震破坏效应场地；地质环境条件复杂、稳定性差、地质灾害影响大，较难整治但预期整治效果较好； （3）无或轻微不利地形灾害放大影响； （4）地下水对工程建设无影响或影响轻微； （5）地形起伏较大但排水条件好或易于整治形成完善的排水条件	建筑抗震有利地段、一般地段；无地质灾害破坏作用影响或影响轻微，易于整治地段；其他灾害影响轻微地段；无其他防灾限制使用条件

续表

类　别	用地地质、地形、地貌等适宜性条件和用地特征	说　明
较适宜	存在严重影响的场地不利或破坏因素，整治代价较大但整治效果可以保证，可采取工程抗灾措施减轻其影响： （1）场地不稳定：动力地质作用强烈，环境工程地质条件严重恶化，不易整治； （2）土质极差，地基存在严重失稳的可能性； （3）软弱土或液化土大规模发育，可能发生严重液化或软土震陷； （4）条状突出的山嘴和高耸孤立的山丘；非岩质的陡坡、河岸和边坡的边缘；成因、岩性、状态在平面分布上明显不均匀的土层（如故河道、疏松的断层破碎带、暗埋的塘滨沟谷和半填半挖地基）；高含水量的可塑黄土，地表存在结构性裂缝等地质环境条件复杂、潜在地质灾害危害性较大； （5）地形起伏大，易形成内涝； （6）洪水或地下水对工程建设有严重威胁	场地地震破坏效应影响严重的建筑抗震不利地段；地质灾害规模较小且整治效果可以保证地段
有条件适宜	存在尚未查明或难以查明、整治困难的危险性场地破坏因素地段或存在其他限制使用条件的用地： （1）存在潜在危险性但尚未查明或不太明确的滑坡、崩塌、地陷、地裂、泥石流、地震地表断错等场地； （2）地质灾害破坏作用影响严重，环境工程地质条件严重恶化，难以整治或整治效果难以预料； （3）具严重潜在威胁的重大灾害源的直接影响范围； （4）稳定年限较短或其稳定性尚未明确的地下采空区； （5）地下埋藏有待开采的矿藏资源； （6）过洪滩地、排洪河渠用地、河道整治用地； （7）液化等级为中等液化和严重液化的故河道、现代河滨、海滨的液化侧向扩展或流滑及其影响区； （8）存在其他方面对小城镇用地的限制使用条件	潜在危险性较大或后果严重的地段
不适宜	存在可能产生重大或特大灾害影响的场地破坏因素，通常难以整治的危险地段或存在其他不适宜使用条件的用地： （1）可能发生滑坡、崩塌、地陷、地裂、泥石流、地震地表断错等； （2）难以整治和防御的地震、洪水、地质灾害等灾害高危害影响区； （3）存在其他方面对小城镇用地的不适宜使用条件	危险地段

注：1. 根据该表划分每一类场地防灾适宜性类别，从适宜性最差开始向适宜性好依次推定，其中一项属于该类即划为该类场地。
2. 表中未列条件，可按本标准规定，根据其对工程建设的影响程度比照推定。

3. 用地综合防灾适宜性规划要求

小城镇用地综合防灾适宜性规划应根据用地的防灾适宜性程度及建设工程的重要性和特点，综合考虑社会与经济发展要求，提出小城镇功能分区、用地布局、建设用地选址和重大项目建设的防灾要求和对策。

6.3.2　地质灾害的易发生与危险性评估及规划防治对策

小城镇地质灾害危险性评估，应在查明环境地质条件和主要环境地质问题及地质灾害评价基础上，分区段划定危险性等级，评估各区段主要地质灾害种类和危害程度，结合规划的建设项目布局，综合评价规划用地的适宜性，并应符合以下基本要求：

（1）地质灾害危险性大的区域不宜规划建设项目，确需规划建设项目时，应同时进行地质灾害防治规划并宜布置具有地质灾害防治功能的建设项目。

（2）地质灾害危险性中等的区域，建设项目的布局应考虑降低致灾因素引发地质灾害的可能性，并兼顾地质灾害防治，减轻其影响。

（3）地质灾害危险性小的区域，建设项目的布局应避免引发地质灾害。

小城镇规划时，位于地质灾害高易发区和危险区的建设场地，应针对建设用地类型和拟建工程重要性进行建设用地地质灾害危险性评估，依次对各类地质灾害体进行现状评估、预测评估和综合评估，提出土地利用防灾适宜性对策。

上述小城镇环境地质条件和主要环境地质问题的调查和评估主要内容包括：

（1）查明规划区地形地貌、地质构造、地下水、岩土体特征等地质环境背景。

（2）查明规划区主要环境地质问题和地质灾害的类型、分布、成因和危害程度。

（3）初步查明主要地质资源及其开发利用现状，进行水资源保证程度与应急或后备地下水源地论证。

（4）进行地质环境评价、主要环境地质问题的危害及损失评估，提出防治对策建议。

建设用地规划需查明和评估不稳定斜坡、崩塌、滑坡、泥石流的类型、分布、成因和危害程度，并根据城镇地质灾害实际影响查明地面塌陷、地面沉降、地裂缝、海水入侵等地质灾害情况及其他不良地质问题情况，通过对地质灾害的现状评估、预测评估和综合评估，根据地质灾害发生的可能性及可能造成的危害进行规划区地质灾害危险性评估，并对其危险性进行分级，提出规划对策。

建设用地地质灾害危险性评估的灾种主要包括：不稳定斜坡、崩塌、滑坡、泥石流、地面塌陷、地裂缝及地面沉降、海水入侵等。地质灾害危险性评估区范围需要包括用地范围以外但对用地可能产生影响的地质灾害危险性来源。现状评估是指对已有地质灾害的危险性评估，通过进行调查分析，根据评估区地质灾害类型、规模、分布、稳定状态、危害对象进行危险性评价；对稳定性或危险性起决定性作用的因素作较深入的分析，判定其性质、变化、危害对象和损失情况。预测评估是指对工程建设可能诱发的地质灾害的危险性评估。任务是依据工程项目类型、规模，预测工程项目在建设过程中和建成后，对地质环境的改变及影响，评价是否会诱发滑坡、泥石流、崩塌、地面塌陷、地裂缝、地面沉降等地质灾害以及灾害的范围、危害。综合评估的任务是根据现状评估和预测评估的情况，采取定性、半定量的方法综合评价地质灾害危险性程度，对土地的适宜性作出评估，并提出防治诱发地质灾害或另选场地的建议。

地质灾害危险性评估的主要内容要求有：

（1）对评估区内可能致灾地质体或致灾地质作用的分布、类型、规模、特征、引发因素、形成机制及稳定性进行分析，对地质灾害发生的可能性、危害程度和危害后果进行评估。

（2）对建设场地范围内，工程建设可能遭受及其可能引发或加剧的各类地质灾害的可能性、危害程度和危险性分别进行预测评估。

（3）依据现状评估和预测评估结果，根据地质灾害发生的可能性和可能造成的损失大小综合评估建设场地和规划区地质灾害危险性程度。

（4）根据地质灾害的危险性、地质灾害防治难度及治理效果对建设场地适宜性作出评估，并提出有效防治地质灾害的措施与建议。

6.3.3　建设用地的避险选择

存在滑坡、崩塌、泥石流地质灾害危险的地区，小城镇建筑工程场地应避开下列危险地段：

（1）稳定性较差和差的特大型、大型滑坡体或滑坡群。

（2）可能产生大规模崩塌或治理难度极大或治理效果难以预测的危岩、落石和崩塌地段。

（3）发育旺盛的特大型、大型泥石流或泥石流群，以及淤积严重的泥石流沟地段，远离泥石流堵河严重地段的河岸。

上述相关建设用地选择尚应符合以下要求：

（1）滑坡地区建设用地，当滑坡规模小、边界条件清楚，整治技术方案可行、经济合理时，宜选择有利于坡地稳定的建筑工程布局和建设方案；具有滑坡产生条件或因工程建设可能导致滑坡的地段应确保坡地稳定条件不受到削弱或破坏。

（2）崩塌地区建设用地，当落石或潜在崩塌体规模小、危岩边界条件或个体清楚，防治技术方案可行、经济合理时，宜选择有利部位利用。

（3）泥石流地区建设用地，当采用跨越泥石流沟方式规划建筑工程时，应绕避沟床纵坡由陡变缓的变坡处和平面上急弯部位地段。

上述相关要求主要考虑：

（1）滑坡地区的防灾适宜性评估和建设用地选择中，稳定性越差、规模越大、整治难度越大效果难以预料的地区适宜性越差。在进行用地利用时，规划和建设方案需要考虑保证滑坡的稳定性。

具有滑坡产生条件或因工程建设可能产生滑坡的地段需要采取确保山体稳定条件不受到削弱或破坏的措施，线性基础设施不应与大断裂平行，不宜切割松散堆积体或风化破碎岩的坡脚，宜绕避岩层或贯通节理产状倾向线路的地段，特别是地下水发育的地段；越岭的公路或铁路线路应绕避岩层严重风化破碎带或构造破碎带形成的垭口；在山坡一侧进行工程建设时，上下部位的工程建设应避免相互影响。对于稳定性好的坡地，尽量避免在其上部填方或下部挖方。

下述特征斜坡地区，需要进行滑坡调查和评价：山坡呈明显的圈椅状地貌，有较陡的后壁，坡面不顺直呈台阶状，前缘呈凸出，侵占或挤压沟（河）床，坡脚出露泉水或湿地，两侧地层有扰动或不连续现象；山坡坡面呈明显错台、后壁陡且岩体中存在陡倾角结构面、外形类似滑坡但坡度较陡，或坡体高陡、其重力足以促使下卧松散岩土层组成的主错动带产生压缩变形。

通过野外调查判别和稳定性评价进行滑坡的稳定性评估。野外判别可按表 6-2 进行。稳定性评价包括稳定性验算和综合评价。

滑坡稳定性野外判别表　　**表 6-2**

滑坡要素	稳定性差	稳定性较差	稳定性好
滑坡前缘	滑坡前缘临空，坡度较陡且常处于地表径流的冲刷之下，有发展趋势并有季节性泉水出露，岩土潮湿、饱水	前缘临空，有间断季节性地表径流流经，岩土体较湿，斜坡坡度在 30°～45°之间	前缘斜坡较缓，临空高差小，无地表径流流经和继续变形的迹象，岩土体干燥

续表

滑坡要素	稳定性差	稳定性较差	稳定性好
滑体	滑体平均坡度>40°，坡面上有多条新发展的滑坡裂缝，其上建筑物、植被有新的变形迹象	滑体平均坡度在30°～40°之间，坡面上局部有小的裂缝，其上建筑物、植被无新的变形迹象	滑体平均坡度<30°，坡面上无裂缝发展，其上建筑物、植被未有新的变形迹象
滑坡后缘	后缘壁上可见擦痕或有明显位移迹象，后缘有裂缝发育	后缘有断续的小裂缝发育，后缘壁上有不明显变形迹象	后缘壁上无擦痕和明显位移迹象，原有的裂缝已被充填

(2) 下述特征斜坡地区，需要进行崩塌（危岩、落石）调查和评价：坡高、陡、坡面不平整，上陡下缓，岩土体的节理、裂隙发育，结构面多张开，坡脚、坡面多有崩塌物堆积。

崩塌评价需要阐明其类型、分布、特征、规模、数量、岩块直径，发生和发展的原因，稳定程度及其对工程影响的评价，标明裂隙位置和影响范围界线，危岩体和崩塌区的范围、类型，稳定性与危险程度，以及防治措施的建议。评价崩塌堆积体自身的稳定性和在上方崩塌体冲击荷载作用下的稳定性，分析在暴雨等条件下向泥石流、崩塌转化的条件和可能性。必要时进行简易岩块滚落试验。

崩塌可能性的野外判别可按表 6-3 进行。

崩塌可能性野外判别表　　表 6-3

因素	崩塌可能性大	崩塌可能性中等	崩塌可能性小
地貌条件	坡度大于55°	坡度35°～55°	坡度小于35°
岩性条件	岩性多样，软硬相间、风化严重	岩性较单一、风化中等	岩性单一、风化微弱
地质构造	构造复杂，结构面发育	构造较复杂，结构面发育一般	构造简单，结构面不发育
气象及人类工程活动	温差大、多暴雨、人类活动强烈	温差、暴雨、人类活动一般	温差不大、暴雨少、人类活动较少

(3) 下述山区沟谷地区，需要进行泥石流调查和评价：沟口或沟谷中存在大量无分选的堆积物，沟谷两侧或源头坡面存在较厚的松散堆积层，或同时存在坍塌，滑坡等不良地质现象。

泥石流评价需要确定其类型、发育阶段、爆发频率，松散堆积物的稳定性和储量，累计淤积厚度及对工程建设的影响。泥石流发育期可按照表 6-4 进行野外判别。

泥石流灾害发育分期表　　表 6-4

发育阶段	发展期	旺盛期	衰退期	停歇期
形态特征	山坡以凸型为主，形成区分散，并见逐步扩大，流通区较短，扇面新鲜，淤积较快	山坡从凸型坡转为凹形坡，沟槽堆积和堵塞现象严重，形成区扩大，流通区向上延伸，扇面新鲜，漫流现象严重	山坡以凹型为主，形成区减少，流通区向上延伸，沟槽逐渐下切，扇面陈旧，生长植物，植被较好	全沟下切，沟槽稳定，形成区基本消失，逐渐变为普通洪流，植被良好

续表

发育阶段	发展期	旺盛期	衰退期	停歇期
山坡块体运动	发展明显，多见新生沟谷，有少量滑坡、崩塌等	严重发育，供给物主要来自崩塌、滑坡、错落等，片蚀、侧蚀也很发育	明显衰退，坍塌渐趋稳定，以沟槽搬运及侧蚀供给为主	山坡块体运动基本消失
塌方面积率（%）	1～10	≥10	10～1	<1
单位面积固体物质储量（10^4m^3）	1～10	≥10	10～1	<1
充淤性质与趋势	以淤为主，淤积速度增快	以淤为主，淤积值大	有冲有淤，淤积速度减小	冲刷下切
危害程度	较大	最大	较大	小

6.3.4 抗震设防区用地的防灾评价与规划

抗震设防区小城镇用地的综合防灾适宜性评价和规划应满足以下要求：

（1）小城镇用地综合防灾适宜性评价和规划应进行地震地表断错，地质崩塌、滑坡、泥石流、地裂、地陷，场地液化、震陷等地震场地破坏效应评价，并划定潜在危险地段。

（2）规划建设用地时，应根据工程需要和地震活动情况、工程地质和地震地质的有关资料，对抗震有利、不利和危险地段做出综合评价。对不利地段，应提出避让要求；当无法避让时应采取有效的抗震措施。对危险地段，禁止规划特殊设防类和重点设防类的建筑工程，不应规划标准设防类的建筑工程。

（3）小城镇用地边坡地区，应根据现行国家标准《建筑边坡工程技术规范》GB 50330—2002评价其稳定性，并采取有效的治理措施。

（4）小城镇建设用地选择应避开洪涝灾害高风险区域。小城镇防洪规划确定的过洪滩地、排洪河渠用地、河道整治用地应划定为规划限建区。

上述主要考虑的相关因素：

对于不利地形地震影响的土地利用限制，可以从其可能造成的地震放大作用方面结合小城镇规划和建设经济条件、竖向条件等其他要求综合确定。山包、山梁、悬崖、陡坡等不利地形对地震动的放大作用在地震震害中反复出现。现行国家标准《建筑抗震设计规范》（附条文说明）GB 50011—2010规定地震动的放大作用根据不利地段的具体情况确定，按突出地形的高差H与其距突出地形边缘的相对距离L之比，在1.1～1.6范围内采用。

液化等级不中等液化和严重液化的故河道、现代河滨、海滨，当有液化侧向扩展或流滑可能时，宜把流滑及其影响区作为有条件适宜用地，流滑及其影响区不小于距常时水线约100m以内区域；流滑及其影响区不宜规划安排修建永久性建筑，并明确抗滑动验算、防土体滑动或结构抗裂等防灾措施。

断层断错评价涉及断层所处地震地质环境、断层活动时代及其活动性和危害性等复杂因素。考虑到：

（1）断层震害主要是地表断错，影响范围有限。

（2）地表断错震害主要发生于$M≥7.0$级地震极震区的发震断层上，6.5级以上地震极少发生。

（3）地表断错震害是小概率事件，一般都大大低于罕遇地震发生的概率。

（4）断层断错震害评价在原理、方法、经验累积、评价效果和可操作性都存在很大的问题，不具作各相关规范标准强制基础，仅具特例而专门研究对策确定性条件。因此处理上宜粗不宜细，避让工程宜少不宜多，根据工程重要性和灾害的危险性而定。

近年来，多次大地震地表位错都造成了较大地震破坏，发震断裂的避让在相关法律法规和技术标准中均进行了严格规定。我国开展活断层探测工作也取得了许多积极进展。对于确定活动断层的是否需要避让，在一定年代内发生过破坏性地震且可能产生地表位错是最基本的3个要素（即地震活动年代，地震活动规模，地表位错可能性）。从目前国内外研究和小城镇规划建设实践看，需要避让的活动断层，其活动年代应属于全新世或者晚更新世（大体相当于1万年或10万年）以来发生过地震活动，这也是我国现行国家标准《建筑抗震设计规范》（附条文说明）GB 50011—2010和《核安全导则》HAF101/11及《水利水电工程地质勘察规范》GB 50287—2008规定的两类断层，即发震断层和能力断层。因此，小城镇综合防灾规划时，可按下述原则考虑：

（1）规划场地抗震设防烈度≥Ⅸ度时，或位于MU≥7.5级潜在震源区内时，对规划区内的全新活断层、发震断层列为“不适宜”类别，考虑避让；

（2）规划场地抗震设防烈度≥Ⅷ度时，或位于MU≤7.0级潜在震源区内时，有条件适宜或有条件避让。高危险性和高危害性工程、应急救灾工程，人口密集住宅等为主要避让对象。

（3）对于需要避让的活动断层，从小城镇规划建设来看，由于活断层评估及其避让的复杂性，划分地表破裂危险区、避让区和控制区实施不同的规划对策可能是较为可行的技术路线，但这些区域的精确定位是进行规划控制的基础。

6.4 综合防灾布局

6.4.1 防灾布局结构与要素

1. 布局结构

小城镇综合防灾布局应以用地安全使用为基础，统筹协调小城镇综合防灾设施用地，合理进行综合防灾分区，构建由应急保障基础设施、防灾工程设施和应急服务设施相互协调、相互支撑的网格空间体系，并符合突发灾害及其次生灾害防护与蔓延防止要求。

区域性应急救援和疏散避难是应对重大和特大灾害的重要防灾对策，因此对其应急交通、物资保障、避难疏散及其他专业救援队伍方面的需求安排重大应急保障基础设施和应急服务设施是十分必要的。规划时，可以从多个层面来考虑：

（1）从特大和重大灾害的影响范围考虑适宜的救援方向和救援通道，安排与周边具有较好防灾资源的城镇之间的协调救援，并提出应急保障要求和区域救援协调对策。

（2）考虑灾害发生时小城镇郊区和周边城镇的应急救援要求；从城镇与村镇体系上合理安排应急交通等重大基础设施，保障居民点的应急救援和疏散避难需要。

（3）进行小城镇规划区内的防灾空间布局规划。

2. 基本要素

小城镇防灾空间布局的基本要素包括以下内容：

(1) 防灾分区：承担空间防灾组织，是应急服务设施布局的依托，并与重大危险源防护和次生灾害高风险区、抗灾薄弱区的防治相结合。

(2) 应急保障基础设施：承担灾后交通、供水等应急保障，与防灾工程设施和应急服务设施相互协调、相互支撑形成点线面相结合的网格空间体系，是城镇防灾空间结构的基本躯干和骨架。

(3) 应急服务设施：承担支撑灾后应急基本生活功能的场所，是小城镇安全空间的支点。

(4) 防灾工程设施：承担特定灾害的防护或特定应急救灾指挥功能，是小城镇防灾体系的中枢。

(5) 用地安全布局和适宜性建设防灾要求：是小城镇空间安全的基础。

(6) 重大危险源防护：防灾布局安全的基本保障。

(7) 次生灾害高风险区、抗灾能力薄弱区、避难困难区的专项防灾要求：特大规模人员伤亡的避免，防灾能力的不断提升。

3. 应急系统

小城镇综合防灾规划时，还可统筹规划安排应急指挥、信息传播、应急标识体系，设置应急指挥中心、分中心和专业部门中心，应急广播通信设施，应急标识。小城镇还可根据具体情况，考虑防灾减灾综合宣传、教育、演练、培训设施的设置。

小城镇应急保障基础设施、防灾工程设施和应急服务设施的规模和空间布局应根据小城镇综合防御目标、灾害影响分布、安全防护和保障要求综合确定，规划安排应急指挥和通信及应急标识体系，并满足预定抗灾设防标准下的防灾要求。

6.4.2 防灾分区划分与设置

1. 分区划分

大型小城镇可酌情考虑防灾分区划分，并应综合考虑下列控制要求：

(1) 每个有常住人口的防灾分区宜具备应急医疗卫生和应急物资保障场所，规划设置应急给水和储水设施、固定避难场所。

(2) 防灾分区划分宜考虑建设、维护和灾后应急状态时的事权分级管理要求。

(3) 防灾分区单元间的防灾分隔应满足防止灾害蔓延的要求。

上述借鉴日本和我国台湾地区避难防灾生活圈的要求主要考虑：

(1) 灾后生活和恢复重建的组织。考虑以应急避难场所和应急医疗卫生和应急物资保障场所，配置应急给水和储水等应急服务设施，形成城镇的基本救灾单元。

(2) 应急保障基础设施布局作为防灾分区单元的支撑骨架。

(3) 在防灾分区单元梳理设置开敞空间、高防灾能力建筑工程，形成防御重大和特大灾害蔓延的基础防线。

(4) 防灾分区需要统筹考虑重大危险源防护和次生灾害高风险区、抗灾薄弱区的防治进行设置。

大型小城镇防灾分区的划分应与小城镇的用地功能布局相协调，并应符合以下基本要求：

（1）防护绿地、高压走廊和水体、山体等天然界限宜作为小城镇防灾分区的分界，防灾分区划分尚应考虑道路、铁路、桥梁等工程设施的通行能力和分隔作用。

（2）以居住区居住小区为主的防灾分区人口规模宜控制在3～5万人，且用地规模宜控制在3～6km^2。

（3）通往每个防灾分区的应急救灾和疏散通道不宜少于2条。

上述小城镇综合防灾分区单元的基本功能可定位在承担灾后应急救援和维持基本生活、进行灾后应急管理和灾后恢复、控制灾害规模大规模效应的基本单元。

此外，从合理的救援方向要求考虑，小城镇不应少于2个出入口，连接区域性救援通道，并应保证镇区相应主干道路的通行能力。

2. 分区设置基本要求

大型小城镇防灾分区设置应符合以下基本要求：

（1）应急保障基础设施布局应满足保障分区单元应急服务设施的交通、供水、能源电力和通信保障要求。

（2）每个防灾分区的应急医疗卫生、应急物资保障等应急服务设施和应急给水储水设施应满足分区内部所有受灾人员有灾后生活需要；固定避难场所应满足分区内部避难人员的应急需求。

6.4.3 重大危险源的单独防灾分区

小城镇相关重大危险源布局及其安全防护距离和防护措施应符合以下基本要求：

（1）重大危险源厂址应避开不适宜用地，与周边工程设施应满足安全和卫生的防护距离要求，并应采取防止泄漏和扩散的有效防护措施。

（2）重大危险源区、次生灾害高危险区应单独划分防灾分区。

同时应满足：

（1）重大危险源区应规划消防供水系统、应急救援行动支援场地、人员避难场地、应急救援和疏散通道以及应急救援装备配置要求。

（2）重大危险源区、次生灾害高危险区所在防灾分区周边宜设置防灾隔离带。满足控制灾害规模效应和防止灾害大规模蔓延的要求。

上述主要考虑：

涉及危险物品的生产、加工、处置、储藏和运输的生产经营活动，按其操作本质，对周围地区普通公众的安全存在固有的危险。一般来讲，生产经营活动中的危险物品的处理和处置应当与小城镇中的敏感目标如学校、医院、居住小区保持安全、卫生的隔离距离或布置在不同的区域。对于重大危险源区和次生灾害高危险区应单独作为防灾分区采取防护措施。

关于小城镇重大危险源的安全和卫生防护，小城镇综合防灾规划应按照《危险化学品重大危险源辨识》GB 18218—2009等现行国家标准和相关管理规定进行重大危险源辨识，确定有效地安全和卫生防护距离，提出防护措施。

按照有关法律法规规定，重大危险源的生产使用单位需要具备完善的应急体系。小城镇综合防灾规划时，要为应急预案运行提供消防、供水、疏散、交通等必要的保障条件。

6.4.4 防灾隔离带与安全岛

1. 防灾隔离带

小城镇可能发生连锁性次生、衍生灾害，造成特大灾害损失的地区，应按照与灾害规模分级相适应的原则，采取综合防护或防治措施，必要时设置防灾隔离带，控制灾害规模效应，防止次生、衍生灾害大规模蔓延。

防止灾害蔓延空间分隔带的设置重点是考虑控制灾害的规模效应和防止灾害的大规模蔓延，可利用应急交通设施、防灾绿地、铁路、高压走廊和水体、山体等其他天然界限作为分隔，有效利用各类开敞空间和防灾设施，分级设置重大灾害及其次生灾害防护及蔓延防止空间分隔，并提出相应防灾技术要求。

小城镇防灾隔离带应统筹考虑灾害的影响规模和后果及综合防护和防治措施的有效性，确定是否设置和设置方式。确需设置时，宜根据灾害特点和影响规模分类分级进行规划，并应符合下列规定：

（1）防灾隔离带应根据灾害危险性和影响规模、灾害的蔓延方式，结合综合防护和防治措施设置，并满足相应灾害类别的防护要求。

（2）小城镇次生火灾高风险区宜利用道路、绿地等开敞空间设置防灾隔离带，并符合表6-5的规定。

次生火灾蔓延防止分隔设置要求表　　表6-5

级　别	最小宽度（m）	设置条件
1	40	防止特大规模次生火灾蔓延； 需保护建设用地规模7～12km^2
2	28	防止重大规模次生火灾蔓延； 需保护建设用地规模4～7km^2
3	14	一般街区分隔

注：1. 根据该表划分次生火灾防灾隔离带级别，从1级开始向3级依次推定，表中“设置条件”为多项时，其中一项属于该类即划为该级别。
2. 表中给出的最小宽度是指其他防护和防治措施失效时的安全防护距离。

小城镇可在综合评估建筑物的防火性能、消防救灾能力、灾后建筑物的破坏情况和城镇气候情况的基础上，确定次生火灾高风险区，设置防止蔓延空间分隔带。从国内外的研究和标准规定来看，28m是一般风速下可有效阻隔重大规模火灾超过4～6小时以上，14m是现行国家标准《建筑设计防火规范》GB 50016—2006中对建筑间距规定的最大值，相当于火灾阻隔1小时左右。在国内外灾害调查中，40m认为是对于中低层房屋一般风速下可有效阻隔的安全距离。

按现行国家标准《城市道路交通规划设计规范》GB 50220，超过40m的主次干道大致密度在2.2～3.1km/km^2，其间距大体平均为1.3～1.8km，用地面积为1.7～3.3km^2，超过30m的道路密度为3.2～4.4km/km^2，间距大体平均为1km左右。因此，可以充分利用这些道路空间进行防灾分隔和灾害蔓延防止。

2. 防灾安全岛

小城镇规划应有效整合应急服务设施周边的场地空间和建筑工程，配置应急保障基础设施，形成有效、安全的防灾空间。避难资源不能满足就近避难要求的疏散困难区域，应制定专门的疏散避难方案和实施保障措施。

“安全岛”是小城镇综合防灾的重要理念。在小城镇中依托避难场所等应急服务设施，形成相对独立的安全空间，以应急保障基础设施为支撑，是增强镇区防灾能力的重要措施。

对于疏散困难地区，可综合考虑跨区疏散、建设避难建筑等综合避难对策，必要时考虑分阶段避难方案。但这些地区通常人口密度大，需避难人员多，应急通道少，因此，提前制定疏散避难实施方案和保障措施非常重要。接纳超过责任区范围之外人员的避难场所，亦应制定专门疏散避难方案和实施保障措施。

小城镇应规划建立应急标识系统，指明各类防灾设施的位置和方向，并符合以下基本要求：

（1）应急避难标识应结合疏散路线设置，便于民众通过标识实现安全、快速疏散。

（2）小城镇综合防灾规划应结合城镇道路交叉口、应急服务设施主要出入口及大型公共场所，综合设置区域位置指示系统。

（3）对灾害潜在危险区或可能影响受灾人员安全的地段，小城镇应规划设置相应的警示标识。

（4）小城镇综合防灾规划宜综合考虑小城镇功能布局，设置综合防灾宣传教育展示体系，指导民众应对灾害和进行避难。

小城镇应急标识系统应完整、明显、适于辨认和宜于引导。设置原则、标识的构造、反光与照明、标识的颜色及标识中汉字、阿拉伯数字、拉丁字大（小）写字母、标识牌的制作、设置高度等可遵循《道路交通标志和标线》GB 5768.1—2009，GB 5768.2—2009，GB 5768.3—2009 中的规定。

疏散路线应急标识设计中，信息的连续性是使标识发挥引导作用的可靠保证，其中最为重要的是疏散路线上转折点和交叉路口转折点处诱导标识的设置，标识在内容上以所在地点为中心将信息逐层体现，设置方向与最优逃生路线方向相一致，标识牌本身所传达的信息量适中并分出层次。

小城镇应急标识系统中，道路及其交叉口、应急服务设施主要出入口和公共场所适宜设置区域标识，指示各类应急设施的位置、方向和基本情况。

小城镇中的高危险区、需要人员避开的危险地段，通过设置警告标识，防止造成人员伤害。

6.5 防灾工程设施

6.5.1 防灾工程体系及其基本要求

小城镇防灾工程体系主要包括以下几类：

（1）防洪、防泥石流工程体系

主要包括：

1）挡洪工程含堤防、防洪闸等工程设施。

2）泄洪工程含河道整治、排洪河道、截洪沟等工程设施。

3）蓄（滞）洪工程含分蓄洪区、调洪水库等工程设施。

4）排涝工程含排水沟渠、调蓄水体、排涝泵站等工程设施。

5）泥石流防治工程含拦挡坝、排导沟、停淤场等工程设施。

（2）消防工程体系

主要包括：消防站，消防通信和消防供水工程。

（3）小城镇应急指挥体系

小城镇规划应详细分析自然环境、灾害类型，并根据小城镇规模、结构形态、用地布局及技术经济条件等因素，合理确定防灾工程体系。

在各专项规划防灾工程设施方案的基础上，发挥防灾工程设施的综合救援和防护作用，确定防灾工程设施的灾害防御目标和设防标准，协调防灾工程设施用地布局，提出防灾减灾措施。

6.5.2　防洪工程体系规划要求

小城镇防洪工程体系规划应综合考虑水上应急救援要求，加强对应急保障基础设施和应急服务设施及其他防灾工程设施的防护，并应符合现行国家和行业标准 GB 50201—94、《城市防洪工程设计规范》GB/T 50805—2012 的规定。

易受涝地区应按照“高低水分流、主客水分流”原则，划分排水区域，由排水管网、调蓄水体、排洪渠道、堤防、排涝泵站及渗水系统、雨水利用工程等组成综合排涝体系。

充分保护利用各类水系，提高防洪、除涝能力。在城镇内涝易发地段，应采取雨洪蓄滞与渗透设施建设等综合防灾措施。

上述小城镇防洪防泥石流工程体系规划的主要要求：

（1）江河沿岸小城镇依靠流域防洪工程体系提高自身防洪能力，山丘区江河沿岸小城镇防洪工程体系宜由河道整治、堤防和调洪水库等组成；平原区江河沿岸小城镇可采取以堤防为主体，河道整治、调洪水库及蓄滞洪区相配套有防洪工程体系。

（2）河网地区小城镇根据河流分隔形态，宜建立分片封闭式防洪保护圈，实行分片防护，综合采取堤防、排洪渠道、防洪闸、排涝泵站等组成的防洪工程体系。

（3）滨海小城镇在重点分析天文潮、风暴潮、河洪的三重遭遇的基础上，采取以海堤、防潮闸、排涝泵站为主的防洪工程体系，形成以防潮工程为主，生物削浪等措施为辅，防潮设施、消浪设施、分蓄洪设施协调配合的防洪体系。

（4）山洪防治宜在山洪沟上游采用导流墙、截流沟及调洪水库，下游采用疏浚排泄等组成的防洪工程体系；泥石流防治宜采用由拦挡坝、停淤场、排导沟等组成的防洪工程体系，通过规划区段宜修建排导沟。除防洪工程外，在山洪沟上游采用水土保持、下游采用疏浚排泄等组成综合防治措施。

（5）泥石流防治除防洪工程外，尚需采取综合防治措施：上游区宜采取预防措施，植树造林、种草栽荆、保持水土、稳定边坡；中游区宜采取拦截措施；下游区宜采取排泄措施。

小城镇排涝体系及其各组成部分规模需根据汇水面积计算其流量，再根据小城镇自身的调蓄能力，排洪渠道排洪能力等合理确定小城镇是以调蓄为主，还是以强排为主。根据城镇条件，尽可能增大调蓄滞水能力，降低排涝泵站流量。

小城镇应急保障基础设施、防灾工程设施和应急服务设施的排水设计重现期宜按城市重点地区来确定，并通过高程控制或排水系统等措施来实现其防灾目标，以免其周边区域积水影响应急功能发挥。

6.5.3 消防工程体系规划要求

小城镇消防站、消防通信和消防给水工程的布局和规划建设要求应在城镇消防专业规划基础上，统筹其他灾害次生火灾防御，考虑综合救援要求，符合现行《城市消防站建设标准》及相关法律法规的规定。

上述包括小城镇消防站、消防通信和消防给水工程的布局和规划建设要求的确定途径。而统筹其他灾害次生火灾防御，考虑综合救援要求，是当前消防队伍从传统单纯防火向综合救援队发展趋势的重要要求。

6.5.4 应急指挥中心规划要求

小城镇综合防灾规划应综合协调应急指挥体系布局，并应符合以下要求：

（1）小城镇宜整合各类应急指挥要求，综合协调应急指挥中心布局和建设。小城镇应急中心布局应综合考虑相互备份、相互支援，并满足应急保障基础设施配套要求。

（2）小城镇应综合利用中心避难场所和长期固定避难场所备份设置应急指挥区，并配置相关应急保障基础设施。

（3）小城镇应急指挥中心宜分散位于不同灾害影响区，避免一次灾害同时造成破坏。相互备份的应急指挥中心之间的距离宜根据其抗灾能力按照发生特大灾害时不发生同时破坏确定。

（4）小城镇应综合协调整合应急、公安、消防、地震、水利、气象等应急指挥专用通信平台，协调共享应急通信专线和数据通道等资源，发挥社会通信网络的补充作用，加强应急指挥、接警报警和信息发布平台的统合。

上述中的相互备份应急指挥中心布局应充分考虑灾时功能保障要求，确定其相互之间的间距和抗灾设防标准。

6.6 应急保障设施

小城镇突发灾害应急保障设施包括应急保障基础设施和应急保障服务设施。主要是直接关系到集中避难和救援人员的基本生存与生命安全的应急医疗卫生、供水、交通、供电、通信、物资储备分发消防等应急生命线系统工程设施。

6.6.1 应急保障基础设施

1. 应急保障级别

小城镇应急交通、供水、能源电力、通信等应急保障基础设施的应急功能保障级别应按下列规定划分为Ⅰ、Ⅱ和Ⅲ级：

（1）Ⅰ级：灾时功能不能中断或灾后需立即启用的应急保障基础设施，涉及国家公共安全，影响区域和市级应急指挥、医疗卫生、供水、物资储备分发、消防等特别重大应急救援活动，一旦中断可能发生严重次生灾害或重大人员伤亡等特别重大灾害后果。

（2）Ⅱ级：灾时功能基本不能中断或需迅速恢复的应急保障基础设施，影响集中避难和救援人员的基本生存或生命安全，影响大规模受灾或避难人群中长期应急医疗卫生、供水、物资储备分发、消防等重大应急救援活动，一旦中断可能导致次生灾害或大量人员伤亡等重大灾害后果。

（3）Ⅲ级：除Ⅰ、Ⅱ级之外的其他应急保障基础设施。灾时需尽快设置或恢复的应急保障基础设施，影响集中避难和救援活动，一旦中断可能导致较大灾害后果。

上述应急保障级别的确定应满足保障对象的应急保障要求。

2. 建筑工程应急保障级别

小城镇以下应急保障基础设施的建筑工程为Ⅰ级保障：

（1）政府应急指挥机构、应急供水、应急物资储备分发、应急医疗卫生和专业救灾队伍驻扎区的避难场所、大型救灾用地。

（2）承担保障基本生活和救灾应急供水的主要取水设施和输水管线、水质净化处理厂的主要水处理建（构）筑物、配水井、送水泵房、中控室、化验室等，以及应急电源变配电站与供电线路的建（构）筑物。

（3）承担重大抗灾救灾功能的小城镇主要出入口、交叉口建筑工程，承担抗灾救灾任务的机场、港口。

（4）消防指挥中心、特勤消防站。

（5）国家级和省级救灾物资储备库。

以下应急保障基础设施的建筑工程为不低于Ⅱ级保障：

（1）应急指挥机构、中长期避难场所，重大危险品仓库，承担重伤员救治任务的应急医疗卫生场所，疾病预防与控制机构等。

（2）承担保障基本生活和救灾应急供水的主要配水管线及配套设施，固定建设的应急储水设施，以及中低压配电站与供电线路的建（构）筑物。

（3）县级救灾物资储备库，镇级应急物资储备分发场地。

（4）燃气门站，应急燃气储备设施。

（5）一级重大危险源。

以下应急保障基础设施的建筑工程为不低于Ⅲ级保障：

（1）小城镇供水系统中服务人口超过 30000 人的主干管线及配套设施，配电线路与配电设施。

（2）其他避难场所，承担应急任务的其他医疗卫生机构、应急物资储备分发场地。

（3）镇区储气设施。

（4）二级重大危险源。

确定建筑工程应急功能保障级别通常需要考虑以下因素：

（1）建筑工程的重要性，特别是在所属工程系统中的地位和等级，其使用功能失效后，对全局的影响范围和规模、抗灾救灾影响及恢复的难易程度。

（2）建筑工程需要发挥应急保障功能的时段，特别是是否需要在临灾时或灾害发生过程发挥作用。

（3）建筑工程破坏可能造成的危害范围和规模、人员伤亡、直接和间接经济损失及社会影响的大小。

（4）建筑工程所保障的目标对象的上述应急要求。

不同行业的相同类型建筑，当所处地位及破坏所产生的后果和影响不同时，其应急功能保障级别可不相同。

根据小城镇灾害防御目标，应急保障基础设施的设计目标需达到：在遭受相当于预定抗灾设防水准的灾害影响时，与基本和重要应急功能相关的主体结构不发生中等及以上破坏；在遭受超过相当于预定抗灾设防水准灾害影响时，不得发生危及人员生命安全的破坏。根据应急功能保障级别的不同，应急保障性能要求可分述如下：

（1）Ⅰ级：灾时不中断或灾后需立即启用、修复时间也就是几分钟或几个小时；灾前通过设计保证主体结构安全，应急附属设施安全。

（2）Ⅱ级：灾后允许一定的紧急性检查准备时间、时间控制在几个小时到1天，但通常不包括主体结构的抢修；灾前通过设计保证主体结构及影响重要应急功能的附属设施安全。

（3）Ⅲ级：灾时可能发生破坏，但可由其他措施替代或灾后通过应急抢修恢复及紧急设置即可投入使用；主体结构通过灾前设计确保安全或灾后应急评估选择和设置，主要应急设施配置到位或预留配置，相应应急功能临时迅速设置。

对于需要在临灾时期和灾时发挥应急功能的建筑工程其应急功能保障级别通常为Ⅰ级。

3. 规划布局与防灾减灾措施

（1）布局与若干措施

小城镇综合防灾规划应根据城镇基础设施防灾性能评价，结合小城镇基础设施建设情况及相关专业规划，确定应急保障基础设施规划布局和防灾减灾措施：

1）明确应急保障基础设施中需要加强安全的重要建筑工程。

2）确定应急保障基础设施布局，明确其应急功能保障级别、设防标准和防灾措施，针对其在防灾、减灾和应急中的重要性及薄弱环节，提出建设和改造要求。

3）对较适宜、有条件适宜和不适宜基础设施用地，提出限制建设条件和综合改造对策。

小城镇中的应急指挥、医疗、消防、物资储备、避难场所、重大工程设施、重大次生灾害危险源等应急保障对象需要规划安排应急交通、供水、能源电力、通信等应急保障基础设施。

应急保障基础设施的设防标准，可针对其防灾安全和在应急救灾中的重要作用，根据小城镇规模以及基础设施的重要性、使用功能、修复难易程度、发生次生灾害的可能性和危害程度等进行确定。

（2）冗余设置与多种保障方式

应急保障基础设施应分别采用冗余设置、增强抗灾能力或多种保障方式组合来保证满足其应急功能保障性能的可靠性要求；当无法采用增强抗灾能力方式时，应采取增设冗余设置方式。

应急保障基础设施应急功能保障性能目标的实现，与建筑工程的抗灾可靠性和应急保障途径的多少直接相关，因此可通过提高建筑工程的抗灾能力和多途径应急保障的方式来保证建筑工程达到应急功能保障性能目标。

应急保障途径和方式通常可以划分为以下几类，见表6-6所示。

应急保障途径和方式分类表 表6-6

应急保障途径	应急保障方式	适用的基础设施
冗余设置类	增设一种独立来源	—
	增配一个备份	—
	通过采取加密环状网络、提高网络的容量、提高骨干网段的抗灾可靠性等提高网络可靠度	供水、供电、通信、交通等
增强抗灾能力类	提高设防标准等级	—
	提高抗灾措施等级	—
	采用保证性能目标的设计方法和抗灾措施	—
	消除危险类方式。清除或避开所有可能影响应急功能的因素	—

（3）抗震要求确定方式

位于抗震设防区的应急保障基础设施，按上述的要求采用增强抗震能力方式时，Ⅰ级应急保障基础设施的主要建筑工程应按高于重点设防类进行建设，Ⅱ、Ⅲ级应急保障基础设施的主要建筑工程应按不低于重点设防类进行建设。

采用增设冗余设置方式应急保障，可酌情适当降低抗震设防类别，但其中Ⅰ级应急保障基础设施的主要建筑工程不得低于重点设防类，Ⅱ、Ⅲ级应急保障基础设施的主要建筑工程不得低于标准设防类。

上述要求实际上，应急保障对象本身的抗震能力是达到应急保障能力的根本。其抗震要求应按《建筑工程抗震设防分类标准》GB 50223—2008和《城市抗震防灾规划标准》（附条文说明）GB 50413—2007的规定进行确定。

4. 应急交通保障体系和疏散通道

根据应急保障要求，综合利用水、陆、空交通方式建立综合应急交通保障体系，规划安排应急救灾和疏散通道，采取有效应急保障措施。

（1）应急救灾和疏散通道的设置应满足表6-7要求。

应急救灾和疏散通道的设置要求表 表6-7

应急功能保障级别	应急救灾与疏散通道可选择形式
Ⅰ	救灾干道 两个方向及以上的疏散主通道
Ⅱ	救灾干道 疏散主通道 两个方向及以上的疏散次通道
Ⅲ	救灾干道 疏散主通道 疏散次通道

（2）桥梁隧道应急措施

应急救灾和疏散通道上的桥梁、隧道等关键节点应提出相应防灾减灾和应急保障措施。当通道有效宽度小于7m时，宜沿道路隔一定距离考虑预留车辆检修空间，检修空间的有效宽度应不小于3.0m，有效长度应不小于12.0m。

（3）疏散通道宽度与净空限高

应急救灾和疏散通道的宽度和净空限高应符合下列规定：

1）应急救灾和疏散通道的有效宽度，救灾干道应不小于15m，疏散主通道应不小于7m，疏散次通道应不小于4m。

2）跨越应急救灾和疏散通道的各类工程设施应保证通道净空高度不小于4.5m。

应急救灾和疏散通道的应急保障措施，从冗余度设置、有效宽度要求和关键节点保证3方面提出要求。

有效宽度是指应急救灾和疏散通道在发生预定抗灾设防水准灾害后去掉道路两侧建筑工程破坏造成的影响宽度和防止掉落物等其他安全隐患所需避开的安全距离后的净宽度。

计算应急救灾和疏散通道的有效宽度时，道路两侧的建筑倒塌后瓦砾废墟影响可通过仿真分析确定；对于救灾干道两侧建筑倒塌后的废墟的宽度可按《城市抗震防灾规划标准》GB 50413—2007的规定进行评估。

防止坠落物安全距离可根据建筑侧面和顶部所存在的可能落物按照不低于预定抗灾设防水准对应的加速度和速度进行评估确定，并不应小于3m。可通过针对建筑物可能落物的整治改造防止坠落伤人。

上述应急通道的最小有效宽度是保障应急车辆通行的最小宽度，并未考虑应急通行流量的需求。

保障应急救灾和疏散通道灾后畅通还应重视跨越通道上方的各类工程设施的安全问题。根据应急救灾车辆的通行要求，汽车载高度不应超过4.0m，加上车辆自身颠簸和安全高度等因素，任何情况下，穿行建筑物的净空高度都不应小于4.5m。

5. 应急供水保障

（1）应急生活与医疗供水

小城镇应急供水可按照本地区预定抗灾设防标准对应的灾害影响，确定受灾人员基本生活用水和救灾用水保障需要，其中应急给水期间的人均需水量可按表6-8的规定，考虑城镇自然环境条件综合确定。

应急给水期间的人均需水量表　　表6-8

应急阶段	时间	需水量（L/人·日）	水的用途
紧急或临时	3	3～5	维持饮用、医疗
短期	15	10～20	维持饮用、清洗、医疗
中期	30	20～30	维持饮用、清洗、浴用、医疗
长期	100	＞30	维持生活较低用水量以及关键节点用水

注：表中应急供水定额未考虑消防等救灾需求。

规划布置应急保障水源、水处理设施、输配水管线和应急储水及取水设施尚应考虑：

1）应急供水保障对象的市政应急供水来源按设置两种应急储水装置或应急取水设施的供水方式保障。

2）应急储水装置或取水设施供水保障不少于紧急或临时阶段饮用水和医疗用水的需水量。

3）核算应急市政供水保障的供水量需包括根据平时供水漏水与灾后管线破坏率确定的漏水损失。

（2）应急消防供水

应急消防供水可采用多途径、多水源综合保障。

消防供水根据灾后次生火灾的评估情况，按照现行国家相关标准中消防供水的规定设置应急消防供水系统。

应急消防供水保障时间，可参考表6-9根据灾种确定。

常见灾害的应对时间表　　**表6-9**

灾害种类	紧急	临时	短期	中期	长期
地震	1d	3d	15d	30d	100d
风灾	1d	2d	3d	7d	15d
洪水	1d	3d	7d	15d	30d
火灾	0.5～5h	1d	3d	—	—

注：d——天，h——小时

根据小城镇人口规模按同一时间内的火灾次数和一次灭火用水量的乘积确定。当市政给水管网系统为分片（分区）独立的给水管网系统且未联网时，城镇消防用水量需分片（分区）进行核定。简化估算时，同一时间内的火灾数和一次灭火用水量可按表6-10的规定。

城镇消防用水量表　　**表6-10**

人数（万人）	同一时间内火灾次数（次）	一次灭火用水量（L/s）
≤1.0	1	10
≤2.5	1	15
≤5.0	2	25
≤10.0	2	35
≤20.0	2	45
≤30.0	2	55
≤40.0	2	65
≤50.0	3	75
≤60.0	3	85
≤70.0	3	90
≤80.0	3	95
≤100.0	3	100

注：小城镇室外消防用水量应包括居住区、工厂、仓库（含堆场、储罐）和民用建筑的室外消火栓用水量。

小城镇消防供水体系包括小城镇给水系统中的水厂、给水管网、市政消火栓（或消防水鹤）、消防水池，特定区域的消防独立供水设施，自然水体的消防取水点等，也可考虑利用应急储水体系。利用人工水体、天然水源和消防水池等供给时，需确保消防用水的可靠性和数量，且设置道路、消防取水点（码头）等可靠的取水设施。每个消防站的责任区至少设置一处消防水池或天然水源取水码头以及相应的道路设施，作为自然灾害或战时重要的消防备用水源。

6. 应急供电保障

应急供电保障应根据应急保障对象的供电保障要求设置应急供电系统，按预定抗灾设防标准灾害影响计算灾时负荷，采取防灾减灾与应急保障措施。Ⅰ、Ⅱ级应急供电保障应采用两路独立电力系统电源引入，两路电源同时工作，任一路电源应满足平时一级负荷、消防负荷和不小于50%的正常照明负荷用电需要，电源总容量应分别满足平时和灾时总计算负荷。

应急发电机组的配置，Ⅰ级应急供电保障的应急发电机组台数不应少于2台，其中每台机组的容量应满足灾时一级负荷的用电需要；当应急发电机组台数为2台及以上或应急发电机组为备用状态时，可选择设置蓄电池组电源，其连续供电时间不应小于6h。

Ⅲ级应急供电保障宜采用本条规定的应急保障措施。无法采用两路电力系统电源引入时，应配置备用应急发电机组。

6.6.2 应急服务设施

1. 基本要求

应急服务保障包括应急避难、医疗卫生、物资保障等应急服务设施的服务规模、布局和重点建设方案，确定其灾害防御目标和设防标准，明确分区建设指标和控制对策，提出防灾减灾措施。

应急服务设施布局体现“以人为本”，普遍服务和重点保障相结合的原则，需要保证应急服务设施体系的应急功能的可靠性，并结合“安全空间”理念明确其规划控制要求。

小城镇可以结合应急服务设施统筹设置应急指挥、通讯、标识和综合宣传教育体系。

应急服务设施及应急通道应评价突发灾害发生时的可达性及用地防灾适宜性、次生灾害、其他重大灾害等对其防灾安全产生的影响，相应建筑工程尚应进行单体抗灾性能评价，确定建设、维护和应急管理要求与防灾减灾措施。

2. 避难场所

(1) 避难场所的类型与布局

小城镇避难场所应根据避难人口数量及分布估计、可作避难场所资源调查和安全评估，按照紧急、固定和中心避难场所3种类型，与应急交通、供水等应急保障基础设施和应急医疗卫生、物资储备分布等应急服务设施共同协调布局，规模与布局同时考虑：

1) 满足预定抗灾设防标准对应的灾害影响下的避难需求。

2) 固定避难场所应按其责任区综合考虑建筑工程可能破坏和潜在次生灾害影响核算避难规模。

3) 紧急疏散人口规模应包括小城镇常住人口和流动人口，核算单元不宜大于2km^2。人流集中的公共场所周边区域紧急疏散人口中流动人口规模不宜小于年度日最大流量的80%。

避难场所重点是要解决针对各类不同灾害的避难场所资源的统筹利用问题。不同灾害对应的避难场所空间布局要求和场所类型要求均有不同，应通过针对各灾种的分析合理统筹避难场所的选择和整合利用。如地震避难场所通常选择绿地或避难建筑，需要适度规模和开敞要求；洪水灾害包括就地避洪场所和转移避洪场所，场所类型多为高地或避洪建筑，并对场所高程和转移路线有特定要求；台风灾害通常选择避难建筑，通常要求能有较高的排水防涝能力。

避难场所布局可根据不同水准灾害和不同应急阶段要求，满足根据城镇预估的破坏情况所确定的避难规模，与小城镇建设、经济发展相协调，兼顾应急交通、供水等应急保障基础设施和医疗、物资储备等应急服务设施的布局，估计需避难人口数量及其分布，合理安排避难场所与应急通道，配置应急保障基础设施，提出规划要求和防灾措施，与城镇经济建设相协调，符合各类防灾规划的要求。

（2）避难场所的选择要求

1）避难场所外围形态应有利于避难人员顺畅进入和向外疏散。

2）中心避难场所宜选择在与城镇外部有可靠交通连接，易于伤员转运、物资运送，并与周边避难场所有安全疏散通道联系的区域。

3）固定避难场所通常可以居住地为主的原则进行布局。

4）紧急避难场所可选择居住小区内的花园、广场、空地和街头绿地等设施。

5）防风避难场所宜选择避难建筑安排应急宿住。

6）洪灾避难场所可根据淹没水深度、人口密度、蓄滞洪机遇等条件，通过经济技术比较选用避洪房屋、安全堤防、安全庄台和避水台等形式。

（3）避难场所设置

避难场所的设置应满足其责任区范围内受灾人员的避难要求以及小城镇的应急功能配置要求，分级控制要求设置，见表6-11所示。

各级避难场所分级控制要求表 **表6-11**

级别＼项目		有效避难面积（hm^2）	疏散距离（km）	避难容量（万人）	责任区服务建设用地规模（km^2）	责任区服务人口（万人）
中心避难场所		≥20，一般50以上	—	—	—	—
固定避难场所	长期	5.0～20.0	1.5～2.5	1.00～6.40	7.0～15.0	5～20
	中期	1.0～5.0	1.0～1.5	0.20～2.00	1.0～7.0	3.0～10.0
	短期	0.2～1.0	0.5～1.0	0.04～0.50	0.8～2.0	0.2～3.0
紧急避难场所		不限	0.5	根据城镇规划建设情况确定		

注：1. 表中各指标的适用是以满足需避难人员的避难要求及城镇的应急功能配置要求为前提。
2. 表中给出范围值的项，后面数值为上限，不宜超过；前面数值为建议值，可根据实际情况调整。

（4）避难场所设置其他要求

1）紧急和固定避难场所的避难责任区范围应根据其避难容量确定，其疏散距离和责任区服务用地及人口规模宜按表6-11控制；承担固定避难任务的中心避难场所应满足长期固定避难场所的要求。

2）小城镇应急医疗卫生和物资储备分发等功能服务范围，宜按建设用地规模20.0～50.0km^2、人口20～50万人控制。

3）中长期固定避难场所总容量和分布宜满足预定抗灾设防标准下的中长期避难需求。

4）避难人员人均有效避难面积可按不低于表6-12规定的数值乘以表6-13规定的人员规模修正系数核算。

不同避难期人均有效避难面积表 **表6-12**

避难期	紧急	临时	短期	中期	长期
人均有效避难面积（m^2/人）	0.5	1.0*	2.0*	3.0	4.5

注：*对于位于建成区人口密集地区的避难场所可适当降低，但按表6-11修正后应不低于临时0.8m^2/人、短期1.5m^2/人。

人均有效避难面积修正系数表 **表 6-13**

避难单元内人员集聚规模（人）	1000	5000	8000	16000	32000
修正系数	0.9	0.95	1.0	1.05	1.1

5）需医疗救治人员的有效使用面积紧急疏散期应不低于 $15m^2$/床，固定疏散期应不低于 $25m^2$/床。考虑简单应急治疗时，紧急疏散期不宜低于 $7.5m^2$/床，固定疏散期不宜低于 $15m^2$/床。

按照服务范围的大小，避难场所中通常可能存在四种级别的应急设施：服务于县（市）级应急功能或人员的；服务于责任区范围应急功能或人员的；仅服务于场所内部应急功能或人员的；仅服务于场所避难单元内部应急功能或人员的。可分别称为小城镇级、责任区级和场所级、避难单元级。避难场所配置应急指挥、医疗和物资储备区时，其服务范围通常是城镇级的。避难场所的应急物资储备分发、医疗卫生服务通常是责任区级的。

确定避难场所配置规模与其最长开放时间关系密切，而不同灾种的各应急阶段的时间长短应各有其固有规律。小城镇通常需避难应对的地震、洪灾、火灾、地质灾害、气象灾害等最长开放时间，见表 6-14 所示。

常见灾害的应对时间表 **表 6-14**

应急避难阶段 / 灾害种类	灾前有效疏散期，灾后应急防护处置期	紧急救灾期	应急评估处置期	应急恢复期	应急安置期	恢复重建期
	紧急避难	临时避难	短期避难	中期避难	长期避难	长期安置
地震	1d	3d	15d	30d	100d	>100d
风灾	1d	2d	3d	7d	15d	*
洪灾	1d	3d	7d	15d	30d	*
火灾	0.5h	1h	5h	1d	3d	*
可能采用避难场所	紧急避难场所	紧急、固定避难场所	固定避难场所	固定/中心避难场所	固定/中心避难场所	中心/安置型场所

注："*"表示根据灾害影响情况确定，对于特大地震可能达到 3～5 年甚至 10 年以上，"d"表示天，"h"表示小时。

3. 应急医疗与物资保障设施

（1）应急医疗卫生建筑工程

小城镇应急医疗卫生建筑工程应根据城镇应急医疗卫生需求及其在应急保障中的地位和作用确定交通、供水等应急保障基础设施，并应符合下列规定：

1）具有相关Ⅰ级应急功能保障医院的服务人口规模宜为 30 万～50 万人。

2）具有Ⅱ级应急功能保障医院的服务人口规模宜为 10 万～20 万人。

3）行动困难、需要卧床的伤病人员应急医疗保障规模不宜低于评价区域城镇常住人口的 2%。

4）小城镇可根据预定抗灾设防标准所确定的受伤规模，结合中心避难场所和长期避难场所集中设置应急医疗卫生区和重伤治疗区。

5）应急医疗卫生场所布局和规模应满足灾时卫生防疫的要求，对避难场所及人员密集城区应规划安排灾时卫生防疫临时场地。

（2）救灾物资储备库

县（市）级以上救灾物资储备库按不低于保障较大规模灾害下需救助人口的应急需求进行配置，应急物资储备分发用地规模应不低于保障本地区预定抗灾设防标准对应的灾害影响情况下需救助人口的应急需求。

小城镇救灾物资储备库的储备物资规模应满足辐射区域内突发灾害救助应急预案中三级应急响应启动条件规定的紧急转移安置人口规模的需求，各类救灾物资储备库的建设规模应符合表6-15的规定。

救灾物资储备库规模分类表 **表6-15**

规模分类		紧急转移安置人口数（万人）	总建筑面积（m^2）
中央级（区域性）	大	72～86	21800～25700
	中	54～65	16700～19800
	小	36～43	11500～13500
省级		12～20	5000～7800
市级		4～6	2900～4100
县级		0.5～0.7	630～800

小城镇中应急物资保障系统包括了物资储备库和灾时应急物资储备区。核算应急物资储备用地规模时，包括物资储备库和各类场所内的应急物资储备区用地之和。物资储备是大区域层面的问题，储备规模除了需配合救助规模外，还要与储备物资的日常流通有关系，也与周边城镇的物资储备规模有关。按照目前我国物资储备库的建设要求，按照较大规模灾害的救助人口规模规定县（市）级物资储备要求，可根据各灾害应急预案来确定。例如对于地震，较大规模灾害大体相当于中震水平灾害。

在确定小城镇应急物资保障系统时，需统筹考虑应急物资的储备和分发方式，根据城镇应急体系中有关救灾、饮食、医疗等不同类别应急物资储备设施、储备与调拨方式、储备品种与数量等要求综合确定。

4. 应急服务设施的抗震要求

（1）承担特别重要医疗任务、具有Ⅰ级应急功能保障医院的门诊、医技、住院用房，抗震设防类别应划为特殊设防类；具有Ⅱ级应急功能保障医院的门诊、医技、住院用房，承担外科手术或急诊手术的医疗用房，抗震设防类别应不低于重点设防类。

（2）国家级救灾物资储备库应划为特殊设防类，省、市、县级救灾物资储备库抗震设防类别应不低于重点设防类。

（3）避难建筑的抗震设防类别应不低于重点设防类。

5. 特殊场所应急服务设施

以下防灾特殊场所宜设置直升机起降和停机设施：

（1）具有Ⅰ级应急功能保障医院、应急医疗区。

（2）县（市）级以上救灾物资储备库。

（3）中心避难场所和长期固定避难场所。

6.7 次生灾害预防与生命线系统保障

6.7.1 次生灾害预防

次生灾害预防包括以下内容：

（1）按照有关规程、规定和规范的要求，合理布局危险品库区，合理设计危险品库区的各单位工程。

（2）制定各类危险品的储运规定，严禁野蛮装卸与违章储运。

（3）确立救灾组织体系，制定各项管理制度，定岗定编，按级按区把责任落实到人，实施危险品库区安全管理奖罚制度。

（4）认真维护保养储运容器、管道、设备、仪表等设备设施，保持各类设备设施与环境的整洁，确保危险品存储、运输与使用的安全。

（5）危险品库区内合理配置各类消防器材与设施，设专职或兼职消防人员，消防器材与设施必须保持良好状态。

（6）普及危险品防灾知识，组织防灾训练，开展危险品灾害及其防灾的研究。

（7）确定灾害发生后灾情信息收集、联络与通信手段和向受灾者传递信息的措施。

（8）制定灾后紧急救援、救急、医疗与灭火预案以及防止灾害扩大的措施和危险品大量溢流的应急对策。

（9）制定防止灾害扩大的交通限制和紧急运输的交通保障。

（10）分析预测可能发生的火灾、爆炸、溢毒、环境或放射性污染、疫病蔓延等的破坏程度，制定相应的综合减灾规划。

6.7.2 生命线系统保障

城镇生命线系统包括交通、能源、通信、给水排水等主要基础设施，它们均有自身规划布局原则，但由于它们与城镇防灾关系密切，应特别强调其防灾要求，使之具有比普通建（构）筑物要高的防灾能力。

（1）设施高标准设防

一般情况下，城镇生命线系统都应符合本地区抗震设防烈度提高一度的要求；高速公路和一级公路路基按百年一遇洪水设防，城市重要通信局所，电信枢纽防洪标准为百年一遇，大型火电厂设防标准为百年一遇或超百年一遇。

由上可知，各项规范中关于城镇生命线系统设防标准普遍高于一般建筑。城镇规划设计也要充分考虑这些设施较高的设防要求，将其布局在较为安全的地带。

（2）设施地下化

城镇生命线系统地下化被证明是一种行之有效的防灾手段。城镇生命线系统地下化之后，可以不受地面火灾和强风影响，减少灾时受损程度，减轻地震作用，并为城镇提供部分避灾空间。但是，城镇地下生命线系统也有其自身防灾要求，比较棘手的有防洪、防火问题；另外，由于地下敷设管网与建设设施成本较高，一些城镇在短期内难以做到完全地下化，应该预留地下空间。

（3）设施节点防灾处理

城镇生命线系统的一些节点，如交通线桥梁、隧道、管线接口，都必须进行重点防灾处理。高速公路和一级公路的特大型桥梁防洪标准应达到 300 年一遇；震区预应力混凝土给排水管道应采用柔性接口；燃气、供热设施管道出、入口均应设置阀门，以便在灾情发生时及时切断气源和热源；各种控制室和主要信号室防灾标准又要比一般设施高。

（4）设施备用率

要保证城镇生命线系统在设施部分损毁时仍保持一定服务能力，就必须保证有充足备用设施在灾害发生后投入系统运作，以维持城镇最低需求。这种设施备用率应高于非生命线系统故障备用率，具体备用水平应根据系统情况、城镇灾情预测和经济水平来决定。

依据城镇生命线系统的现状、存在的主要问题以及可能发生的重要灾害，通过数学模拟计算、历史灾害的总结、防灾减灾的经验教训以及科学研究成果，评价城镇生命线的综合抗灾能力，特别是对生命线系统破坏力比较大的地震灾害、空袭、洪涝灾害和火灾等的抗灾能力。

针对存在的主要薄弱环节和防灾减灾工作的需要，制定相应的综合防灾对策。从各生命线的共性出发，可以采取如下综合防灾减灾措施：

（1）对现有生命线进行抗灾诊断，未达到抗灾设防标准的设施和构筑物实施技术改造、加固或更新。

（2）制定快捷、有效的灾害应急对策、灾后恢复与重建的合理方案，防止次生灾害发生。

（3）建立生命线系统灾害监控系统、物流监视系统、断路系统或物流控制系统、警报系统，对生命线系统实施自动化、网络化管理。

（4）开展防灾减灾宣传教育，提高防灾减灾意识，积累防灾减灾的实践经验。

（5）有目的地进行各种灾害及其防灾减灾方法的研究，提高灾害管理与防治的科学化、现代化水平。积极采用抗灾型的设施、设备与部件，地下管路与接头宜用强度高、变形吸收能力好的材料与结构；重视生命线系统场地条件的选取与改良。

（6）建立基于 GIS 或 3S 的城市生命线综合防灾系统，灾后快捷、准确地收集、传递灾情与抗灾信息，确保综合防灾指挥机构与各级防灾领导机关、生命线系统相关机构的通信畅通，及时、有效地实施决策与指挥。

（7）成立生命线抢险抢修队伍，配备必需的交通工具、设备、仪表和防护设施，备足易损设备的部件。

（8）适当提高城镇生命线系统的功能冗余度，通过完善、控制系统网络的形态，安全、实时地进行紧急对应与恢复作业，例如：管路与线路的多重化、多线路化、系统之间连接等，利用城镇供电源点以及给排水、供电、供气、供热、交通与通信的迂回线路，确保系统网络的连接性；建立设备的备用系统，灾后形成相互支援体制，或使生命线系统供给源复数化、多样化，各供给源形成相互替代功能。

（9）服务机能的补充与备用，采用生命线系统的或非生命线系统的服务手段，对受灾地区进行临时的替代服务，例如：用给水车等灾后为居民临时供水，用移动电源车临时供电等；建立具有外部机能的辅助系统，例如：备用发电机、干电池和无线电设备等；在生命线网络上安装断路装置，实现网络微区划，缩小机能障碍区域。

（10）优化恢复过程，依据灾种和受灾程度制定生命线系统的恢复顺序，优先恢复生命线之间相互影响度大的系统、重要机构和设施、受灾轻的地域或地段、对恢复起关键性作用的设施；利用最大梯度法、动态规划法、遗传算法等数学手段优化灾后恢复过程。

制定城镇生命线系统综合防灾规划必须注意不同生命线系统的不同特点、功能和设施的差异，分别制定各自的防灾减灾规划。

6.8 综合防灾对策与措施

6.8.1 综合防灾对策

城镇综合防灾包括对灾害的监测、预报、防护、抗御、救援和灾后的恢复重建等内容，并注重各灾种防抗系统的彼此协调、统一指挥、协同作用，强调防灾整体性和防灾措施综合利用。同时，城镇综合防灾还应注重城镇防灾设施建设和使用同城镇开发建设有机结合，形成规划-投资-建设-维护-运营-再投资的良性循环机制。具体而言，综合防灾包括以下对策：

（1）加强区域减灾和区域防灾协作

城镇防灾减灾是区域防灾减灾的重要组成部分，尤其是对洪灾和震灾等影响范围大的自然灾害而言，防灾工作的区域协作十分重要。

我国已在大量的研究和实践的基础上，对某些灾害作了相应的大区划，并成立了一些灾种固定或临时的管理协调机构。小城镇防灾减灾应在国家灾害大区划的背景下进行，根据国家灾害大区划确定设防标准，以因灾设施，因地减灾。同时，小城镇防灾应服从区域和所辖城市防灾机构指挥、协调与管理，服从区域整体防灾。1991 年我国太湖水系发生特大洪水期间，经过区域协调，采取了一系列分洪、顺洪和泄洪的措施，牺牲了一些局部利益，但有效地降低了太湖的高水位，缩短了洪水持续时间，保障了沿湖大多数大中城市的安全，区域整体防灾取得了良好的效果。

此外，小城镇防灾还应根据小城镇及其防灾特点，重视与周边城镇防灾联手，配置共用防灾设施，重视城镇群联合防灾。

（2）合理选择与调整城镇建设用地

城镇总体规划通常通过城镇建设用地适用性评价来确定未来用地发展方向和进行现状用地布局调整。城镇的地形、地貌、地质、水文等条件往往决定了城镇地区未来可能遭受的灾害及影响程度。因此，城镇用地布局规划时，特别是重大工程选址时应尽量避开灾害易发地区或灾害敏感区，并留出空地。

另外，城镇灾害区划工作是对城镇用地灾害与灾度的全面分析评估，它为制定城镇总体防灾对策、确定城镇各地区设防标准提供了充分依据，可以节省并合理分配防灾投资。

（3）优化城镇生命线系统防灾性能

从城镇生命线体系构成、设施布局、结构方式、组织管理等方面提高城镇生命线系统防灾能力和抗灾功能，是城镇防灾的重要环节。

一方面，保证城镇生命线系统自身安全十分重要。道路、电力、燃气、通信、给水等生命线系统在火灾（尤其是地震）时极易受到破坏，并发生次生灾害。1906 年旧金山地震，因煤气主管震裂，75%的市区被大火焚毁。1989年10月发生的美国加州地震和1995年1月发生的日本阪神大地震中，都出现了城市高架路被震倒而造成城市干道交通瘫痪的现象。

另一方面，城镇防灾对生命线系统依赖性极强。如城镇消防主要依靠城镇给水系统，灾时与外界联系和抗灾救灾指挥组织主要依靠城镇通信系统，城镇交通必须在灾时保证救灾、抗灾和疏散通道畅通，应急电力系统要保证城镇重要设施电力供应等。这些生命线系统一旦遭受破坏，不仅使城镇生活和生产能力陷于瘫痪，而且也使城镇失去抵抗能力。所以，城镇生命线系统破坏本身就是灾难性的。优化城镇生命线系统防灾性能尤为重要。日本阪神大地震时，由于神户交通、通信设施受损，致使来自20km外的大阪援助不能及时到达。

（4）强化城镇防灾设施建设与运营管理

城镇防灾设施是城镇综合防灾体系中主要的硬件部分。除城镇生命线系统以外，城镇堤坝、排洪沟渠、消防设施、人防设施、地震监测报告网以及各种应急设施等，都属于城镇防灾设施。这些设施一般专为防灾设置，直接面对城镇灾害，担负着城镇灾前预报、灾时抗救的重要任务。城镇防灾设施标准和建设施工程水平直接关系到城镇总体防灾的能力。

提高城镇防灾设施使用效益，也是当前防灾工作的关键。城镇防灾设施一般都是针对单个灾种设置的，如堤坝是为防洪而建，消防站是为防火而建。各种设施分属不同防灾部门，在建设、使用和维护、管理、运营上高度专门化，设施使用频率较低，防护面较差。同时，现有防灾设施布局和功能也很难适应城镇灾害多样化、网络化、群发性特点。建设城镇综合防灾体系，有利于防灾设施的综合利用：一方面，防灾设施建设布局要充分考虑城市灾害特点，尤其是针对灾害链特点，综合布局防灾设施，并在其管理指挥机构之间保持畅通联系，协调渠道，以在对付连发性与群发性灾害时形成防灾设施联动机制；另一方面，防灾设施使用平灾结合也十分重要。近年来，我国城市地下人防设施综合利用已得到推广普及，产生了较好的社会效益和经济效益。一些省、市开始实施“110”报警电话，由单纯报警发展成为社会救助提供综合服务网络，为城镇防灾设施综合利用提供了好的思路。也就是说：城镇防灾设施也应融入整个城镇社会服务体系，服务社会，并从社会服务中获得建设、维护、管理所需的部分经费，走上良性循环、自我发展的路子。

（5）建立城镇综合防灾指挥组织系统

城镇防灾涉及部门很多，包括了城镇灾害的测、报、防、抗、救、援以及规划与实施诸项工作。由于许多部门在防灾责任、权利方面，既有交叉，又存在盲区，缺乏综合协调城镇建设与防灾、城镇防灾科学研究与成果综合利用关系的能力，使政府防灾职能难以发挥。

在城镇防灾工作中，灾前预防预报工作、灾时抗救工作和灾后恢复重建工作同样重要。在单项灾害管理的基础上，建立从中央到地方、条块结合、由常设综合性防灾指挥机构进行组织协调和统筹指挥机制，将有效地提高城镇总体防灾能力。

（6）健全、完善城市综合救护系统

城镇急救中心、救护中心、血库、防疫站和各类医院是城镇综合救护系统的重要组成部分，具有灾时急救、灾后防疫等重要功能。城镇规划必须合理布置这些救护设施，要避免将这些设施布置在地质不稳定地区、洪水淹没区、易燃易爆设施与化学工业及危险品仓储区附近，以保证救护设施的合理分布与最佳服务范围及其自身安全；同时，还要加强对这些设施平时救护能力和自身防灾能力的监测，尤其要维护与加强这些设施灾时急救能力，并从人员、设备、体制上给予保证。

（7）提高全社会城镇灾害承受能力

面对城镇灾害的正确态度应该是：一不要怕，二要研究，三要预防，要树立防灾、抗灾、救灾相结合的长期战略思想，增强全民灾害意识，坚持经济建设与防灾规划同步进行，把全社会城镇灾害承受能力建立在科学基础之上，具体而言：

1）树立灾害与人类共存的历史唯物主义观点，摒弃侥幸心理，增强全社会防灾、抗灾观念，是树立长期防灾战略思想的根本。要把经济建设与防灾规划结合起来，统筹兼顾，全盘考虑，防止盲目追求发展速度、忽视可能存在的灾害威胁现象；要把城市灾害对策研究放到战略高度来抓，坚持生产与救灾、防灾与救灾、救灾与扶贫、救灾与保险相结合，真正使城镇防灾救灾工作既有思想准备、又有社会保证。

2）开展城镇灾害规律研究，提高对城镇灾害产生与发展过程的认识，建立城镇灾害信息系统和城市防灾救灾决策体系，加强有关职能部门、城镇之间灾害信息交流与管理，开展重大灾害对比研究，建立相应数据库，使城镇防灾学研究真正具有预警作用。

3）增强全民防灾减灾意识，提高全民安全文化素质，不断调整全社会行为规范，消除城镇化过程中派生的各种弊端，减少天灾人祸相互叠加的可能性。具体措施有：加强相关知识教育，包括对城镇资源、环境和灾情的介绍；通过各种手段，对居民和学生进行灾害防护救援基本知识培训；对广大干部进行减灾管理知识培训与考核；帮助居民转变“等、靠、要”的观念，树立“自力更生、艰苦奋斗、奋发图强、建设家园”的精神，努力提高全社会防灾减灾综合能力；借鉴国外经验，让市民免费体验灾害，通过模拟演习掌握防灾知识。

4）制定针对城镇不同灾种的应急救援行动预案，一旦发生重大突发性灾害，即按照预案有条不紊的开展防、抗、救，以保持社会秩序稳定，将灾害损失和不利影响控制在尽可能低的水平；同时，组织城镇不同群体参加不同灾种应急救援演习，提高居民防灾意识和应变能力。

（8）强化城镇综合防灾立法体系建设

加强法制建设、健全防灾减灾法则是一项迫在眉睫的工作，目前，我国已颁布了不少有关减少和制止人们不当行为作用于自然环境的法律和法规，取得了明显效果，但尚无一个有关综合防灾减灾的法律。大部分人还未对城镇灾害管理引起高度重视，所以应以立法手段来确立城镇防灾在城市经济社会发展中的地位与作用，明确政府、企事业单位在防灾减灾中的责任与义务，并加强居民法制教育，特别是各级领导干部更要重视法规的学习，提高以法制灾、以法保城意识，主管部门要做到“有法可依、有法必依、执法必严、违法必究”，维护法律严肃性。因此，各级人大和职能部门要加强城镇防灾法规制订工作，把城镇防灾纳入法制轨道，保护居民生命财产安全，促进城镇经济社会可持续发展。

（9）大力发展灾害保险业务

城镇防灾减灾工作离不开保险事业。首先，国家要建立政策性保险公司，同时对商业性保险公司愿意经营城镇灾害保险业务的采取自愿政策；其次，根据我国的财力情况，可采取联名共保办法，共同发展灾害保险；此外，国家应从整体经济利益出发，在财政上优先照顾灾害保险发展，并在税收、政策上扶持灾害保险业务发展，推动城镇防灾走向社会化，将减灾纳入各行各业行政计划，把减灾责任分解、落实到各单位和个人。

（10）重视城市防灾科学研究

城镇综合防灾减灾是城镇实现可持续发展的重要方面；要作好这一工作，必须充分依靠科学技术，不断提高城镇防灾减灾科技水平。城市既然是国家防灾减灾的重点，在科研上就应加大投入，全面开展灾情调查，加强城镇灾害评估工作。利用先进科学技术推动城市防灾系统工程，大力开展城镇综合防灾体系理论研究和城市各类灾害防治措施研究，重点开展建筑工程结构抗震、隔震、减震、消防技术研究，并注重高层建筑防火技术研究。此外，还要注意借鉴国外城市防灾减灾先进技术，研究城镇灾害综合管理系统。

6.8.2　综合防灾措施

城镇综合防灾措施可以分为以下两种：一种是政策性措施，另一种是工程性措施；二者相互依赖，相辅相成。政策性措施又称为“软措施”，而工程性措施可称为“硬措施”；只有从政策制定和工程设施建设两方面入手，“软硬兼施、双管齐下”，才能搞好城镇综合防灾工作。

（1）城镇政策性防灾措施

城镇政策性防灾措施建立在国家和区域防灾政策基础之上，它包括以下两方面内容：

1）城镇总体规划及城镇内务部门发展计划是政策性防灾措施的主要内容。城镇总体规划通过对城镇用地适建性评价来确定城镇用地发展方向，实现避灾目的。城镇总体规划中有关消防、人防、抗震、防洪等防灾工程规划，更是城镇防灾建设的主要依据，并对城镇防灾工作有直接指导作用。除城镇总体规划以外，城镇各部门发展计划也直接或间接地与城镇防灾工作相关联，尤其是市政部门基础设施规划与城镇防灾有着非常紧密的联系。

2）法律、法规、标准和规范的建立与完善也是政策性防灾措施的重要内容。近年来，我国相继制订并完善了《城乡规划法》、《人民防空法》、《消防法》、《防洪法》、《防震减灾法》、《减灾法》等一系列法律，各地、各部门也根据各自情况编制并出版了一系列关于抗震、消防、防洪、人防、交通管理、基础设施建设等多方面的法规和标准、规范，对指导城镇防灾工作起到了重要作用。

（2）城镇工程性防灾措施

城镇的工程性防灾措施是在城镇防灾政策指导下进行的一系列防灾设施与机构建设工作，也包括对各项与防灾工作有关设施所采取的防护工程措施。城镇防洪堤、排洪泵站、消防站、防空洞、医疗急救中心、物资储备库和气象站、地震局、海洋局等带有测报功能机构的建设，以及建筑各种抗震加固处理、管道柔性接口等处理方法等，都属于工程性防灾措施范畴。

政策性防灾措施只有通过工程性防灾措施才能真正起到作用。但我国许多城镇都存在着有法不依、有规不循的情况，致使城镇防灾能力十分薄弱。

（3）城镇技术性防灾措施

1）成灾模式分析与综合防灾数学模型开发。搜集城镇及其邻区古今地震、岩溶和采空区塌陷资料，掌握城镇成灾规律，研究其成因机制。以总体规划为龙头，建立综合成灾预测数学模型。

2）城镇发展和灾害损失评估方法。建立灾害损失评价数学模型，并针对城镇的具体情况做实际分析。

3）地理信息系统（GIS）在城镇综合防灾工作中的应用。地理信息系统的发展为其在防灾减灾中的应用既提供了良好的机遇，又带来了新的挑战，是提高防灾减灾技术水平和灾害管理工作的关键。

4）人工神经网络评价模型的建立和综合灾害效应评价。灾害效应受多种因素控制且这种关系不能简单的用线性关系或用权重系数来表示，故建立合适的多元非线性模型，是准确评价灾害危险性的关键。应用人工神经网络方法建立灾害危险性预测模型，依据灾害调查资料，建立灾害危险性评价模型实例，分析计算结果，是解决问题的关键。

6.9 综合防灾管理

6.9.1 综合防灾应急管理体系建设

1. 我国应急预案体系

我国的应急预案体系由国家突发公共事件总体应急预案、105 个专项和部门预案以及绝大部分省级应急预案组成，全国应急预案体系初步建立。

（1）应急预案对应突发公共事件分类

自然灾害：包括洪涝、干旱、地震、气象等诸多灾害。包括国家减灾委（30 个部委组成）、国家防汛抗旱总指挥部、水利部、民政部、农业部、国土资源部、地震局、气象局、林业局、海洋局等从事减轻自然灾害工作。

事故灾难：包括航空、铁路、公路、水运等重大事故；工矿企业、建设工程、公共场所及各机关企事业单位的重大安全事故；水、电、气、热等生命线工程、通信、网络及特种装备等安全事故；核事故、重大环境污染及生态破坏事故等。国家建有国家生产安全委员会及生产安全监督管理局，涉及建设部、铁道部、交通部、民航总局、信息产业部、商务部以及各大工矿企业、各大城市市政管理部门等。

公共卫生事件：包括突发重大传染病（如鼠疫、霍乱，肺炭疽、SARS 等），群体性不明原因疾病，重大食物及职业中毒，重大动植物疫情等危害公共健康事件。涉及卫生部、人口计生委、食品药品监督局、红十字会、爱国卫生委员会、艾滋病委员会、血吸虫病委员会以及各级医院、卫生院等。

社会安全事件：包括恐怖袭击事件、重大刑事案件、涉外突发事件、重大火灾、群体性暴力事件、政治性骚乱；经济危机及风暴、粮食安全、金融安全及水安全等。前一部分，建有中央政法委、中央反恐领导小组等，涉及公安部、安全部、司法部等；后一部分，建有中央财经委员会，涉及发改委、财政部、农业部、水利部、商务部、银行、证券公司、保险公司、银监会、证监会、保监会等。

（2）预警分级

根据预测分析结果，对可能发生和可以预警的突发公共事件进行预警。预警级别依据突发公共事件可能造成的危害程度、紧急程度和发展势态，一般划分为四级：Ⅰ级（特别严重)、Ⅱ级（严重)、Ⅲ级（较重）和Ⅳ级（一般)，依次用红色、橙色、黄色和蓝色表示。

（3）中央应急预案体系

包括国家突发公共事件总体应急预案、105个专项和部门预案。目前已经公布的专项应急预案主要有：国家自然灾害救助应急预案；国家防汛抗旱应急预案；国家地震应急预案；国家突发地质灾害应急预案；国家处置重特大森林火灾应急预案；国家安全生产事故灾难应急预案；国家处置铁路行车事故应急预案；国家处置民用航空器飞行事故应急预案；国家海上搜救应急预案；国家处置城市地铁事故灾难应急预案；国家处置电网大面积停电事件应急预案；国家核应急预案；国家突发环境事件应急预案；国家通信保障应急预案；国家突发公共卫生事件应急预案；国家突发公共事件医疗卫生救援应急预案；国家突发重大动物疫情应急预案；国家重大食品安全事故应急预案。

部门应急预案是国务院有关部门根据总体应急预案、专项应急预案和部门职责为应对突发公共事件制定的预案。

（4）地方应急预案体系

地方应急预案包括：省级人民政府的突发公共事件总体应急预案、专项应急预案和部门应急预案；各市（地）、县（市）人民政府及其基层政权组织的突发公共事件应急预案。这些预案在省级人民政府的领导下，按照分类管理、分级负责的原则，由地方人民政府及其有关部门分别制定。

2. 应急管理体系

应急管理体系是指在坚持中央和国务院统一领导下，整合中央国家机关在各地单位和驻地部队单位的应急资源，在与国家减灾中心互通互联大前提下构建的综合应急管理体系：大致包括应急指挥系统、应急技术支撑系统、应急管理法律和规范系统与应急资金物资保障系统。

应急指挥系统：包括省、市和区县三级政府的综合应急指挥系统及若干个单种灾害或职能部门的应急指挥系统。

省综合应急指挥系统是各地区公共危机应急管理的最高权威机构。其领导决策层由各市主要领导，中央和国务院机关事务管理局、驻地部队和各市有关职能局、委的领导组成应急减灾委员会或领导小组，下设综合应急指挥中心和应急专家组。

市应急指挥系统，作为二级综合应急指挥系统，主要负责各市内的公共危机事件的综合应急管理；县区应急指挥系统，作为三级综合应急指挥系统，主要负责本区县内的公共危机事件的综合应急管理。

专业应急指挥系统，是指由市政府职能部门组建的针对单种灾害的专业性应急指挥系统。其特点是具备对单种灾害的监测、预警、救援等能力技术水平较高，有的还是本地区应急救援专业队伍的骨干力量。包括：消防、交通、公共卫生、公用设施、安全生产、抗震、人防、反恐、动植物疫情、防汛等方面。

社会应急救助组织，这是各企事业单位、群众团体以及社区等基层组织，在专业防灾部门或区县政府指导和支持下组建的义务防灾减灾志愿者组织。他们接受一定的安全减灾科普教育或减灾技术培训，在发生突发事件和灾害时他们作为灾害事件的第一目击者，在第一时间组织最初的自救互救措施，为后来的专业救援队伍提供准确的灾害事件初始信息，协助专业救助行动，这对了解灾害发生的初始信息、灾害源判断、准确实施应急救援措施，最大限度减轻灾害损失是十分重要的。

应急技术支撑系统：包括网络通信子系统、信息数据库子系统、数据分析评估模型子系统、对策预案子系统和专业救援子系统。

应急管理法律和规范系统：建立各地区相应的应急管理法律体系；编制各地减灾规划及相应的实施计划纲要；在“市民道德行为规范”中加进防灾、救灾内容。

资金物质保障系统：将应急指挥系统建设资金列入每年财政预算或建立专项基金专款专用；加快应急救援装备、器材现代化、高科技化步伐如超高楼层救火救生设备等；通过政策引导和扶持发展民营减灾用品产业，如家庭、个人备灾应急包、小型救灾器材等；做好应急物资储备，建立市财政支持的应急物资生产基地。

我国的应急管理遵循的是“条块结合，以块为主”的属地管理原则，各地方，特别是大城市将处在应急管理的第一线，具体实施以上应急预案。中央政府除了完成灾害和事故预报预警等方面工作外，将适时提供各种援助和救助。根据部门职能和资源调配权限，在专项预案和部门预案中都对预案启动程序、责任人和联系方式做出了详细规定，并采取措施保证信息的及时更新。

6.9.2 综合防灾管理信息系统建设

城镇灾害是自然变异和社会失控给人类造成的伤亡和经济损失，现代城镇防灾是一种社会行为，有效的防灾决策与控制有赖于灾害的监测、预报、防灾、抗灾、救灾、援建等一系列规划与措施，而灾害信息的提取往往又是实施可靠防灾控制的首要环节。

1. 城镇综合防灾管理信息系统建立原则与内容

(1) 基本原则

树立现代城镇综合防灾情报意识；

确立各类城镇灾害信息资源共享观念；

形成保存城镇灾害历史记录责任观念；

保障城镇规划、建设、决策等用户利用现有数据库的权利；

解决计算机技术问题，形成软件和硬件相结合的信息可靠性支撑条件；

解决城镇综合防灾数据库投资经费来源问题；

健全城镇综合防灾数据库管理体系，并形成中央、省市（或计划单列市）、市县级城镇综合防灾数据库三级网络。

(2) 内容要点

由于城镇灾害系统的时空尺度大，因素众多，结构复杂，沿用经典的分门别类的单因素信息管理模式显然难以奏效，而必须依赖于现代自然科学方法与社会人文科学方法的交叉而非简单叠加。建立现代城镇综合防灾管理信息系统的出发点在于，要求所建立城镇同时考虑灾害条件下经济、社会、科技文化、生态环境各子系统的适应模式。任何一项管理都要具备管理者、管理对象、管理范畴、管理系统及其法规四大要素，而城镇灾害管理还要贯穿灾前预测、评估、灾时预警、实施应急预案、灾后恢复重建技术经济可靠决策全过程。所以，典型的UDMIS应包括以下内容：

建立城镇灾害信息与评估系统。系统涉及城镇历史灾情、致灾因素与环境，城镇灾害现状与相关灾害前兆监测数据，监视区域人口、经济分布数据，城镇灾害防御工程分布、数量、标准与能力，城镇灾害评估数据库与城市灾害管理数据库（含防灾预案）设计的动态分析模型，并根据成灾环境、防灾能力、输入灾害强度，确定城镇灾害风险区的类别，优化防灾预案。

编制城镇灾害风险图谱。城镇灾害风险主要取决于城市灾害强度、人口经济密度、城镇灾害防御能力与承灾能力等。

制定城镇土地利用规划与城镇灾害防御规划。规划包括避害趋利原则、制定非工程性防灾措施，以便报灾、查灾、赈灾工作可靠实施。

建立救灾指挥系统。救灾是一项准军事化的社会协调行动，它有赖于城镇灾害快速跟踪评估系统、城镇灾害传输与预警系统、政府职能部门救灾决策指令系统和社会救灾行动系统的建立。

城镇灾害信息管理先导性工作。工作包括历史与现今城镇灾害监测信息综合调研，城镇灾害特征、规律、趋势综合研究，重大突发性灾害应急反应计划细则研究与预案设计。

城镇灾害监测。借助科学预测技术对行将发生城镇灾害可能性及危害程度评估。城镇灾害监测过程可分为监视、信息处理、灾害评价、监界判断和实施控制五个阶段。其中，信息处理是重要中介，其核心贵在筛选可靠信息. 即剔除失真与错误信息，同时寻找异常信息。这需要进行信息分类，力图在整体上反映城镇灾害及灾害系统综合特征。

2. 城镇综合防灾管理信息系统设计

城镇综合防灾管理信息系统是一个空间信息和非空间信息相结合的集成系统。它应具备数据采集处理、模拟仿真、动态预测、规划管理、决策支持、模式识别、图像处理和图形输出等功能。其设计目标是为了最大限度地防灾减灾。其典型系统组成是：

（1）数据库和管理系统。包括基础底图库、遥感调查成果库、防灾规划专项库、防灾管理档案及文献库。

（2）模型库及其管理系统。如建立以空间分析为特征的分析模型库（含多元灾度分析、地形致灾因子分析等）、以系统工程为基础的系统模型库（含建模、决策、管理、控制等）、以专家系统为技术手段的智能型故障诊断模型库（引入人工智能方法，建立城镇灾害专家知识库，通过多级推理，实现分析、评价、预测、规划、制图智能化等）和系统的人—机接口界面模型。

（3）制图方法库。含图例符号库、系统制图方法库。

（4）数理模型库。指城市地理单元检索、各种坐标体系的互算。

（5）城镇灾害地理编码体系。如城镇方位码、道路代码、路口码、街坊代码、城镇生命线系统及市政管线类代码。

（6）防灾系统决策库以及城市灾害预警系统。它包括城市灾害前兆与灾害因素观测，对城镇灾害发生、发展过程的监测和灾情传达体制、行动命令发布体制等。

（7）市民避难系统。包括外部情报系统、诱导控制系统、避难行动系统。

实现城镇综合防灾管理信息系统的关键是信息控制系统的可靠性，而信息控制可靠的关键是控制信息的提取与传输的可靠性。它取决于各子系统的可靠性及子系统之间的结构耦合关系，尤其应关注作为“控制与决策”主体的人—机—环境系统工程中人的可靠性问题，实现人与计算机系统的“共生”。

6.9.3 综合防灾管理评价体系建设

1. 综合防灾管理评价体系研究

防灾管理水平是衡量城镇发展能力的重要因素。高水平的防灾管理能有效地减轻城市灾害损失，保证城镇的可持续发展。相反，由于人为因素造成防灾管理上的不足，则会扩大灾害对城镇的影响，增加灾害损失。这种影响和损失，在城镇化和城市现代化进程不断加快的今天，必将扩展到社会、经济、文化等诸多方面，使整个社会蒙受巨大损失。因而，防灾管理水平的高低，直接影响着城镇自身的发展能力。而对城镇决策者来说，要进一步提高城镇防灾管理水平，增强抵御灾害能力，就必须掌握和了解城镇防灾管理基本状况和综合水平。因此，有必要建立一个有关城镇综合防灾管理的评价体系，其意义在于：

防灾管理评价体系研究，可为防灾管理提供客观反馈信息，有助于决策者进一步调整防灾对策。防灾管理是一项具有反馈功能的系统工程，客观信息有利于防灾管理的优化。而防灾管理评价体系正是通过对城镇致灾环境、人文、经济特征及城市防灾措施的综合分析、评估，系统、全面地反映出城镇防灾管理中存在的优势与不足。这种反馈信息，可以为正确制订城镇防灾决策提供科学依据。

防灾管理评价体系研究也能为不同城镇防灾管理水平横向比较提供条件。防灾管理评价体系是一种普遍适用的评价体系，对于不同城镇防灾管理的同一方面而言，它所采用的评价标准是一致的。此外，评价体系以量化分析为基础，这就大大增强了城镇之间防灾管理水平的可比性。

总之，通过对防灾管理评价体系的研究，我们可以对城镇防灾管理进行客观的、量化的分析，这样可以减少主观认识所带来的不确定因素对防灾管理的干扰，有利于城镇防灾管理的科学化与系统化。

2. 城镇综合防灾管理评价体系主要结构

城镇综合防灾管理评价体系以城市防灾管理为评价对象，它是在对相关指标集进行定量分析基础上，根据一定的评价模型，对城镇防灾管理体系进行综合评价。城镇综合防灾管理评价体系由以下三部分组成。

（1）评价指标集

它是评价体系的主要组成部分。它由一系列有内在联系的、有代表性的、能够概括城镇防灾整体水平的要素所组成。评价指标集不但能较全面地反映城镇防灾管理发展水平，还能对城镇防灾管理与城市经济、社会、科技等领域是否能够持续协调发展作出客观、全面的评价。

（2）基础数据集

这是定量分析评价指标的基础，它包括分析评估指标所需要的有关数据。这些数据一般为原始统计数据。

（3）评价模型

它是一种量化分析模型，是运用数学模式去描述系统诸要素之间的关系，通过一定的演算方法，给出定量结果。评价模型的分析对象是评价指标集，根据指标集中于不同子集的特点，可采用不同评价模型。合理的评价模型对于客观地分析城市防灾管理系统的特征有着重要意义。

3. 综合防灾管理评价指标选择与分析

(1) 评价指标选择原则

代表性。评价体系涉及城镇灾害系统、城镇防灾管理系统和城市社会经济系统3大系统，而且每一系统相关因素都十分复杂。选择所有因素作为评价指标，既不现实、也没有必要。我们只能选择少数指标来说明问题。因此，所选指标必须具有代表性，以便全面地反映城镇客观情况。

可操作性。评价指标要能为实际工作所接受，并反映城镇的特点和实际情况，每一项指标都应有据可查，并易于量化分析。同时，评价指标应当与我国现行统计部门指标相互衔接，尽可能保持一致，这样才便于测量与计算。由于防灾管理研究刚刚起步，城镇防灾管理及相关方面统计资料还十分零散，很不完整，这就要求我们最大限度地利用现有各种情报源，包括城市历年经济资料、年鉴和各种历史文献，并从中提取相关信息。

可比性。评价指标集中的每一项指标都应当是确定的、可比的，以实现不同城镇之间防灾管理水平的比较，因此，在选择评价指标时，要充分体现出可比性，以便客观地反映出城市之间整体减灾水平的差异。

相容性。评价指标集中的每一项指标不仅概念要科学、简明，而且各项指标所反映的特征也不能重复，不能发生冲突。

(2) 评价指标类型

从统计形式上划分，可分为定性指标和定量指标。

定性指标：用来反映城镇防灾及其相关现象质的属性，一般不能或难以用具体数值来描述。比如，城镇灾害危险性等级、易损性等级，可描述为一级、二级、三级、四级和五级等。

定量指标：用来反映城镇防灾及其相关现象量的属性。其特征可以用数值大小来描述，比如人口密度、经济密度等均属此类。

定性指标与定量指标都很重要。但对于量化评价体系而言，定量指标更易于进行比较以及进行计算处理与评估，所以定量指标应该是评价指标集的主体部分。定性指标通过必要的量化处理，也可以转化为定量指标来加以处理。

定量指标按其作用的不同，可以划分为绝对指标和相对指标。

绝对指标：用于反映在一定时间、地点条件下，防灾及其相关现象所达到的总规模与总水平，比如城市总人口数、城市消防站（队）总数等。

相对指标：用来反映城镇灾害强度与城市防灾工程质量与效率，比如灾害发生频次、防灾标准等。

从功能上来划分，分为描述性指标和分析性指标。

描述性指标：一般由原始统计变量构成，是对防灾及其相关现象实际调查、测量的直接结果，它们是构成分析指标的基础。

分析性指标：一般是为了一定的研究目的，对描述性指标进行分析加工，它们是由描述性指标派生出来的指标。

从内容上来划分，可分为城镇灾害危险性指标、城镇易损性指标和城镇承灾能力指标。

城镇灾害危险性指标：是为城镇灾害危险性评价而设计的，用来描述和评价城镇受灾环境特征，反映城镇灾害时空分布。

城镇易损性指标：是为城镇易损性评价而设计的，用来描述和评价城镇一旦发生灾害所可能遭受的损失程度。因为城镇受灾损失与城市社会经济发展状况成正比，所以可以利用城镇经济社会发展指标来反映城镇易损性。

城镇承灾能力指标：是为城镇承灾能力评价而设计的，用来描述和评价城镇防灾、抗灾、救灾与恢复能力，反映城镇抵御灾害的综合能力。

（3）评价范围的确定

防灾管理评价体系中的“灾”，主要是指对我国城镇危害较大的地震、洪水、风灾和火灾。之所以选取这四种，一是因为它们比较常见，是对城镇威胁与危害最大的灾害。这4种灾害中，既有自然灾害如地震、洪灾和风灾，也有人为灾害如火灾。因此，对它们进行研究具有一定的概括性和代表性。而且，城镇灾害种类繁多，将研究范围主要局限于少数几种灾害，还有利于评价体系的简化。二是因为这几种灾害属于常见灾害，有关它们的统计资料较为全面、详细，而其他城镇灾害尤其是一些新出现的城镇技术灾害相关资料较少，不利于数据收集、分析和研究。基于此，研究围绕这4种灾害展开。

（4）评价指标集体系结构

城镇综合防灾管理评价指标集可分为综合评价层、评价子系统层（即评价要素层）和评价指标层三个层次。城镇灾害危险性、城镇易损性和城镇承灾能力形成评价子系统层，评价子系统层中的要素是由它们各自评价指标构成的。

（5）评价指标分析

1）城镇灾害危险性评价指标分析

自然灾害危险性评价。采用“自然灾害综合分区等级数”，它是以自然地理面貌分布状况为依据的。众所周知，自然灾害的发生主要源于自然变异，而自然变异的能量主要来自两个方面：一是地球的运动和变化；二是太阳的活动。地球的运动和变化在地球表层造成的最突出改变是构造与地貌形象。影响地球表层对太阳能量吸收的最主要因素是纬度、地貌和海陆分布。也就是说，导致各种自然灾害发生的能量分布可由自然地理面貌集中反映出来。这样，便从理论上提供了以自然地理为基础进行自然灾害综合分区的可能性。需要说明的是，此项指标仅对城镇灾害环境的危险性进行初步的、粗略的划分。

地震危险性评价指标。采用“地震基本烈度”。地震基本烈度是指一定地区在今后一定时期内（一般以未来100年为期限），在一般场地条件下可能遭受的地震最大烈度。它要根据《中国地震烈度区域划分图》对城市的地震基本烈度来评定。

台风危险性评价。采用“台风频次”。根据台风发生区域和台风移动路径来看，沿海地区受台风影响程度严重，出现风灾频次最高。由于台风登陆一般都会造成较大灾害，台风出现频次多的地区，风灾也十分严重。每年台风出现频率最多的是我国台湾省，其次为广东、海南和福建。因而，这些地区也是我国台风灾害最严重的地区。这就说明，可以利用台风的频次来反映一个地区台风灾害的危险性。

洪灾危险性评价指标。采用“年平均大暴雨日数”。城镇由于大面积铺设道路和修建房屋，增加了不透水程度，减弱了自身滞洪能力，在经常受到暴雨袭击的地区，这些因素也进一步加大了由大暴雨引发城市洪灾的可能性。由此可见，洪灾与暴雨关系密切；在暴雨频发的地区，洪灾也十分严重。因此，我们选取能反映一定地区暴雨发生状况的年平均大暴雨日数作为洪灾危险性的评价指标。

根据气象部门的规定，大暴雨是指日（24 小时）降水量超过 100mm 的降雨。年平均大暴雨日数，将通过对一个城市地区多年大暴雨日数的统计求其年平均数而计算得出。

火灾危险性评价指标。火灾发生率：即以每 10 万人口火灾发生次数作为评价火灾发生率的标准。

火灾发生率＝城市年平均发生火灾总数（起）/城市人口数（10 万）

大风时日：因为火灾发生和火势大小与城市气候条件有一定关系，因此，对火灾发生、发展有影响的气候因素指标大风时日及干燥度作为城镇火灾危险性评价的指标。根据气象部门的规定，风力大于或等于 8 级的风记为大风；这一天不论大风持续时间长短，均作为大风日。大风时日是统计一个城镇地区年平均大风日数。

干燥度：最大可能蒸发量与同期降水量之比。它反映了一个地区气候干燥程度。根据干燥度，可以进行气候分区。

地面沉降危险性评价。采用“地面最大累积沉降量”。人类的工程活动对环境的改造，是地面沉降等地质灾害的诱因，它们给城镇建设带来严重威胁。一般选取的地面最大累积沉降量可以对这些灾害的危险性进行评价，它指城镇至统计期限为止所累积的地面最大沉降量。

评价指标评级标准。上述参评指标的取值差异较大，为直观地说明不同指标值所代表的灾害危险性程度，对参评指标取值范围进行了等级划分，并列出了相应评级标准。

2）城镇易损性评价指标分析

城镇易损性是通过对城镇规模、发展状况的评价来反映城镇在同到灾害时所可能受到的损失程度。

城镇社会状况评价指标。人是社会的主要因素，人口数量与密度在一定程度上反映了城镇规模和社会发展状况，因而可选取“人口密度”作为城镇社会状况的评价指标。

人口密度是指城镇每平方公里面积上的人口数量，计算公式为：

人口密度＝城镇人口总数（人）/城镇总面积（km^2）

城镇经济状况评价。可以采用“经济密度”作为城镇经济状况的评价指标。

所谓经济密度，就是单位面积上城镇的国内生产总值（GDP），公式如下：

经济密度＝城镇国内生产总值（亿元）/城镇总面积（km^2）

城镇交通运输状况评价。采用“城镇年货运算”。城镇年货运量的多少，可以反映这个城镇在全国交通运输方面的地位。它又由陆路货运量、港口货物吞吐量和管道运输量三个部分组成（单位为万吨）。

城镇建筑状况评价。建筑物是城镇灾害的主要承灾体，建筑物数量越多、密度越大，灾害所造成的损失就可能越大。此外，对地震灾害而言，建筑密度大，城镇空旷地带少，也会给地震发生后人员疏散和安置问题带来不利影响。因此，可采用“建筑密度”来作为评价指标。

城镇生命线状况评价。城镇生命线即城市供水、排水、煤气、电力、电信等管网设施。这些设施纵横交叉，十分密集地分布在城市的地上或地下；它们增加了城镇灾害复杂性。因此，城镇生命线状况评价也是评价城镇易损性应当考虑的重要因素。下面，即以两个具有代表性的指标来说明城镇生命线的易损性。

煤气管道长度：灾害发生时，煤气等易燃易爆物质运输管道对城市的威胁最大，因此可选择煤气管道作为城镇生命线易损性的评价指标之一。所谓煤气管道长度是指城镇单位面积的煤气管道长度。

全年用电量指标：它是反映城镇用电量大小的一项指标。城镇用电量越大，则对电的依赖性就越高，它从一个侧面反映城市输电网络规模。

城镇承灾能力评价：城镇承灾能力是指城镇对某一种或多种灾害预测、防抗、救护及恢复的综合能力，它反映了城镇抗御灾害的整体水平。它是城镇政府及社会各方面借助于管理、科技、法律、经济等多种手段相互协调、共同努力的结果，也是城镇防灾管理措施发挥作用的集中体现。

根据城镇承灾能力定义可以看出，城镇承灾能力是由对城镇灾害预测、防抗、救护及恢复等能力组成的，下面即从这 4 个方面来评价城市的承灾能力。

① 城镇预测灾害能力评价。地震预测能力指标：采用“地震台网监控能力”进行评价。地震台网的监测结果是进行地震预测、预报的重要依据。地震台网监测能力高低，取决于地震台网中台站数量与分布。由于台站分布具有不均匀性和不合理性，它对全国不同地区地震观测能力和精度是不相等的。因此，有必要对地震台网在不同城镇区监测能力进行评价。

火灾报警能力指标：火灾报警在城市消防中的地位十分重要，报警能力强，有助于快速发现火情，防止火势蔓延。火警线和火警调度专用线为提高火灾报警能力提供了物质设施上的保障，因此可采用“119”火警线和火警调度专用线达标率作为城镇火灾报警能力评价，公式如下：

“119”火警线和火警调度专用线达标率=[“119”火警线已开通数（对）+火警调度专用线已开通数（对）]/“119”火警线和火警调度专用线应开通数（对）

② 城镇防灾、抗灾能力评价。城镇防灾、抗灾能力是城镇防灾工程及受灾体抗御某一灾害的综合能力，它与城镇防灾措施是否完善有效密切相关。因此，可以采用间接的方法，通过对城镇防灾管理措施评价来反映城镇防灾、抗灾能力。城镇防灾措施有两类：一类是工程性防灾措施；另一类是非工程性防灾措施。

工程性防灾措施是防御灾害的重要措施，可通过适当工程手段来削弱灾害源能量，限制或疏导灾害载体影响范围，提高承灾体防灾能力，减少灾害对城市的影响。

防震能力评价。一个城镇的建筑物防震达标率，反映了该城镇建筑物整体抗震能力。建筑物防震达标率是指符合城市建筑设防标准建筑物占该城镇总建筑物比例。符合城镇建筑设防标准建筑包括以规范为标准建设的新建筑和巩固后达标的老建筑。

防洪能力评价。城镇下水管道长度。下水管道作为城镇主要的泄洪渠道，其建设状况直接影响到城镇泄洪能力。统计城镇下水道总长度即具有汇集和排除雨污水作用，埋在地下各种结构的明沟、暗渠的总长度（单位为 km）可用来评价城市防洪能力。

城镇防洪标准。一般依据被保护对象遭受洪水时产生的经济损失及社会影响来分析和确定。城镇防洪标准合理与否，直接反映出城镇的防洪能力。防洪标准一般为几年一遇，几十年一遇，百年一遇。年限越长，表明城镇防洪能力就越强。

防火能力评价。工程消防设施达标率指城镇现有高层建筑、地下工程和石油化工企业火灾自动报警、自动灭火、安全疏散等消防设施符合有关防火规范和维护保养规定的达标程度。公式为：

工程消防设施达标率＝抽查达标项目数（项）/抽查项目总数（项）

城市消防站布局达标率。城镇消防站布局从一个侧面反映城镇消防基础设施状况。一个城镇须设置消防站数应根据我国有关部门的规定来确定，公式为：

城镇消防站布局达标率＝已设置消防站数（个）/应设置消防站数（个）

非工程性防灾措施是通过政策、规划、经济、法律、教育等手段，削弱或避免灾害源，削弱、限制或疏导灾害载体，保护或转移受灾体，保护或充分发挥工程性措施的作用，减轻次生灾害与衍生灾害，最大限度地减轻灾害损失。非工程性防灾措施有利于改善城镇财产和各类活动对灾害的适应性。

减灾教育评价。通过教育，提高城镇居民灾害意识，增加面对灾害的自我保护、自我救助能力，可以大大减少人员伤亡和灾害损失。而多数城镇对防灾教育尚未重视，防灾教育仅停留在一种零散的、不系统的水平上，多数居民防灾知识贫乏。因此，有必要对城镇防灾教育工作加以合理评价，并将其列为城镇综合防灾管理评价体系中的一项指标。

防灾知识教育普及率。由于防灾教育目前尚未正式列入我国的学校教育体系之中，公众防灾知识来源是多方面的、不确定的。因此，公众防灾知识水平是参差不齐的。为了客观地反映公众整体的防灾知识水平，可采用调查问卷方式，对公众防灾知识教育普及率进行测评。方法是采用统一问卷方式进行调查，把及格率作为测评结果，计算公式为：

普及率＝及格人数/调查人数

防灾立法评价。防灾立法为防灾管理多个方面包括防灾计划、机构设置、防灾准备措施及响应行动等提供了正式的依据。它的健全与完善有利于保证防灾机构圆满地执行职责，也有利于保证一系列有关防灾政策、制度和措施顺利实施。防灾法规既可以是全国性的，由国家统一颁布，在全国范围内实行；也可以是地方性的，由地方政府结合本地区特点制定。地方性防灾法规是全国性防灾法规的必要补充，其完善程度反映了该地区防灾法制化程度，从而也从一个侧面反映出城镇防灾管理水平。

防灾法规完善率评价。防灾法规完善率是指地方防灾法规条文累计数占国家防灾法规数的比例。地方防灾法规条文累计数是指其所在省、自治区、直辖市人大和政府颁布实施的各个防灾法规按条文累计的总条数，计算公式为：

防灾法规完善率＝地方防灾法规条文累计数/国家防灾法规数

③ 城镇救灾能力评价。城镇救灾能力是指城市受灾后维持社会治安、抢修被毁生命线工程和交通枢纽、抢救受灾人员，从而使灾害损失减少到最低限度的能力。城镇救灾能力大小取决于灾害发生后各级防灾管理机构是否能迅速组织、指挥和协调起社会各方面力量，及时地启动应急性救灾行动系统。

通信能力评价。有效的通信网络可以及时沟通灾区（或灾害发生地点）与外界的联系，使外界了解和掌握灾区基本情况，进而采取有力措施，对灾区实行救助。此外，畅通的通信网络还有利于协调多方面行动，使救灾过程有条不紊。我们可以选取“城镇电话普及率”作为城镇通信能力评价指标。电话普及率为城市中每百人拥有电话数，有关数据可以从统计年鉴中获得。

交通能力评价。城镇公路交通状况对城市灾害救援工作影响很大。在地震、火灾等灾害发生时，若交通线路少，道路狭窄，拥挤不畅，会延误救援时间。“道路面积比例”是城镇公路交通状况的综合反映，因而可选取它作为评价指标。公路交通状况良好（公路线多、路面宽）的城市，该项指标值较大。公式为：

道路面积比例＝城市实有铺装道路面积/城市总面积

医疗能力评价。医疗队伍是城镇救灾的一支重要力量，对其进行评价，可以从一个侧面反映城市灾后救援能力。可选用“每万人拥有医生人数”作为评价指标，公式为：

每万人拥有医生人数＝城镇医生总人数（人）/城镇总人口（万人）

④ 城镇灾后恢复能力评价。城镇灾后恢复能力是指城市受灾之后恢复生产、重建家园的能力。保险业是城市积累救灾基金的主要力量，保险业务越发展，积累资金就越多，城镇灾后迅速恢复能力也就越强。因此，选择灾害保护能力作为城镇灾害恢复能力的评价内容。

灾害保险具有分散危险、补修损失的功能。由于灾害保险涉及范围广，且综合险体制已成为今后保险业发展趋势，因此我们可以通过评价一个城镇整体保险水平来间接反映该城镇灾害保险能力。可选取人均承保额作为评价指标，公式为：

人均承保额＝城镇总承保金额（元）/城市人口总数（人）

上述指标评价范围涉及城镇灾害危险性、城镇易损性及防灾管理的预测、预报、防灾救灾及恢复的重要环节，可作为综合防灾管理评价体系的基础。

6.10 灾后救灾与相关灾后重建规划

灾后救灾与相关灾后重建规划也是城镇防灾减灾组成部分。灾后救灾与相关灾后重建规划主要有以下基本要求：

（1）破坏性灾害发生后，灾区各级人民政府必须充分利用灾害管理系统和现场勘察等方法掌握灾情信息，正确、及时、有效地组织各方面力量，抢救受灾群众，组织群众开展家庭、基层单位自救、互救以及地域间互救。在灾情发展并将严重危害灾区群众生命财产时，应当组织群众撤离灾害危害区，确保灾区群众安全。

（2）组织灾区的医务人员，调集医药与医疗器材，快速抢救伤病员，在危重伤员较多、灾区无力救治时，组织各种交通工具把危重伤病员运往非灾区救治，并在治愈后妥善组织重返家园。依据灾区伤病员的分布与救治情况，科学分布支援灾区的医疗队，合理使用支援灾区的医疗药品与医疗器材。

（3）大灾之后，一般会有疫病发生与蔓延的趋势，甚至瘟病流行。针对不同的灾害、灾情和灾区的流行病史，制定防疫灭病的有效措施，建立防疫灭病的组织机构，组织当地防疫部门和灾区群众积极参加防疫灭病，请求有关部门向灾区派遣防疫队并调拨防疫药品与器材，及时医治传染病患者，保护水源且饮用水消毒，严格按照要求掩埋遇难者以及动物尸体与腐烂变质的食品，杀灭蚊蝇、老鼠等瘟病传播媒体，易感人群普遍接种疫（菌）苗，大力改善卫生环境，确保有灾无疫、大灾无疫。

（4）妥善解决灾区群众的饮食、衣物与临时住所，为灾区群众提供基本生存、生活条件。紧急供应灾区群众饮用水，抢修供水系统同时，组织、抽调消防车、洒水车等从备用水源紧急供水，或定量提供罐装矿泉水和其他饮料，还可以利用船只供应淡水，灾后提倡引用沸水。灾害发生后，及时组织熟食供应，用空投或发放的方式提供给受灾群众，并积极筹集成品粮、副食以及燃料的供应。紧急从灾害备用物资仓库、商店储存的衣服、被褥、鞋袜发放给灾区群众。组织群众在公园等安全、空旷的场所搭建窝棚、简易棚，或向灾区群众和单位提供帐篷，解决灾区、群众的临时住所。随着灾后灾区社会功能的逐步恢复，建立各级救灾物资储运、供应系统，负责救灾物资的筹集、调运、分发、转运及灾区物资供应点的直接管理。

（5）重建规划是对原有规划的继承、完善与发展。灾后，城镇建设行政主管部门应组织有关部门详细调查、核实灾害对城镇建设、工程建设造成的损失，依据我国有关的法规、受灾程度与灾害设防标准、城镇可持续性发展目标，统筹安排，提出重建规划。在提供重建总体规划成果中，必须重视综合减灾对城镇可持续发展的重要作用，把综合减灾工作纳入国民经济和社会发展规划，逐步增加综合减灾事业的资金投入。对可能发生的各种灾害，在科学论证基础上提出合理的设防标准和防灾减灾的有效措施。

第7章 小城镇防灾减灾工程规划标准（建议稿）

1 总 则

1.0.1 为规范小城镇防灾减灾工程规划的编制，提高小城镇的综合防灾能力，最大限度地减轻灾害损失，制定本标准。

1.0.2 本标准适用于县城镇、中心镇、一般镇等的小城镇总体规划中防灾减灾工程规划及小城镇防灾减灾专项规划的编制。

1.0.3 小城镇防灾减灾规划编制应结合小城镇总体规划和所在区域防灾规划。

1.0.4 小城镇防灾减灾工程规划的编制应贯彻“预防为主，防、抗、避、救相结合”的方针，以人为本，平灾结合、因地制宜、突出重点、统筹规划。

1.0.5 规划期内有条件成为中小城市的县城镇和中心镇的防灾减灾工程规划，应比照城市防灾减灾规划标准执行。

1.0.6 规划期内有条件成为建制镇的乡（集）镇防灾减灾工程规划可比照本标准执行。

1.0.7 城市规划区内小城镇防灾减灾工程设施应按所在地的城市规划统筹安排。

1.0.8 位于城镇密集区的小城镇防灾减灾工程设施应按其所在区域统筹规划，联建共享。

1.0.9 小城镇防灾减灾工程规划应纳入小城镇总体规划一并实施。对一些特殊措施，应明确实施方式。

1.0.10 小城镇防灾减灾规划，除应符合本标准外，尚应符合国家现行其他标准的有关规定。

2 术 语

（略）

3 规划编制内容与基本要求

3.0.1 小城镇防灾减灾工程规划应包括地质灾害、洪灾、震灾、风灾和火灾等灾害

注：本标准建议稿为编者负责完成的“十五”国家科技攻关计划小城镇科技发展重大项目之重点研究课题：小城镇规划及相关技术标准研究成果之一。马冬辉、汤铭潭为本标准专题研究负责与完成人，专题研究成果通过国家验收与鉴定。

防御的规划，并应根据当地易遭受灾害及可能发生灾害的影响情况，确定规划的上述若干防灾规划专项。

3.0.2　小城镇防灾减灾工程规划应包括以下内容：

（1）防灾减灾现状分析和灾害影响环境综合评价及防灾能力评价。

（2）各项防灾规划目标、防灾标准。

（3）防灾减灾设施规划，应包括防洪设施、消防设施布局、选址、规模及用地，以及避灾通道、避灾疏散场地和避难中心设置。

（4）防止水灾、火灾、爆炸、放射性辐射、有毒物质扩散或者蔓延等次生灾害，以及灾害应急、灾后自救互救与重建的对策与措施。

（5）防灾减灾指挥系统。

3.0.3　小城镇防灾减灾工程专项规划内容除3.0.1款内容外，尚应包括以下内容：

（1）基础设施和重要工程的灾害估计。

（2）建筑工程易损性分析和破坏程度估计。

（3）工程设施建设的防灾要求。

（4）基础设施的规划布局和设防要求，防灾备用率。

（5）重要建筑、超高建筑、人员密集的教育、文化、体育等设施的布局、间距和外部通道的防灾要求，以及按照工程建设强制性标准进行鉴定与加固的要求。

（6）建成区特别是建筑密集或高易损性地区、高危害建筑类型的改造与加固要求。

（7）场地灾害影响评价及对策。

（8）建设用地适宜性评价，包括场地适宜性分区，提出用地布局要求，制定土地利用防灾规划。

3.0.4　编制小城镇防灾减灾工程规划应对与防灾有关的小城镇建设、地震地质、工程地质、水文地质、地形地貌、土层分布及地震活动性等情况进行深入调查研究，取得准确的基础资料，必要时应补充进行现场测试、调查、观测，专题研究。

3.0.5　小城镇防灾减灾工程规划的成果应包括：规划文本、说明书和综合防灾规划图纸，综合防灾规划图的比例按小城镇总体规划的要求。

3.0.6　编制县城镇、中心镇和大型一般镇防灾减灾工程专项规划可根据其受灾害的类别、小城镇性质、作用地位及在不同规划区域的重要性、灾害规模效应防灾要求，将规划区分为不同级别工作区，并采用不同工作模式。

工作区级别划分和编制模式见附录A。

4　灾害综合防御

4.1　灾害环境综合评价

4.1.1　小城镇防灾减灾工程专项规划应根据小城镇防灾减灾现状、灾害危害分析和防灾能力评价等，对小城镇灾害环境进行综合评价，内容应包括：

（1）小城镇概况和灾害影响环境综合评价。

（2）规划区防灾减灾现状。

(3) 基础设施、重要工程灾害估计。

(4) 建筑工程破坏程度估计。

(5) 其他灾害影响及危害估计。

4.1.2 小城镇详细规划阶段，应根据地质灾害、地震场地破坏效应等，对建设场地进行进一步的综合评价和预测；存在场地稳定性问题时，应进行测绘与调查、勘探及测试工作，查明建筑地段的稳定性。

4.2 用地适宜性

4.2.1 小城镇防灾减灾工程专项规划应在对各灾种的灾害影响评价的基础上，进行建设用地的土地利用适宜性综合评价，提出用地适宜性与建设强度，进行避灾疏散规划安排及疏散要求和对策的制度，提出灾害综合防御要求和措施。

4.2.2 建设用地适宜性综合评价应以搜集整理、分析已有资料和工程地质测绘与调查为主；必要时进行勘探、测试工作，并应综合考虑各灾种的评价结果。

4.2.3 小城镇用地适宜性综合评价，应符合附录B表B-1《建设用地防灾适宜性评价》的规定。

4.3 避灾疏散

4.3.1 根据需安置避灾疏散的人口数量和分布的估计，安排避灾疏散场所与避灾疏散道路，提出规划要求和安全措施。

4.3.2 小城镇道路出入口数量宜符合以下要求：一类模式小城镇不少于4个，其他小城镇不少于2个；道路有效宽度不宜小于8m。

4.3.3 小城镇防灾减灾工程专项规划应作避灾疏散场所和避灾疏散主通道地质环境、人工环境、次生灾害防御等防灾安全评估，避灾疏散主通道的有效宽度不宜小于4m。

4.3.4 避灾疏散场地应考虑火灾、水灾、海啸、滑坡、山崩、场地液化、矿山采空区塌陷等其他防灾要求，根据人口疏散规划与广场、绿地等综合考虑，同时应符合下列规定：

(1) 应避开次生灾害严重的地段，并应具备明显的标志和良好的交通条件。

(2) 镇区每一疏散场地不宜小于4000m^2。

(3) 人均疏散场地不宜小于2m^2。

(4) 疏散人群至疏散场地的距离不宜大于500m。

(5) 主要疏散场地应具备临时供电、供水和卫生条件。

4.3.5 避灾疏散场地的其他要求应符合附录三规定。

4.3.6 镇区修建围埝、安全台、避水台等就地避洪安全设施时，其位置应避开分洪口、主流顶冲和深水区，其安全超高值应符合附录B表B-2规定。

4.3.7 避灾疏散场所四周有次生火灾或爆炸危险源时，应设防火隔离带或防火树林带。

避灾疏散场所与周围易燃建筑或其他可能发生的火源之间应设置30～130m的防火安全带。避灾疏散场所内的避难区域应划分区块，区块之间应设防火安全带。避灾疏散场所内部应设防火设施、防火器材、消防通道、安全撤退道路。

5 地质灾害防御

5.0.1 地质灾害防治规划，应对包括自然因素或者人为活动引发的山体崩塌、滑坡、泥石流、地面塌陷、地裂缝、地面沉降等与地质作用有关的灾害以及环境地质灾害进行调查评价，进行地质灾害危险性评估，并应对工程建设遭受地质灾害危害的可能性和引发地质灾害的可能性做出评价，划定地质灾害的易发区段，提出预防治理对策。

5.0.2 在一级工作区，应根据出现地质灾害前兆，可能造成人员伤亡或者重大财产损失的区域和地段，划定地质灾害危险区段及危害严重的地质灾害点，并提出预防治理对策。

5.0.3 地质灾害防治规划应将县城镇、中心镇、人口集中居住区、风景名胜区、较大工矿企业所在地和交通干线、重点水利电力工程等基础设施作为地质灾害重点防治区中的防护重点。

5.0.4 地质灾害治理工程应与地质灾害形成的原因、严重程度以及对人民生命和财产安全的危害程度相适应。

5.0.5 提出地质灾害危险区及时采取工程治理或者搬迁避让的措施，保证地质灾害危险区内居民的生命和财产安全。

5.0.6 在地质灾害危险区内，禁止爆破、削坡、进行工程建设以及从事其他可能引发地质灾害的活动。

5.0.7 在地质灾害易发区内进行工程建设应当在可行性研究阶段进行地质灾害危险性评估，并将评估结果作为可行性研究报告的组成部分；配套的地质灾害治理工程未经验收或者经验收不合格的，主体工程不得投入生产或者使用。

5.0.8 小城镇地质灾害危险性评价可按附录C要求。

6 洪灾防御

6.0.1 小城镇防洪工程规划应以小城镇总体规划及所在江河流域防洪规划为依据，全面规划、综合治理、统筹兼顾、讲求效益。

6.0.2 编制小城镇防洪工程规划除向水利等有关部门调查分析相关基础资料外，还应结合小城镇现状与规划，了解分析设计洪水、设计潮位的计算和历史洪水和暴雨的调查考证。

6.0.3 小城镇防洪工程规划应遵循统筹兼顾、全面规划、综合治理、因地制宜、因害设防、防治结合、以防为主的原则。

6.0.4 小城镇防洪工程规划应结合其处于不同水体位置的防洪特点，制定防洪工程规划方案和防洪措施。

6.0.5 小城镇防洪规划应根据洪灾类型（河（江）洪、海潮、山洪和泥石流）选用相应的防洪标准及防洪措施，实行工程防洪措施与非工程防洪措施相结合，组成完整的防洪体系。

6.0.6 沿江河湖泊小城镇防洪标准应不低于其所处江河流域的防洪标准，并应与当地江河流域、农田水利、水土保持、绿化造林等的规划相结合，统一整治河道，确定修建堤坝、圩垸和蓄、滞洪区等工程防洪措施。

6.0.7 邻近大型或重要工矿企业、交通运输设施、动力设施、通信设施、文物古迹和旅游设施等防护对象的镇区和村庄，当不能分别进行防护时，应按就高不就低的原则确定设防标准及设置防洪设施。

6.0.8 小城镇防洪、防涝设施应主要由蓄洪滞洪水库、堤防、排洪沟渠、防洪闸和排涝设施组成。

6.0.9 小城镇防洪规划应注意避免或减少对水流流态、泥沙运动、河岸、海岸产生不利影响。防洪设施选线应适应防洪现状和天然岸线走向，与小城镇总体规划的岸线规划相协调，合理利用岸线。

6.0.10 防洪专项规划，应进行洪灾淹没危险性分析和灾害影响评价，确定小城镇建筑和基础设施的灾害影响，划定灾害影响分区。

6.0.11 小城镇防洪专项规划应设置救援系统，包括应急疏散点、医疗救护、物资储备和报警装置等。

6.0.12 地震设防区小城镇防洪规划要充分估计地震对防洪工程的影响，其防洪工程设计应符合现行《水工建筑物抗震设计规范》DL 5073—2000 的规定。位于蓄滞洪区内小城镇的建筑场地选择、避洪场所设置等应符合《蓄滞洪区建筑工程技术规范》GB 50181—1993 的有关规定。

7 震灾防御

7.1 一般规定

7.1.1 位于地震基本烈度为 6 度及以上（地震动峰值加速度值≥0.05g）地区的小城镇防灾减灾工程规划应包括抗震防灾规划的编制。

7.1.2 地震防灾规划中的抗震设防标准、建设用地评价与要求、抗震防灾措施应根据小城镇的防御目标、抗震设防烈度和国家现行标准确定，并作为强制性要求。

7.1.3 小城镇抗震防灾应达到以下基本防御目标：

（1）当遭受多遇地震（“小震”，即 50 年超越概率为 63.5%）影响时，城镇功能正常，建设工程一般不发生破坏。

（2）当遭受相当于本地区地震基本烈度的地震（“中震”，即 50 年超越概率为 10%）影响时，生命线系统和重要设施基本正常，一般建设工程可能发生破坏但基本不影响小城镇整体功能，重要工矿企业能很快恢复生产或经营。

（3）当遭受罕遇地震（“大震”，即 50 年超越概率为 2%～3%）影响时，小城镇功能基本不瘫痪，要害系统、生命线系统和重要工程设施不遭受严重破坏，无重大人员伤亡，不发生严重的次生灾害。

7.1.4 处于抗震设防区的小城镇规划建设，应符合现行国家标准《中国地震动参数区划图》GB 18306—2001 和《建筑抗震设计规范》GB 50011—2010 等的有关规定，选择对抗震有利的地段，避开不利地段，严禁在危险地段住宅建设和安排其他人员密集的建设项目。

7.1.5　处于抗震设防区的小城镇震灾防御专项规划建筑工程和基础设施的抗震评价可按附录四规定。

7.2　建设用地抗震评价与要求

7.2.1　建设用地抗震评价主要应包括：场地类别分区，场地破坏影响分区，土地利用抗震适宜性评价。

7.2.2　建设用地抗震评价应充分收集和利用已有的抗震设防区划或地震动小区化成果资料，以及现有的场地资料。建设用地抗震评价所用的钻孔资料应能揭示工作区主要地质地貌单元地震工程地质特性和建立地震工程地质剖面的要求。所收集的钻孔资料不满足上述要求，应进行补充勘察、测试及试验。

7.2.3　建设用地抗震评价场地类别分区应满足下述要求：

（1）一级工作区的场地类别划分应根据现有工程地质资料和实测钻孔资料，参照现行《建筑抗震设计规范》GB 50011—2010关于场地类别划分方法进行。

（2）二、三级工作区可结合工作区地质地貌成因环境和典型勘察钻孔资料，根据表7.2.3所列地质和岩土特性进行。

场地类别地质评估表　　表7.2.3

场地类别	主要地质和地貌单元
Ⅰ类场地	松散地层小于3～5m的基岩分布区
Ⅱ类场地	二级及其以上阶地分布区；风化的丘陵区；河流冲积相地层小于50m分布区；软弱海相、湖相地层3～15m
Ⅲ类场地	一级及其以下阶地地区，河流冲积相地层大于50m分布区；软弱海相、湖相地层16～80m分布区
Ⅳ类场地	软弱海相、湖相地层大于80m地区

7.2.4　场地破坏影响估计应包括对场地液化、地表断错、地质滑坡和震陷等影响的估计。可采用定性和定量相结合的多种方法，圈定潜在地震场地破坏效应危险区段，编制工作区场地破坏分区图件，并满足以下要求：

（1）对一级工作区，应根据工作区地震、地质、地貌和岩土特征，采用现行《建筑抗震设计规范》GB 50011—2010进行设防烈度地震和罕遇地震水准下的影响估计。

（2）对其他工作区，应进行设防烈度水准下的场地破坏影响估计。

7.2.6　液化场地，应根据液化土层的深度和厚度等因素综合确定液化危害程度，可按现行《建筑抗震设计规范》GB 50011—2010所规定的液化指数和液化等级确定设防烈度水准下的液化危害程度。

7.2.7　对土体坡度25°以上、岩体坡度45°以上的天然岩土陡坡，应结合边坡高度和气候特征、边坡岩土性质、岩体结构和潜在滑移结构面、地表和地下水活动及人类活动等，综合评价危险边坡的危害性。

7.2.8　软土震陷评价可按现行《岩土工程勘察规范》GB 50021—1994的有关规定执行。一级工作区宜对软土进行震陷量评价。软土进行震陷量评价可采用简化分层总和法。

7.2.9　断裂评价可只评价全新活动断裂和发震断裂的危害性。在设防烈度为7度及以下时以及二级工作区，可不进行断裂错动评价。

7.2.10 一级工作区宜进行断裂错动评价，并可采用以下途径综合评价：

（1）根据历史强震经验，考虑地震、地质等因素，采用类比法推断其断裂错动的可能性、范围和程度。

（2）根据断裂的活动形式、规模及断裂所处的基岩埋深和上覆土层性质，分析断裂错动对地表的影响。当上覆盖土层厚度达100m以上时，一般可不考虑断裂错动的影响。

7.2.11 土地利用抗震适宜性规划应满足下列要求：

（1）应根据场地类别分区和场地破坏影响分区，采用现行《建筑抗震设计规范》GB 50011—2010（表7.2.11）将场地地段划分为对建筑抗震有利地段、不利地段和危险地段。

（2）综合考虑城镇功能分区、土地利用性质、社会经济等因素，进行土地利用抗震适宜性分区，提出抗震适宜性建设要求和措施。

抗震有利、不利和危险的地段划分表 **表7.2.11**

地段类别	地质、地形、地貌
有利地段	稳定基岩，坚硬土，开阔、平坦、密实、均匀的中硬土等
不利地段	软弱土，液化土，条状突出的山嘴，高耸孤立的山丘，非岩质的陡坡，河岸和边坡的边缘，平面分布上成因、岩性、状态明显不均匀的土层（如故河道、疏松的断层破碎带、暗埋的塘滨沟谷和半填半挖地基）等
危险地段	地震时可能发生滑坡、崩塌、地陷、地裂、泥石流等及发震断裂带上可能发生地表位错的部位

7.2.12 根据小城镇各地区地震动和场地效应的差异情况，编制小城镇发展的用地选择意见。

7.3 地震次生灾害防御

7.3.1 在进行抗震防灾规划编制时，应确定次生灾害危险源的种类和分布，并进行危害影响估计。

（1）对次生火灾可采用定性方法划定高危险区，应进行危害影响估计，给出火灾发生的可能区域。

（2）对小城镇周围重要水利设施或海岸设施的次生水灾应进行地震作用下的破坏影响估计。

（3）对于爆炸、毒气扩散、放射性污染、海啸等次生灾害可根据实际情况选择评价对象进行定性评价。

7.3.2 应根据次生灾害特点，结合小城镇发展提出控制和减少致灾因素的总体对策和各类次生灾害的规划要求，提出危重次生灾害源的防治、搬迁改造等要求，

7.3.3 生产和贮存次生灾害源单位，应采取以下措施：

（1）次生灾害严重的，应迁出镇区。

（2）次生灾害不严重的，应采取防止灾害蔓延的措施。

（3）人员密集活动区不得建有次生灾害源的工程。

8 防风减灾

8.1 一般规定

8.1.1 小城镇防风减灾规划应根据风灾危害影响评价，提出防御风灾的规划要求和工程防风措施，制定小城镇防风减灾对策。

8.1.2 小城镇防风标准应依据城镇防灾要求、历史风灾资料、风速观测数据资料，根据现行国家标准《建筑结构荷载规范》GB 50009—2012的有关规定确定。

8.1.3 易形成风灾地区的镇区选址应避开与风向一致的谷口、山口等易形成风灾的地段。

8.1.4 易形成台风灾害地区的镇区规划应符合下列规定：

（1）滨海地区、岛屿应修建拆卸风暴潮冲击的堤坝。

（2）确保风后暴雨及时排除，应按国家和省、自治区、直辖市气象部门提供的年登陆台风最大降水量和日最大降水量，统一规划建设排水体系。

（3）应建立台风预报信息网，配备医疗和救援设施。

8.2 风灾危害性评价

8.2.1 对于易受台风灾害影响的地区，应对台风造成的大风、风浪、风暴潮、暴雨洪灾等灾害影响进行综合评价。

8.2.2 风灾危害性评价可在总结历史风灾资料的基础上，分区估计风灾对建设用地、建筑工程、基础设施、非结构构件的灾害影响。

8.3 风灾防御要求和措施

8.3.1 易形成风灾地区的镇区应在其迎风方向的边缘选种密集型的防护林带。

8.3.2 小城镇建筑施工、室外广告的设置和绿化树种的选择应满足抵御台风正面袭击的要求。

8.3.3 对直接受台风严重威胁的危险房屋制定改造规划，并对居民避险安置进行规划安排。

8.3.4 易形成风灾地区的小城镇建筑设计除应符合现行国家标准《建筑结构荷载规范》GB 50009—2012的有关规定外，尚应符合下列规定：

（1）建筑物宜成组成片布置。

（2）迎风地段宜布置刚度大的建筑物，体型力求简洁规整，建筑物的长边应同风向平行布置。

（3）不宜孤立布置高耸建筑物。

9 火灾防御

9.0.1 小城镇消防规划应包括消防站布局选址、用地规模、消防给水、消防通信、消防车通道、消防组织、消防装备等内容。

9.0.2 结合消防，小城镇居住区用地宜选择在生产区常年主导风向的上风或侧风向；生产区用地宜选择在镇区的一侧或边缘。

9.0.3 小城镇消防安全布局应符合下列规定：

（1）现状中影响消防安全的工厂、仓库、堆场和储罐等必须迁移或改造，耐火等级低的建筑密集区应开辟防火隔离带和消防车通道，增设消防水源。

（2）生产和储存易燃、易爆物品的工厂、仓库、堆场和储罐等应设置在镇区边缘或相对独立的安全地带；与居住、医疗、教育、集会、娱乐、市场等之间的防火间距不得小于50m。

（3）小城镇各类用地中建筑的防火分区、防火间距和消防车通道的设置，均应符合现行国家标准《村镇建筑设计防火规范》GBJ39的有关规定。

9.0.4 小城镇消防给水应符合下列规定：

（1）具备给水管网条件时，其管网及消火栓的布置、水量、水压应符合现行国家相关标准规定。

（2）不具备给水管网条件时，应利用河湖、池塘、水渠等水源规划建设消防给水设施。

（3）给水管网或天然水源不能满足消防用水时，宜设置消防水池，寒冷地区的消防水池应采取防冻措施。

9.0.5 消防站的设置应根据小城镇的性质、类型、规模、区域位置和发展状况等因素确定，并应符合下列规定：

（1）大型镇区消防站的布局应按接到报警5min内消防人员到达责任区边缘要求布局，并应设在责任区内的适中位置和便于消防车辆迅速出动的地段。

（2）消防站的主体建筑距离学校、幼儿园、医院、影剧院、集贸市场等公共设施的主要疏散口的距离不得小于50m。

镇区规模小尚不具备建设消防站时，可设置消防值班室，配备消防通信设备和灭火设施。

（3）消防站的建设用地面积宜符合表9.0.5的规定。

消防站规模分级表 **表9.0.5**

消防站类型	责任区面积（km^2）	建设用地面积（m^2）
标准型普通消防站	≤7.0	2400～4500
小型普通消防站	≤4.0	400～1400

9.0.6 消防车通道之间的距离不宜超过160m，通道路面宽度不应小于4m，当消防车通道上空有障碍物跨越道路时，路面与障碍物之间的净高不应小于4m。消防车通道可利用交通道路，并应与其他公路相连通。

9.0.7 小城镇消防通信系统应设置由电话交换站或电话分局至消防站接警室的火警专线。大型镇区火警专线不得少于两对，中、小型镇区不得少于1对。

镇区消防站应与县级消防站、领近地区消防站以及镇区供水、供电、供气等部门建立消防通信联网。

9.0.8 对一级工作区，应根据建筑工程的易损状况、易燃物的存在与可燃性、人口与建筑物密度、引发火灾的偶然性因素、历史火灾经验等，划定火灾的高危险区，制定高危险区的防火消防改造计划和措施。

附录 A　小城镇防灾减灾工程规划编制模式分类与编制工作区级别划分

1. 小城镇防灾减灾工程规划编制模式分类

（1）以下类型小城镇应按一类模式进行消防防灾工程专项规划编制。

1）位于大中城市规划区范围内，紧邻其中心城区的郊区小城镇。

2）经济发达的大型小城镇。

3）国家级历史文化名镇。

（2）位于地震烈度七度及以上地区的小城镇，应按一类模式编制抗震防灾规划。

（3）位于地质灾害易发区内或其所在县（市）域范围内发生过中型及以上地质灾害的小城镇，应按一类模式编制地质灾害防治规划。

（4）位于现行《建筑结构荷载规范》GB 50009—2012 所规定的重现期为 50 年的基本风压≥0.7kN/m^2 地区的小城镇，应按一类模式编制防风减灾规划。

（5）其他情形下，小城镇应按不低于二类模式进行防灾规划编制。

2. 小城镇防灾减灾工程规划编制工作区级别划分

小城镇防灾减灾工程规划编制工作区级别划分，见表 A-1 所示。

小城镇防灾减灾工程规划编制工作区级别的划分表　　表 A-1

<table>
<tr><th>编制模式
工作区级别</th><th>一类模式</th><th>二类模式</th></tr>
<tr><td rowspan="2">一级</td><td colspan="2">省级及以上开发区，自然保护区和规划区内的自然遗产、历史文化遗产、历史文化保护区</td></tr>
<tr><td>规划区的建成区、建设用地</td><td>—</td></tr>
<tr><td>二级</td><td>—</td><td>规划区的建成区、建设用地</td></tr>
<tr><td>三级</td><td colspan="2">其他地区</td></tr>
</table>

注：某种灾害危害性较小时，在进行该种灾害评价和规划编制时工作区级别可按降低一级进行。

附录 B　小城镇建设用地防灾适宜性评价与避洪设施安全超高

小城镇建设用地防灾适宜性评价，见表 B-1 所示。

小城镇就地避洪安全设施的安全超高，见表 B-2 所示。

建设用地防灾适宜性评价表　　表 B-1

地段类别	地质、地形、地貌
适宜	满足下列条件的场地可划分为适宜建设场地： （1）属稳定基岩或坚硬土或开阔、平坦、密实、均匀的中硬土等场地稳定、土质均匀、地基稳定的场地； （2）地质环境条件简单，无地质灾害破坏作用影响； （3）无明显地震破坏效应； （4）地下水对工程建设无影响； （5）地形起伏虽较大但排水条件尚可

续表

地段类别	地质、地形、地貌
较适宜	满足下列条件的场地可划分为较适宜建设场地： （1）属中硬土或中软土场地，场地稳定性尚可，土质较均匀、密实，地基较稳定； （2）地质环境条件简单或中等，无地质灾害破坏作用影响或影响轻微易于整治； （3）虽存在一定的软弱土、液化土，但无液化发生或仅有轻微液化的可能，软土一般不发生震陷或震陷很轻，无明显的其他地震破坏效应； （4）地下水对工程建设影响较小； （5）地形起伏虽较大但排水条件尚可
适宜性差	下列为防灾适宜性差场地： （1）中软或软弱场地，土质软弱或不均匀，地基不稳定； （2）场地稳定性差：地质环境条件复杂，地质灾害破坏作用影响大，较难整治； （3）软弱土或液化土较发育，可能发生中等程度及以上液化或软土可能震陷且震陷较重，其他地震破坏效应影响较小； （4）地下水对工程建设有较大影响； （5）地形起伏大，易形成内涝
不适宜	下列为防灾不适宜建设场地： （1）场地不稳定：动力地质作用强烈，环境工程地质条件严重恶化，不易整治； （2）土质极差，地基存在严重失稳的可能性； （3）软弱土或液化土发育，可能发生严重液化或软土可能震陷且震陷严重； （4）条状突出的山嘴，高耸孤立的山丘，非岩质的陡坡，河岸和边坡的边缘，平面分布上成因、岩性、状态明显不均匀的土层（如故河道、疏松的断层破碎带、暗埋的塘滨沟谷和半填半挖地基）等地质环境条件复杂，地质灾害危险性大； （5）洪水或地下水对工程建设有严重威胁； （6）地下埋藏有待开采的矿藏资源
危险地段	下列为灾害危险不可建设地段： （1）可能发生滑坡，崩塌、地陷、地裂、泥石流等的场地； （2）发震断裂带上可能发生地表位错的部位； （3）不稳定的地下采空区； （4）地质灾害破坏作用影响严重，环境工程地质条件严重恶化，难以整治

注：1. 表未列条件，可按其场地工程建设的影响程度比照推定。
2. 划分每一类场地工程建设适宜性类别，从适宜性最差开始向适宜性好推定，其中一项属于该类即划为该类场地，依次类推。

就地避洪安全设施的安全超高，见表B-2所示。

就地避洪安全设施的安全超高表　　表B-2

安全设施	安置人口（人）	安全超高（m）
围埝	地位重要、防护面大、安置人口≥10000的密集区	＞2.0
	≥10000	2.0～1.5
	1000～10000	1.5～1.0
	＜1000	1.0
安全台、避水台	≥1000	1.5～1.0
	＜1000	1.0～0.5

注：安全超高是指在蓄、滞洪时的最高洪水位以上，考虑水面浪高等因素，避洪安全设施需要增加的富余高度。

附录C　地质灾害危险性评价

1. 一级工作区的地质灾害危险性评价应将地质灾害对规划区内工程建设的影响或危害以及工程建设是否会诱发地质灾害进行分析或专项分析。应基本查明评估区内存在滑坡、泥石流、崩塌、地面塌陷、地裂缝、地面沉降等地质灾害的类型、分布、规模及对工程建设可能产生的危害与影响，预测评价工程建设可能诱发的灾害类型及危险性。对评估区内重大地质灾害应按下述要求进行评价：

（1）滑坡的评价应查明评估区内地质环境条件、滑坡的构成要素及变形的空间组合特征，确定其规模、类型、主要诱发因素、对工程建设的危害。在斜坡地区的工程建设应评价工程施工诱发滑坡的可能性及其危害，对变形迹象明显的，宜提出进一步工作的建议。

（2）泥石流评价应查明泥石流形成的地质条件、地形地貌条件、水流条件、植被发育状况、人类工程活动的影响，确定泥石流的形成条件、规模、活动特征、侵蚀方式、破坏方式，预测泥石流的发展趋势及拟采取的防治对策。

（3）崩塌的评价应查明斜坡的岩性组合、坡体结构、高陡临空面发育状况、降雨情况、地震、植被发育情况及人类工程活动。确定崩塌的类型、规模、运动机制、危害等；预测崩塌的发展趋势、危害及拟采取的防治对策。

（4）地面塌陷的评价应查明形成塌陷的地质环境条件，地下水动力条件，确定塌陷成因类型、分布、危害特征。分析重力和荷载作用、地震与震动作用、地下水及地表水作用、人类工程活动等对塌陷形成的影响；预测可能发生塌陷的范围、危害。

（5）地裂缝的评价应查明地质环境条件、地裂缝的分布、组合特征、成因类型及动态变化。对多因素产生的地裂缝，应判明控制性因素及诱发因素。评价地裂缝对工程建设的危害并提出防治对策。

除地震成因的地震缝外，对其他诱发因素产生的地裂缝应分析过量开采地下水、地下采矿活动、人工蓄水以及不良土体地区农灌地表水入渗、松散土类分布区潜蚀、冲刷作用、地面沉降、滑坡等作用的影响。

（6）地面沉降的评价应查明评估区所处区域地面沉降区的位置、沉降量、沉降速率及沉降发展趋势、形成原因（如抽汲地下水、采掘固体矿产、开采石油、天然气，抽汲卤水、构造沉降等）、沉降对建设项目的影响，以及拟采取的预防及防治措施。对评估区不均匀沉降应作为重点进行评价。

（7）对人工高边坡、挡墙，应判定其危险性、危害程度和影响范围，评价对工程建设的危害并提出处理对策。

2. 二级工作区的地质灾害危险性评估可定性确定规划区内是否存在地质灾害及其潜在危险性。初步查明规划区内地质灾害的类型、分布；工程建设可能诱发的地质灾害的类型、规模、危害以及对评估区地质环境的影响。

3. 地质环境条件复杂程度分类，见表C-1所示。

地质环境条件复杂程度分类表　　　　**表C-1**

复杂	中等	简单
（1）地质灾害发育强烈	（1）地质灾害发育中等	（1）地质灾害一般不发育
（2）地形与地貌类型复杂	（2）地形较简单，地貌类型单一	（2）地形简单，地貌类型单一
（3）地质构造复杂，岩性岩相变化大，岩土体工程地质性质不良	（3）地质构造较复杂，岩性岩相不稳定，岩土体工程地质性质较差	（3）地质构造简单，岩性单一，岩土体工程地质性质良好
（4）工程水文地质条件不良	（4）工程水文地质条件较差	（4）工程水文地质条件良好
（5）破坏地质环境的人类工程活动强烈	（5）破坏地质环境的人类工程活动较强烈	（5）破坏地质环境的人类工程活动一般

注：每类5项条件中，有一条符合较复杂条件者即划为较复杂类型。

4. 危险性评估包括现状评估、预测评估和综合评估。对于受自然因素影响的地质灾害，评估时应考虑自然因素周期性的影响。地质灾害的危险性分级，见表C-2所示。

地质灾害危险性分级表　　　　**表C-2**

确定要素 危险性等级	稳定状态	危害对象	损失
危险性大	差	城镇及主体建筑物	大
危险性中等	中等	有居民及主体建筑物	中
危险性小	好	无居民及主体建筑物	小

（1）现状评估是指对已有地质灾害的危险性评估。根据评估区地质灾害类型、规模、分布、稳定状态、危害对象进行危险性评价；对稳定性或危险性起决定性作用的因素作较深入的分析，判定其性质、变化、危害对象和损失情况。

（2）预测评估是指对工程建设可能诱发的地质灾害的危险性评估。依据工程项目类型、规模、预测工程项目在建设过程中和建成后，对地质环境的改变及影响，评价是否会诱发滑坡、泥石流、崩塌、地面塌陷、地裂缝、地面沉降等地质灾害以及灾害的范围、危害。

（3）综合评价是根据现状评估和预测评估的情况，采取定性或半定量的方法综合评估地质灾害危险性程度，对土地的适宜性作出评估，并提出防治诱发地质灾害的对策。

附录D　建设工程和基础设施的抗震评价和要求

1. 建筑工程的抗震评价和要求应在抗震性能评价的基础上提出重要建筑抗震防灾、新建工程抗震设防、既有建筑工程抗震加固和改造以及镇区建设和改造等抗震防灾要求。

2. 基础设施的抗震评价和要求主要包括：应结合基础设施诸系统的专业规划，针对供电、供水、供气、交通和对抗震救灾起重要作用的指挥、通讯、医疗、消防、物资供应及保障等基础设施在抗震防灾中的重要性和可能的薄弱环节及功能失效影响，提出基础设施改造以及抗震规划要求。

3. 在进行建筑抗震防灾评价时，应根据建筑的重要性、抗震防灾的要求和在抗震防灾中的作用，区分重要建筑和一般建筑。

（1）重要建筑评价应包括：

1）党政指挥机关、防灾指挥部门的主要办公楼。

2）基础设施的骨干建筑。

3）学校、礼堂等公共建筑。

（2）一般建筑可根据抗震评价要求，考虑结构型式、建设年代、设防情况、建筑现状等，参考工作区建筑调查统计资料进行分类。

4. 建筑的抗震性能评价应包括设防烈度和罕遇地震水准下的地震破坏程度估计、伤亡和需安置避震疏散人员数量估计。

5. 重要建筑应进行单体建筑抗震性能评价。

6. 一般建筑的抗震性能评价对一级工作区宜采用分类建筑抽样调查与群体抗震性能评价的方法来进行，二级工作区可采用类比或经验判定等方法进行估计。

7. 对镇区建筑，应在抗震性能评价的基础上，找出薄弱环节，提出建成区建筑抗震防灾的改造规划。对于高密度、高危险性的城区，应根据抗震性能评价结果、防止次生灾害影响和满足避震疏散要求提出城区拆迁、加固和改造的范围、力度、避震疏散安排等。

8. 应提出新建工程的抗震设防对策和要求。对既有不符合抗震要求的建筑类型，应根据其破坏情况估计，结合城镇的发展需要，提出分期分批加固和改造要求，并应符合下列规定：

（1）新建建筑物、构筑物和工程设施应按国家和地方现行的有关标准进行设防。

（2）现有建筑物，构筑物和工程设施应按国家和地方现行的有关标准进行鉴定，提出抗震加固、改建和拆迁的意见。

9. 对重要建筑，应分别针对既有以及新建两种类型，分别提出抗震加固改造以及抗震建设与监测、检测要求。

10. 对供电、供水、供气、交通系统中的关键节点和主要干线应进行抗震性能评价；对一类模式宜进行功能失效影响范围的估计。

11. 对抗震救灾起重要作用的指挥、通讯、医疗、消防和物资供应与保障系统的抗震救灾保障能力进行综合估计。

12. 对基础设施系统可能引发的次生灾害的影响宜进行估计。

13. 对可能引发地震次生灾害的供气等系统应提出防御建议。对于交通、消防等系统还应提出满足避震疏散等的抗震防灾要求。

14. 对基础设施和重要工程，应进行统筹规划，并应符合下列规定：

（1）道路、供水，供电等工程应采取环网布置方式。

（2）镇区人员密集的道路地段应设置不同方向的4个道路出入口。

（3）抗震防灾指挥机构应设置备用电源。

本标准用词用语说明

1. 为了便于在执行本标准条文时区别对待，对要求严格程度不同的用词说明如下。

（1）表示很严格，非这样做不可的用词：

正面词采用“必须”；反面词采用“严禁”。

（2）表示严格，在正常情况下均应这样做的用词：

正面词采用“应”；反面词采用“不应”或“不得”。

（3）表示允许稍有选择，在条件许可时首先这样做的用词：

正面词采用“宜”；反面词采用“不宜”。

表示有选择，在一定条件下可以这样做的，采用“可”。

2. 标准中指定应按其他有关标准、规范执行时，写法为：“应符合……的规定”或“应按……执行”。

小城镇防灾减灾工程规划标准（建议稿）条文说明

1 总则

1.0.1～1.0.2 阐明本标准（建议稿）编制的目的及适用范围。

本标准（建议稿）所称小城镇是国家批准的建制镇中县驻地镇和其他建制镇，以及在规划期将发展为建制镇的乡（集）镇。根据城市规划法建制镇属城市范畴；此处其他建制镇，在《村镇规划标准》中又属村镇范畴。

小城镇是“城之尾、乡之首”，是城乡结合部的社会综合体，发挥上连城市、下引农村的社会和经济功能。县城镇和中心镇是县域经济、政治、文化中心或县（市）域中农村一定区域的经济、文化中心。

小城镇防灾减灾工程规划与城市不同与村镇也不尽相同，我国小城镇量大、面广，不同地区小城镇的人口规模、自然条件、历史基础、经济发展、差别很大，易受灾害、灾害损失的差别也较大。不同地区小城镇防灾减灾侧重也有较大差别。针对上述情况，单独编制小城镇防灾减灾工程规划标准作为其规划依据是必要的，也是符合我国小城镇实际情况的。

1.0.1 条阐述了本标准编制的宗旨，1.0.2 条规定了本标准适用范围。本标准的编制宗旨和适用范围包括了小城镇总体规划中的防灾减灾工程规划及小城镇防灾减灾专项规划。

本标准由北京工业大学和中国城市规划设计研究院共同编制，编制中较好地考虑和处理了与小城镇总体规划及与其他规划相关标准的关系，也较好地考虑和处理了与城市防灾减灾标准、村庄集镇防灾减灾标准之间的衔接关系。

本标准及技术指标的中间成果征询了 22 个省、直辖市、自治区建设厅、规委、规划局和 100 多个规划编制、管理方面的规划标准使用单位的意见。同时，标准建议稿吸纳了专家论证预审的许多好的建议。

1.0.3～1.0.4 提出小城镇防灾减灾规划编制的基本原则要求。

小城镇防灾减灾规划直接关系到小城镇安全，是小城镇总体规划的重要组成部分；同时，小城镇防灾减灾规划要依据小城镇总体规划确定的小城镇性质、规模以及建设和发展规划。对于小城镇防灾规划中工作量较大的有关防灾评价工作，通常可与总体规划的前期研究工作相结合进行，当情况复杂时，可提前安排专题研究。

另一方面，小城镇防灾往往又是区域防灾的组成部分，与区域防灾也有密不可分的联系，因此小城镇防灾规划尚应结合区域防灾规划为指导并互相衔接互相协调。

1.0.5～1.0.6 分别提出规划期内有条件发展为中小城市的小城镇和有条件发展为建制镇的乡（集）镇相关规划宜执行的标准基本原则要求。

考虑到部分有条件的小城镇远期规划可能上升为中、小城市，也有部分有条件的乡（集）镇远期规划有可能上升为建制镇，上述小城镇规划的执行标准应有区别。但上述升级涉及行政审批，规划不太好掌握，所以1.0.3、1.0.4条款强调规划应比照上一层次标准执行。

1.0.7～1.0.8 分别提出城市规划区和城镇密集区的小城镇防灾减灾工程设施规划建设的原则要求。

1.0.9 提出小城镇防灾减灾工程规划实施。

小城镇防灾减灾工程规划是其总体规划组成部分，重要防灾减灾设施是总体规划中强制性内容。纳入总体规划实施有其法律效力保证。

对防灾减灾规划中专业性较强的特殊措施可结合当地实际，明确实施方式和保障措施。

1.0.10 本标准编制多有依据相关规范或有涉及相关规范的某些共同条款。本条款体现小城镇防灾减灾工程规划标准与相关规范之间的联系，包括即将出台的城市、村庄和集镇防灾减灾标准应同时遵循规范的统一性原则。

本标准主要相关法律、法规与技术标准有：

《中华人民共和国城市规划法》；

《城市规划编制办法》；

《城市规划编制办法实施细则》；

《中华人民共和国防震减灾法》；

《中华人民共和国建筑法》；

《防洪标准》GB 50201—1994；

《城市防洪工程设计规范》GB/T 50805—2012；

《中国地震动参数区划图》GB 18306—2010；

《建筑抗震设计规范》GB 50011—2010；

《岩土工程勘察规范》GB 50021—1994；

《建筑结构荷载规范》GB 50009—2012；

《水工建筑物抗震设计规范》DL 5073—2000；

《蓄滞洪区建筑工程技术规范》GB 50181—1993。

2 名词术语

2.0.1～2.0.7 为便于在小城镇总体规划的防灾减灾工程规划及防灾减灾专项规划中正确理解和运用本标准，对本标准涉及的主要名词作出解释。其中：

2.0.1～2.0.2 是对小城镇防灾减灾规划和其专项规划用地评估涉及的场地以及专项规划涉及的不同层次研究区域——工作区作出名词解释。

2.0.3 是针对震灾防御涉及的地震次生灾害作出解释。

2.0.4～2.0.5 是对避灾疏散涉及的避灾疏散场地和避灾疏散场所作出解释。

2.0.6～2.0.7 是对地质灾害防御涉及的地质灾害和地质灾害危险性评估作出解释。

3 规划编制内容与基本要求

3.0.1 阐明小城镇防灾减灾工程规划编制时所应包括的相应灾害种类的防灾规划专项。

3.0.2 阐明小城镇防灾减灾工程规划编制时所应包括的内容。

3.0.3 阐明小城镇防灾减灾工程专项规划编制时所应包括的内容。

3.0.4 提出小城镇防灾减灾工程规划及其专项规划编制的基础要求。

3.0.5 提出小城镇防灾减灾工程规划及其专项规划编制的成果要求。

3.0.6 提出编制县城镇、中心镇和大型一般镇防灾减灾工程专项规划编制的不同级别工作区和工作模式的原则要求。

由于灾害的规模效应，小城镇中的高密度开发区和其他致灾因素比较多的地区灾害易损性明显较高，在安排工作深度时需要区别对待；小城镇的建设和发展按照总体规划具有不同的发展时序和重要性，产生对防灾减灾要求的差异，从综合防灾的角度看，小城镇规划区的不同地区防灾的侧重点会有不同。划分工作区主要是考虑不同功能区域的灾害及场地环境影响特点、灾害的规模效应、工程设施的分布特点及对防灾减灾的需求重点均不相同，区分不同地区防灾工作的重要性差异、不同需求及轻重缓急。编制小城镇防灾规划时，根据灾害种类、不同区域和系统的重要性、灾害规模效应、防灾的要求等确定不同的工作区级别和工作模式。针对小城镇的特点和实际情况，防灾规划可按照灾害种类、小城镇规模和重要性、防灾的要求等情况确定灾害防预的对象及具体内容。

条款中涉及的县城镇、中心镇和大型一般镇分别为：

县城镇指县驻地建制镇。

中心镇指在县（市）域内的一定区域范围与周边村镇有密切联系，有较大经济辐射和带动作用，作为该区域范围农村经济文化中心的小城镇。

大型一般镇指镇区人口规模大于3万的非县城镇、中心镇的一般建制镇。

4 灾害综合防御

4.1 灾害环境综合评价

4.1.1 小城镇灾害环境进行综合评价是进行小城镇防灾减灾工程规划编制的主要依据，本条规定了相应的评价内容要求。

4.1.2 提出小城镇详细规划阶段对建设场地进行进一步综合评价和预测查明建筑地段稳定性的要求。

小城镇用地评价是保障用地安全和工程防灾可靠性的重要技术对策，因此除总体规划阶段整体评价外，在详细规划阶段要进行总体规划阶段未及的局部的、特别是重要地段的详细评价。

4.2 用地适宜性

4.2.1 提出小城镇防灾减灾工程专项规划内容的原则要求。

4.2.2 提出小城镇防灾减灾规划建设用地适宜性综合评价的原则要求。

小城镇防灾减灾工程规划编制中建设用地适宜性综合评价所需资料可以现有资料为主，通过综合分析确定。其中钻孔资料主要以收集现有的工程勘察、工程地质、水文地质等钻孔资料为主。对于场地情况复杂且钻孔资料缺乏的地区，可按照国家现行标准的相关规定进行补充勘察、测试及试验。在进行补充勘察方案确定时，可在满足下述要求情况下统筹布孔：

（1）对一级工作区统筹考虑地质地貌二级分区；对二级工作区则可按照地质地貌单元类型进行控制。在进行分析研究时，可适当类比引用其他工作区域上的分析结果。

（2）在进行补充勘察钻孔布置时，考虑能全面反映工作区内地下岩土分布情况，并便于组织和编制浅层工程地质剖面。

4.3　避灾疏散

4.3.1　提出避灾疏散规划要求和安全措施及避灾疏散场所、道路的安排依据。

避灾疏散是临灾预报发布后或灾害发生时把需要避灾疏散的人员从灾害程度高的场所安全撤离。集结到预定的、满足防灾安全的避灾疏散场所。

避灾疏散的安排坚持“平灾结合”的原则，避灾疏散场所平时可用于教育、体育、文娱和其他生活、生产活动，临灾预报发布后或灾害发生时用于避灾疏散。避灾疏散通道、消防通道和防火隔离带平时作为小城镇交通、消防和防火设施，避灾疏散时启动防灾机能。

避灾疏散人员包括需要避灾疏散的小城镇居民和小城镇流动人口。规划避灾疏散场所时，要考虑避灾疏散人员在小城镇的分布。

在防灾规划中需对避灾疏散场所的建设、维护与管理，避灾疏散的实施过程，避灾疏散宣传教育活动或演习，提出管理对策，并对避灾疏散的长期规划安排提出建议。

4.3.2　提出防灾减灾小城镇道路出入口数量要求。

4.3.3　提出小城镇防灾减灾工程专项规划避灾疏散场所和避灾疏散主通道的防灾安全评估要求。

本条所规定的疏散主通道有效宽度是指扣除灾后堆积物的道路实际宽度。建筑倒塌后废墟的高度可按建筑高度的 1/2 计算。疏散道路两侧的建筑倒塌后其废墟不应覆盖疏散通道。疏散通道应当避开易燃建筑和可能发生的火源。对重要的疏散通道要考虑防火措施。

4.3.4～4.3.5　提出避灾疏散场地原则要求和相关规定。

避灾疏散场所需综合考虑防止火灾、水灾、海啸、滑坡、山崩、场地液化、矿山采空区塌陷等各类灾害和次生灾害，保证防灾安全。其用地可以是各自连成一片的，也可以由比邻的多片用地构成，从防止次生火灾的角度考虑，疏散场地不宜太小。避灾疏散场所服务范围的确定可以周围的或邻近的居民委员会和单位划界，并考虑河流、铁路等的分割以及避灾通道的安全状况等。

4.3.6　提出小城镇镇区避洪安全设施相关要求。

4.3.7　防火安全带是隔离避灾疏散场所与火源的中间地带，其可以是空地、河流、耐火建筑以及防火树林带、其他绿化带等。若避灾疏散场所周围有木制建筑群、发生火灾危险性比较大的建筑或风速较大的地域，防火安全带的宽度适当增加。

防火树林带的主要功能是防止火灾热辐射对避灾疏散人员的伤害，选择对火焰遮蔽率高、抗热辐射能力强的树种，且设喷洒水的装置。依据日本的调研成果，当避灾疏散场所的四周都发生火灾时，$50hm^2$ 以上基本安全，两边发生火灾 $25hm^2$ 以上基本安全，一边发

生火灾 $10hm^2$ 以上基本安全。发生火灾后避灾疏散人员可以在避灾疏散场所内向远离火源的方向移动，当火灾威胁到避灾避难人员的安全时，应从安全撤退路线撤离到邻近的或仍有收容能力的避灾疏散场所或实施远程疏散。临时建筑和帐篷之间留有防火和消防通道。严格控制避灾疏散场所内的火源。

5 地质灾害防御

5.0.1 提出小城镇地质灾害防御规划内容的基本要求。

地质灾害是指在特殊的地质环境条件（地质构造、地形地貌、岩土特征和地表地下水等）下，由内动力或外动力的作用或两者共同作用或人为因素而引起的灾害。在工程地质和岩土工程领域中，地质灾害属不良地质现象范畴。地质灾害的发生、特点、规模和危害性不仅直接和间接地受到地质环境条件的控制，其防御和治理也要考虑地质环境条件。地质灾害的发生既有天然的因素，也更有人为因素。危害较大、比较常见的地质灾害类型有：引起边坡失稳的崩塌、滑坡、塌方和泥石流等，此类地质灾害主要发育在山区、陡峭的边坡；引起地面下沉的塌陷和沉降，在矿区和岩溶发育地区常见；引起地面开裂的断错和地裂缝等，主要发育于断裂带附近。其中，发育在山区的滑坡、塌方和泥石流等危害最突出，也是山区小城镇规划防灾的重点。地质灾害防御以避开为主，改造为辅，改造要尽量保持或少改变天然环境。要防止人为破坏和改变天然稳定的环境。

5.0.2 地质灾害发生和危害与地层岩性、地质构造、地形地貌、地下水活动、地震、地下矿产开采及气象等自然环境因素关系密切。在可能和必要的条件下，可由专业技术人员在上述自然环境因素调查评价的基础上，为小城镇规划提供灾害发生的环境基础材料。

5.0.3～5.0.7 提出进行地质灾害防御的主要规划对策和要求。

对常见的地质灾害防御通常可包括：

（1）崩塌和滑坡灾害的防御

1）在有崩塌和滑坡灾害潜在危险和危害的地区，应停止人为不合理的工程和开发活动，应当防止不适当地开挖坡脚、不适当地在坡体上方堆载、不合理的矿山开采、大型爆破和灌渠漏水等行为。

2）针对引起崩塌和滑坡灾害的主导因素，可分别采用清除崩滑体、治理地表水和地下水、减重和反压、抗滑工程等方法因地制宜进行根治。

（2）泥石流的防御

1）大型泥石流沟谷不应作为小城镇的规划场地，中型泥石流沟谷不宜作为小城镇的规划场地，必要时，应采取治理措施，工程设施、居住场所和活动场所应避开河床或大跨度跨越。在确定安全有保证的前提下，小型泥石流沟谷可利用其堆积区作为非重要建筑的规划场地，但不宜改变沟谷的状态。

2）易产生泥石流的沟谷，不宜大量弃渣或改变沟口原有供排平衡条件，防止新泥石流产生。

3）对泥石流治理宜采用综合治理，应上、中、下游全面规划，生物措施（植树造林、种植草被等）与工程措施（蓄水、引水工程、排导工程、停淤工程、改土工程等）相结合。对于稀性泥石流适宜采用治水为主的方案，对于黏性泥石流适宜采用治土为主的方案。

（3）采空区灾害的防御

采空区新建或规划建筑时，应充分掌握地表位移和变形的规律，分析地表移动和变形对建筑物的影响，选择有利的建筑场地，采取有效的建筑措施和结构措施，减小地表变形对建筑物的影响，提高建筑物抵抗地表变形引起的附加作用力的能力，保证建筑物的正常使用。

（4）土洞灾害的防御

1）规划场地应避开土洞潜在危险场地，避开岩溶水位高又是集中流动的地带，宜选择稳定场地，对非稳定场地不宜规划重要建筑。

2）对不利于建筑的地段规划时，应提出结构措施、地基基础措施和土洞处理等基本要求。

（5）小城镇选址和规划宜选择对防治地质灾害有利的地段，避开地质灾害危险地段，对防治地质灾害不利的地段，应通过评估和采取相应防御灾害的措施。

（6）根据小城镇所处地质环境特点和地质灾害历史、类型、分布和危害等，综合考虑用地规划，提出小城镇区域服务功能区（商业区、生活区、工业区、旅游区等）综合防灾规划的合理布局、规划要求和工程技术规划措施。

（7）对不同场地地质灾害防治地段提出适用条件、指导原则和具体配套措施。制定小城镇发展用地选择原则、指导意见和具体要求。

（8）针对潜在地质灾害类型，根据适宜性评价结果，指出今后建设用地适宜建筑类型和体系以及相应具体要求。

（9）根据使用效益和风险评估，提出小城镇发展用地优先考虑序列和相应减灾对策、根据小城镇总体规划的发展要素，提出中、长期土地合理使用的减灾策略和可能场地灾害的控制策略。

5.0.8　提出进行地质灾害危险性评价的方法。

通常对于常见地质灾害可按下面进行地质灾害源点危害性的简单评价。

（1）崩塌和滑坡灾害是斜坡破坏和移动产生的地质灾害。按其规模分为小型（崩滑体小于3万m^3）；中型（崩滑体3万～50万m^3）；大型（崩滑体50万～300万m^3）；巨型（崩滑体大于300万m^3）。

在工程上，崩塌和滑坡灾害的评估属边坡稳定性评价范畴，作为小城镇规划，可采用经验的工程地质类比法。据经验，存在下列条件时对边坡稳定不利，属潜在危险地段：

1）边坡及其邻近地段已有滑坡和崩塌等地段。

2）岩质边坡中有页岩、泥岩、片岩等易风化、软化岩层或软硬交互的不利岩层组合。

3）土质边坡中网状裂隙发育，有软弱夹层，或边坡由膨胀土（或岩）构成。

4）软弱可滑动面与坡面倾向一致或交角小于45°且可滑面倾角小于坡角，或基岩面倾向坡外且倾角较大。

5）地层渗透性差异大，地下水在弱透水层或基岩面上积聚流动，或断层及裂隙中有承压水出露。

6）坡上有水体漏水，水流冲刷坡角或因河水位急剧升降引起岸坡内动水力的强烈作用。

7）强震区、暴雨区、大爆破施工临近区等地区。

（2）泥石流是泥和水混合流动产生的自然灾害。泥石流形成主要有3个条件：1）丰富的泥石物质供给。2）暴雨。3）存在适宜泥石的流通渠道。典型的泥石流一般分为形成区、流通区和堆积区。

泥石流的危害取决于其发生的频率和规模，见表5.0.8-1所示。高频率泥石流区每年均有发生，固体物质主要来源于沟谷的滑坡和崩塌，泥石流爆发雨强小于2～4mm/10min。除岩性因素外，滑坡和崩塌严重的沟谷多发生黏性泥石流，规模大，反之发生的泥石流为稀性泥石流，规模小。

泥石流规模分类表 **表5.0.8-1**

分区	规模	流域面积（km^2）	固体物质一次冲出量（10^4m^3）	流量（m^3/s）	堆积区面积（km^2）
高频率泥石流区	大型	>5	>5	>100	>1
	中型	1～5	1～5	30～100	<1
	小型	<1	<	<30	
低频率泥石流区	大型	>10	>5	>100	>1
	中型	1～10	1～5	30～100	<1
	小型	<1	<1	<30	

高频率泥石流区多位于强烈抬升区，岩层破碎，风化强烈，山体稳定性差。黏性泥石流沟中，下游沟床坡度大于4%。

低频率泥石流区泥石流爆发周期一般在10年以上，固体物质主要来源于沟床，泥石流发生时“揭床”现象明显，暴雨时坡面产生的浅层滑坡往往是激发泥石流形成的重要因素。泥石流爆发雨强一般大于4mm/10min。泥石流规模一般较大，黏性和稀性泥石流均有。低频率泥石流区分布于各类构造区的山地，山体稳定性相对较好，一般无大型崩塌和滑坡活动，黏性泥石流沟中，下游沟床坡度小于4%，见表5.0.8-1所示。

（3）地下采矿区附近的小城镇，存在由于采矿形成的采空区导致地表移动而引起的沉陷和开裂的潜在危险性。根据采空区现状，可分为老采空区、现采空区和未来采空区。地下矿层大范围开采以后，采空区上覆岩层和地表失去平衡而发生移动和变形，当采深采厚比较大时（H/m大于25～30），地表的移动和变形在空间和时间上是相对连续的，当采深采厚比较小时（H/m小于25～30），地表的移动和变形在空间和时间上是不连续的，有可能出现较大的地裂缝或塌陷，引起灾害的产生。

下列地段可视为地表变形和塌陷的潜在危险地段，不可作为小城镇规划建设场地：

1）在开采过程中可能出现非连续变形的地段。

2）处于地表移动活跃阶段的地段。

3）特厚煤层和倾角大于55°的厚煤层露头地段。

4）由于地表移动和变形可能引起边坡失稳和崩塌地段。

5）地下水位深度小于建筑物可能下沉量与基础埋深之和的地段。

6）地表倾斜大于10mm/m或地表水平变形大于6mm/m或地表曲率大于$0.6\times10^{-3}/m$的地段。

下列地段为地表变形潜在非稳定地段，通过专门的适宜性研究，可作为小城镇的规划建设场地：

1）采空区采深采厚比小于30的地段。

2）地表变形值处于下列范围值的地段：地表倾斜3～10mm/m，地表水平变形2～6mm/m；地表曲率0.2～0.6×10^{-3}/m。

3）老采空区可能活化或有较大残余变形影响的地段。

4）采深小、上覆岩层坚硬和完整的地段。

下列地段为相对稳定的地段，可作为小城镇规划建设场地：

1）已达充分采动，无重复开采可能的地表移动盆地的中心区；

2）预计地表变形值小于下列数值的地段：地表倾斜3mm/m，地表水平变形2mm/m；地表曲率0.2×10^{-3}m。

采空区新建或规划建筑时，应充分掌握地表位移和变形的规律，分析地表移动和变形对建筑物的影响，选择有利的建筑场地，采取有效的建筑措施和结构措施，减小地表变形对建筑物的影响，提高建筑物抵抗地表变形引起的附加作用力的能力，保证建筑物的正常使用。

（4）土洞是在有覆盖土的岩溶发育地区，特定的水文地质条件使岩面以上的土体遭到流失迁移而形成土中的洞穴和洞内塌落堆积物以及引发地面变形破坏的总称。土洞是岩溶的一种特殊形态，是岩溶范畴内的一种不良地质现象。由于其发育速度快、分布密，对工程及规划场地的影响远大于岩溶。

土洞按其成因可分为地下水冲蚀（潜蚀）和地面水冲蚀形成两大类。地下水冲蚀（潜蚀）形成的土洞，又有自然和人为形成2种。地下水深埋、岩溶以垂直形态为主的山区，土洞以地面水冲蚀形成为主；地下水浅埋，略具承压性、岩溶以水平形态为主的准平原地区，土洞以地下水潜蚀形成为主。地下水潜蚀形成的土洞中，人为引起危害大，最应重视。

根据岩溶发育程度，大致可分为3类土洞潜在危险场地：危险场地、非稳定场地和稳定场地，3类土洞潜在危险场地可按表5.0.8-2进行。

场地土洞潜在危险性分类表　　　　**表5.0.8-2**

场地分类	岩溶发育程度	线岩溶率 K（%）	土洞危险性出现潜在概率
危险场地	强烈发育	大于10～30	0.7
非稳定场地	中等教育	5～10	0.3
稳定场地	微弱发育	小于5	0

规划场地应尽量避开土洞潜在危险场地，避开岩溶水位高又是集中流动的地带，宜选择稳定场地，对非稳定场地不宜规划重要建筑。

岩溶发育区的下列部位可视为不利于建筑的地段：

1）土层较薄，土中裂隙发育，地表无植被或为新挖方区，地表水入渗条件好，其下基岩有通道、暗流或呈负岩面的地段。

2）石芽或出露的岩体与上覆土层的交接处，岩体裂隙发育且是地面水经常集中入渗的部位。

3）土层下岩体中二组结构面交会，或处于宽大裂隙带上。

4）隐伏的深大溶沟、溶槽、漏斗等地段，邻近基岩面以上有软弱土层分布。

5）人工降水的降落漏斗中心。

6）地势低洼，地面水体附近。

对不利于建筑的地段规划时，应提出结构措施、地基基础措施和土洞处理等基本要求。

6　洪灾防御

6.0.1　提出小城镇防洪工程规划依据。

小城镇防洪工程规划是小城镇重要基础设施规划，是小城镇总体规划的组成部分；同时小城镇防洪工程又是所在河道水系流域防洪规划的一部分，小城镇防洪标准与防洪方案的选定，以及防洪设施与防洪措施都要依据小城镇总体规划和河道水系的江河流域总体规划、防洪规划。

6.0.2　我国大多数河流的洪水由暴雨形成，可以利用暴雨径流关系，推求出所需要的设计洪水。

条款规定编制小城镇防洪工程规划方案除调查相关基础资料外，应同时了解分析设计洪水、设计潮位的计算和历史洪水暴雨的调查考证。并重点调查考证历史洪水发生时间的洪水位、洪水过程、河道糙率及断面的冲淤变化，同时了解雨情、灾情、洪水来源，洪水的主流方向、有无漫流、分流、死水以及流域自然条件有无变化等。

6.0.3～6.0.4　阐明小城镇防洪工程规划的基本原则和要求。

小城镇河道水系的流域总体防洪规划是流域整体的防洪规划，兼顾了流域城镇的整个防洪要求；小城镇防洪规划不仅要与流域防洪规划相配合，同时还要与小城镇总体规划相协调，要统筹兼顾小城镇建设各有关部门的要求和所在河道水系流域防洪的相关要求，作出全面规划。

处于不同水体位置的小城镇有不同的防洪特点和防洪要求，小城镇防洪工程规划和防洪措施必须考虑其处于不同水体位置的防洪特点，因地制宜、因害设防并应以防为主、防治结合。

6.0.5　提出小城镇防洪规划按不同洪灾类型选用相应防洪标准，制定相应防洪措施的基本要求。

6.0.6　提出沿江河湖小城镇确定防洪标准和防洪工程措施的依据和基本要求。

从小城镇所处河道水系的流域防洪规划和统筹兼顾流域城镇的防洪要求考虑，小城镇防洪标准应不低于其所处江河流域的防洪标准。

6.0.7　大型工矿企业、交通运输设施、文物古迹和风景区受洪水淹没损失大、影响严重、防洪标准相对较高。本条款从统筹兼顾上述防洪要求，减少洪水灾害损失考虑，对邻近大型工矿企业、交通运输设施、文物古迹和风景区等防护对象的小城镇防洪规划，当不能分别进行防护时，应按就高不就低的原则，按其中较高的防洪标准执行。

6.0.8　阐明小城镇防洪规划防洪、防涝设施的主要组成。

6.0.9　对水流流态、泥沙运动、河岸、海岸的不利影响，将直接影响城镇防洪，本条款规定小城镇防洪设施选线应适应防洪现状和天然岸线走向，并与小城镇总体规划的岸线规划相协调，合理利用岸线。

对于生态旅游主导型的小城镇，还应强调沿岸防洪堤规划与岸线景观规划、绿化规划的结合与协调。

6.0.10　在进行洪灾影响评价时，小城镇建筑的抗洪能力可根据洪水对房屋的作用形式，按当地小城镇的建筑结构类型和洪水灾害破坏统计资料确定。小城镇基础设施的抗洪能力，可根据洪水流经沿途的地形地貌、土质以及水落的大小等评估其可能受到的冲刷破坏程度。

6.0.11　提出小城镇防洪专项规划设置救援系统有关要求。

6.0.12　从地震设防区小城镇地震对防洪工程影响考虑，提出其防洪规划与设计的特殊要求和有关规定。

7　震灾防御

7.1　一般规定

7.1.1　提出小城镇抗震防灾规划编制依据。

小城镇的地震基本烈度应按国家规定权限审批颁发的文件或图件采用：地震动峰值加速度的取值根据现行《中国地震动参数区划图》确定；地震基本烈度按照《中国地震动参数区划图使用说明》中地震动峰值加速度与地震基本烈度的对应关系确定。

7.1.2　小城镇抗震防灾规划，对小城镇总体规划确定用地性质和规划布局具有指导作用，其中的抗震设防标准和抗震防灾措施对小城镇工程建设具有强制性。

7.1.3　提出小城镇抗震防灾应达到的基本防御目标。

地震是一种具有很大不确定性的突发灾害，因此规划编制时，对可能遭遇的不同概率水准的地震灾害提出不同的防御目标。这些目标是在总结以往抗震经验的基础上提出的，各地可根据实际情况，对整个小城镇或其局部地区、行业、系统提出不低于本标准的防御目标，必要时还可区分近期与远期目标。

7.1.4～7.1.5　提出处于抗震设防区小城镇规划建设选址和抗震评价的基本要求与规定。

7.2　建设用地抗震评价与要求

7.2.1～7.2.3　提出建设用地抗震评价相关要求。

由于在抗震防灾规划编制过程中掌握的钻孔资料不可能满足单体工程抗震设防所需要的场地分类要求，表7-1中的场地类别评估地质方法只是一种定性的划分，其结果只适用于规划，不宜作为抗震设计的依据。

7.2.4～7.2.9　地震地质灾害是指在特定的岩土地质环境下地震时而引起的地质灾害，主要包括：可液化地层出现的液化震害、软弱土层的震陷震害、非稳定斜坡出现的滑坡崩塌震害、活动构造引起的地表断错震害等。根据特定的岩土工程地质环境，预测地震地质灾害的发生、规模、强度和危害性的差异，是工作区地震地质灾害评价和区域划分的基础。地震地质灾害评价主要包括场地液化、地表断错、地震滑坡和震陷等灾害的程度、分布和评价。根据工作区地震、地质、地貌和岩土特征，可采用定性和定量相结合的多种方法，评价其潜在危害性和圈定潜在地震地质灾害危险地段。

7.2.10　提出土地利用抗震适宜性规划的基本要求。

场地适宜性评价目的是指出今后建设用地适宜建设要求以及相应建议。

7.2.11　提出编制小城镇发展的用地选择意见。

7.3　地震次生灾害防御

7.3.1　提出抗震防灾规划研究次生灾害源种类分布及危害估计的要求。

地震次生灾害是指由于地震造成的地面破坏、建筑和生命线系统等破坏而导致的其他连锁性灾害。发生于城镇附近的强烈地震表明，次生灾害可能会造成灾难性后果，因此地震次生灾害的分析是非常重要的。一般包括次生灾害源的地震破坏评价和造成的后果影响估计。抗震防灾规划的编制中主要针对布局要求、重点抗震措施等总体抗震防灾要求进行。

次生火灾的评估是地震次生灾害评估的重点，主要是确定高危险区和危害影响估计。高危险区的划定一般与结构物的破坏、易燃物的存在与可燃性、人口与建筑密度、引发火灾的偶然性因素等直接相关，因此应在调查资料和历史震害相结合基础上，进行火灾危险性评估。

次生水灾的发生与水利设施的容量等密切相关，重点是水灾影响范围的估计。专项研究时，可与相关的水库大坝、江河堤防的地震破坏危险性，发生次生水灾的可能性等评价相结合进行。

7.3.2～7.3.3　提出地震次生灾害防御的相关要求。

考虑到地震诱发的次生灾害与平时发生的相关灾害有较大区别，地震次生灾害规划的编制可考虑以下编制原则：

（1）地震次生灾害具有多样性、多发性、同时性和诱发性等特点。制定次生灾害对策，可考虑采取多种措施，争取多方配合、协同工作。

（2）应坚持预防为主的方针，统筹安排资源。

（3）因地制宜，根据各区域自身特点采取有针对性的对策。

（4）防御和处置次生灾害可从规划管理和工程技术 2 方面综合考虑。

8　防风减灾

8.1　一般规定

8.1.1～8.1.4　提出小城镇防风减灾规划相关的一般规定。

风力是最具破坏性的自然力之一。由于它的难以预测和不可避免性，对人民的财产构成威胁。小城镇建筑需采取相应的对策和措施，从建房的选址，房屋结构的形式，房屋构件之间的连接等制定技术措施，从而保障人民生命和财产的安全，减少经济损失。

8.2　风灾危害性评价

8.2.1～8.2.2　提出小城镇风灾危害性评价的相关要求。

小城镇建筑的风灾易损性是反映基于灾前的建筑结构对于一旦发生风灾害的敏感状况，与建筑结构本身和风灾可能造成的后果有关。

风灾易损性指标通过以下 3 种方法综合而得：

（1）根据灾后损失评价体系反推确定。

（2）由风灾实例采用信息量法确定。

（3）对建筑物进行实体或模拟实验确定。

其中主要包括：区域风灾频数、风灾等级、破坏等级、可修复程度。前两项侧重于风灾发生频率和各等级次数的评价，反映建筑的易损程度，后两项侧重于风灾损失的评估，反映结构的受损强度。

8.3　风灾防御要求和措施

8.3.1～8.3.4　提出小城镇风灾防御规划的防御相关基本要求和措施。

9　火灾防御

9.0.1　规定小城镇消防规划主要内容。

9.0.2～9.0.3　提出结合消防，小城镇相关用地选择要求和消防安全布局规定。

9.0.4　提出小城镇消防给水相关规定。

9.0.5　提出小城镇消防站设置依据和相关规定。

9.0.6　提出小城镇消防车通道基本要求。

9.0.7　提出小城镇消防通信系统相关要求。

9.0.8　提出消防专项规划划定高危险区及制定其改造计划和措施的依据和要求。

第8章 小城镇灾后重建防灾减灾

8.1 灾后重建防灾在内的科学规划与工程论证的重要性

小城镇灾后重建是小城镇恢复灾后生产，关系小城镇可持续发展和防灾安全的重要环节。小城镇灾后重建防灾也是小城镇综合防灾减灾的重要组成内容。

以1998年我国长江、嫩江及松花江流域发生的特大洪灾为代表的洪涝灾害，给受灾地区的村镇造成的重大损失，就使几千万人无家可归。造成这次洪灾的原因除了有多次集中的强降雨且超过历史最高洪水位，森林滥伐，水土流失严重，江河湖泊淤积，水利设施老化，不合理围垦建设，生态环境恶化等外，同时也暴露出现有乡镇的村镇建设存在的不少问题：如规划不合理或没有规划，建设选址不当，基础设施简陋，住宅结构不合理，建筑质量低，村镇防洪抗灾能力差等，这些问题加重了灾害造成的损失。

以2008年“5·12”汶川特大地震及后玉树、芦山大地震为代表的地震灾害，造成受灾地区以县城、镇、乡为主的重大人员伤亡、经济损失、生态环境破坏及社会问题。同样集中暴露了小城镇防灾减灾的诸多薄弱环节和存在问题。

2013年7月中上旬，连日强降雨，暴雨引发洪灾与山体滑坡、泥石流地质灾害再次袭击四川盆地西部大部地区，64个县145万余人口受灾。四川都江堰中兴镇三溪村在持续特大暴雨条件下，引发的特大型高位山体滑坡，滑坡规模约150万m^3，山体崩塌，塌方体量约$2km^2$；50年一遇特大暴雨造成汶川地震灾区多座桥梁垮塌，唐家山堰塞湖和北川老县城降雨量高达285mm，致使唐家山堰塞湖水位抬高8m，北川老县城“5·12”地震遗址全城被淹，水深超7m，再次遭受劫难；四川雅安芦山地震灾区多处道路塌方，交通中断，1.7万人再次受灾。

图8-1为四川都江堰中兴镇孟河暴雨急流（附后）。

图8-2为北川老县城“5·12”地震遗址遭遇50年最强洪水劫难（附后）。

上述不同方面突现小城镇灾后重建规划与选址及相关综合防灾结合实际科学规划与工程论证的重要性。

8.2 洪灾区防灾减灾灾后重建规划

8.2.1 洪灾区县（市）域城镇体系规划调整及相关要求

1. 洪灾区县（市）域城镇体系规划调整基本要求

洪灾区灾后重建规划以相关县（市）域城镇体系规划为依据。结合相关课题研究与分析，洪灾区县（市）域城镇体系规划调整应考虑：

（1）依据县（市）域社会经济发展规划，与防洪规划、土地利用总体规划、产业发展规划相协调。

（2）调整镇乡村布点，改变灾前居住分散、村镇规模偏小，设施水平低的状况，提高抵御洪灾能力、土地利用率和各项设施水平，优化镇乡村环境。

（3）区别不同灾情与重建条件，因地制宜采取就地重建，高地后靠（退人不退田）、还河还湖外迁移民等不同重建类型。

2. 相关基本要求

（1）从有利加快农业剩余劳力转移、产业结构调整和城镇化进程考虑，灾后重建迁村并点、移民建镇宜按相关标准加大镇乡村规模。

（2）灾后建设用地规划标准包括以下：

1）建设用地选择。

2）建设用地分类。

3）建设用地规划指标与构成比例。

从有利于灾后重建的合理用地与节约用地考虑，按"中国建筑气候区划"和上述标准确定规划人均建设用地指标。

（3）从有利于切实调整第一产业，优化提高第二产业，加快发展第三产业考虑，结合灾后恢复生产、重建家园、合理布局、配套建设的要求，研究提出产业结构调整的方向以及生产和仓储用地的选址要求。

（4）住宅建设是洪灾区小城镇建设的重点内容，从有利于提高镇乡村住宅区规划与建设水平考虑，以调查为基础，从居住用地选址、居住区规模等级与规划结构，各项用地组成部分的规划要求，用地及建筑技术指标等方面，提出镇乡村住宅区规划方法、技术要点和技术指标。

（5）从有利于加强小城镇公共中心建设，促进小城镇第三产业的发展考虑，根据镇（乡）村体系结构分级配置的原则，公共建筑项目分类与配置标准，按镇（乡）域镇村体系规划与镇规划标准，提出小城镇公共中心的组成、选址与布局，以及各项公共建筑的具体布置要求。

（6）根据小城镇道路交通规划的基本原则、道路级别划定、规划技术指标及不同层次居民点道路系统组成，按河网、山区等不同地区村镇路网的规划方法，不同功能性质道路规划要求，道路横断面、纵断面的设计要求，各类公共停车场布置要求及面积指标，规划镇乡村道路交通规划。

（7）用地竖向规划是提高洪灾区村镇防灾能力的重要方面，也是当前村镇规划的薄弱环节，按灾后重建小城镇用地竖向规划的原则、主要内容和规划要求，提出不同坡度用地的布置形式，各类建设用地的规划适宜坡度要求。

（8）根据节后重建对基础设施各系统的规划原则、规划内容、标准选择的要求，提出基础设施各专项需求预测、系统组成与布置方案。

（9）提出防地质、地震灾害、火灾、风灾等其他灾害的防治要求与综合防灾要求。

（10）加强洪灾区村镇环境规划，提高灾后重建村镇的环境。从生产环境、环境卫生、环境绿化、村镇景观四方面提出镇乡村村镇环境规划的原则、内容和方法，并着重提出环境卫生设施的规划内容和技术指标。

8.2.2 洪灾区灾后重建规划内容与指南要求

1. 洪灾区灾后重建规划内容

(1) 洪灾区灾后重建指导方针和基本原则。

(2) 洪灾区的重建布点原则、村镇体系的层次与规模分级。

(3) 灾后重建规划的人口规模预测。

(4) 重建村镇的用地选择，建设用地的指标和构成比例。

(5) 生产项目选定与生产、仓储用地规划布置。

(6) 居住建筑用地的指标、选址和规划布置。

(7) 公共建筑项目配置与公共中心规划。

(8) 道路系统、对外交通及用地竖向规划。

(9) 给水、排水、供电、邮电等工程规划。

(10) 环境规划与其他灾害的防治。

2. 洪灾区灾后重建规划指南

中国建筑设计研究院“洪灾区小城镇规划技术标准与指南”课题研究提出洪灾区灾后重建规划指南要求包括：

(1) 灾后重建的规划原则与编制依据。

(2) 规划编制工作的程序与内容（资料收集与调查、编制程序、成果内容、审批与实施）。

(3) 灾后重建规划各项内容的技术要点（包括规划编制应执行的各项技术标准和具体做法要求）。

8.3 地震灾区灾后重建防灾减灾

8.3.1 地震灾区灾后重建选址及防灾减灾特征

地震灾区灾后重建选址直接关系到灾后重建城镇的安全，是灾后重建成败的关键，也是灾后重建科学规划的前提。

1. 选址的原则与基本要求

地震灾区灾后小城镇重建选址应符合以下基本原则和满足以下基本要求：

(1) 镇乡村居民点安全和小城镇建设用地适宜性原则

地质灾害避让是城乡居民点灾后重建选址首先应考虑的重要因素。安全需求是人类生存和发展的最基本需求，灾后重建选址强调“以人为本、安全第一”，贯彻“预防为主，避让与治理相结合的方针”，严格避让地震断裂带和山崩、滑坡、泥石流等地质灾害易发地段，强调符合建设用地适宜性要求。

(2) 符合生态环境评价与生态安全格局要求

地震灾害使地震灾区生态环境条件发生很大变化，如汶川地震后唐家山堰塞湖的形成及暴雨引发的堰塞湖排洪和泥石流的侵袭等，同时，突出地震灾区灾后重建选址生态环境评价的重要性。

（3）充分考虑区位、环境资源承载力等建设条件，符合用地经济性与可持续长远发展要求

地震灾区小城镇灾后重建选址应以县（市）城镇体系规划及镇乡布局合理调整为指导，以相关区域资源环境承载力为基本依据，从产业结构调整、重要基础设施建设、生态环境和自然文化资源保护等考虑长远可持续发展。

灾后小城镇重建选址同时需要分析小城镇运营成本的差异，分析区域经济发展轴带与基础设施网络、廊道的综合影响和促进作用，符合区域发展总体要求与用地经济性要求，有利保持地方特色和发扬民族文化。

（4）优先就地就近重建选址

分析借鉴国内外地震灾区重建选址经验，基于综合地质条件与生态环境评价及其他相关因素分析，优先就地就近重建选址是合理的。

基于上述综合考虑，地震灾区灾后小城镇重建可依次选取以下3种类型：

1）原地恢复重建。

2）属地行政区（不跨属地县域镇域、乡域）异地新建。即在本行政区范围内依托其他居民点或新址进行人口、产业转移和城乡功能构建。

3）跨行政区异地新建。即依托其他地区居民点或新址跨本行政区异地新建。

（5）重建选址应充分听取当地人民群众意见，尊重专家意见

灾后重建规划与选址关系灾区人民群众切身利益与长远利益，充分听取与尊重人民群众意见，本身高度体现城乡规划的公共政策属性。重建选址工作应“符合民众意见，尊重专家意见”，坚持科学选址的同时，做到公开透明，关怀弱势群体，有利维护社会稳定，营造和谐环境。

2. 规划选址方法与相关借鉴

（1）借鉴国外地震多发国家相关经验

地震灾害造成破坏除地震大小、地质条件、地形、发生时间等相关因素外，影响灾害破坏程度的主要因素在于建设场地的工程地质条件和房屋建筑采用的抗震标准。小城镇布局缺乏科学性与规划用地评价、房屋建筑抗震标准低是小城镇造成地震更大损害的主要原因。

国外地震多发国家抗震主要经验之一，普遍重视建设场地的工程地质勘察，尤其是活断层的地质构造调查，及时调整地震动参数区划图，针对重要设防地区开展地震小区划工作，并根据经济发展水平，逐步提高建筑工程的抗震设防标准，提高抗震防灾能力。如，日本重视不断提高建筑物抗震设防标准，全面提高抗震防灾能力，美国严格限制地震危险地区的开发建设行为，土耳其因地制宜制定分区设防标准，加强建设工程抗震能力。

（2）地质条件综合评价与生态环境条件分析

在相关勘测与地震地质、工程地质条件资料收集基础上，加强选址方案相关的地质条件综合评价与生态环境条件分析。明确选址相关的用地防灾适宜性按相关标准要求划定较适宜、有条件适宜和不适宜分区明确限制建设和不适宜建设范围，确定限制使用要求和相应的防灾减灾措施。

以前述北川老县城“5·12”地震遗址再次遭受灾害劫难为例，造成北川老县城地震

遗址年年不同程度和今年全面被淹没主要是“5·12”汶川地震后，唐家山堰塞湖至老县城湔江沿河山体松动，一遇暴雨，大量泥石流冲刷而下，冲刷至老县城地震遗址保护区，致使遗址区河床抬高所致。在此分析基础上，地方相关部门已提出治理科研报告：1）对沿河山体固化。2）河道疏浚。3）采取河道水流分流。在完成1）、2）治理后，最为重要的是河道分流治理措施，即在老县城地震遗址区下游、龙尾隧洞（断桥隧道）处，将湔江截断，不让洪水沿着原河道进入遗址区，以确保老县城安全。

上述案例分析说明地震灾区灾后重建选址在重视用地防灾地质与生态条件适宜性分析的同时，重视确定限制使用要求和相应的防灾减灾措施同样重要。

（3）地震灾区灾后重建选址基于相关抗震设防区划工作，提高选址科学水平

包括设计地震动和场地破坏效应分区，以及土地利用等定量、定性综合评价结果的抗震设防区划，以及相关工作区地震环境、场地影响及地震地质灾害评价的相关内容详见4.2.4抗震设防区划与设防标准。

（4）地震灾区灾后重建选址结合灾后小城镇重建规划编制，贯穿生态规划思想理念、重视生态安全生态格局

8.3.2 灾后重建小城镇规划的生态规划防灾理念

1. 生态安全规划思想理念与小城镇生态规划特点

基于生态学理论基础的生态及生态安全思想理念，也即生态意识，就是强调用生态与生态系统思想来思考问题。

包括灾后小城镇规划建设在内的城乡规划建设以科学发展观统领，强调城乡统筹、可持续发展与和谐社会构建等都与生态规划思想理念密切相关。生态意识强调以生态循环系统的方式全面思考问题。生态环境与城乡规划建设在许多方面会产生相互影响，城乡规划建设应考虑生态评价与生态环境目标预测，特别应考虑生态安全与生态安全格局。“5·12”汶川8.0级地震是新中国成立以来破坏最强、造成损害和波及范围最大的地震，震恸了整个中国，也牵动了全世界人民的心。汶川大地震也是一场生态大灾难，面临的灾后重建规划建设中凸显生态安全理念的重要性已成为人们的共识。城乡规划特别是灾后重建规划用地选择首先要考虑生态适宜性，在用地综合地质条件、生态环境容量、环境承载力等分析评价基础上，明确哪些范围不可建设、不宜建设，哪些范围适宜建设、可以建设。同时，对于涉及那些强调生态环境保护的生态濒危地区、生态敏感区应是规划不可缺少的深入研究内容。

2. 灾后重建小城镇生态安全构建

不同学科的生态规划有不同的规划内容和规划侧重点。例如，园林规划中的生态规划与城乡规划中的生态规划内容就有很大不同。园林规划中的生态规划侧重植物、绿化方面的生态规划内容；而城乡中的生态规划内容则是侧重于城乡规划区域的社会经济、城乡布局、生态保护紧密相关的生态资源、生态质量、生态功能、安全格局、生态建设等规划内容。

灾后重建小城镇规划中的生态规划主要规划内容包括：

（1）小城镇规划区生态环境分析。

（2）小城镇规划区生态环境评价。

（3）小城镇规划区远期生态质量预测。

（4）小城镇规划区生态环境区划分。

（5）小城镇生态安全格局与生态保护。

（6）小城镇生态建设。

灾后重建小城镇规划中生态规划根据小城镇生态环境要素、生态环境敏感性与生态服务功能空间划分的生态功能区，指导小城镇生态保护和规范小城镇生态建设，避免无度使用生态系统。

在上述灾后重建防灾与小城镇生态环境规划编制内容中首先要强调生态安全与生态安全格局。灾后重建防灾与小城镇生态环境研究和生态规划编制的一个重要目的就是要选择规划建设用地，指明人居环境的建设地域，以保证不妨碍地域的自然演进过程及不破坏系统的安全机制。不同地区的独特性决定其不同的生态安全格局，应通过客观分析提出生态安全格局。同时，为维持生态安全机制，生态安全格局应保留区域中的一定地段和景观要素作为生态稳定性的空间。

灾后重建小城镇生态安全的构建要求小城镇发展应保证其区域要素（人居类型）的完整性，使区域有较为齐全的、多样的生态环境类型。生态学的研究表明，维持区域内景观的多样性与异质性是维持区域生态系统稳定性的基本前提之一。城镇的向外扩展、人类的土地利用，或多或少的存在着单类型、简单化的趋向。为此，需要空间组合的生态研究，尽量保护已有的自然空间，形成自然空间网格体系，并为人为空间形成镶嵌型的空间组合结构，提高区域范围内的类型多样性，增加区域生态系统的稳定性，形成人居建设的区域生态安全格局。

而在城镇区范围内，其自然环境内部规定了城镇发展的空间，反过来区域与城镇的发展模式与空间模式对外围及内部的自然生态环境有重要的影响。自然演进过程及其形成的演进框架为城镇的发展提供了潜力与限制，需要通过建设的生态适宜性分析加以揭示，并把城镇对周围地区的有利影响纳入地区的生态运行过程中。

区域和城镇规划的基本目标是促进区域要素的合理配置与功能的正常发挥，形成生态环境良好的居住空间，达成自然与人工环境的协调，并保证自然环境的正常功能与运行体系，维持自然演进框架。同时，保证自然环境的能力必须理解并尊重区域的生态过程，现有的自然演进框架是几万年、几十万年、甚至几百万年自然演进过程塑造的结果。生态过程的运行一方面受制于现有的自然空间框架，另一方面又对自然空间框架进行改造，并形成未来的空间框架。在规划中应充分认识区域范围内生态过程的重要性，并与空间框架的分析相结合，形成对区域内自然演化的认识，为规划方案的形成提供科学的基础。

在小城镇规划中，对于区域范围生态过程及其自然演化的认识同样是十分重要的。全国重点小城镇四川会东县城镇是典型的山水宜居生态小城镇。一方面山环水绕，自然景观十分优美；另一方面，由于处在城中有山、山中有城的典型四川山地复杂地形中，其用地布局、综合防灾、基础设施等规划都有相当的难度。我们在“十五”国家科技攻关计划课题成果该镇试点应用规划项目中，把生态规划的思想理念很好地贯穿到县城总体规划、详细规划、景观风貌规划及城市景观设计中去，县城中心区以县城老鹰山片区规划为例，老鹰山下的蜀锦路两侧是连接贯穿县城南北鲹鱼河滨水景观带和河东鲹鱼河/白搭山步行休闲景观轴的县城中心区重要景观轴带。在相关规划中，结合景观规划、防洪规划、排水规划，规划保留和整治老鹰山片区山上山下溪流、河湖、池塘等自然水系，蜀锦路东北侧主要以鲹鱼河引水渠和规划老鹰山南北明渠为主；蜀锦路西北侧以整治 10m 宽的鹅村河与在原有溪流及胜利公园池塘基础上新辟的 1hm^2 的人工湖面为主，汇合鲹鱼河形成蜀锦路景观轴两侧与周边的新景观水系。从而一方面实现了上述规划的完美结合；另一方面，规划未来的空间框架，尊重自然演进框架，对于县城防灾、生态安全及生态系统稳定提供了有力保障，如图 8-3～图 8-5 所示。

图 8-3 老鹰山片区用地布局规划图（附后）。

图 8-4 老鹰山片区排水工程规划图（附后）。

图 8-5 鲹鱼河水系生态景观图（附后）。

灾后重建小城镇生态规划内容同时要强调环境容量和环境承载力分析。科学定性与定量地确定环境容量和环境承载力是小城镇生态环境规划的重要依据。与生态安全、生态安全格局一样也是小城镇总体规划城镇空间布局、城镇发展方向等规划建设决策首先要考虑的重要依据。以环境容量、环境承载力、自然资源承载力、生态适宜性以及生态安全度和可持续性为规划依据，是充分发挥生态系统潜力的基本原则。

小城镇环境容量是指在不损害生态系统的条件下，小城镇地区单位面积上所能承受的资源最大消耗率和废物最大排放量。

小城镇环境承载力是指小城镇在一定时空条件下，环境所能承受人类活动作用的阈值大小。

小城镇资源承载力是指小城镇地区的土地、水等各种自然资源所能承载人类活动作用的阈值，也即承载人类活动作用的负荷能力。

小城镇土地利用的生态适宜性是指小城镇规划用地的生态适宜性也即从保护和加强生态环境系统对土地使用进行评价的用地适宜性。

小城镇土地利用的生态合理性是指减少土地开发利用和生态系统冲突考虑与分析的小城镇土地利用的合理性。

小城镇土地利用的生态合理性可基于小城镇土地利用的生态适宜性评价，对小城镇的土地利用现状和规划分布进行冲突分析，确定小城镇的土地利用现状和规划布局是否具有生态合理性。

小城镇生态安全度是人类在生产、生活和健康等方面不受小城镇生态结构破坏或功能损害，以及环境污染等影响的保障程度。

小城镇生态可持续性是指保护和加强小城镇环境系统的生产和更新能力。

小城镇生态可持续性强调小城镇自然资源汲取开发利用程序间的平衡以及不超越环境系统更新能力的发展。

以环境容量、自然资源承载力、生态适宜度、生态安全度和生态可持续性为依据，有利生态功能合理分区、改善城镇生态环境质量，寻求最佳的城镇生态位，不断开拓和占领空余的生态位，充分发挥生态系统的潜力，从而促进城镇生态建设和生态系统的良性循环，保持人与自然、人与环境的可持续发展和协调共生。

8.3.3 地震灾区小城镇灾后重建的防灾对策

1. 地震灾区灾后重建规划特点与基本要求

灾后重建必须以灾后重建规划为指导，坚持规划先行。灾后重建规划是恢复重建工作的重要依据，有以下特点与基本要求：

（1）政策性、指导性和操作性很强、要求很高。地震灾害突发性、破坏性很大，灾后重建规划是一项涉及灾区广大群众切身利益的应急、恢复、复原规划，要求具有很强的政策性、指导性与操作性，必须建立在深入全面调研、科学评估、充分论证的基础上突出重建规划的特点与要求，多方案比选。

（2）综合性与前瞻性。地震灾区灾后重建往往是一切从头开始，规划涉及方方面面、要求具有较强的综合性与前瞻性。

（3）适度弹性，便于建设过程根据实际情况的必要调整。

（4）不同规划之间的衔接与协调，突出规划的一致性与引导性。

（5）以解决灾区群众生产生活面临的实际问题为基本出发点，服务广大群众，同时，特别关注残疾人群和孤寡人群的社会需求。

2. 灾后重建的防灾对策

灾后重建的防灾对策，突出以下方面：

（1）尽快建立灾害与应急社会管理体系

按照“自然灾害以避为主，人为灾害以防为先”原则，深化应急预案体系建设。在加强灾害管理专业化建设的同时，将防灾减灾工作纳入到社区管理范畴中，形成政府和公众在管理建设上的互动。

（2）因地制宜实行地震灾区差异化分区恢复重建

根据资源环境承载能力，考虑灾害和潜在灾害威胁，科学确定不同区域的主体功能，优化地震灾区灾后镇乡村布局、人口分布，调整产业结构和生产力布局，促进人与自然和谐。

受灾严重、地质灾害复杂，建设适宜条件较差乡镇，应依据震后属地县（市）域城镇体系规划，调整相关功能定位控制恢复重建人口与建设用地规模即缩小原地重建规模。

受灾较轻、恢复重建条件较好的乡镇，可适当加大灾后重建人口规模和建设用地规模。

（3）政策配套，引导地震灾区重建人口合理布局和转移

通过政策配套和重建项目的合理布局与安排，引导农村人口向小城镇和中心村转移，地质灾害易发地区向较安全地区转移、山上向山下转移，实现人口内聚外迁，降低地震灾区灾后重建风险。

（4）以资源环境承载力为前提，合理确定地震灾区乡镇规模与布局

突出地震灾区灾后重建的生态系统与生态安全理念，推广环境友好型灾后重建模式。

8.4　灾后恢复重建总体布局与规划选址案例借鉴

灾后恢复重建总体布局与规划选址是地震灾区恢复重建防灾减灾及长远发展考虑的核心内容。

本节以汶川地震相关德阳市域灾后恢复重建城镇总体布局与规划选址[1]为例，突出灾

[1] 本例节选中国城市科学研究会与中国城市规划设计研究院“地震灾后重建规划选址相关问题研究”，本节着重案例相关分析与借鉴，对规划内容作较大删减。——编者

后重建防灾分析，提供相关借鉴。

8.4.1 受灾城镇的空间分布特征

汶川地震涉及德阳市的极重灾县（市）包括绵竹、什邡二市，重灾县（市、区）包括旌阳区、罗江县、中江县及广汉市。受灾城镇空间分布有以下特征：

（1）与地震的破坏烈度空间分布一致 由西北至东南（山区——平原——丘陵）层次性渐进递减。

（2）与断裂带位置高度关联。

（3）与次生地质灾害分布高度关联，崩塌、滑坡、地面不均匀沉降和泥石流地质灾害使受灾程度有次生灾害明显高于无次生灾害。

（4）震前建筑质量差异造成受灾城镇空间分布不同受灾程度村庄高于乡镇，乡镇高于县城。

8.4.2 灾后重建防灾与发展条件评价

1. 资源环境承载能力评价

根据中国科学院的资源环境承载能力评价报告，将重建适宜性评价分为5类，包括不适宜重建区、较不适宜重建区、中等不适宜重建区、较适宜重建区、适宜重建区。旌阳区和罗江县为适宜重建区和较适宜重建区；中江县大部分区域为中等适宜重建区；绵竹市和什邡市的平原地区大部分为适宜重建区和较适宜重建区，西北部山区为不适宜重建区和较不适宜重建区；广汉市不在中国科学院的评价范围内，但其特征与旌阳区和罗江县相似。

评价报告认为，在极度灾区中，德阳的绵竹市和什邡市属于资源环境承载力好，受灾严重的山区——平原过渡县市，虽然这类地区位于龙门山前的部分乡镇遭受了严重破坏，已不宜就地重建。但因其平原地区占比重较大，经济基础与发展条件很好，承接吸纳受灾乡镇人口外迁的空间容量很大，具有在县域范围内调整消化的条件。

另，根据中科院成都山地所报告对绵竹市和什邡市人口承载力分析，绵竹市超载达3200人，什邡市超载达2900人，见表8-1所示。

人居不适宜、较不适宜区人口承载力表 表8-1

县市	震前人口（万人）	震后人口（万人）	震前粮食承载人口（小康型）（万人）	震灾灭绝耕地（亩）	震后粮食承载人口（小康型）（万人）	震前超载人口（万人）	震后超载人口（万人）
绵竹市	8.99	7.85	8.63	10269	7.53	−0.36	−0.32
什邡市	3.42	2.81	3.27	7123	2.52	−0.15	−0.29

资料来源：中科院成都山地所资源环境承载力评价报告（2008年6月15日）

2. 工程地质适宜性评价

（1）地质构造与地质灾害

1）地质构造

德阳处于扬子板块西部近边缘，成都新断陷与龙泉山大背斜结合部位，即大致沿龙泉山西缘隐伏大断裂为界；西部属成都新断陷北段，全为第四纪覆盖；东部属龙泉山大背斜北段西翼；北部为绵阳帚状构造收敛部，各构造形态均在此背景上发育。

2）地震作用

德阳市所辖绵竹市、什邡市西部山区靠近龙门山断裂带，距汶川大地震震中——映秀镇直线距离仅几十公里，震中对区内的断裂构造的破坏作用相当大，诱发大量断裂不同程度的复活。其活动规律如下：

① 活动断裂以逆冲走滑错动为主，表现为大量的地面隆起、开裂下沉、房屋地基下沉、路面错动等现象。

② 活动断裂主要沿原有老断裂带进行活动，根据调查区内的断裂活动迹象基本与原有断裂位置及走向大致重合。

③ 断裂活动对建筑物的破坏作用巨大，建立于活动断裂带上以及断裂带附近的建（构）筑物损毁严重，远离断裂带的建（构）筑物相对较轻。

④ 主干断裂的破坏作用相比次级断裂大，其诱发的地质灾害也具有致灾大、规模大、危害性大的特点，以两大断裂（江油—灌县断裂带（F3）、北川—映秀断裂带（F2））活动性最为强烈，并沿 NW—SE 方向向两侧逐渐减弱。

3）不良地质作用

德阳市域横跨龙门山区、成都平原和川中红层丘陵区，地质环境条件复杂多变。西北部龙门山区和中东部龙泉山区构造作用强烈，断裂褶皱和裂隙发育，地形切割强烈，沟谷发育，降水充沛多暴雨，地质环境条件差。

其中，龙门山区中东部和北部中高山区，磷、煤、石灰岩等矿产资源丰富，矿山开采频繁，开采规模和开采强度大，形成大面积采空区，矿渣及其他工程活动产生的弃土随意堆积倾倒，严重影响斜坡与山体稳定，诱发和产生大量的崩塌、滑坡、泥石流及地裂缝，塌陷等地质灾害，是德阳市地质灾害高易发区。

龙门山西北部中高山区和西南部低山区及龙泉山低山深丘区是德阳市地质灾害中易发区。

地质灾害的发生时间主要集中在 7～9 月汛期的强降雨和连续降雨期间，地质灾害的空间分布主要集中在市域西北部龙门山区和中部龙泉山区地质灾害高易发区和中易发区。在西北部龙门山区，地质灾害的发生主要由于该区地质环境条件差和采矿等工程活动影响在暴雨冲刷和地震活动等作用下形成；在龙泉山低山深丘和浅中丘区，则主要由于地形坡度较大和房屋道路渠道等工程建设不合理开挖加载在暴雨冲刷侵蚀作用下形成。

诱发地质灾害的主控因素是暴雨。据德阳市气象局提供资料：全市降雨量 700～900mm，为正常年略偏少。大雨开始期在 5 月中旬至下旬前期，结束期在 8 月下旬至 9 月上旬。6 月下旬后期有一次强降雨过程，7～8 月盛夏期有 3～4 次区域性暴雨。

地质灾害类型在西北部龙门山区主要为滑坡、崩塌、泥石流以及地裂缝和地面沉陷，在东南部龙泉山区和丘陵区主要为滑坡、崩塌以及地裂缝等。地质灾害发生的规模主要以小型为主，特别是山区峡谷危岩地段断裂褶皱发育、受采矿、修路、削坡以及城建挖掘等影响，雨季易产生零星崩落、滚石和小型滑坡、崩塌。若强降雨主要集中在龙门山和龙泉山区，地质灾害高易发区，可能诱发部分大小型地质灾害。

地质灾害防御重点区为：

① 石亭江、绵远河山区干、支流河谷、公路沿线、乡镇、工矿企业、乡村居民集中居住区、矿山开采集中区、风景旅游区。该区地形陡峻，地质构造作用强烈，矿山开采和水电、公路建设等工程活动频繁，大量的岩体采空和废渣弃土堆积。该区历来是多雨带和暴雨集中区，暴雨山洪的冲刷侵蚀作用强烈，易诱发和产生崩塌、塌陷、滑坡、泥石流等地质灾害。其中尤以清平—天池、岳家山—马槽滩和峡马口—响簧洞等地段，是地质灾害高易发区，具有灾害类型多、规模大、活动频繁、治理困难等特点，严重危害矿业生产、农林业生产、交通建设和职工居民的建设。

② 龙泉山东侧中江县南华镇—石泉乡—合兴乡—兴隆镇合兴大断层与人民渠沿线一带居民转为集中的地质灾害易发区该区地形切割强烈士墓受德阳—中江环状构造和龙泉山褶皱断裂影响强烈，人民渠的开挖等工程影响和渠水渗漏影响，农耕垦殖活动频繁，已产生和诱发多处不同规模的滑坡、地裂和崩塌等地质灾害和隐患。其中尤以人民渠隆兴—合兴段一带的南华、石泉、合兴三乡镇地段地质条件复杂，构造作用强烈。

龙门山区中部和北部地质灾害高易发区，为重点防御区；龙门山区西南部地质灾害中易发区和龙泉山区地质灾害中易发区，为次重点防御区；其余地区为地质灾害一般防御区。

要特别重视对山区和丘陵区高陡斜坡危岩产生的崩落、滚石、小型崩塌对居民，行人车辆和工程建设危害的防御工作。

(2) 工程建设适宜性评价

根据现场调查，结合有关地质灾害危险性评估资料，依据相关规范，德阳市工程建设适宜性划分为适宜、较适宜、适宜性差和不适宜四个分区。

德阳市市区东部低山丘陵地带，存在一定的不良地质作用，属于较适宜区；德阳市辖区内其余大部分平原地区无明显的不良地质作用，均为适宜区；靠近龙门山断裂带及其次级断裂带的山前阶地及低山丘陵地带，存在崩塌、滑坡、泥石流等地质灾害，发育程度中等，为适宜性差区；龙门山断裂带及次级断裂带沿线及避让范围，位于构造断裂带附近，发生崩塌、滑坡、泥石流等地质灾害的危险性较大，属于不适宜区。

(3) 结论与建议

1) 灾后重建时，各类工程场地上的各类建（构）筑物应按四川省汶川 8.0 级地震灾后重建地震评价规划图确定的德阳市各地区地震参数和场地特征周期标准进行抗震设计。对于学校、医院等重要公共建筑，应按有关规定提高抗震设防标准。

2) 对于工程建设适宜性评价为适宜、较适宜的地段，无明显不良地质作用或存在一定不良地质作用，灾后重建时应避开存在地震液化、地裂缝等不良地质作用的地段，如果作为重建规划用地时，在建设时应对不良地质作用进行工程治理措施。

3) 对于工程建设适宜性评价为不适宜的地段。存在明显不良地质作用，且发生的概率很大，原则上不能作为市、镇规划建设选址用地，布置建（构）筑物。当无法避让需要进行灾后重建时，应避开不良地质作用易发的地段，选择地势开阔、地形平坦等地质灾害危险性小的地段进行建设。

4) 山区乡镇如需要进行原址重建，应进行详细的地质灾害评估工作，根据地质灾害评估结果对需要进行治理的地质灾害点分阶段进行治理工程。当建设用地靠近河谷地段时，应疏浚河道，保证河道泄洪畅通。并应在沿山沟口位置设排洪管沟或结合排水管沟一并设计，防止山洪和泥石流对拟建建筑物产生威胁和破坏。

5）山区乡镇在重建规划、建设时，应减少耕作活动，限制采石、开矿等人为活动，加强退耕还林还草，保护自然地貌的稳定，大力发展林、果、药材种植及旅游产业。

6）在灾后重建时，各类工程建筑应按先勘察、后设计、再施工的工程建设程序进行，加强工程质量监督管理，确保工程建设质量。

3. 相关规划与地震地质要素的城镇布局分析

（1）地震地质限制要素对城镇布局的影响考虑不足

根据相关资料分析，绵竹、什邡处于映秀-北川龙门山中央主断裂、龙门山前山断裂带以及与其平行的5条主要隐伏断裂构造附近，即汉旺—睢水；八角-拱星；绵竹—河清镇—兴塔镇；新市—永兴；什邡—袁家断裂带，此外还有众多的次生断裂。

在西北部山区和沿山区的清平乡、天池乡、拱星镇、汉旺镇、九龙镇、遵道镇、金花镇、红白镇、莹华镇、八角镇、洛水镇、湔氐镇的乡镇范围内均有较大部分位于地质灾害高易发区和中易发区，另外，在德阳市区以东的丘陵地区，也处于地质灾害中易发区。

对于位于地质灾害高易发区和中易发区的城镇，在城镇体系布局中应给予重点考虑，明确其未来的发展规模和对应的人口发展策略。

（2）山区道路等生命线系统与乡镇学校医院等公共服务设施抗震防灾能力严重不足

（3）城镇布局与资源环境不协调

德阳地处我国地势的第一级阶梯向第二级阶梯的过渡地带，属川西高、中山区之龙门山脉地区、四川盆地区之成都平原区、川中丘陵区的一部分。受地质构造和岩性影响，地貌类型多样，多种地貌交错组合，呈现出较为复杂的地貌景观。地势西北高、东南低、高度相差大，地貌类型分为山地、平原、丘陵。

上述三类截然不同地区宜选择不同的城镇化模式来保障人民安全和生产、生活水平提高。尤其对于受资源环境严重限制的西北山区和沿山地区应通过镇乡合理布局与政策引导迁村并点，选择可持续发展城镇化模式。

4. 市域用地的空间管治

通过划分禁建区、限建区、适建区，制定不同的用地管制对策。

表8-2为禁建区、限建区、适建区划分要素表。

禁建区、限建区、适建区划分要素表　　**表8-2**

类型	要素	禁止建设区	限制建设区
自然地理条件	地质环境	活动地震断裂带	不适宜和较不适宜区
	蓄滞洪区	—	蓄滞洪区
	山区泥石流	高易发区	中易发区
	山体	坡度大于25%或相对高度超过250m	坡度介于15%～25%的山体及其他山体保护区
自然与文化遗产	自然保护区	核心区	非核心区
	风景名胜区	核心区	一、二级区
	历史文化保护区	文保单位保护范围	文保单位建设控制地带、历史文化街区、地下文物富集区
绿线控制	基本农田	基本农田保护区	—
	河湖湿地	河湖湿地绝对生态控制区	河湖湿地建设控制区
	绿地	城区绿线控制范围、铁路及城市干道绿化带	绿化隔离地区、生态保护林带、经济林、森林公园、退耕还林区

续表

类型	要素	禁止建设区	限制建设区
水源保护	地表饮用水源保护区	一级保护区	二级保护区
	地下水源保护区	核心区	防护区
	地下水超采区	—	建成区以外地下水超采区
其他	大型市政通道	大型市政通道控制带	机场噪声控制区
	矿产资源区	禁止开采区	限制开采区、允许开采区

（1）禁止建设地区

德阳市域的禁止建设区包括：九顶山省级自然保护区和风景名胜区核心区、蓥华山省级风景名胜区核心区、云湖国家森林公园核心区、龙门山国家地质公园核心区、矿产采空区、沱江源头水源涵养林、人民渠地表水源一级保护区、地下水源一级保护区、大型市政通道控制带、本轮土地利用总体规划调整后的基本农田保护区、活动地震断裂带、滑坡崩塌和泥石流等地质灾害高易发区、坡度大于25%或相对高度超过250m、文保单位保护范围以及其他需要控制的地区。

禁止建设地区原则上禁止任何城镇建设行为。对于位于禁止建设地区的居民点，严格限制任何农村建房、乡镇企业或其他城镇建设活动；制定“迁村并点”计划，逐步搬出现有的农村居民点；位于禁止建设地区的城镇建设用地应逐步迁出。

（2）限制建设地区

德阳市的限制建设区包括：九顶山省级自然保护区的风景名胜区非核心区、蓥华山省级风景名胜区非核心区、云湖国家森林公园非核心区、龙门山国家地质公园非核心区、德阳西北部山区的经济林区域、人民渠地表水源二级保护区、地下水源二级保护区、德阳西北部山区和中东部丘陵地质灾害高易发区和中易发区、绵竹、什邡、广汉和罗江等地下文物保护区、蓄滞洪区、机场噪声控制区、地质灾害中易发区、坡度介于15%～25%的山体及其他山体保护区以及其他需要限制建设的地区。

限制建设地区应该控制城镇建设开发行为，城市建设用地选择应尽可能避让，对于列入限制建设地区的城镇建设区，应提出具体建设限制要求。对于位于限制建设地区的农村居民点，规划应制定相应的村庄集镇规划，严格控制其建设活动。

（3）适宜建设地区

适宜建设地区为除禁止建设地区和限制建设地区外的地区，是城镇建设发展优先选择的地区，其建设行为应根据资源环境条件和发展潜力，科学合理地确定开发模式、开发规模、开发强度和使用功能。

8.4.3 灾后恢复重建规划的基本要求

1. 规划指导思想

（1）坚持尊重自然，安全优先——以资源环境承载能力为前提。

（2）坚持以人为本，民生优先——先期恢复重建关系民生的基本生活生产设施。

（3）坚持立足当前，着眼长远——近期重建与长远发展有机结合。

（4）坚持创新模式，振兴提升——与新型工业化、城镇化和新农村建设相结合。

（5）坚持科学规划，统筹发展——全面贯彻科学发展观，统筹城乡和区域发展。

2. 规划期限

根据地震灾区灾后恢复重建规划的特点，规划期限着重短期，以短期（一般3年）实施规划为主，同时近期远期结合规划。

3. 规划目标

（1）总体目标

基本完成灾后恢复重建的主要任务，人民群众的基本生活生产条件达到灾前水平，有条件的地区超过灾前水平。按照国家提出的“新型工业化、城镇化和新农村建设”的战略要求，以人为本，优化调整人口和产业空间布局，基本形成布局合理、结构完善、功能配套的市域城镇体系，建设人与自然和谐相处、人居环境良好的美好家园。

（2）分项目标

1）合理优化城镇布局，提出灾区人口合理布局与空间转移、城镇和重大工矿企业重建选址方案。

2）调整城镇体系结构，预测原址重建、异地迁建城镇的人口和建设用地规模需求、城镇住房重建需求。

3）提出城镇基础设施、公共服务设施建设重建目标、标准和方案。

4）提出历史文化遗产抢救与保护、风景名胜区恢复与保护的原则与策略。

5）为城乡住房建设、基础设施、公共服务设施、生产力布局和产业调整、市场服务体系等专项规划提供依据，为编制下层次的德阳市辖各县（市）域村镇体系、德阳中心城区、各县（市）中心城区、各乡镇重建实施规划提供依据，制定山区和山前重灾城镇重建规划指引。

8.4.4　灾后恢复重建总体布局

1. 居民点布局调整与人口转移

（1）人口转移主要考虑因素

主要是以下4个方面：

1）地震及地质灾害严重威胁自然条件无法生存搬迁转移。

2）基本生产资料灭失人口承载力超载，生存与发展困难的扶贫解困搬迁转移。

3）生态保护搬迁转移。

4）重大工程项目建设搬迁转移。

（2）人口迁移去向

人口迁移去向分以下3类：

1）迁移到县城或周边镇区等距离较远、有较大承载力地区。

2）迁移到本镇区。

3）迁移到本镇其他有较大承载力的中心村。

2. 分区城镇化模式

（1）人口与城镇化水平预测

震后恢复重建特殊时期的德阳市域常住人口与城镇化水平预测，不能采用常规的趋势外推等人口预测方法，应考虑迁移人口、外来人口和自然增长等若干方面的因素。综合考虑多种人口变化要素，预测到恢复重建期末，德阳市域常住人口为405万人，城镇化水平为45%，城镇人口约180万人。

（2）分区城镇化模式

根据资源环境承载力相关分析、地质灾害分布及易发程度分区，结合分区发展特征，采取不同的城镇化模式，促进城镇化发展和人民生活质量的提升。

德阳西部（绵竹市、什邡市）地区：采取集中城镇化模式。结合本次震后山区人口迁移方案，采取设施引导的方式，严格控制山区和沿山区地质灾害高、中易发区人口，促进人口向平原地区转移。在平原地区以绵竹城区和什邡城区为中心，重点镇为次中心，工业园区为影响，逐步提升城镇化中心、次中心的公共设施、市政设施水平，提供城镇型就业机会，吸引人口集聚。

德阳中部（旌阳市、广汉市、罗江县）地区：依托成德绵廊道，集聚产业发展空间，成为德阳市城镇化的战略区域，采取密集城镇化模式，在密集城镇廊道上承载德阳市较大比重的城镇化人口。

德阳东部（中江县）地区：该地区以丘陵地形为主，部分丘陵区域位于地质灾害中易发区，采取集中城镇化模式，向可持续发展条件较好的中江县城和若干重点镇集聚城镇人口。同时，根据资源环境评价结果，该地区人口众多，与资源环境条件存在一定冲突，可以结合外出打工人口较多的现状，采取异地城镇化模式，降低本地实际人口的密度。

3. 产业结构与空间布局调整

（1）总体要求

在地震受损空间分布、产业灾害受损与震后产业影响等相关分析基础上，确定市域产业调整目标，重塑产业空间结构，在3年重建期生产恢复震前水平，同时构建面向未来社会可持续发展的产业空间结构，并遵循以下原则：

1）为新的产业发展机遇、产业类型拓展提供充足的空间支撑。

2）避让地质灾害敏感区。

3）产业发展空间与资源环境保护、利用相协调。

4）产业空间与交通设施、现代服务业空间相协调。

（2）产业空间布局

根据成渝城镇群和四川省整体产业空间布局，结合德阳市自身特点，塑造德阳市“一带、两片、一轴、多基地”的产业空间布局。

1）一带

以向阳—广汉城区—小汉—德阳中心城市—黄许—罗江县城—金山镇为节点的成德绵产业发展带。向两侧城镇拓展，发展成为产业复合集聚带，集聚发展重型装备制造业、高新技术产业等先进制造业和现代服务业。

2）两片

什邡片区：什邡平原地区，以磷化工和食品工业为主，结合对口支援建设首都工业园，发展研发转化产业，将山区企业搬迁到与绵竹新市镇相接的灵杰工业园、双盛镇。

绵竹片区：绵竹平原地区，以磷化工、天然气化工、食品和机械工业为主，结合对口支援建设在绵竹城区南侧选址建设江苏工业园。

3）一轴

德阳中心城区—中江县城—龙台—广福—仓山的东部产业发展轴，以点状发展为主，结合本地劳动力资源，发展内销型的劳动密集型产业。

4）多基地

包括德阳中心城市的装备制造业基地和高新技术产业基地，磷化工产业基地（什邡灵杰工业园、双盛镇和绵竹新市镇），以及绵竹、什邡、广汉、中江、罗江产业基地。

4. 中心城区调整

德阳市的中心城区和各县市中心城区交通条件较好，区位优势明显，均位于地质灾害低易发区内，无论从抗击地震灾害和其他地质灾害的角度，还是从可持续发展、实现城市发展规模经济的角度，均需要中心城区在震后远景发展中不断谋求扩容和提升发展，以实现支撑整个区域发展的核心作用。

基于上述分析，恢复重建城镇体系规划明确提出，扩大德阳、广汉、罗江、中江中心城区的规模，适度扩大绵竹、什邡中心城区的规模，并提升其综合生产和生活服务水平。

中心城市的转变，打造安全、和谐、宜居新德阳。具体发展策略包括：

（1）整合中心城区空间资源，识别战略性空间节点。

（2）促进人口、产业向中心城区进一步集聚，扩大城市容量，提升城市综合服务功能。

（3）积极推进国家级高新区设立，促进城市创新能力的提升，产业结构由装备制造业向多元化转变。

（4）加大城市基础设施投入，不断改善城市投资发展环境。

各县市中心城区在恢复重建期内发展策略有所不同。绵竹城区、什邡城区作为本次地震的极度灾区的中心城区，应首先以恢复重建为主要任务，在恢复重建中应有序的推进中心城区容量扩大，作为支撑全市域的恢复重建的中心。广汉城区、罗江县城、中江县城在本次地震中有一定程度受损，在恢复重建期内，应主动的提升中心城市规模，作为全县（市）域的最主要人口集聚的承载地。

表 8-3 为灾后重建期市域县城以上城镇规模。

灾后重建期市域县城以上城镇规模表　　**表 8-3**

地区	城镇人口（万人）			城镇建设用地（km^2）		
	现状	重建期末	增长	现状	重建期末	增长
德阳中心城区	45	55	10	43	55	12
绵竹城区	12.55	18	5.45	12.8	18	5.2
什邡城区	12.65	18	5.35	11.4	18	6.6
广汉城区	14	18	4	14.7	18	3.3
罗江县城	5.3	7.2	1.9	5.7	7.2	1.5
中江县城	11.5	14	2.5	9.4	13.5	4.1

按照城镇恢复重建需求用地安排优先顺序：什邡、绵竹城区恢复建设，安置撤并和搬迁乡镇，中心城区扩大，支持东部县城功能提升，适度增加中心镇用地。

按照城镇用地功能需求安排用地优先顺序：城乡住房、基本市政公用基础设施、基本社会服务设施（教育、医疗、福利设施等）、绿地与避难场所、产业用地、行政办公用地等。

5. 市域城镇空间结构重构

市域城镇空间结构重构以省灾后恢复重建城镇体系规划为指导，省相关规划提出形成“一群一带多线”的城镇空间布局结构。一群为成都平原城镇群，一带为成（都）德（阳）绵（阳）城镇密集带，多线为积极拓展横向交通联系，形成多条联络成德绵地区与西部山区的旅游发展和生命线通道。提高西部山区交通可达性和安全性，促进川西北地区生态旅游业发展，尽快带动灾区恢复重建。

图 8-6 为省灾后恢复重建城镇体系规划空间结构。

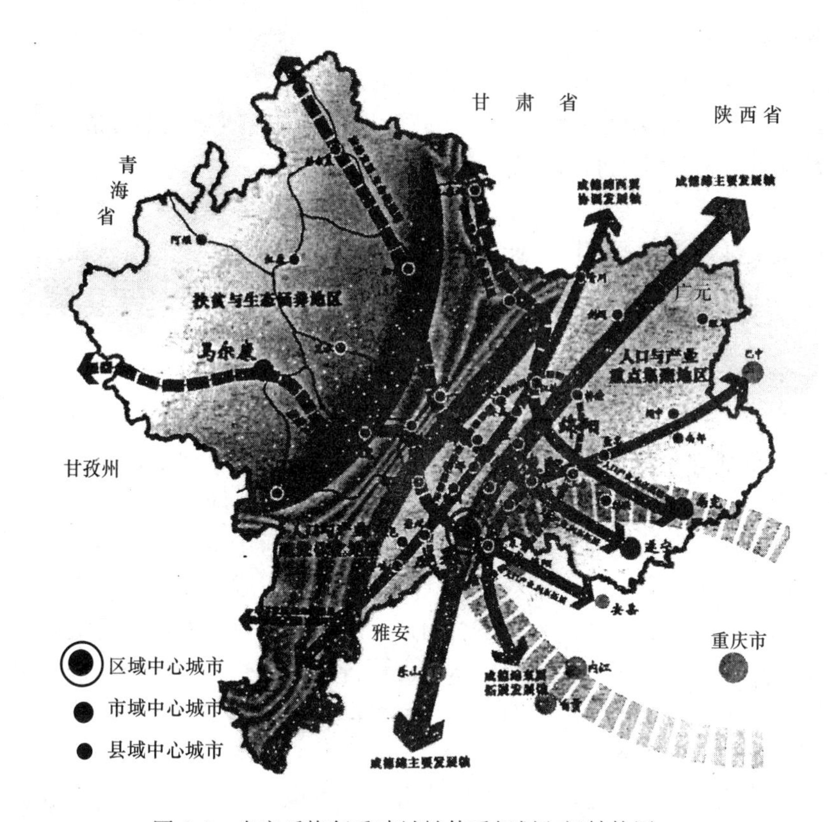

图 8-6　省灾后恢复重建城镇体系规划空间结构图

市域灾后恢复重建城镇体系规划提出市域“三区、一带多轴、一群”的城镇空间结构。

（1）城镇空间分区

城镇空间分区为 3 区，包括西部恢复重建地区，中部发展提升地区，东部城乡统筹战略储备区。

西部（绵竹、什邡）恢复重建地区：在本区域范围内，对人口和产业布局进行统筹和合理安排，逐步吸引山区部分人口和搬迁企业的转移；治理和恢复生态环境；发展生态都市休闲旅游、调整国防工业和重大项目布局，重新评估重大项目选址。

中部（旌阳区、广汉、罗江）发展提升地区：促进人口和产业（东汽、高新区）进一步集聚，增强创新能力，提升区域服务功能。

东部（中江）统筹发展地区：以中江县城和仓山镇为节点，强化交通支撑，近期提升101省道技术等级，远期规划成德绵第三高速，促进城乡统筹，培育新的产业聚集地；作为成德绵产业城镇密集带东线走廊新的战略储备要地，对接遂宁、重庆。

（2）城镇中心体系

规划城镇中心体系为"一群、多点"。

一群：打造以德阳中心城区、什邡城区、绵竹城区、广汉城区、罗江县城、中江县城为核心的城镇密集群，形成以中心城市、次中心城市为支撑的城镇区域。

多点：市域重点中心镇以点状为主，带动周边地区协调发展。

（3）城镇轴带体系

规划城镇轴带体系为"一带、两线"。

一带：成德绵产业城镇密集带，包括3条发展轴，成德绵主轴（成—德—绵）、成德绵西轴（都江堰—彭州—什邡—绵竹—江油）、成德绵东轴（金堂—中江—三台）。

两线：垂直于成德绵发展带的城镇联系通道、旅游服务和生命线通道，中江—德阳—绵竹—清平—茂县，中江—德阳—什邡—红白。

8.4.5　市域灾后恢复重建规划城镇选址

1. 选址原则

（1）工程地质可行。地形地貌、地质构造、地层岩性、地质灾害与不良地质作用、水文地质条件等方面应具有良好的条件和较高的安全性，异地重建乡镇重新择址以此为必须遵守的依据。

（2）区位优越。山区异地重建的乡镇，必须临近交通干道，与外界联系便捷，易于接受外界环境辐射和发生灾害时便于救援；同时与下辖村庄联系便利，易于实施管理。

（3）城镇可持续发展。城镇（集镇）的迁建应该充分考虑城镇由于地震引起的生产资料变化和城镇用地发展空间。在满足地质灾害评价的基础上，异地迁建的城镇选址应该尽量选择开阔、平坦的地区重建。同时应该节约用地，采用紧凑式布局、密度适当的重建，利用好山区宝贵的土地资源。

（4）设施依托。尽量靠近其他受灾轻或者在原来规模小的城镇基础上选址，便于利用现有市政基础设施和公共服务设施。

（5）历史人文延续。重建必须注重自然和历史人文因素，尊重当地的风俗，充分利用各种资源因素，塑造自然和地方文化特色。

2. 重建类型与选址方案

综合考虑地震灾害损失程度、地理地质条件、地质灾害和资源环境承载力、居民发展意愿等因素，经过相关研究评估，将恢复重建方式分为原地重建和异地迁建2大类，其中，异地迁建分为行政区外异地迁建和行政区内异地迁建2种建设模式。

根据区域城镇发展布局和发展建设条件的不同，不同城镇恢复重建时还会有其他不同的要求，如压缩控制规模、功能布局调整、发展优化提升等。

根据以上的分类研究和选址原则，提出各乡镇恢复重建方案建议，见表8-4所示。

市域乡镇恢复重建方案建议表 表 8-4

	建设模式	乡镇名称	迁建选址	其他相关要求
异地迁建	行政区外异地迁建	绵竹：金花镇	初步建议迁入广济镇	—
		绵竹：天池乡	初步建议迁入汉旺镇	—
	行政区内异地迁建	绵竹：汉旺镇	初步迁建选址镇域内群力村	—
		什邡：八角镇	初步建址在五马村	—
原地重建	原地原址重建	绵竹：清平乡	—	压缩控制规模
		什邡：红白镇	—	控制规模
		什邡：蓥华镇	—	控制规模
		什邡：洛水镇	—	控制规模
		其余城镇	—	发展优化提升

8.4.6 灾后恢复重建防灾减灾体系

1. 灾害防治

(1) 地质灾害防治

规划要求：规划分析灾区地质情况，根据灾区城镇和村庄重建的环境和条件，对重建城镇的地质断裂、山体滑坡和崩塌等地质不安全因素进行论证，划分出可能威胁重建城镇和村庄的地质灾害隐患分布和影响范围，提出对威胁重建城镇和村庄的地质灾害隐患的防治方案和工程处理要求。

基本对策：规划对异地迁建城镇可能遇到的地质断裂、山体滑坡情况采取选址避让为主的防范措施；对规模较小的山体滑坡和崩塌等情况采取削坡改造、工程加固为主的防范措施。规划对原地重建城镇可能遇到的地质灾害采取削坡改造、工程加固的防范措施。重建的城镇和村庄必须在完全消除地质灾害威胁后方可建设。

(2) 洪水防治

规划要求：洪水防治重点针对堰塞湖可能造成的灾害危险，规划分析灾区堰塞湖分布和危害范围情况，根据灾区重建城镇和村庄的环境条件，对重建城镇和村庄的防洪不安全因素进行论证，规划提出对洪水威胁采取适当的避让、泄洪措施的防治方案，消除洪水的危害。

基本对策：规划同时考虑一般山洪对城镇的影响，采取灾前避让和工程设施结合的防洪方式，提出洪水信息预警预报要求和防洪工程建设的技术要求，保证城镇和村庄的防洪安全。重建的城镇和村庄必须在完全消除堰塞湖危险和基本消除山洪灾害威胁后方可建设。

2. 防灾减灾体系

防灾基础设施建设包括疏散救援通道、避难场所、生命线工程和救援供应系统四大类。

(1) 疏散救援通道

结合交通网络建设疏散救援通道，突出灾时疏散救援道路通行能力保障。各城市需选择对外疏散出入口，确定 3～5 条主要疏散救援通道。对可能阻碍道路通行的山体塌方和建筑倒塌采取避让、改造加固等防范措施，同时提高疏散救援道路上桥梁和高架段的抗震性能。

（2）避难场所

结合城镇公共设施建设，强化城镇灾后避灾功能，在城市、乡镇和村庄建设一批具有较强抗灾能力的避难场所。避难场所建设利用学校、体育场馆、文化场馆和城市公园进行加固或改造，面积指标采用人均 $2m^2$，同时考虑场地条件、生活设施配置、生活物资储备和安全防护的技术要求。

（3）生命线工程

生命线工程建设需加强灾时保障能力，城市、乡镇和村庄供水系统需建立应急水源，供水设施和主要供水干管须达到抗 8 级地震烈度的强度；城市、乡镇建立备用电源，主要供电设施须达到抗 8 级地震烈度的强度；城市、乡镇设置移动通信设备，主要通信设施须达到抗 8 级地震烈度的强度。

（4）救援供应系统

根据区域城市、乡镇和村庄救灾设备和物资供应需要，提出分片集中设置救灾物资设备集配中心构想，在德阳建立地区救灾物资集配中心，用于地区救灾物资的紧急配送。

8.4.7　恢复重建山区镇乡选址及规划指引

1. 绵竹主要山区城镇乡

（1）城镇等级

规划期末绵竹市域将形成中心城市—重点镇—一般乡镇的中心体系格局。鉴于中观层面的规划深度和本区域的非完整性体系格局，本区域将形成重点镇—一般镇（包括重点中心村）—中心村—一般村的村镇等级体系。包含：重点镇 1 个（汉旺镇）；一般镇 2 个（遵道镇、九龙镇）；重点中心村 1 个（武都社区）；中心村 4 个（东普、双同、棚花、双土）。

（2）镇乡发展规模与等级

表 8-5 为绵竹山区恢复重建镇乡发展规模与职能。

绵竹山区恢复重建镇乡发展规模与职能表　　表 8-5

镇（乡）名	现状镇乡人口（万人）	现状镇乡建设用地（hm^2）	规划期镇乡人口（万人）	规划期镇乡用地（hm^2）	职能类型
汉旺镇	4.33	381.8	3.0	400.0	综合型
清平乡	0.03	5.41	0.1	13.0	旅游型
遵道镇	0.17	18.01	0.30	47.0	旅游型
九龙镇	0.13	12.07	0.15	23.0	旅游型
天池乡	0.02	1.11	—	—	—
金花镇	0.04	3.39	—	—	—

（3）产业发展

本地区经济基础较好，矿产与旅游资源丰富，林果等特色农业发展潜力大。应根据各乡镇区位条件和资源禀赋特征，在汉旺镇区周边建设集中的机械加工产业园区与相应的生产服务体系；在符合资源环境承载力和生态恢复保育的基础上，在山区适度发展林、果、茶、药、畜等农业产业，合理有序限量开采矿产资源；在沿山地区恢复发展沿山休闲旅游业与观光林果业。

（4）地质灾害防治

本地区地质条件复杂，有北川—映秀断裂和灌县—江油等多条重要活动断裂带从本区域经过，地质灾害频繁发生，现状村镇在本次5·12地震中损失惨重。

根据工程地质条件与人类工程活动的适宜性，绵竹的地质灾害危险性分区可分为3个大区，即地质灾害高危险区、地质灾害中危险区、地质灾害低危险区，除此之外，还有无地质灾害危险的浅丘—平原区。山区多处于地质灾害高危险区和中危险区，沿山地区多处于地质灾害中危险区和低危险区，平原地区地质灾害危险性较低。

现有城镇应在避开地震断裂带合理距离的前提下，对地质灾害实施有效评估，对灾害点进行合理治理，对村镇进行合理重建或迁移。

（5）村庄规划分类指引

1）城镇周边整合区

指位于镇区规划建设区内及周边500m范围内的村庄。该类村庄的建设发展应视为镇区的一部分，应特别注意与镇区的协调发展，完全纳入城镇发展统一考虑，应统一规划，统一安排各项设施，以达到资源的共享，避免村庄用地无序扩张。

将村庄建设应纳入城镇管理机制，与镇区发展同步纳入城镇化改造，按小城镇建设标准建设新型社区。

通过配套政策、建设援助与市场化运作相结合的方式，采用土地置换等多种方式和措施，逐步引导村民向城镇社区聚集。

2）灾害隐患外迁区

指邻近地震断裂带或处于地质灾害易发区、生态环境承载力低、基础设施不易配套的村，应引导村民逐步向镇区或扩大型村搬迁。应尝试渐进式的人口转移，即充分解决第二代、第三代的异地生活问题，对迁出地学生异地就读、劳动力外出就业给予更多优惠条件。

3）中心村扩大区

中心村应扩大集聚规模，完善基础设施与社会服务设施配套，建设高标准的现代化农村新型社区。

4）一般村优化区

指发展条件相对一般的村，应适度集聚发展，强化农房建设，完善现有基础设施、社会服务设施，改善农民生产生活条件与生态环境，建设农村新型社区。

2. 什邡主要山区城镇乡

（1）北部四镇受损情况

什邡市西北部山区的红白、蓥华、八角、洛水四镇位于石亭江流域山谷内，处于龙门山脉的中段，是什邡市受灾最严重的地区，人员伤亡惨重，建构筑物损毁严重。区内产业，特别是二、三产业受到的打击极为严重。山区的典型的企业是位于蓥华镇仁和村的蓥峰实业穿心店生产基地和宏达穿心店生产基地，两座厂区均受到毁灭性损坏。

本次地震中，红白北部地区农田和林地受到滑坡和崩塌的影响较大，损毁较严重，而蓥华和八角的绝大多数农田和林地受损较小。区内矿产资源丰富，包括磷矿、煤矿、石灰石矿等，虽然在本次地震中基本都受损严重，但一些大型矿藏由于采矿的巷道较深，同时储量丰富，能否恢复开采还有待有关部门的意见。本次地震给四镇的历史与文化遗产带来重大损失，同时区内已经具有相当基础的旅游产业受损严重，大部分农家乐倒塌损毁，但区内发展旅游的本底——自然景观资源受损不大，未来旅游的恢复应当具有良好的前景。

（2）产业和人口布局调整

北部山区各镇复杂的地质构造条件和多发的地质灾害影响决定了区内人口规模不宜过高，应尽可能缩减规模，制定利民政策引导富余劳动力向区外平坝城镇转移。区内脆弱的自然生态环境和对外交通联系决定了区内不适宜大型工矿企业布局，应适时进行产业结构调整。应当利用这次污染企业大部分倒塌和损毁的机会，推动原有的将污染企业迁出山区的设想，促进山区内产业优化升级，加快发展山区旅游，推进工业化、城镇化和新农村建设进程的重要契机。

北部山区三镇震前从事工矿业的劳动力总量为 7000 人左右，工矿业基本是各镇的支柱产业和村民的主要收入来源，随着近期内污染企业搬迁和规模较小的采矿业无法恢复生产，区内劳动力应当有条件向平坝地区迁移一部分。但需要相关配套政策的引导，目前有意愿迁出的村民还处于观望状态。如果相关政策不及时，将会导致很多离土不离乡现象的发生，失去疏解区内人口的机会。同时，区内由于震损和地质灾害的影响，很多居民点失去了生产或者生存的条件，无法在原址重建家园，必须异地选址重建。根据对区内村组的详细调研结果，总计约 4500 名村民无法在原村庄范围内选址重建居民点。这一部分人口可以向平坝地区转移或向区内有条件重建的城镇集中。

（3）各城镇重建规划

根据《什邡市“5·12”地震灾后重建规划城区及集镇建设用地地质灾害危险性评估报告》，按什邡市地质灾害易发程度分区，蓥华镇、红白镇、八角镇为地质灾害中、高易发区；洛水、湔氐为中、低易发区；其他地区为地质灾害不易发区。根据各部门对各镇场镇建设用地的灾后评估结果表明，红白、蓥华、洛水三镇在地质条件、水资源、旅游资源、矿产资源、农业资源、交通设施以及其他设施方面的分析，可以基本支撑城镇的原址重建。根据建设适宜性评价，三镇均可接纳部分无法在原地居住的村庄和村小组迁入场镇。

3. 灾后恢复重建指引

以蓥华镇为例。

蓥华镇是什邡市历史文化名镇，场镇自古以来就是重要的山区平坝联络通道，山区的中心集镇和物资集散地。明代在此设立关口，以防止少数民族的入侵，同时由于历史上很多僧侣为避免迫害，隐居在此处，区内留下了很多座庙宇和历史典故，如著名的高桥、海会唐、白果庵等就在场镇上。重建规划同样应当注重历史文化的挖掘，恢复受损的历史建筑，结合山水自然环境形成整体协调、特色鲜明的传统风貌旅游小镇，成为区域的旅游服务中心集镇，见表 8-6 所示。

蓥华镇重建规划前期初步方案表　　　　表 8-6

蓥华镇	导则	备注
定位	以发展旅游、休闲服务及相关生态产业的旅游服务型城镇	—
人口规模	2010 年镇区人口规模 0.5 万人	其中城镇化社区人口 1400 人
用地规模	2010 年镇区建设用地规模 0.5km^2	—

续表

蓥华镇			导则	备注
产业发展			农业主要是以发展林果业、中药材种植、茶叶种植、特色养殖等为主的生态型农业；工业方面的发展主要是以一些旅游产品的加工业为主。三产业主要依托蓥华山广泛的旅游资源发展山区观光休闲旅游，在其内部形成四大旅游片区	—
村镇体系结构			中心镇—中心村（天宝村、石门村、瓦窑村）—基层村	重点建设中心村——基础设施、公共服务配套、建设标准要高于一般村，吸引农民向中心村集聚
村庄分类整治	城镇化地区	城镇化整理型	指位于镇规划建设区内及周边500m范围内的村庄。其社区建设应纳入城镇管理体制，与城镇发展同时进行城镇化改造，避免城乡结合部的无序扩展。镇周边500m范围内的村庄不宜新建、扩建。在城镇规划区范围内选址，按城镇建设标准，建设城镇小区	通过市场化运作与配套政策相结合的方式，采用土地置换等多种方式和措施，合理安排建设时序，逐步引导村民向城镇小区聚集。形成竹溪社区
	乡村化地区	撤并型村庄	指生态环境恶劣、现状规模较小、基础设施不易配套的村，建议在合村的基础上引导村民逐步向扩建型村或条件优越的保留发展村搬迁	包括：天鹅、东山、大湾、茨莉、新市、白垠
		扩建型村庄	指具有一定规模和较好发展基础和条件的村庄。重点集聚发展，扩大集聚规模，完善基础设施与社会服务设施配套。建设高标准的现代化农村新型社区	包括：天宝：1000人； 石门：1500人； 瓦窑：1000人
		保留发展型村庄	指发展条件一般的村庄。适度集聚发展，主要以整治改造为主，通过农房整治、改善现有基础设施、社会服务实施与生态环境建设来改变农民的生产生活条件和整体面貌。适度建设社会主义新农村新型社区	包括：雪门寺、高桥、仁和各村选择1～2个点按照300～500人的规模进行聚集
空间管制		禁止建设区	竹溪河等河流两侧20m范围、钟鼎寺、老蓥华寺等文物保护单位的保护范围、蓥华山省级风景名胜区一级保护区、地质灾害易发区、重点水源涵养林、25°以上陡坡地区、高压防护走廊、水资源保护区、绿色通道	
		限制建设区	蓥华山风景名胜区二、三级保护区、天鹅森林公园、生态林地、农田地区、城镇绿化隔离带、河流绿化带	
		适宜建设区	城镇的现状建成区、规划建设用地范围以及城镇远景发展备用地范围、中心村聚居区	
设施配套		交通设施	布置二级客运站1个，占地12000m^2	
		市政基础设施	水源：镇区及周边村庄由山泉水与地下水联合供给，其他村庄用山泉水。 污水：镇区及周边村庄由规划蓥华污水厂集中处理，村庄建沼气池。 电源：以穿心店110kV变为主电源。 气源：采用管道天然气，沿广青公路接入，设调压站1座。 镇区设施：1个3500t/d水厂、1座1500t/d规模污水处理站、1座110kV变电站、1个10kV开闭所、1个电信分局、1个秸秆气化站、1个小型环境卫生管理站、1个垃圾转运站、约10个公厕。 村庄设施：各行政村设1座小型垃圾收集站、1～2个公厕，若干沼气池、1个10kV变电所	
		社会服务设施	中学1所、小学1所、医院1个、社区卫生服务中心3个、卫生站3个、文化活动中心3个、福利院1个	
重建需要注意的问题			建议集镇、政府办公房建筑应按建筑工程规范的要求进行工程设计和岩土体工程地质勘察，在取得必要的确切可靠的资料数据后方进行建筑物的施工，基础持力层和基础类型选择、桩基嵌入基岩位置、深度应按建筑工程规范要求，依据岩土工程勘察资料确定	

图 8-7 为灾后恢复重建规划方案。

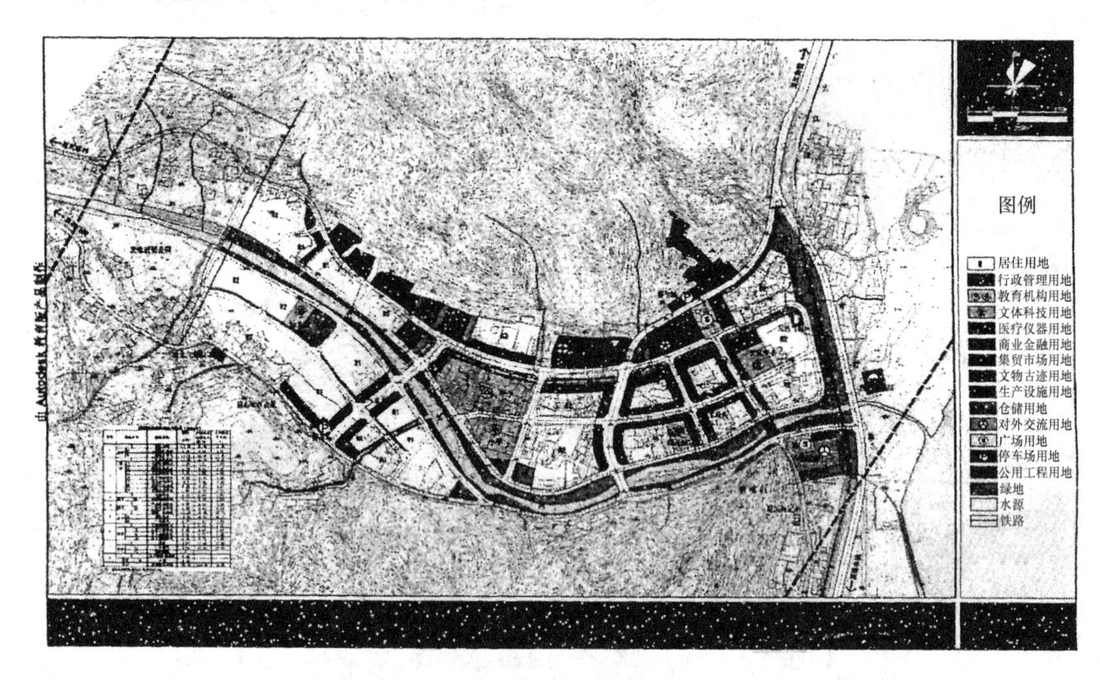

图 8-7　灾后恢复重建规划方案图

第9章 小城镇防灾减灾及相关规划案例示范分析

本章以“十五”国家攻关课题小城镇规划及相关技术标准、导则与应用示范，以及近年灾后恢复重建的防灾减灾规划案例示范分析为主，同时包括防灾建设用地选择相关的空间管制与生态安全格局等规划内容的示范分析，以便进一步理解和掌握小城镇防灾减灾及标准导则的技术要求与技术应用。

9.1 店口镇防灾减灾及相关规划示范分析

【例1】 店口镇是浙江诸暨北部重镇、全国重点镇和百强镇、浙江省十强镇、浙江省小城镇综合改革试点镇和现代示范镇建设试点镇，同时也是“十五”国家科技攻关计划小城镇技术集成综合试点示范镇。

9.1.1 防洪排涝规划

1. 现状分析

店口位于浦阳江下游，属诸暨北部湖畈河网平原地带，水位落差小，流速慢，库容大，流向不稳，河流网络不规则。气候温和，四季分明，雨量充沛，常年平均降水量1373.6mm。整个地势两头高中间低，平均在黄海高程6.50m左右，每逢汛期易涝。从1950～1999年，就暴雨量而言，一天最大236mm，24小时最大283.5mm，最大三天304.1mm，最大1小时64.5mm，最大3小时100.7mm。

主要存在问题：

（1）镇区未形成完善的防洪、排涝工程体系，且防洪标准偏低。

（2）部分排水河道淤积，导致排水不畅。

（3）局部地区的雨水管道管径偏小，泄水不畅，并有积水现象。

2. 规划目标与原则

（1）规划目标

规划目标为：主要工程实施后，能显著提高城区防洪能力，确保规划范围内在设计洪水位下不出险，做到挡得住、排得出，遇到超标洪水有对策。

（2）规划原则

总原则：洪涝兼治，以防为主，防排结合，利用地形，高水自排，低水抽排，坚持标准，汛期安全。

1）根据城镇性质、规模、地理特征、水文气象等确定防洪、排涝标准。

2）结合区域防洪规划，确保城区汛期安全。

3）全面规划、统筹安排、着眼长远、立足当前，做到长远规划与近期建设相结合。

4）城区排涝以现状水系为基础，以骨干河道和涵闸为构架，实行高区高排、低区低排、重力自排、局部低洼区机排。

5）雨水排放系统要充分利用附近水体，经雨水管道分散、就近、重力流排放；雨水排放和治涝相结合，将城区河道、沟渠作为雨水排放系统的重要组成部分，进行合理规划、整治和管理。

6）采取分片治理、疏通淤积、控制污染、改善水质、依法管理、巩固成果的方针，达到河渠通畅、清浊分流、水质优良的目标。

7）工程防洪和非工程防洪措施相结合，建立完善的城镇防洪综合体系。

3. 设计标准与河道整治

（1）防洪排涝标准

按照国家《防洪标准》GB 50201—1994 的规定以及省、市有关水利、防汛设计的标准规范，店口城区按50年一遇设防。

（2）河道整治

规划河道整治主要指城镇内的河流水系。因现状镇域内排水河道有封、堵、填等情况，破坏了原有水系，影响了城镇的泄洪能力，亦影响了城镇景观，因此需要整治内河水系。

排水区内的河流是纳、蓄、排雨水的载体。原有的河流，特别是城镇新建区，以往仅作农田排灌之用，规划改做城镇用地后，地面径流发生了很大变化，加大了径流量，同时考虑河流又要有一定的调节雨水的容量。因此，原有河流要拓宽，一般扩大到过水面1～2倍，河流两侧要有3～6m的岸线保护带，并植树绿化。

对城区内大的河塘水面只准扩大，尽可能地扩大库容量，以滞留、调蓄雨水量，达到以蓄为主的要求。控制地面下沉，分期清除河道行洪障碍，充分利用沟、河调蓄，在主要泄洪河道两岸加砌石驳岸，以提高泄洪能力、驳岸护砌与防洪堤相结合，堤顶标高按50年一遇水位设防。

4. 工程措施

（1）按照规划防洪标准，提高防洪工程的建设标准。

（2）浦阳江两岸堤高按50年一遇设计，结合绿化景观道路综合建设。

（3）加强城区内的水系整治，疏通河道，沟通水系，保证排水和行船的通畅。

（4）铁路、公路沿线根据需要开挖防洪、截洪沟，承纳山洪及降水，顺地势就近排入河流水体、确保交通干线的安全与通畅。同时，在毗邻山体地带修建泄洪、截洪沟，承纳山洪、泥石流等的排泄，减少、避免由此带来的危害与损失，保障房屋建筑及人民生命财产安全。

（5）根据店口水系、地形、城镇总体布局划分排水区域，形成完善的排水系统。保护雨水就近、分散、重力流入水体，排入内河时可直接排放，排入外河时必须建造节制建筑物。排水管道排入内河时，排水口中心控制在0.7m以上，排入外河时，排水口中心控制在1.0m。

（6）城区新建在低洼处的建筑，按防洪标准，其室外地坪标高高于设计洪水位，以消除雨涝威胁。洼地按面积大小和标准高低，增设泵站，提高排涝能力。

（7）严格控制地下水开采，防止地面沉降。

（8）加强北面渠道标准堤建设，防止山洪下泄，做好导流工程，沿外河一般应沿堤岸石驳，防止水流冲刷，影响防洪排涝工作。

5. 非工程措施

（1）加强防汛抗洪重要宣传工作，提高领导和居民的防洪意识。

（2）健全、完善防汛指挥系统及管理机构，从人力、物力、财力多方面保证防汛抗洪工作顺利进行。

（3）制定防洪实施计划，成立专业队伍定期检查、维护防洪堤、防洪闸、排涝站、水情观测等各类防汛设施。保证设施齐全完好，正常运行，洪水宣泄通畅，汛期安全。

（4）建立、完善防洪信息网络，做好防洪预测。预报工作。

（5）开展城镇植树绿化活动，扩大雨水调蓄能力，减少雨水宣泄量，做好水土保持工作。

9.1.2 消防规划

1. 消防安全要求

（1）镇区建筑

充分考虑镇区内各类建筑的防火要求，新建筑耐火等级应以一级、二级为主，控制三级，限制四级，按《建筑设计防火规范》留出足够防火间距，同时利用河流、绿地、道路作为防火隔离带。老镇区耐火等级偏低，必须纳入镇区改造计划，开辟消防通道，改善消防条件。公共建筑应留有人流、车流缓冲的地带，周围建筑应满足消防车的扑救作业要求。高层建筑间应留有13m以上的消防救抢险距离。

（2）工业区

合理布置占地大、货运量大、火灾危险性大、有一定污染的企业，易燃易爆、能散发可燃性气体、粉尘、腐蚀性物质的企业应布置在城镇的下风向。

（3）仓储、储罐区

将火灾危险性大的仓储如石油库、液化石油气供应基地、化学危险品仓库分别布置在城镇边缘独立地段，并处在常年最小频率风向的下风侧或侧风侧。

（4）码头

码头布置应与工业、仓储布置紧密结合，装卸易燃易爆化学品、油品码头必须布置在独立安全地段。

（5）石油液化气

气化站、混合气站、液化气供应站应选择通风良好、不易积聚石油液化气、具有良好供水、供电、交通条件良好的地段，但必须远离居民区。

（6）供电系统

合理规划布置和建设多个区域性变电所，满足消防供电要求。

（7）居住区要有6～8米的消防通道，建筑物长度要满足消防要求。

2. 规划原则

（1）消防工作贯彻预防为主、防消结合的方针，坚持专业机关与民防相结合的原则，实行防火安全责任制。

（2）合理规划城镇消防体系布局，进一步明确城镇消防功能，保障城市基本消防安全。

（3）坚持消防规划与其他规划相结合的原则。

（4）合理规划安排城镇消防建设，量化硬指标，在总体布局上留有一定的弹性，使之既有指导性又有可操作性。

（5）全面规划、分期建设，逐步实施。

3. 消防发展目标

建立与店口城镇现代化发展相适应的消防安全体系，保障城镇经济建设和人身财产安全。

4. 消防设施规划

（1）消防站点布局

消防站建设。按照“消防站的布局，应当以接警 5min 内消防队可以到负责区边缘”的原则和每消防站责任区面积 10～15km^2 的标准设立一个消防站。

消防站靠近道路布置，有方便的出入口，保证紧急情况下车辆能出动。各站点力求布置均匀，服务范围合理。

消防站规划 1 个中队和 2 个一级消防站，结合中队，布置消防培训基地，培训消防人员。近期在中枢服务带与湄池片区的交界地区设一消防站，占地面积约为 0.3hm^2，远期在中枢服务带与七里山片区的交界地区建设消防中队（含一消防站），占地面积约为 0.75hm^2。

（2）消防给水

消防水源为消防栓和镇区内河道。消防给水管道与生活、生产给水管道共用，采用低压给水系统，按照“建筑设计消防规范”的有关规定布置城区消防给水系统，给水管网应联成环状。市政道路上消防栓间距不应超过 120m，重点防护区提高消防栓密度到 100m 以下，同时要靠近十字路口；道路宽度超过 60m 时，应在道路两旁设置消防栓；居住区消防栓保护半径不超过 150m，消防栓要统一规格，采用地上式道路单边设置，并保证有足够的水压。

（3）消防通道

1）镇区的消防道路应结合城镇道路规划统一建设。城区内的道路应考虑消防车的通行，其道路中心线间距不应大于 160m。

2）工厂、仓储区设环形消防车道，可供消防车通行的宽度不小于 6m。

3）大型建筑物应设计环形消防车道。

4）居住小区干道设计宽度不小于 6m，满足各种消防车辆通行的要求。

5）旧镇区改造要开辟出消防通道，新区开发要留出足够的消防通道，道路的宽度和转弯半径均应满足消防车辆通行要求，以便于消防车辆能在最短时间内到达城区的每一地段。

（4）消防设备及人员编制

消防车按一级站 7 辆进行配置，城区各类消防车近期达 7 辆，远期 15 辆。人员编制近期约 60 人，远期 150 人。

（5）消防通信

消防指挥中心与各重点单位形成有线、无线 119 自动报警系统。按照一级管辖区覆盖网、二级火场指挥网、三级灭火点战斗网三级网要求，增加相应的通信设备。

建立先进的火灾报警系统和消防通信指挥系统。建立指挥中心和各消防站相配套的计算机系统，配置远程终端或有线传真机。

5. 规划实施措施

（1）把消防事业的发展纳入店口国民经济和社会发展计划，保证消防事业与经济建设和社会发展相协调。

（2）合理安排城镇不同性质用地的区域和范围，按其性质、危险程度、自然地理位置划分成安全可靠的城镇功能区。

（3）实行“预防为主，消防结合”的方针。消防站应协同有关部门，加强对群众的防火安全教育，增强居民的防火意识，最大限度地减少和杜绝火灾隐患，并配合消防队做好消防灭火工作。

（4）老镇区内严重影响城镇消防安全的工厂或设施，必须纳入城镇改造计划，采取严格控制生产规模、限期搬迁或改变生产使用性质等措施。

（5）生产、储存、利用易燃易爆物品的工厂、仓库应远离居住区及重要公共建筑布置，设于城镇边缘安全区，且位于城镇下风向，同时加强防火治理；装运易燃易爆化学用品的专用车必须置于城镇边缘区独立安全地带。

（6）大、中型企业应设有兼职消防队，与消防指挥中心、消防站有便捷的通信联络设施。

（7）贸易市场、营业摊点、街面广告花坛、围栏等不得随意设立，注意不得影响消防车通道和消防栓的使用。

（8）加强消防设施的检查、验收、监督、管理工作，确保消防设施完好使用。

9.1.3 抗震防灾规划

1. 抗震设防标准

新建工程一般按《建筑抗震设计规范》及相应专业规范中六度区（6B级）标准设防。

下列建筑的抗震构造措施，应采用上述设计规范中七度区标准，但不按七度区进行地震力计算：

1）高层建筑、高档别墅及写字楼。

2）医院的门诊楼、住院楼、药房。

3）通信枢纽。

4）对外交通的主要桥梁、客运站。

5）水厂、变电站、泵机房、贮气罐、消防站、粮库。

6）生产贮藏易燃、易爆、剧毒、放射性物品的建筑。

2. 抗震目标与规划要求

（1）防御目标

提高城区的综合抗震能力，使城区在遭到地震影响时，人身安全基本上能得到保障，生命线系统不遭受较重破坏，城镇的工矿企业能正常或很快地恢复生产。

（2）规划要求

在城镇建设时，各项建设项目的扩初设计审查要考虑抗震设防要求，满足震时避震疏散、抢险救灾等必要条件，尽可能减少震时损失，为此提出如下要求：

1）建筑密度控制在30%～50%以内。

2）房屋间距控制在1∶1.2左右。

3）每个居住小区或居住组团应至少有1个相对集中的绿地。

4）居住小区至少有消防、疏散通道2个以上。

5）沿街建筑物要后退道路红线，保证两侧建筑同时倒塌一半还有4m的通道。

3. 工程抗震规划

（1）新建工程（包括扩建、改建与技术措施）从厂址选择、平面规划、工程设计、方案审查、规划发证、施工管理直至验收都必须按标准进行抗震设防，做到“小震不坏、中震可修、大震不倒”；未设防的工程不得建造。

（2）抗震加固规划。近期：初步完成城镇生命系统、要害部门的主要用房、易产生次灾害的生产车间、库房以及所有不符合抗震要求的烟囱、水塔、桥梁等建筑物的加固任务。远期：完成所有建筑的抗震加固任务。

4. 避震疏散规划

（1）避震疏散场地

按避震要求选择避震疏散场地，可用公园、体育场所、学校、小区绿地、广场、停车场等作地面避震疏散场地，用人防工程作地下避震疏散场地；要求附近有水源、电源，地势较高，并有相当排水措施，应使居民在半小时内到达。

（2）震时疏散道路

城镇主、次干道作为震时疏散通道，应符合避震疏散的要求，主要疏散道路宽度须在15m以上，区级疏散道路宽度须在10m以上，且两侧房屋应特别对高度和道路中心线距离给以限制，以保证大震时主干道有双车道（2×3.75m快车道＋2×3m慢车道）、次干道有双车道、街坊道路有单车道的交通抢险道路。

（3）避震疏散的组织和领导

避震疏散工作应有组织、有领导地进行，避免产生社会混乱与不安，因此必须建立专门组织与领导机构，遵照相关国家规定执行。

5. 规划实施措施

（1）成立城镇抗震救灾领导小组

（2）完善和加强城镇地震前兆观察网络。加强地质构造的探测研究，完成重要建筑物和生命线工程的抗震普查。

（3）加强抗震救灾科普教育。

（4）积极贯彻“以防为主，避让与防治相结合”的方针，并定期检查生命线工程，对不符合抗震规范要求的，应按规划进行抗震加固。

（5）提高抗震防灾专业技术水平，加强抗震科研工作。

（6）加强国土规划、城乡建设和各类工程建设中的防震减灾工作。

（7）新建工程的设计和施工必须执行建设部、国家计委联合颁发的《新建工程抗震设防暂行规定》和《浙江省新建工程抗震设防实施细则》。

（8）所有工程设计文件应有抗震设防内容，包括设防依据和设防标准等。

（9）部、省、市重点工程、本规划规定的采取七度抗震构造措施的工程，其抗震设防标准必须报批审定后方可进行设计。

（10）所有高于40m或超过10层的建筑必须在方案论证阶段报市抗震办核定抗震设防标准。

9.1.4 人防工程规划

1. 规划指导原则

（1）坚持“长期准备、重点建设、平战结合”的方针，使城镇建设符合人防的要求。

（2）以人防工程建设为支撑，分期开发利用地下空间，节约有限土地资源，不仅战时可防空，而且平时可为生产生活服务，促进城镇现代化建设地下立体开发。

（3）人防工程建设与城镇建设、交通建设、抗震防灾、环境整治紧密结合，相互协调。

（4）全面规划，合理布局，既有利于战时人员就近掩蔽，又确保建成功能配套的人防工程体系。

2. 人防工程规划

（1）建设标准

根据本次规划到2020年，城镇人口22万人，战时留城“三坚持”人员按50%计，即11万人，如果人均按1m^{2}面积计算，规划修建人防工程总面积为11万m^2。除指挥中心防护等级为四级外，其余工事防护等级一般为五级。

（2）人防工程量预算

到2020年，店口城镇人口22万人，战时留住人口按30%计算，即6.6万人，按有关规定，城区各类人防工程数量为：

人防掩蔽工程：6.6×0.9×1.3=7.72万m^2；

指挥通信工程：0.02×7.72=0.15万m^2；

专业队掩蔽工程：0.15×7.72=1.16万m^2；

物资保障工程：0.12×7.72=0.93万m^2；

总计：9.91万m^2。

（3）人防工程布置

1）指挥工程布置于镇政府下。

2）地下通信工程布置于电信楼下、信用联社下、供电大楼下。

3）物资保障工程分散布置于商业中心下、货运站仓库下。

4）医疗救护工程布置在重要医院下。

5）地下消防站布置在规划消防站附近的地下车库里。

（4）实施措施

1）凡地面建筑10层以上或基础埋深3m以上，均应按规定建造与底层面积相应的地下民众防空掩蔽工程；居民住宅小区应按人均0.3～0.4m^{2}使用面积的比例在区内配套建造地下民众防空掩蔽工程。

2）地下工程建设时，除了满足战时防护要求外，应兼顾平时的使用需求。

3）人防地下空间应平战结合，综合利用，包括地下商业街、地下车库，均可作为战时的人防掩蔽部。

4）保证疏散道路，在两侧建筑物同时倒塌时还有4米通道，控制建筑物高度；河道沿岸建筑亦要后退并控制高度，以保通畅，人防工程出入口建筑，亦要控制高度，防止倒塌堵塞洞口，影响人防工程的使用。

3. 指挥通信、报警系统

（1）按 2‰组建各种救护、抢险队伍 500 人。

（2）结合城镇建筑，逐步建立城区、街道二级通信指挥机构和地上、地下结合的现代化通信报警系统。

（3）按国家人防委要求，音响警报覆盖率应大于 83.3%，规划新建 15 只左右的电声警报器。

9.1.5　应用示范分析与建议

1. 规划内容与基本要求

第 7 章相关标准条款要求：

“3.0.1　小城镇防灾减灾工程规划应包括地质灾害、洪灾、震灾、风灾和火灾等灾害防御的规划，并应根据当地易遭受灾害及可能发生灾害的影响情况，确定规划的上述若干防灾规划专项。”

“3.0.2　小城镇防灾减灾工程规划应包括以下内容：（1）防灾减灾现状分析和灾害影响环境综合评价及防灾能力评价。（2）各项防灾规划目标、防灾标准。（3）防灾减灾设施规划，应包括防洪设施、消防设施布局、选址、规模及用地。以及避灾通道、避灾疏散场地和避难中心设置。（4）防止水灾、火灾、爆炸、放射性辐射、有毒物质扩散或者蔓延等次生灾害，以及灾害应急、灾后自救互救与重建的对策与措施。（5）防灾减灾指挥系统。”

对照上述标准条款要求，店口镇综合防灾规划根据其易受灾害及可能发生灾害的影响情况确定防洪排涝、消防、抗震防灾等规划专项，规划内容比较符合上述条款要求，作为规划示范尚宜完善灾害影响环境综合评价及防灾能力评价内容。

2. 防洪排涝规划

第 7 章相关标准条款要求：

“6.0.1　小城镇防洪工程规划应以小城镇总体规划及所在江河流域防洪规划为依据，全面规划、综合治理、统筹兼顾、讲求效益。”

“6.0.5　小城镇防洪规划应根据洪灾类型（河（江）洪、海潮、山洪和泥石流）选用相应的防洪标准及防洪措施，实行工程防洪措施与非工程防洪措施相结合，组成完整的防洪体系。”

“6.0.6　沿江河湖泊小城镇防洪标准应不低于其所处江河流域的防洪标准，并应与当地江河流域、农田水利、水土保持、绿化造林等规划相结合，统一整治河道，确定修建堤坝、圩垸和蓄、滞洪区等工程防洪措施。”

“6.0.7　邻近大型或重要工矿企业、交通运输设施、动力设施、通信设施、文物古迹和旅游设施等防护对象的镇区和村庄，当不能分别进行防护时，应按就高不就低的原则确定设防标准及设置防洪设施。”

对照条款要求，根据店口镇易受山洪和河洪及整个地势两头高中间低，逢汛期易涝情况，防洪规划侧重山洪、河洪防御与防涝，以店口镇总体规划及钱塘江、浦阳江流域防洪规划为依据，洪涝兼治，以防为主，防排结合，全面规划，综合治理，统筹兼顾，讲求效益。店口防洪规划提出的50年一遇防洪标准和相应防洪措施都是适宜的，店口防洪规划河道整治与河湖滞留、调蓄雨水以及绿化景观相结合，也较好地体现了相关标准条款要求，符合店口镇实际。规划实施能起到较好的示范作用。

3. 消防规划

第7章相关标准条款要求：

“9.0.1 小城镇消防规划应包括消防站布局选址、用地规模、消防给水、消防通信、消防车通道、消防组织、消防装备等内容。”

“9.0.3 小城镇消防安全布局应符合下列规定：(1) 现状中影响消防安全的工厂、仓库、堆场和储罐等必须迁移或改造，耐火等级低的建筑密集区应开辟防火隔离带和消防车通道，增设消防水源。(2) 生产和储存易燃、易爆物品的工厂、仓库、堆场和储罐等应设置在镇区边缘或相对独立的安全地带。与居住、医疗、教育、集会、娱乐、市场等之间的防火间距不得小于50m。(3) 小城镇各类用地中建筑的防火分区、防火间距和消防车通道的设置，均应符合现行相关国家标准的有关规定。”

“9.0.4 小城镇消防给水应符合下列规定：(1) 具备给水管网条件时，其管网及消火栓的布置、水量、水压应符合现行相关国家标准的有关规定。(2) 不具备给水管网条件时，应利用河湖、池塘、水渠等水源规划建设消防给水设施。(3) 给水管网或天然水源不能满足消防用水时，宜设置消防水池，寒冷地区的消防水池应采取防冻措施。”

“9.0.5 消防站的设置应根据小城镇的性质、类型、规模、区域位置和发展状况等因素确定，并应符合下列规定：(1) 大型镇区消防站的布局应按接到报警5min内消防人员到达责任区边缘要求布局，并应设在责任区内的适中位置和便于消防车辆迅速出动的地段。(2) 消防站的主体建筑距离学校、幼儿园、医院、影剧院、集贸市场等公共设施的主要疏散口的距离不得小于50m，镇区规模小尚不具备建设消防站时，可设置消防值班室，配备消防通信设备和灭火设施。(3) 消防站的建设用地面积宜符合表9.0.5（略）的规定。”

店口镇消防规划较能体现上述标准条款要求，消防站规划与站点布局、消防给水、消防通道、消防设备及人员编制、消防通信规划均与远期过渡到城市的要求较好接轨，体现小城镇防灾减灾规划标准与城市相关标准在灾害综合防御与火灾防御中较好的兼容性和一致性。

4. 震灾防御

第7章相关标准要求：

“7.1.1 位于地震基本烈度为6度及以上（地震动峰值加速度值≥0.05g）地区的小城镇防灾减灾工程规划应包括抗震防灾规划的编制。”

“7.1.2 抗震防灾规划中的抗震设防标准、建设用地评价与要求、抗震防灾措施应根据小城镇的防御目标、抗震设防烈度和国家现行标准确定，并作为强制性要求。”

“7.1.3 小城镇抗震防灾应达到以下基本防御目标：(1) 当遭受多遇地震（‘小震’，即50年超越概率为63.5%）影响时，城镇功能正常，建设工程一般不发生破坏。(2) 当遭受相当于本地区地震基本烈度的地震（‘中震’，即50年超越概率为10%）影响时，生命线系统和重要设施基本正常，一般建设工程可能发生破坏但基本不影响小城镇整体功能，重要工矿企业能很快恢复生产或经营。(3) 当遭受罕遇地震（‘大震’即 50 年超越概率为 2%～3%）影响时，小城镇功能基本不瘫痪，要害系统、生命线系统和重要工程设施不遭受严重破坏，无重大人员伤亡，不发生严重的次生灾害。”

“7.3.1　在进行抗震防灾规划编制时，应确定次生灾害危险源的种类和分布，并进行危害影响估计。(1) 对次生火灾可采用定性方法划定高危险区，应进行危害影响估计，给出火灾发生的可能区域。(2) 对小城镇周围重要水利设施或海岸设施的次生水灾应进行地震作用下的破坏影响估计。(3) 对于爆炸、毒气扩散、放射性污染、海啸等次生灾害可根据实际情况选择评价对象进行定性评价。”

“7.3.2　应根据次生灾害特点，结合小城镇发展提出控制和减少致灾因素的总体对策和各类次生灾害的规划要求，提出危重次生灾害源的防治、搬迁改造等要求。”

对照上述条款，店口镇抗震防灾规划基本符合相关要求，但规划应首先明确店口镇抗震设防烈度、设防标准，同时应完善地震次生灾害防御规划，提出危害次生灾害源的控制、搬迁改造等要求。

9.1.6　相关示范实施条例的空间发展管治

以下条款按示范条例编序。

2.1.1　空间发展管治是对店口全镇域的建设布局进行统筹安排，在店口镇域范围内建立城镇优先发展区、一般控制性开发区、严格控制开发区、禁止建设区的规划控制体系，以便规划建设管理和本项目综合试点示范实施。

2.1.1.1　城镇优先发展区

范围：现有城区、环七里山各村有河西的姚家村、联塘村；发展模式：以产业链的培育与发展为导向，尽快形成城镇综合发展区。

2.1.1.2　一般控制性开发区

范围：三江口三角洲（防洪、防污染）、沿山体各山坳（防火、防崩塌滑坡）以及沿白塔湖周围（防污染）；发展模式：以适量的居住开发为主，建设高质量、高品质的城市生活社区，对污染进行集中处理。

2.1.1.3　严格控制开发区

范围：分散的村落等乡村居民点；发展模式：基本维持现状，可配套临时性的必要基础服务，新建的居住等设施用地向城区集中。

2.1.1.4　禁止建设区

范围：各主要山体、浙赣铁路沿线、白塔湖生态湿地；发展模式：以恢复、改善生态环境的整治性建设为主，加大污染控制与治理的力度，白塔湖地区可适当发展少量无污染的休闲、旅游业。

9.1.7　相关示范实施条例的生态功能区划及管治

以下条款按示范实施条例编序。

3.1　原则与目标指引

3.1.1　店口镇生态功能区划是营造良好区域生态环境的必要条件。生态功能分区应立足于大区域环境，在分析自然本底和土地利用现状的基础上，按照土地生态敏感程度和生态适宜性，确定生态功能分区方案。

3.1.2 店口镇生态功能区划应遵循优先保护生态脆弱度高和生态效益高的用地，城镇建设用地要尽可能布置在生态脆弱度和生态敏感度较低的地区这一基本原则。

3.1.3 店口镇生态区划及管治主要目标为明确区域生态结构，分析各类地块的生态适宜性，明确各类用地生态服务和利用、管治对策。

3.2 功能区划分及管治

3.2.1 店口镇生态功能区划分为生态保护区、生态控制区、生态缓冲区和生态协调区四个部分。

3.2.2 生态保护区

3.2.2.1 店口镇生态保护区是为了保护对区域总体生态起关键性作用的生态系统或对区域生态有重要意义的用地而划定的需严格保护的地域，其保护、生长、发育的状况决定了店口生态环境的整体质量，一旦被破坏就很难有效恢复，如自然保护区、水源地、自然河流、风景区等。

3.2.2.2 店口镇生态保护区主要包括：西、北部连片的山林，散嵌于建成区内的山林，浦阳江流域境内段，白塔湖流域，石烂头水库以及基本农田、林区等，具有明显生态价值的成片果树林也纳入生态保护范畴。

3.2.2.3 禁止建设用地对生态保护区土地的侵占，并按照国家有关法规和技术规范，对其内的相关行为活动采取一定的控制措施。对于已经占用或破坏的该类用地，应立即恢复应有的生态地位与价值，并辅以相应的法规保障。

3.2.2.4 山林生态保护区

1）店口山林生态保护区是指西、北部连片的保护山林和散嵌于建成区内的山林，规划至2010年林地调整为3979.9ha，占土地总面积37.6％。

2）根据《森林法》、《土地管理法》等对林地进行利用、管理和保护。依据功能与用途，将林地划分为生态公益林用地和风景林用地。

3）生态公益林用地。①店口镇生态公益林用地主要指起防护、水土保持、水源涵养等作用的西、北部连片的山林。②严格管理保护生态公益林用地，不得随意占用，原则上不准采石、取土和开矿；林木更新应经批准，按计划采伐，并及时更新，保持其森林覆盖率90％以上。

4）风景林用地。①店口风景林用地是指起美化景观、净化环境、水土保持等作用的散嵌于建成区内的山林。②严格保护作为建成区的“绿肺”的风景林用地，同时加强其景观功能塑造，与周边及整体景观有效协调。

3.2.2.5 浦阳江生态保护区

1）店口浦阳江生态保护区是指作为店口镇重要的饮用、灌溉水源的浦阳江及其沿岸的生态保护地区。

2）规划沿江开辟滨江林荫道，以景观休闲功能为主，与河岸保持100～200m距离，并保留漫滩与滨水湿地生态系统。

3.2.2.6 白塔湖生态保护区：（1）白塔湖生态区作为店口镇不可多得的环境“调节器”，也是店口镇作为“江南水乡”重要标志的白塔湖及其沿湖的生态保护地区。（2）以白塔湖水质为保护核心，加强水环境综合治理，严禁废水、废渣的排入，并对珍珠养殖进行适当的控制与管理，以达到Ⅱ类标准，成为生态环境良好的城镇湿地。

3.2.2.7 农业生态保护区

(1) 农业生态保护区主要指基本农田和经济林区，以及以保持农业生态环境为主要目标的广大乡村区域。(2) 店口镇农业生态区应在发展传统农业的基础上，大力推进农业产业化，发展生态农业、观光农业，提高投入产出效益，保护农业生态环境。

3.2.3 生态控制区

3.2.3.1 生态控制区是为了维护区域生态系统的整体性和延续性而对某些具有一定生态价值和生态系统比较脆弱的地域进行严格的开发强度控制的区域。店口镇的生态控制区范围主要包括高程大于50m、坡度小于20%的山坡地及主要水系流域。

3.2.3.2 生态控制区原则上以保护为主，其中规划批准的发展用地应严格控制开发建设强度，严禁污染性产业进入；当经济社会发展与生态保护产生矛盾冲突时，应优先考虑生态保护；坚持维护山系的自然过程，加大保护力度，改善森林结构，提高生态林比例。空气环境质量实行Ⅰ类标准，水环境质量实行Ⅱ类标准。

3.2.4 生态缓冲区

3.2.4.1 生态缓冲区是介于不同生态区块之间的、在形态上和功能上具有过渡性质的用地和水域。建设生态缓冲区是为了保障区域生态系统的良性结构。店口镇的生态缓冲区主要包括城镇建设用地周边的农用地及水域。

3.2.4.2 生态缓冲区应加强乡土型生态景观建设，原则上应保留自然现状、农村村落和农业生态等；扩大绿化概念，引导农田防护林网、林地、园地、水系与城镇绿化网络形成一体，增强城镇生态防护效益；同时注意营造生态控制区和生态保护区之间的生态连续性。经济发展上应引导和调整生态缓冲区内产业结构，严格控制污染型企业入驻，以都市型生态农业为主导，积极发展绿色产业。空气环境质量实行Ⅰ类标准，水环境质量近期实行Ⅲ类标准，远期实行Ⅱ类标准。

3.2.5 生态协调区

3.2.5.1 生态协调区是店口城镇发展的主要可选用地。在生态协调区内建设应重视和强调生态建设，“统一规划、合理分布、分片开发、分步实施”，保持城镇发展和自然环境的有机协调。

3.2.5.2 调整用地结构，集约发展。采取集约开发方式，大力调整土地利用布局，优化土地利用结构，强化土地资源综合利用与控制，在结构上保证城镇建设和农业保护的协调发展。

3.2.5.3 完善生态安全体系。积极构建绿化带、生态通廊等，增强自然抗灾屏障或通道，加强生态系统的消纳和循环功能，以保证该区的生态安全。

3.2.5.4 城乡融合。引导城镇生长与自然农业生态的融合；城乡之间、城镇组团之间，通过绿化带和生态农业带建设，构筑生态隔离走廊，以控制城镇无序蔓延。

3.2.5.5 生态补偿。强调土地开发利用过程中的生态补偿，与总体生态环境改善过程相辅组成，同步进行绿化、净化，切忌出现透支环境容量的过度开发行为。

3.2.5.6 污染控制。提高物质流通率和资源再利用率，降低废热、废气、废水、废物排放。空气环境质量实行Ⅰ-Ⅲ类标准，水环境近期实行Ⅳ类标准，远期实行Ⅱ类标准。

图 9-1 为店口镇镇域生态分区及管治图（附后）。

图 9-2 为店口镇用地分区规划图（附后）。

图 9-3 为店口镇土地利用规划图（附后）。

9.2 明城镇防灾规划及相关标准技术综合试点示范应用分析

【例 2】 明城镇是全国重点镇、珠江三角洲重要的卫星镇，地处珠江三角洲西部，西江支流——沧江河之滨，是佛山市高明区的中心腹地。

近些年明城产业迅速从农业向工业转移，每年外来投资额达 10 个亿，企业有 300 多家，发展潜力很大，这就对资源保护、合理开发以及投资环境提升要求更为迫切。防灾规划是上述的一个重要方面，也是作为试点示范镇相关标准技术示范应用的重要组成内容。

9.2.1 防洪规划

1. 防洪规划原则

（1）防洪（潮）规划应遵循“堤库结合、泄蓄兼施、以泄为主”的方针，统筹兼备，合理规划，确保重点，近远期结合的治理原则。（2）工程防治措施与非工程防治措施结合并举，相辅相成。（3）应研究超标洪、潮的防治对策与措施，降低超标洪、潮灾害损失。

2. 防洪标准

（1）根据国家防洪工程设计规范的规定，将各镇按城镇人口划分等级，明城为三等，三等城镇防洪（潮）标准为 50 年一遇，防山洪 10 年一遇。（2）治涝（排水）标准：镇区按暴雨强度公式计算管径。按 10 年一遇 24h 暴雨计算，建成区采用 1 天排干，其他地区按实际情况采用 1～2 天排干，逐步达到 1 天排干。

3. 防洪措施

（1）通过仁坑水库、官迳水库、高田水库等水库蓄水，中下游沧江河段的防洪堤联防，其防洪能力可达到 50 年一遇的标准。（2）按 50 年一遇标准续建西江大堤，对沧江河两岸加固除险，同时按规划整治线整治沧江河道，增加泄洪能力。（3）重建改建沧江河两岸排涝站。（4）在山边添加排洪沟，使山上的洪水在排洪沟的疏导下，排到沧江河里去。

9.2.2 消防规划

1. 消防站点规划

按照规范，标准型普通消防站的消防责任区面积以 4～7km^2 为宜，因此，确定全镇划分两个消防责任区。

根据国家《消防站建筑设计标准》和《城镇消防站布局与技术装备配备标准》的规定，规划分别在城八路与明十路交汇处和城六路与明喜路交汇处布置一处标准消防站，每处承担服务范围为 4～7km^2 的城区消防管理任务，总用地面积 57ha。

2. 消防安全布局

（1）城镇总体功能分区消防安全布局要求：在城镇总体布局中，必须将生产易燃易爆化学物品的工厂、仓库设在城市边缘的独立安全地区，并与人员密集的公共建筑保持规定的防火安全距离，对布局不合理的城中村、旧镇区，严重影响城镇消防安全的工厂、仓库，必须纳入近期改造规划，有计划、有步骤地采取限期迁移或改变生产使用性质等措施，消除不安全因素。

（2）危险品站库消防安全布局要求：在城镇规划中，应合理选择液化石油气供应基地、储配站、气化站、瓶装供应站、天然气调压站和汽车加油、加气站的位置，使其符合防火规范要求，并采取有效的消防措施，确保安全。

（3）危险品转运设施消防安全布局要求：装运易燃易爆化学物品的专用车站、码头必须设置在城镇或港区的独立安全地段，且与其他物品码头之间的距离与主航道之间的距离均应有严格的规定。

（4）城镇建筑消防安全布局要求：城镇内新建的各种建筑，应建造一级、二级耐火等级的建筑，严格限制三级建筑。原有耐火等级低、相互毗连的建筑密集区或大面积旧城区，必须纳入城镇近期改造规划。积极采取防火分隔、提高耐火性能、开辟消防车通道等措施，逐步改善消防安全条件。

（5）地下空间安全布局要求：地下交通隧道、地下街道、地下停车场的规划建设与城市其他建设应有机地结合起来，合理设置防火分隔，疏散通道、安全出口和报警、灭火、排烟等设施。安全出口必须满足紧急疏散的需要，并应直接通到地面安全地点。

（6）物流、人流中心消防安全布局要求：城镇设置物流中心、集贸市场和营业摊点时，应确定其设置地点和范围，不得堵塞消防车通道和影响消火栓的使用，在人流集中的地点如车站、公路客运站、码头、口岸等，应考虑设置方便旅客等候和快速疏散的广场和通道。

3. 消防供水规划。按照城镇消防供水标准规范要求，明城镇近期、远期采用同一时间发生火灾次数为 2 次，一次灭火用水量为 55L/s，灭火时间为 2h，消防用水量为 792m^3。根据该用水量来确定明城镇消防供水标准。管网建设除应满足最大小时生活用水量和工业企业生产用水量外，仍应保证全部消防用水。

根据规范规定，市政消火栓间距不得大于 120m，距路边不应超过 2m；十字路口 50m 范围内设置市政消火栓；宽度大于或等于 60m 的城镇道路，应在道路两旁设置消火栓；旧区因道口狭窄，消火栓间距可适当缩小至 80～100m。注意保护和利用自然水体，作为消防补充水源。区内排洪河冲或自然水塘，应加以合理利用，在适当位置开辟消防车通道，并设置消防取水口。

规划在明城镇内近期设置消防固定取水点 1 个。选址在天后宫靠近沧江河，即城五路与明七路交界处沿岸边设置。要求取水点应设立明显标志，严禁违章占用或堆放物品，保证有不小于 5m 的消防通道供消防车驶近取水，并统一管理和维护，以便在这些取水点附近建筑发生火灾时，可以安全、快捷地使用这些消防供水水源。

9.2.3　防震抗震规划

1. 规划原则

通过采取防震抗震措施，逐步提高城镇综合抗震能力，减轻地震灾害的影响，使城镇遭受基本烈度地震时，要害系统不遭受较严重破坏，人民生活基本正常。

2. 规划措施

（1）防震指挥中心。设立指挥中心 1 处。负责制订地震应急方案，在收到临震预报时，负责向全镇发布命令，统一指挥人员疏散、物质转移和救灾组织。

（2）避震疏散通道。规划主要道路，包括交通性干道、生活性干道作为主要的疏散通道，一些连接疏散场地的次干道为次要疏散通道，使居民在灾害发生时能安全、便捷地疏散。

（3）疏散场地。规划中，将城镇公园、广场、运动场、学校操场、河滨及附近农田、绿地作为避震疏散场地。在分区规划中应合理组织疏散通道，使避震疏散场地服务半径小于 500m，并保证每人 1.5m^2 的避震疏散用地。

（4）生命线系统及建筑物设防。规划生命线系统，包括政府机关、供水、供电、通信、交通、医疗、救护、消防站等作为重点设防部门，要求生命线系统的工程按各自抗震要求施工，并制定出应急方案，保证地震时能正常运行或及时修复。

建筑物必须按抗震烈度六度设防，并符合国家和当地规范，主要疏散通道两侧建筑应按要求退后，高层建筑必须有一定的广场或停车场设计。

（5）救灾物资仓库。明城镇物流园区内应设立各种紧急救援物资仓库。

（6）次生灾害的防护。震后易发生火灾、水灾、瘟疫；防止火灾、水灾造成的危害，防止瘟疫发生。危险品仓库必须远离居民生活区设置，并保持一定防护距离。水源周围不准设置有污染的仓库和工业区。

（7）地震防护及管理。必须高度重视防震工作，做好抗震规划。在相关部门协调下，建立起完善的管理系统和抗震设施，减少灾害影响。

9.2.4 人防规划

1. 规划原则

遵循“从实际出发。统一规划，突出重点，平战结合，同步实施”的原则，充分发挥人防工事在平战时期的社会效益和经济效益。

2. 规划内容

总体防护，通过城镇总体防护规划，保证城镇具有总体防护能力。具体措施如下：

（1）控制镇区人口密度和建筑密度，使镇区人口密度合理分配。

（2）按平战结合的要求，完善城镇道路，保证城镇对外道路的通畅。

（3）旧镇改造、新区开发，应有一定的绿地和空地，加强防空、防火、抗灾能力。

（4）积极防护、严格伪装，加强防卫，适时疏散重要物资。

（5）完善人防通信、警报系统，增强人防通信、警报系统的抗毁能力。

（6）城镇给水、排水、供电、供气和通信管网，在满足作战时生产和生活需要的前提下，同时考虑防火、防灾等要求。

（7）新建工厂，储存易燃、易爆、有毒物品的仓库应远离城镇人口密集区，对原有的进行搬迁和控制其数量、规模，加强防护管理，提高抗毁能力。

3. 人防工程设施规划

根据人防工程条件要求，按规划期末总人口 18 万人中 40%留城，1.5m^2/人计算，规划人防工程总面积约 11 万 m^2。主要规划内容为：（1）人防指挥所工程，设人防指挥所 1

座，用地1000m^2。(2) 防空专业队工程，根据需要设立防空专业队、通信专业队、抢险抢修专业队、运输专业队、消防专业队、治安专业队。(3) 医疗救护工程，设立中心医院、急救医院。

4. 人防工程的实施

人防工程原则上与城市建设相结合予以实施。即：(1) 利用国家拨款、地方财政支持、人防自筹等方式筹集资金，修建一批大中型平战结合的人防骨干工程。(2) 结合居住和公共建筑的建设，修建平战结合的两用防空地下室。(3) 结合城镇大型公共设施的建设、汽车站、体育场馆等，修建平战两用的防空地下室。

9.2.5 应用示范分析与建议

1. 规划内容与基本要求

小城镇防灾减灾工程规划标准（建议稿）提出：

"3.0.1 小城镇防灾减灾工程规划应包括地质灾害、洪灾、震灾、风灾和火灾等灾害防御的规划，并应根据当地易遭受灾害及可能发生灾害的影响情况，确定规划的上述若干防灾规划专项。"

"3.0.2 小城镇防灾减灾工程规划应包括以下内容：(1) 防灾减灾现状分析和灾害影响环境综合评价及防灾能力评价。(2) 各项防灾规划目标、防灾标准。(3) 防灾减灾设施规划，应包括防洪设施、消防设施布局、选址、规模及用地，以及避灾通道、避灾疏散场地和避难中心设置。(4) 防止水灾、火灾、爆炸、放射性辐射、有毒物质扩散或者蔓延等次生灾害，以及灾害应急、灾后自救互救与重建的对策与措施。(5) 防灾减灾指挥系统。"

明城镇综合防灾规划根据当地遭受灾害及可能发生灾害的影响情况确定规划专项为消防、抗震人防等规划专项，其中人防主要是考虑远期明城有条件发展成为中小城市及明城的城镇性质而决定增加的。

2. 防洪规划

小城镇防灾减灾工程规划标准（建议稿）提出：

"6.0.1 小城镇防洪工程规划应以小城镇总体规划及所在江河流域防洪规划为依据，全面规划、综合治理、统筹兼顾、讲求效益。"

"6.0.5 小城镇防洪规划应根据洪灾类型（河（江）洪、海潮、山洪和泥石流）选用相应的防洪标准及防洪措施，实行工程防洪措施与非工程防洪措施相结合，组成完整的防洪体系。"

"6.0.6 沿江河湖泊小城镇防洪标准应不低于其所处江河流域的防洪标准，并应与当地江河流域、农田水利、水土保持、绿化造林等规划相结合，统一整治河道，确定修建堤坝、圩垸和蓄、滞洪区等工程防洪措施。"

"6.0.7 邻近大型或重要工矿企业、交通运输设施、动力设施、通信设施、文物古迹和旅游设施等防护对象的镇区和村庄，当不能分别进行防护时，应按就高不就低的原则确定设防标准及设置防洪设施。"

对照上述条款要求，明城镇防洪规划提出的防洪标准和防洪措施是适宜的，但宜补充与当地江河流域、农田水利、水土保持、绿化造林、景观等规划相结合，统一整治河道等的工程防洪措施。

3. 消防规划

小城镇防灾减灾工程规划标准（建议稿）提出：

“9.0.1 小城镇消防规划应包括消防站布局选址、用地规模、消防给水、消防通信、消防车通道、消防组织、消防装备等内容。”

“9.0.3 小城镇消防安全布局应符合下列规定：(1) 现状中影响消防安全的工厂、仓库、堆场和储罐等必须迁移或改造，耐火等级低的建筑密集区应开辟防火隔离带和消防车通道，增设消防水源。(2) 生产和储存易燃、易爆物品的工厂、仓库、堆场和储罐等应设置在镇区边缘或相对独立的安全地带；与居住、医疗、教育、集会、娱乐、市场等之间的防火间距不得小于50m。(3) 小城镇各类用地中建筑的防火分区、防火间距和消防车通道的设置，均应符合现行国家标准《村镇建筑设计防火规范》(GBJ 39—1990) 的有关规定。”

“9.0.4 小城镇消防给水应符合下列规定：(1) 具备给水管网条件时，其管网及消火栓的布置、水量、水压应符合现行国家标准《村镇建筑设计防火规范》(GBJ 39—1990) 的有关规定。(2) 不具备给水管网条件时，应利用河湖、池塘、水渠等水源规划建设消防给水设施。(3) 给水管网或天然水源不能满足消防用水时，宜设置消防水池，寒冷地区的消防水池应采取防冻措施。”

“9.0.5 消防站的设置应根据小城镇的性质、类型、规模、区域位置和发展状况等因素确定，并应符合下列规定：(1) 大型镇区消防站的布局应按接到报警5min内消防人员到达责任区边缘要求布局，并应设在责任区内的适中位置和便于消防车辆迅速出动的地段。(2) 消防站的主体建筑距离学校、幼儿园、医院、影剧院、集贸市场等公共设施的主要疏散口的距离不得小于50m，镇区规模小尚不具备建设消防站时，可设置消防值班室，配备消防通信设备和灭火设施。(3) 消防站的建设用地面积宜符合表9.0.5（略）的规定。”

明城镇消防规划与上述条款要求基本符合，但远期规划尚应增加一处消防站。

4. 震灾防御

“7.1.1 位于地震基本烈度为6度及以上（地震动峰值加速度值≥0.05g）地区的小城镇防灾减灾工程规划应包括抗震防灾规划的编制。”

“7.1.2 抗震防灾规划中的抗震设防标准、建设用地评价与要求、抗震防灾措施应根据小城镇的防御目标、抗震设防烈度和国家现行标准确定，并作为强制性要求。”

“7.1.3 小城镇抗震防灾应达到以下基本防御目标：(1) 当遭受多遇地震（‘小震’，即50年超越概率为63.5%）影响时，城镇功能正常，建设工程一般不发生破坏。(2) 当遭受相当于本地区地震基本烈度的地震（‘中震’，即50年超越概率为10%）影响时，生命线系统和重要设施基本正常，一般建设工程可能发生破坏但基本不影响小城镇整体功能，重要工矿企业能很快恢复生产或经营。(3) 当遭受罕遇地震（‘大震’即50年超越概率为2%～3%）影响时，小城镇功能基本不瘫痪，要害系统、生命线系统和重要工程设施不遭受严重破坏，无重大人员伤亡，不发生严重的次生灾害。”

“7.3.1 在进行抗震防灾规划编制时，应确定次生灾害危险源的种类和分布，并进行危害影响估计。(1) 对次生火灾可采用定性方法划定高危险区，应进行危害影响估计，给出火灾发生的可能区域。(2) 对小城镇周围重要水利设施或海岸设施的次生水灾应进行地震作用下的破坏影响估计。(3) 对于爆炸、毒气扩散、放射性污染、海啸等次生灾害可根据实际情况选择评价对象进行定性评价。”

"7.3.2　应根据次生灾害特点，结合小城镇发展提出控制和减少致灾因素的总体对策和各类次生灾害的规划要求，提出危重次生灾害源的防治、搬迁改造等要求。"

明城镇防震规划基本符合上述条款要求，但应首先明确城镇抗震设施烈度、防御目标并据此和国家现行标准，确定和明确抗震设防标准、建设用地评价与要求、抗震防灾措施作为强制性要求。

9.2.6　相关示范实施条例的空间分区与空间分区管制

（以下条款编号按示范实施条例编序。）

2.1　一般规定

2.1.1　空间分区与空间分区管制对明城全镇域的建设布局进行统筹安排，在明城镇域范围内建立"三区"、"六线"规划控制体系，以利规划建设管理和综合试点示范。

2.2　"三区"规划控制体系

2.2.1　不准建设区规划控制应符合以下规定：

2.2.1.1　不准建设区（区域绿地）应包括具有特殊生态价值的自然保护区、水源保护地、海岸带、湿地、山地、农田、重要的防护绿地以及在重要交通干道和市政设施走廊两侧划定的禁止建设的控制区等。

2.2.1.2　不准建设区范围应包括明城镇中南部、西部和北部山地、林地，如云勇林场，明阳山森林公园等，另外还有镇域东北部的农田保护区。总面积约 10350.36hm^2，占全镇域用地面积 76.19%。

2.2.1.3　不准建设区应在中心镇总体规划图上明确标示，并在现场设立明确的地界标志或告示牌。规划期内不准建设区必须保持土地的原有用途，除国家和省重点建设项目、管理设施外，严禁在不准建设区内进行非农建设开发活动。

2.2.2　非农建设区规划控制应符合以下规定：

2.2.2.1　非农建设区（城镇建设区）应包括镇中心区、工业区、乡村居民点等全部非农建设用的范围。

2.2.2.2　非家建设区范围应包括明城镇中心区、三大工业组团、各农村居民点及镇域南部的部分城镇建设用地。总面积约 1926.15hm^2，占全镇域用地面积 14.18%。

2.2.2.3　非农建设区内可以进行经依法审批的开发建设活动。非农建设区应在中心镇总体规划图上明确标示，并在中心镇规划建设中具体落实界线坐标。

2.2.3　控制发展区规划控制应符合以下规定：

2.2.3.1　中心镇镇域范围内除不准建设区和非农建设区以外，规划期内原则上不用于非农建设的地域应为控制发展区。一般为中心镇远景发展建设备用地。

2.2.3.2　控制发展区范围应包括明城镇中心区西部的世周、冲坑村附近大片用地及三大矿区（翁江矿区、仁坑矿区、洞心矿区）。总面积约 1308.49hm^2，占全镇域用地面积 9.63%。

2.2.3.3　在规划期内，控制发展区应保持现状土地使用性质，非经原规划批准机关的同意，原则上不得在控制发展区内进行非农建设开发活动。中心镇非农建设需占用控制发展区用地的，必须同时从非农建设区中划出同样数量的土地返还控制发展区。国家和省、市重点项目需要的建设用地，可根据具体情况，优先在中心镇非农建设区内安排解决，确需占用不准建设区和控制发展区时，须按程序调整总体规划并报上级审批。

2.2.3.4 不准建设区、非农建设区、控制发展区的土地控制总量比例约为76∶14∶10。

2.3 “六线”规划控制体系

2.3.1 城镇拓展区规划控制黄线的规划控制应符合以下规定：

2.3.1.1 “黄线”为用于界定城镇新区、工业新区等新增非农建设用地范围的控制线。明城镇规划黄线控制范围面积约1926.15hm^2。

2.3.1.2 在规划期内，城镇开发建设活动不得越出黄线控制范围。黄线范围内的建设用地原则上按照相关开发强度控制指标进行控制。

2.3.1.3 城镇新区建筑的正向间距按照不小于南向建筑高度的0.8倍退缩，最小不得小于9m；工业新区按照不小于南向建筑高度的1.0倍退缩，最小不得小于12m。

2.3.1.4 建筑密度要求低层区为30％～40％，多层区为25％～30％，高层区为20％～25％。

2.3.1.5 容积率要求低层区为0.8以下，多层区为0.8～1.5，高层区为1.5～3.0。

2.3.1.6 绿地率要求新区开发不得小于30％。

2.3.2 道路交通设施规划控制红线的规划控制应符合以下规定：

2.3.2.1 “红线”为用于界定城镇主、次干道及重要交通设施用地范围的控制线。

2.3.2.2 严格控制道路及交通设施的用地红线，红线内用地不得作任何与道路功能不相符合的用途。道路红线两侧应根据道路的功能和等级划定退建距离，退建范围内属于道路防护绿地，不得建设永久性建（构）筑物。

2.3.3 市政公用设施规划控制黑线的规划控制应符合以下规定：

2.3.3.1 “黑线”为用于界定各类市政公用设施、地面输送廊道用地范围的控制线。

2.3.3.2 严格控制市政公用设施的用地黑线，黑线内用地不得作任何与之不相符合的用途，以保证各类市政设施的正常运行。黑线范围的划定应满足市政设施以及交通设施设置的有关规范的要求。

2.3.4 水域岸线规划控制蓝线的规划控制应符合以下规定：

2.3.4.1 “蓝线”为用于界定较大面积的水域、水系、湿地及其岸线保护范围的控制线。

2.3.4.2 沧江河两岸划定30～100m的绿化景观控制带。官迳水库及高田山塘等水体周边100m范围内不得新建任何建筑物，已建的需进行严格控制，避免对水体产生污染。

2.3.5 生态绿地规划控制绿线的规划控制应符合以下规定：

2.3.5.1 “绿线”为用于界定城镇公共绿地和开敞空间范围的控制线。城镇建设区以外的区域绿地、环城绿带等必须同样进行严格控制和保护的开敞地区，也应一并纳入“绿线”管制范畴。

2.3.5.2 严格控制绿线范围内的绿地用途，除国家和省市的重点建设项目、管理及旅游接待服务设施以外，严禁在内进行任何其他与城镇开发相关的建设活动。

2.3.6 历史文物保护规划控制紫线的规划控制应符合以下规定：

2.3.6.1 “紫线”是为界定文物古迹、传统街区及其他重要历史地段保护范围的控制线。

2.3.6.2 紫线范围内应严格保护，不得进行与之不相关的建设。严格控制紫线周边用地的建设开发强度，新建、扩建、改建的各类建（构）筑物的体量、高度、风格等应与历史文物的传统风格及地方特色相协调。其中文昌塔周边80m的建（构）筑物的高度不得高于文昌塔的塔高。谭天度故居周边40m范围内不得新建任何建（构）筑物。

图9-4为明城镇防灾工程规划图（附后）。

图9-5为明城镇镇域用地分区管制规划图（附后）。

图9-6为明城镇镇域土地利用规划图（附后）。

9.3　会东县综合防灾规划及示范分析

【例3】 会东县位于四川省的西南部的凉山彝族自治州的最南端，东南临金沙江，与云南省的巧家县、昆明市东川区、禄劝县隔江相望；西邻会理；北接宁南。全县南北长81km，东西宽72km，幅员辽阔面积3227.55km^2。会东县具有丰富的矿产和水利资源，素有“天府之国的金边银角”之称。在西部大开发的背景下，凸显资源储备和国家开发战略的优势，在《四川省攀西地区城镇体系规划》中被列入“攀枝花—会理—会东—宁南”一线的南部经济轴带的重点发展县。县城镇会东镇是全国重点镇。

会东县防灾规划包括县域森林防火规划、工程地质灾害防灾规划和县城防灾规划及相关示范分析，同时附县域生态功能区划与空间管制内容，以便完整理解综合防灾及示范规划相关内容，突出综合防灾与生态安全融合理念。

9.3.1　县域防灾规划

1. 森林防火规划

（1）植被状况

会东县植被属全国区划的中亚热带常绿阔叶川滇金沙江峡谷云南松、干热河谷植被亚区。森林植被（不含草本）有66科150属229种，垂直分布变化明显，水平差异小。随地形、地貌、海拔、光热、水土等自然条件和人为活动影响而变化。海拔1500～2300m为云南松阔叶林带，海拔2300m以上为华山松针阔混交林带。按四川省林业区划属用西南由地用材林、防护林之大凉山、锦屏山用材林，防护林亚区。

（2）重点防火林区

会东县重点防火林区主要为：1）淌塘—岩埧—黄坪—甘海—铁厂天然林40余万亩（约2.67万hm^2）。2）黑嘎—大桥—新山人工林15万亩（约1万hm^2）。3）夹马石—堵格—火山人工林20余万亩（约1.33万hm^2）。4）猪拱地人工林20万亩（约1.33万hm^2）。5）马头山人工林5万亩（约0.33万hm^2）。

（3）森林防火主要存在问题

1）随着天保工程及退耕还林工程的实施，封山育林力度加大，新造林面积增多，会东县有林地面积逐年增多，森林防火工作的面更宽、量更大，增加了防火工作防控的难度和引发火灾的隐患。2）森林防火经费严重不足，影响了防预、通信、瞭望检测工程的实施、指挥、扑救系统设备、设施简陋，林火阻隔工程、防火道路工程等无法实施，扑火机具严重不足，监测存在盲区。3）由于经费严重不足，使森林防火专业、半专业扑火队正规化、现代化建设无法开展，队伍整体素质有待提高，且装备相当落后，仅有消防铲、斧、砍刀、树枝等简陋的工具，不具备扑灭大火的能力。4）由于受经费严重不足的制约，指挥体系相对落后，我县至今没有专门的森林防火指挥车，运兵车等。严重影响了快速反应、快速出兵、快速扑火工作的开展。

（4）森林防火规划措施

1）规划建设重点防火林区的防火林带和防火道路，确保重点林区防火，逐年实施林火阻隔工程和防火道路工程。2）强化森林防火预警系统建设，加强瞭望监测，使其覆盖率达85%，建设科学防火监控体系，实现监控率100%。3）加快防火指挥系统建设步伐，建立防火信息传递快捷方便的通信网络。4）以专业扑火队为主组建武警森林大队，在组建专业扑火大队的同时组建一支半专业扑火大队，强化森林防火的现代化、正规化、制度化建设。5）完善森林防火设施，配备森林防火设备。6）加强森林防火宣传，强化森林防火技术培训，提高林区各类从业人员的素质，动员全民森林防火，确保火不成灾，实现森林火灾受害率控制在省规定的1‰指标以下的目标。

2. 工程地质灾害规划

（1）灾害类型及分布

会东县县域的工程地质灾害较少，主要有滑坡、泥石流地质灾害和岩崩、崩塌、塌陷地质灾害，根据灾害规模及可能造成损失分不同等级。已查明县级工程地质灾害共17处，其灾害类型危险点分布表略。据有关部门提供的资料，以下地质灾害均不会危及居民点的安全。

（2）防灾规划措施

1）编制防灾应急预案。2）提出和实施防灾监测，若监测人员发现异常，应及时启动防灾预案发出预警预报，上报政府实施各项防灾措施。3）提倡群策群防，提高群众防灾避灾意识。4）加强地质环境保护。5）县政府组织成立由公安、医疗、矿山业务部门组成的应急小分队，灾难突发后，应急小分队实施抢险救援。

9.3.2 县域生态功能区划

统筹考虑未来的城镇布局、产业布局以及综合生态保护要求，将会东县划分为城镇生态协调区、采矿生态控制区、流域生态严格保护区、一般生态保护区四个生态功能区划，明确不同区域的管制重点，实施不同的管制措施，对各项人类开发活动提出相应的限制，以确保全县经济建设与生态环境的协调发展。

1. 城镇生态协调区

城镇生态协调区指县城、姜州、淌塘、新街、铅锌、松坪、嘎吉7处城镇集中建设的区域，该类区域的管制重点在于协调城镇与周边环境的关系，在做好周边环境保护工作的同时，强化城镇建设区内部的绿地生态系统建设，使城镇与周边的自然环境融为一体。该类区域的建设必须在规划的指导下，明确适宜建设、控制建设和不适宜建设的用地划分标准，并在该标准下有序地开展相关建设。

2. 采矿生态控制区

采矿生态控制区指淌塘、小街、可河、发箐、新田、新龙、溜姑9片矿产资源集中开采的区域，因而也是生态环境最易遭破坏的区域。该类区域的管制重点在于控制开采规模和对已出现生态破坏区域的修复。具体管制措施包括：建立健全矿山生态环境保护长效监管机制，严格执行矿山开采准入制度；完善矿山生态环境保护法规，加强矿山生态环境监管能力建设和执法能力建设；明确地方政府是当地矿区生态环境治理第一责任人，按照"谁污染、谁管理"的原则，落实实施治理的主体；建立矿山生态恢复保证金制度和生态补偿机制，通过市场机制，秉着"谁投资、谁受益"的原则，充分利用国家财政、地方财政和社会资金，多渠道融资开展矿山生态环境恢复和治理工作；制定会东矿产资源开发利用总体规划，加强矿产资源的有序开发和合理利用。

3. 流域生态严格保护区

流域生态严格保护区指沿金沙江北侧约2.5km，以及沿鲹鱼河，大桥河两条金沙江重要支流两侧约800m范围内的区域。该区域具有较高的敏感性，其生态环境质量直接影响长江上游的水质和水量，为此，专门划定该区域对其采取较为严格的管制措施，具体管制措施包括：严格限制对水环境有污染项目的建设，禁止开采和筛选各类矿藏或砂石，禁止向水域抛撒垃圾和其他污染水体物品，禁止设置直接排污口，污水必须经过处理后，方可排放，农业生产应尽量避免使用化肥农药等具有污染性的化学物质。保护自然植被，增加公益林建设，在有条件的地段恢复自然湿地，涵养水源，治理和防治水土流失。

4. 一般生态保护区

除以上三类区域外，县域其余部分都属于一般生态保护区，该区域包括小城、森林、农田、村庄等多种生态系统，是全县的背景环境，其生态系统的多样性及和谐性，是全县各项事业协调发展的基本保障。规划对其采取的管制措施包括：保护自然植被，保护基本农田25°以上坡地农田必须退耕还林、还草；控制现有村、乡居民点的规模和建设强度，禁止开展大规模采矿点或工矿点的建设；保护自然水域及水域周边的自然环境，特别注重水库、泉眼等水源地的生态保护，水源地周边100m范围内禁止安排居民点和排污口。如发现新的大型矿藏，应尽快制定环境影响评价和项目评估报告，并根据评价和评估的结果，制定开采规划，在上报有关部门同意后，方可开采。

9.3.3 县域空间管制

为更好地指导县域内的各项建设活动，保护生态环境，实现城乡统筹发展，提出县域空间管制原则。综合考虑地形条件和资源保护等因素，将县域的全部土地划分为3大类：禁止建设区、限制建设区、适宜建设区，分别实行不同的规划管理政策，见表9-1所示。

县域建设空间分区一览表　　**表9-1**

管制分区	空间类型
禁止建设地区	自然保护区核心区
	自然保护小区
	基本农田保护区
	地表水源一级保护区
	地下水源核心保护区
	风景名胜区核心区
	坡度大于25°的水土保持区
	地质灾害易发区

续表

管制分区	空间类型
禁止建设地区	大型基础设施通道控制带
	水体河流控制区
	其他需要控制的地区
限制建设区	自然保护区非核心区
	风景名胜区非核心区
	森林公园及经济林
	一般农田保护区
	地表水源二级保护区
	地下水源防护区
	坡度介于15°和25°的水土保护区
	地下文物埋藏区
	行洪滞洪区
	乡村风貌保护区
	其他需要限制建设的地区
适宜建设区	除禁止建设区和限制建设区以外的地区

1. 禁止建设区

禁止建设区作为生态培育、生态建设的首选地，是为保护生态环境、自然和历史文化环境，满足基础设施和公共安全等方面的需要严格控制的地区。

禁止建设区原则上禁止任何城镇建设行为。对于位于禁止建设区的农村居民点，规划建议实行“固化宅基地”政策，严格限制任何农村建房、建厂、采矿、采石以及其他建设活动；制订“迁村并点”计划，逐步搬出现有的农村居民点。位于禁止建设地区的城镇建设用地也应逐步搬出。

2. 限制建设区

建制建设区主要是指自然条件较好的生态重点保护地或敏感区。

建设用地选择应尽可能避让限制建设区，对于列入限制建设地区的城镇建设区，应提出具体建设限制要求。对位于限制建设地区的农村居民点，规划应制定相应的村庄集镇规划，严格控制其建设活动。

3. 适宜建设区

适宜建设区为除禁止建设区和限制建设区外的地区，是城市建设发展优先选择的地区，其建设行为应根据资源环境条件，科学合理地确定开发模式、开发规模、开发强度和适用功能。

9.3.4 县城综合防灾规划

1. 防洪规划

(1) 概况

鲹鱼河为流经会东县城的主要河流。会东县城位于鲹鱼河流域中游。自三家村电站取水口到踩马水电站取水口，地形开阔，两岸山坡相对和缓，由波状起伏的丘陵、宽窄不等的坡地、四周环山的盆地构成复杂多变的地貌。县城洪水来源主要是山洪和河洪，后者以鲹鱼河流域洪水为主，也包括上游水库的泄洪洪水。

（2）洪水成因和历史洪灾情况

流域洪灾分自然现象和人为影响，特大暴雨导致毁灭性的山洪暴发，形成灾害是难以抗拒的自然现象。鲹鱼河上游 20 世纪 60～70 年代，由于集体大量伐木，个人乱砍滥伐，毁林开垦，而破坏了原有的生态平衡，水源涵养指数减少。这使得苍山白云间的会东县饱受洪水凌辱，枯季断流，农家愁栽，一到雨季，洪水却凶如猛虎，吞噬山屋，涂炭生灵。1981 年 6 月 7 日（老水文站实测流量 1270m^3/s）冲毁农田约 250 亩（约 16.7ha），房屋约 50 间，21 人死亡。1984 年 5 月 29 日（老水文站实测 1830m^3/s）冲断了县城横滩桥，沿河农田毁坏严重。成灾损失程度随着降雨强度的增加而增大，随降雨历时的长短而变化。支流官村河、小岔河也出现类似情况。

（3）防洪标准

根据相关防洪标准，会东县城防洪标准为 20 年一遇。规划同时按 50 年一遇标准校核，城区截洪沟、排洪沟按 20 年一遇防洪标准。

（4）洪峰流量计算和设计洪水位确定

1）洪峰流量计算

表 9-2 为鲹鱼河历年最大洪峰流量统计及频率计算。

鲹鱼河历年最大洪峰流量统计及频率计算表　　**表 9-2**

序号	出现年份	洪峰流量（m^3/s）	$P=m/(n+1)$（%）
18	1960	362	66.67
19	1961	350	70.37
26	1962	143	96.30
22	1963	293	81.48
21	1964	337	77.78
11	1965	453	40.74
5	1966	896	18.52
24	1967	191	88.89
7	1968	546	25.93
9	1969	485	33.33
13	1970	410	48.15
12	1971	448	44.44
17	1972	374	62.96
10	1973	481	37.04
3	1974	1140	11.11
25	1975	154	92.59
14	1976	407	51.85
23	1977	293	85.19
15	1978	388	55.56

续表

序号	出现年份	洪峰流量（m^3/s）	P=m/（n+1）（%）
20	1979	347	74.07
6	1980	551	22.22
2	1981	1270	7.41
16	1982	375	59.26
8	1983	508	29.63
1	1984	1830	3.70
4	1985	998	14.81
合计		14030	

依据鲹鱼河防洪工程规划报告，鲹鱼河干流分段流面积，见表 9-3 所示。

鲹鱼河干流分段流面积表 **表 9-3**

名称	支流积雨面积（km^2）	累计干流面积（km^2）
新水站	0.0	590
娥村沟	44.0	634
官村河	145.0	779
老水文站	0.0	779
小岔河	131	910
小岔河至沙拉河		910

按洪峰模数（面积类比法）的设计洪峰流量，见表 9-4 所示。

设计洪峰流量表 **表 9-4**

河段名称	集雨面积（km^2）	洪峰流量（m^3/s）P=（5.0%）
三家村电站—文化桥	590	1114
文化桥—老街	634	1230
老街—小岔河	779	1511
小岔河—沙拉河	910	1765

注：表中老街—小岔河段洪峰流量，为老水文站的洪峰流量。

2）设计洪水水位的确定

洪峰流量按 20 年一遇设计，确定相应断面的洪峰流量后，内查相应断面水位与流量关系情况表，或水位与流量关系图，得出该断面的洪水位，见表 9-5 所示。

分段断面设计水位表 **表 9-5**

断面编号（柱号）	20 年一遇	
	流量（m^3/s）	水位（m）
3+753	1511	96.17
4+363	1511	94.27

续表

断面编号（柱号）	20年一遇	
	流量（m^3/s）	水位（m）
4+973	1511	92.93
5+573	1511	91.67
6+640	1511	89.42
7+440	1765	89.22
8+240	1765	86.83
9+040	1765	85.69
9+840	1765	84.25
10+640	1765	82.51
11+310	1765	81.11

（5）河道、水库防洪规划

据鲹鱼河三家村电站到娥村河口已成防洪堤的运行使用情况，结合有关规范，堤顶按20年一遇水位加高0.5m，同时考虑到支流官村河及小岔河汇入时的水位抬升影响，确定堤顶高程，见表9-6所示。

鲹鱼河水位与流量计算结果表 **表9-6**

断面桩号	深泓线高程	20年一遇			堤顶高程（m）
		流量（m^3/s）	水深（m）	水位（m）	
5+550	1892.400	1511.000	4.831	1897.231	1897.731
7+570	1887.860	1511.000	4.831	92.690	93.190
8+630	1885.480	1765.000	4.750	90.230	90.730
12+280	1877.600	1765.000	4.750	82.350	82.850
13+300	1875.380	1765.000	4.750	1880.130	1880.630

小城镇防洪工程规划标准研究提出：

“位于江河湖泊沿岸小城镇的防洪规划，上游应以蓄水分洪为主，中游应加固堤防以防为主，下游应增强河道的排泄能力以排为主。”

“位于山洪区的小城镇防洪规划，宜按水流形态和沟槽发育规律对山洪沟进行分段治理，山洪沟上游的集水坡地治理应以水土保持措施为主，中流沟应以小型拦蓄工程为主，因地制宜考虑防洪方案。”

2. 规划方案和防洪措施

依据上述标准研究，会东县城防洪规划提出以下规划方案和防洪措施。

（1）规划建设两岔河水库

根据鲹鱼河流域水电开发计划，规划于会东县城上游约7.5km、野猪河汇口下约200m处建设两岔河中型水库，其正常蓄水位以下库容9989.13万m^3，调节库容8147.84万m^3，库容系数0.183，可满足年调节需要。两岔河水库建成后，其调节库容和蓄水分洪可使会东县城的防洪标准由现在的20年一遇提高到50年一遇。此外，还有林南竹寿水库库容 1000 万 m^3。

（2）鲹鱼河防洪堤规划

1）规划原则。以确保县城及沿河人民生命和财产安全为重点，以保障交通道路畅通，减轻洪涝灾害损失为目的。其防护对象为会东县城区上下游，沿河两岸的交通道路及非占用河道的耕地、水利、水电设施等。

2）堤防等级。按照保护区的规模，依据《防洪标准》GB 50201—1994 之规定，确定本工程的设计洪水为 20 年一遇（$P=5.0\%$），堤防建筑物为三等建筑。

3）河堤平面布置。鲹鱼河规划段的河道，河底比降和两岸的河滩相对平缓，河堤布置基本按现在的河床进行。为保护现有耕地和农田，采用洪痕调查后，估计出相应过洪断面，进行经济分析比较，设堤原则如下：①利用河道的自然走向加以引导，能取直的河段尽量截弯取直，达到增加比降以利行洪的目的。②自然行洪河道靠山脚的河段，可单侧布置堤防或建设护岸工程，尽量让河堤靠山侧，以减少堤防修筑长度。

4）堤防工程设计标准。根据《堤防工程技术规范》SL 51—93 按照防护区各类防护对象的重要性及具体情况，确定为 4 级堤防工程。根据对防护对象的重要作用，确定防洪标准为 20 年一遇。

（3）官村河上游水库建设

官村河为鲹鱼河支流，官村河上游有新华水库、滴水岩水库等 3 个水库和 3 个山塘，总库容 2500 万 m^3，起到有效蓄水分洪作用。

（4）在规划区内尽量多保留自然水体如山塘水库，以发挥其对山洪、河洪的滞洪和调节作用，延长雨（洪）水的地面径流时间，削减洪峰流量。规划保留娥村河上游两个山塘、1 个水库以及张家湾山塘（蓄水 10 万 m^3），此外还保留岩口水库、飞家湾水库、田坝水库、东风水库及跃进水库。

（5）在县城建成区外围靠山附近设置截洪沟，减轻山洪对城区的威胁。

（6）提高城区及周围山体植被和森林覆盖率，减少水土流失。

（7）鲹鱼河上游地段应杜绝毁林开荒的行为，并对水土流失严重的地段逐步实施退耕还林。

3. 消防规划

（1）现状分析

会东县现有消防大队消防站 1 个，用地面积 3000m^2，位于林荫路（县农业局对面），共编制 6 人，消防车 1 辆。

主要存在问题：

1）会东县近年火灾和消防出警次数增长，2007 年 1 月份出 27 次，相当于 2005 年与 2006 年全年总和的 2 倍。

2）消防通道建筑间距不符合要求，消防大队门口道路狭窄、出警不畅，经常出现堵车现象。

3）消防装备落后、数量不足，与城区建设发展不相适应。

（2）规划目标

适应城区发展和经济建设对消防安全的需要，逐步建立和完善县城及乡镇消防安全保障体系。预防遏制重大火灾，尤其是群死群伤的恶性火灾事故，提高城区防御、抗御火灾的整体能力，为经济发展、社会稳定和人民安居乐业创造良好的消防安全环境。

(3) 规划内容

1) 建设现代化的消防指挥中心 规划消防指挥中心不仅是县消防大队机关所在地，更是全县消防指挥枢纽，承担城区火灾报警受理、火场通信指挥及抢险调度指挥，也负责乡镇火灾救援调度。全县消防指挥中心应与城区及乡镇消防站实现有线、无线通信联网。

2) 消防教育培训基地 消防教育培训基地是为全县消防专职人员和义务人员进行消防职业培训的场所，也是为消防大队提供平时消防训练的场所。

3) 消防站规划 根据城镇消防站建设标准，结合会东县城总体规划用地布局特点，确定老城区与河东区中的行政、商业中心为消防重点保护区域，南部组团的工业区为次重点保护区域。近中期考虑到河岸景观规划等需要，现消防站迁至河东北部绿带预留用地 0.3hm^2；远期规划在南部组团的东南侧新建消防站兼培训中心 1 个，预留城市用地 0.3～0.4hm^2。消防站责任区面积 4km^2。县域消防规划在鲁吉区、姜川区、大桥区（近期）各建小型消防站一个。

4) 消防基础设施规划 加强规划区公共消防基础设施建设，为提高县城抗御火灾能力奠定基础。

① 消防给水：规划消防给水系统由市政给水管网统一供给为主，采用环状双向供水。城区供水支管管径≥100mm，供水管网末端压力不小于 0.1MPa，市政道路消火栓间距不大于 120m。为弥补消防供水能力不足，规划在鲹鱼河城区段合适位置建设 3 个消防取水码头。

② 消防通道：道路规划和小区规划应同时满足消防通道要求，老城区应结合旧城改造和道路改造整改消防通道，同时针对以街为市、占道经营以及随意停车等情况展开清理整顿，保障消防通道的畅通。

③ 切实加强消防车辆装备和消防通信建设，同时确保消防供电可靠性。

④ 加快加强消防队伍建设和消防法制建设。

4. 抗震规划

会东县位于地震基本烈度 6 度（地震动峰值≥0.05g）及以上地区，根据小城镇防灾减灾规划标准（建议稿），综合防灾规划包括抗震规划。

(1) 地震地质概况

会东县位于川、滇径向构造带中段，出露地层发达完整，自太古代至第四纪的地层都有代表，其中震旦纪至中二叠纪主要为海相地层。白晋宁期末开始，加旦东期逐步形成的南北隆起带，白晋幻未发生强烈褶皱，形成复杂构造。境内最高处紧风口营盘，海拔 3331m，最低处莫家院坝，海拔 640m，相对高差一般为 1000m。地处小江则为本河和安宁河断裂带之间，小江断裂接触拐点的中东部。境区内由南至北分布有云南绿汁江断裂带、德干断裂带（往北称鲁南山断裂带）小江断裂带，由西向东分布有云南禄劝县大松树断裂带、通安断裂带（会东淌圹一带称麻圹断裂带）、踩马水断裂带、满银沟断裂带、溜姑乡至大桥的金锁桥断裂带、宁（南）会（理）断裂带。会东地震频繁，但距震中较远，强度小。

(2) 历史地震灾害及震级

涉及会东县的历史地震灾害，据统计自公元前 116 年～公元 2005 年共发生过 29 次

4.7～6.7级不等的地震灾害，其中主要发生在会东的有4次，分别是1947年6月7日5.5级、1975年1月22日、29日各4.8级，1988年4月15日（会东淌塘）5.4级，2005年8月5日（云南会泽—会东）5.3级。其中后一次会东县伤22人，经济损失6558万元。

（3）设防标准和防御目标

县城按地震基本烈度7度为设防标准。规划防御目标：当遭遇7度地震时，要害部门、生命线系统和主要生产企业不至于严重破坏，重要生产企业生产基本正常或能够尽快恢复生产，人民生活能基本保障。

（4）规划及措施

1）生命线工程供水、供电、燃气、通信、医疗等城市生命线工程按高于7度抗震烈度设防。

2）避震疏散场所。规划利用公园、绿地、广场、学校操场等空地为避震疏散场地，疏散半径在1～1.5km，按相关规范疏散用地应达到每人不少于3m²，规划范围内避震疏散场所不少于23.4万m²。结合避震疏散规划公共绿地155.4hm²。

3）县城用地发展方向和用地选择，应避开抗震防灾不利地段，尽量利用建筑抗震有利地段。

4）避震疏散通道。规划的城区干道和主要支路为疏散通道，规划干道为24m，主要支路为15m。

5）工程抗震。新建工程必须按国家颁布的《建筑抗震设计规范》（附文说明）（GB 50011—2010）进行抗震设计和建设，设计抗震烈度达到7度。

6）防止次生灾害。在分析次生灾害、灾害形态与规模基础上采取可行对策。

次生灾害包括：①房屋倒塌、水库溃坝、工程设施破坏等诱发的火灾、水灾、爆炸。②有毒有害物质的散溢。③人畜尸体不能及时处理引起的污染和瘟疫流行。④山体滑坡和泥石流。

对易发生次生灾害的单位，一方面应合理规划布局；另一方面逐步抗震加固，加强地震火灾源的消防、抗震措施，如油库、液化气储存站等的抗震强度。

7）加强防震减灾指挥中心建设和防震减灾宣传教育，提高全民抗震减灾意识和参与意识。

5. 人防规划

（1）现状分析

会东县人防工程尚属起步阶段，困难和存在问题较多，主要是：1）建设经费缺乏。2）隐蔽工事少，特别是地下隐蔽工事与国家相关要求相差甚远。3）人防机构不完善。

（2）规划原则与目标

根据凉山州人防“十五”计划2015年发展纲要，会东为凉山州8个重点人防县之一。

1）规划原则　贯彻人民防空与经济建设协调发展，与城市建设相结合，坚持平战结合，注重实效，统筹兼顾，突出重点，长期规划，分期实施。

2）规划目标　以增强城区总体防护功能为前提，紧密结合城市建设，适应战时防空和平时利用两方面的需要，坚持因洞制宜，积极将人防工事推向市场，为经济建设服务，既注重战备效益、社会效益又兼顾经济效益，逐步建成布局合理、功能完善、费用节约的人防工程体系。

(3) 城区总体防护规划

从提高城区总体防空抗毁功能，兼容平时防灾功能考虑，结合县城发展规划和凉山州人防“十五”计划中2015年发展纲要，按人防防护要求，进行协调和综合规划。

1) 规划远期战时留城人员按30%考虑，留城人员每人按$1m^2$隐蔽工程计算，规划远期人防隐蔽工程为2.4万m^2。

2) 人防工程2015年完成人防指挥应急工程$500m^2$，社会平战结合建$1500m^2$，共$2000m^2$。

3) 结合老城区和河东区的中心广场规划建设平战防空设施，平时作为地下商场，战时为人防专业分队场所和地下防空场所。

4) 按国家有关标准、法规要求，以新建民用建筑（含旧城区改造）为主，结合小区绿地、场地规划扩大人防工程防护面积，建设人防工程，居住小区按总建筑面积的2%修建地下人防工程。

5) 结合总体规划用地布局和工业区及其他工程项目配套建设或预留相关防空设施。

6) 人口疏散体系以就地就近掩蔽和近郊疏散为主，远程疏散为辅。

7) 建立县级、片区、街道三级统一的指挥系统，并在领导机关就近地下人防工程内建立综合情报警报计算机网络遥控指挥系统，县数字终端网络系统。

8) 人防专业队伍，按专业对口、利于领导、便于指挥提高质量和平战结合原则，采取按系统储备、专业混合编制模块式组合方法。

图9-7会东县城综合防灾规划图（附后）。

图9-8会东县城用地适宜性评价图（附后）。

图9-9会东县县域生态功能区划图（附后）。

图9-10会东县城市规划区空间管制图（附后）。

6. 防灾与相关规划文本

(1) 县城综合防灾规划

1) 防洪规划

第1条　防洪标准

防洪标准为20年一遇，按50年一遇标准校核。

第2条　防洪设施

① 两岔河水库正常蓄水位以下库容9989.13万m^3，调节库容8147.84万m^3。建成后可使会东县城的防洪标准由现在的20年一遇提高到50年一遇。

② 官村河、娥村河为20年一遇设防、50年一遇标准校核的防洪泄洪河道。加强鲹鱼河防洪堤建设，靠山脚的河段可单侧布置堤防或建设护岸。

③ 官村河上游水库，总库容2500万m^3，用于蓄水分洪。

④ 城区截洪沟、排洪沟按20年一遇设防。

⑤ 规划区内尽量多保留自然水体，如山塘水库。

2) 消防规划

第3条　消防站规划

中远期将消防站迁至河东北部绿带预留用地$0.3hm^2$，远期规划在南部组团的东南侧新建消防站兼培训中心1个预留城市用地$0.3\sim0.4hm^2$。消防站责任区面积$4km^2$。

县域消防规划在鲁吉区、姜川区、大桥区（近期）各建小型消防站一个。

第 4 条　消防基础设施规划

① 消防给水

规划消防给水系统由市政给水管网统一供给为主，采用环状双向供水。城区供水支管管径≥100mm，供水管网末端压力不小于 0.1MPa，市政道路消火栓间距不大于 120m。

为弥补消防供水能力不足，规划在鲹鱼河城区段合适位置建设 3 个消防取水码头。

② 消防通道

道路规划和小区规划应同时满足消防通道要求，老城区应结合旧城改造和道路改造整改消防通道。

3）抗震规划

第 5 条　设防标准

按地震基本烈度 7 度标准设防。

第 6 条　抗震规划措施

① 生命线工程供水、供电、燃气、通信、医疗等城市生命线工程按高于 7 度抗震烈度设防。

② 规划利用公园、绿地、广场、学校操场等空地为避震疏散场地，避震疏散场地不少于 23.4 万 m^2。

③ 规划的城区干道和主要支路为疏散通道。

④ 用地发展方向和用地尽量利用建筑抗震有利地段。

⑤ 新建工程必须按国家颁布的《建筑抗震设计规范》进行抗震设计和建设，设计抗震烈度达到 7 度。

⑥ 防止发生次生灾害，对易发生次生灾害的单位，一方面应合理规划布局；另一方面逐步抗震加固，加强地震火灾源的消防、抗震措施如油库、液化气储存站等的抗震强度。

4）人防规划

第 7 条　规划远期人防隐蔽工程为 2.4 万 m^2。人防工程 2015 年完成人防指挥应急工程 500m^2，社会结建 1500m^2，共 2000m^2。结合老城区和河东区的中心广场规划建设地下平战防空设施，平时作为地下商场，战时为人防专业分队场所和地下防空场所。以新建民用建筑为主，结合小区绿地、场地规划、扩大人防工程防护面积，建设人防工程，居住小区按总建筑面积的 2%修建地下人防工程。结合总体规划用地布局和工业区及其他工程项目配套建设或预留相关防空设施。

（2）县域生态控制区与空间管制

1）第 1 条　城镇生态协调区

2）第 2 条　采矿生态控制区

3）第 3 条　流域生态严格保护区

4）第 4 条　一般生态保护区

上述第 1 条至第 4 条内容详见 9.3.2 县域生态功能区划。

5）第 5 条　建设空间分区

划定县域范围内禁止建设区、限制建设区和适宜建设区，用于指导城镇开发建设行为。

6）第 6 条　禁止建设区

7）第 7 条　限制建设区

上述第 6 条、第 7 条内容详见 9.3.3 县域空间管制。

8）第 8 条　适宜建设区

适宜建设区是城市建设发展优先选择的地区，其建设行为应根据资源环境条件，科学合理地确定开发模式、开发规模、开发强度和适用功能。

9.4　汶川灾后恢复重建防灾减灾及相关规划借鉴

9.4.1　恢复重建综合防灾规划主要借鉴

1. 城镇安全目标与布局

（1）总体目标

加强公共安全设施及生命线工程建设，合理安排避难疏散场地和应急救援通道，提高县城抗御灾害和应对突发事件的能力，建立健全灾害预防和紧急救援体系，保障县城可持续发展和市民生命安全。

（2）安全布局

新县城建设用地应避开岩溶塌陷区、采空区等地质不良区域。

易燃易爆物危险品的生产企业和仓储不得建在城区内，调压站、门站、加油站等日常供应设施，应严格按照消防要求与周围建筑保持足够的防火安全距离。

布置足够的城区疏散避灾空间，避难疏散地应设立明确的标识，面积在 2 万 m^2 以上的防灾疏散场地应设置供水、排水、供电等市政公用设施。

紧急、临时和固定避难场所的规划建设应与学校、公园绿地、体育场馆、纪念馆、城市广场等公共设施建设相结合。

规划设置 8 个固定避难场所，固定避难场地总面积 0.65km^2，平均每个固定避难场地服务半径为 600m。

2. 防洪标准与措施

（1）防洪标准

安昌河设防标准为 50 年一遇，区内的永昌河、神龙河、蒋家河等河道防洪标准为 10 年一遇。

（2）防洪措施

按照规划设防标准加高加固安昌河两岸堤防，新建或整治永昌河、神龙河、蒋家河、桂花河等排洪河道。

安昌河两岸堤防建设河城区水系建设应尽量满足城市景观要求。

3. 抗震设防与工程抗震

（1）抗震设防标准

根据《建筑抗震设计规划》GB 50011—2010（2008 年版），本区抗震设防烈度为 7 度，设计基本地震动峰值加速度值为 0.15g，设计地震分组为第二组。

（2）工程抗震

新建工程必须按国家颁布《建筑物抗震设计规范》进行抗震设计和建筑设计，并达到标准要求。交通、供水、供电、通信、教育、医疗卫生、粮食供应和消防等生命线系统应比基本烈度提高1度进行抗震设防，保证发生地震时各系统能够基本正常。

4. 消防站与消防给水

（1）消防站

在安昌河东区建设一座普通消防站，布置在齐鲁大道与擂鼓路交叉口东北侧，占地面积6000m^2；在西区预留一座普通消防站。

（2）消防给水

消防供水主要靠城镇供水系统解决，并尽可能利用区内河道与湖泊作为消防水源。城区道路消火栓间距不应大于120米，流量不小于15升/秒。

5. 人防建设

人防建设与城市建设和地下空间开发利用相结合。

按国家规定标准修建人防工程。一般人员掩蔽建筑面积按1.0m^2/人的标准配置，专业队按3m^2/人标准配置。

结合民用建筑修建防空地下室，新建10层以上或者基础埋深大于3m以上的民用建筑，按照首层面积修建防空地下室。新建9层以下，基础埋深小于3m的民用建筑按地面总建筑面积的2%修建防空地下室。

9.4.2 灾后恢复重建防灾减灾相关规划借鉴

1. 县城灾后重建防灾相关规划

用地“四区五线”控制。“四区”即用地适宜性分区的楼建区、限建区、适建区和已建区按规划用地范围建设适宜性分区划定，“五线”指城市道路红线、文物紫线、河流蓝线、绿地绿线和设施黄线。

（1）“四区”划定

“四区”划定是在县城总体规划用地范围内，以现状的开发建设条件和土地生态适宜性评价、建设用地条件评价、环境保护、生态隔离、水源保护和资源保护等要求为基础，确定县城总体规划用地范围内开发建设许可分区，包括禁建区、限建区、适建区和已建区四类。

图9-11、图9-12分别为灾后重建新县城规划区建设用地适宜性分区划定图与适宜性评价图（附后）。

（2）“四区”控制

1）禁建区

禁建区包括生态廊道、水源保护地、水源涵养区、与城市建设密切相关的山水地带、生态用地、受防洪、地质等条件限制的不可建设地区等，面积约23.17km^2。

禁建区范围内禁止一切城镇建设行为，重要基础设施和生态保护区、风景名胜区的配套设施建设除外，但应编制相应的保护规划，对建筑规模、用途、造型、体量、色彩等做出明确规定。

城市生态保护区内适用禁建区的一切管理政策。建议通过地方立法程序，进一步细化控制内容，管理程序。

2）限建区

限建区包括山体周边一定范围的缓冲区、主要河道两侧的控制区，城市规划建设用地以外的农田、林地以及远景城市发展用地以外的其他用地等，面积约 2.35km²。

限建区范围内城市建设应以保护人文、自然、生态环境资源为前提，根据地区特征制定相应建设标准，对建设规模、强度、布局形态、建筑形式等方面进行控制。

3）适建区

城市规划区内扣除已建区、禁建区、限建区的范围为适建区，面积约 11.38km²。适建区原则上可以进行城镇建设，但必须提高土地利用率，具体地块的开发与建设指标应遵循详细规划。

4）已建区

现状安昌镇建设用地范围为已建区，面积 1.81km²。

已建区内应重点进行环境风貌的整治，完善公共服务设施，进行灾后的更新改造。

(3)“五线”控制

1）红线控制

道路红线指规划道路的路幅边界线。

道路红线控制包括新县城内的综合干路、交通干路、居住区干路、工业区干路、滨河路和山区干路的走向、路幅宽度、断面形式、道路绿化形式以及建筑后退要求。禁止侵占道路用地进行其他开发建设（见《新县城用地布局规划图》）。

2）“紫线”控制

“紫线”指规划范围内历史建筑的保护范围界限。

“紫线”控制指对皇恩寺划定的保护范围内禁止拆除、开发、损坏和占用历史建筑；及时修复破坏的建筑物、构筑物及其他设施；保护皇恩寺内部的园林绿化、道路及树木（见《新县城用地布局规划图》）。

3）“绿线”控制

“绿线”指城市各类绿地范围的控制线，包括城市绿地范围内的公共绿地、防护绿地（见《新县城用地布局规划图》）。

“绿线”控制包括安昌河沿岸的公共绿地及防护绿地、永昌河带状城市公园、规划绿色廊道和水系及水系两侧的公共绿地；以及控制绿地系统“一环、两带、四河、多廊”的规划布局；“绿线”内的用地不得改为他用，不得违反法律法规、强制性标准以及批准的规划进行开发建设；临近山体的城市建设用地边界应严格按照法定规划确定的边界进行建设，禁止侵占山地和生产防护绿地。

4）“蓝线”控制

“蓝线”指城市规划确定的河、湖、渠等城市地表水体保护和控制的地域界限（见《新县城用地布局规划图》）。

“蓝线”划定应保持安昌河、永昌河与其他规划水系的用地边界、河流走向，统筹考虑水系的整体性、功能性与安全性，改善新县城生态与人居环境，保障水系安全。“蓝线”控制范围内禁止违反蓝线保护与控制的建设活动，禁止填挖、占用蓝线内水域，禁止擅自建设各类排污设施以及一切对城区水系构成破坏的活动。

5）“黄线”控制

“黄线”指对城区发展全局有影响的，城市规划中确定的、必须控制的城市基础设施用地的控制界限（见《新县城用地布局规划图》）。

“黄线”划定的各项设施的规模、方位不得随意改动，禁止违反城市规划要求。在“黄线”范围内进行建筑物、构筑物及其他设施的建设；禁止未经批准，改装、迁移或拆毁城镇基础设施。

2. 县域生态安全防护

（1）生态环境建设目标

至2010年，采用自然生态恢复和人工干预修复等方法减少县域内青片河、白草河，湔江、都坝河滑坡群的生态风险，上述地区的水土流失基本得到有效控制。对县域内堰塞湖地区的生态环境进行改善，采取有效措施降低堰塞湖生态安全风险，逐步恢复震后次生灾害地区的生态功能。

至2020年，滑坡群、堰塞湖等地震次生危险源周边的生态环境得到全面改善，县域内重点地区的生态环境恢复自调蓄功能，基本恢复其自然生态功能，基本消除滑坡群、堰塞湖对下游地区的威胁，使区域生态系统恢复平衡，处于良性循环发展状态。自然保护区和风景区得到全面涵养，新建城镇生态环境良好，总体达到生态示范县标准。

（2）生态环境功能分区

根据震后生态条件，将县域内生态环境分为生态涵养区、生态护育区、生态恢复重建区、生态建设区。

1）生态涵养区：包括小寨子沟自然保护区、片口自然保护区、千佛山自然保护区、香泉风景区和猿王洞风景区。主要功能为：县域生态环境恢复和重塑的自然动力来源区，是县域内重要的生态源，良好的植被盖度、多样的物种、缓蓄降水的功能均为下游地区的生态破坏的修复提供条件。

2）生态护育区：包括马槽乡、青片乡中北部、片口乡北部、桃龙藏族乡、开坪乡北部、白坭乡北部、都坝乡西南、贯岭乡西北部、擂鼓镇西南部地区。主要功能为：下游滑坡群和堰塞湖等地质次生灾害的直接影响区，为上述地区的生态环境恢复提供保障。

3）生态恢复重建区：包括贯岭乡东部、都坝乡大部分、桂溪乡西部、陈家坝乡大部分、曲山镇、擂鼓镇、漩坪乡、白坭乡大部分、禹里乡、开坪乡中南部、小坝乡、白什乡西北部、片口乡南部、永安镇西部和安昌河东岸地区、安昌镇部分地区。主要功能为：生态建设的重点区域，减少县域内青片河、白草河、湔江、都坝河滑坡群的生态风险，消除次生灾害威胁，降低对下游地区的安全影响。

4）生态建设区：乡镇镇区所在地区、苏宝河河谷的任家坪—擂鼓镇—永安镇—安昌镇—新县城地区。主要功能为：容蓄城镇人口，发展社会经济和产业，是人流、物流较为集中的地区，城镇开发过程中重点恢复生态环境和生态功能的地区。

（3）生态安全格局

近期维系以小寨子沟自然保护区、片口自然保护区、千佛山自然保护区、香泉风景区和猿王洞风景区为主要生态源的格局，逐步恢复禹里自然风景区生态源的作用，在县域北部河谷生态环境较为完好的白草河、青片河上游地区构筑战略点，逐步恢复以河流为主体的白草河、青片河、湔江、都坝河流域生态廊道，建设苏宝河河谷空间发展廊。

远期构筑以小寨子沟自然保护区、片口自然保护区、千佛山自然保护区、香泉风景名胜区、猿王洞风景名胜区和禹里风景区为生态源，以永久性堰塞湖、地质遗迹园、地质公园为战略点，以白草河、青片河、湔江、都坝河和苏宝河河谷为重要生态廊道的生态安全格局。

（4）生态建设策略

1）重点保护生态涵养区和生态护育区的动植物生境，维系现状生态环境，禁止破坏性的开发活动。涵养山体植被，缓蓄大气降水，增强区内的生态调节功能，降低对下游地区的水土安全威胁风险。

2）尽快修复对下游堰塞湖地区影响较大的已破坏生态环境，护育区内植被和水土条件，增强区内的生态调节功能，最大限度地减少对下游地区的水土安全威胁。

3）应尽快在生态恢复重建区开展水土流失综合整治和河道维护，适度开展植被恢复工作，减少对下游地区的影响，降低其生态风险。

4）安昌镇和新县城地区处在苏宝河和茶坪河的下游汇水河段，苏宝河流域存在一定范围的滑坡群，是潜在的生态风险源。茶坪河流域存在较大面积和数量的滑坡群，其对下游地区的生态风险必须重视。建议北川与安县进行合作，共同治理茶坪河的滑坡问题。

3. 县域空间管制

（1）基本农田保护区

是指为满足国民经济发展和人口增长对主要农副产品的基本需求以及对建设用地的预测而确定的长期不得占用的和规划期内不得占用的耕地区域。

实行最严格的耕地保护制度。不得擅自将农用地转为非农用地，不得进行开发建设。

（2）风景名胜区

1）加强县域内风景名胜区、自然保护区的资源保护，落实管理机构，完善管理体制。严格按照国务院《风景名胜区条例》、《自然保护区条例》等法律、法规，规范相关区域的保护和利用。

2）尽快编制相关风景名胜区、自然保护区总体规划、详细规划，严格依据规划进行开发建设。

（3）生态保护区

1）自然生态保护区及生态林地

自然生态保护区总面积约545km^2，它们分别是小寨子沟省级自然保护区、片口省级自然保护区、千佛山省级自然保护区北川境内部分。生态林地指规划范围内的山区、林地等。

禁止随意毁林、开山，严禁坡地垦荒，对于已经造成的破坏应逐步恢复；地质灾害易发区及滑坡群和堰塞湖等地质次生灾害的直接影响区应作为生态涵养区域建设大型生态斑块；对小石矿毁山取石行为应加以严格限制，今后的矿石开采应限制在一定的区域和范围内。

自然保护区核心区内禁止一切开发与建设活动；缓冲区内的建设项目主要安排科研项目，包括生态定位观测站，具体内容有监测房、气象站、径流场、生态场、集水区测水堰等，进行生态环境动态监测；片口省级自然保护区、千佛山省级自然保护区实验区内立足于科研与生产经营相结合，以有利于保护科研工作的开展和社区经济发展，主要安排科学试验、宣传教育、参观考察、环境保护设施、生态旅游和生产经营等项目建设；小寨子沟省级自然保护区实验区内可安排科学试验、宣传教育、科学考察、环境保护设施等项目建设。

生态林地可根据各林地的自身条件，积极发展果木与经济林业，优化林种结构，绿化造林，认真落实25°以上坡地退耕还林，涵养水源，改善生态环境质量。

2）生态廊道

生态廊道宽度应控制在30～1200m^2不等，廊道内禁止建造人工建（构）筑物。从小寨子自然保护区经笔架山、三交界峰至大松包山，以及从九根树山经开坪至千佛山的主生态廊道控制绿地宽度在1000～1200m；沿湔江、都坝河的生态廊道，沿河流两侧控制300～500m的生态绿地（城区外控制在500m左右）；沿一般河网主干水系两侧控制30～50m的生态绿地，作为生物多样性保护和开敞景观控制区域。

（4）水库、水源保护区及河湖水系管制

水库、水源保护区的管制原则：保护范围内严格控制开发建设，不得排放工业废水，生活废水及航运含油废水，不得倾倒垃圾、废物；沿岸不得堆放有害废渣和垃圾，沿岸农田不得施用有持久性的剧毒农药，一级保护区内不得停靠船只、游泳、挖河等一切可能对河道产生污染的活动。对保护区范围内的民居要逐步搬迁，严禁在其附近地区建设大型建筑或地下建筑，加强生态植被种植，以净化环境涵养水源。

河湖水系管制原则：保护现有水面面积，严禁污染水系，严禁违反规划填埋、堵截河道，鼓励河道两侧绿地建设，加强流经城镇内部的河道两侧景观设计，以确保水体的防洪排涝和景观、生态功能。对于确定需要改道的河道，须符合相关规划并经相关部门批准并按水面占补平衡的要求执行。

（5）历史文化遗迹保护区

历史文化遗迹的管制原则：按照规定的编制报批相应的规划，规定相应的保护范围和建设控制地带，对保护区内的一切建设行为应进行严格的审批和把关，杜绝一切可能对历史文化遗迹造成损害的行为，在协调区内的建设行为应注重风貌的协调。

文物古迹保护原则：文物要原址、原物、原状进行保护；保护文物要特别注意保护其周围的环境风貌，在文物的保护范围之外，要划定建设控制地带；文物保护单位的修缮保养，必须遵守不改变文物原状的原则，要重视保全历史信息；文物保护单位的利用要保障文物的安全，在文物的保护范围内，禁止存放易燃易爆及其他危及文物安全的物品，禁止破坏环境景观和其他影响文物安全的活动。文保点可参照文物保护单位执行。

（6）旅游度假区

旅游度假区管制原则：建设必须严格按审批的规划执行，严格控制建设容量，以保证资源的合理利用。

（7）城镇建设区

包括县城、中心镇和一般镇。该区用地以二、三产业发展为主，用地类型以城镇工业、居住、交通、绿地、公共设施及配套基础设施等非农业用地为主，体现高密度集聚的城市景观。

加强县域内各城镇建设、产业空间引导、重要社会基础设施布局共享等内容的协调衔接，从实现县域整体最优发展角度，合理控制各城镇建设用地规模与发展方向，“集约、节约”利用土地资源，人均城市建设用地控制在110m²/人左右。

（8）乡村建设区

乡村建设区是指村庄布点规划中确定的村庄建设规划用地范围，包括中心村和基层村。该区空间引导以资源共享为基础，合理布局市政基础设施和社会公共设施，引导分散居民点，工业建设项目逐步向城镇居住区、镇区工业用地范围内集中；依据村庄布点规划，控制村庄建设规模与数量。严格控制在规划城镇建设区、乡村建设区范围之外建设新的居民点，控制公路两侧村庄沿路建设。

4．山前河谷地区镇乡村相关规划

（1）发展定位

县域发展的核心地区，灾后重建的重点地区，转变发展模式的先导地区。

（2）开发建设策略与措施

重视地质灾害，强调安全第一；统筹城乡发展，推动区域协调发展；保护生态环境，坚持可持续发展；突出地方特色，塑造宜居环境空间；有序安排项目，合理布局城镇功能。

（3）生态分区

1）北部生态涵养区：主要指苏宝河上游山区。禁止对林木植被进行破坏，涵养上游水土环境，减少水土流失，依靠良好的层次化植被条件增长地表汇流时间，从源头降低洪水风险。

2）中部生态恢复区：主要指擂鼓镇与永安镇接壤的地区。

开展滑坡群生态恢复。对永安镇范围内的两处主要滑坡群进行风险评估，对有施工条件的重点的地区实施工程性恢复，对不具备施工条件的地区应以飞播植物种为主要手段，依靠自然恢复力进行生态恢复，在自然恢复期间不应人为对上述地区进行破坏。

3）南部发展生态建设区：河谷末端的安昌镇和新县城周边地区。

科学评估场地的生态条件，划定生态建设区和局部保护地区，通过城市建设改良该区的生态环境，力求建设一个自然和人工生态系统和谐的生态城市。

4）河谷发展生态协调区：河谷平坝地区及沿河两岸地带。

采用绿植等手段恢复其周边的基本生态功能，实现自然生态与人类活动相协调和谐。

（4）生态建设策略

1）重视多山地区流域生态安全。开发建设中要十分重视多山地区流域生态安全问题，在维护现状良好地区生态环境的前提条件下，合理开展河谷地区的城镇建设与小流域综合治理工作。

2）重视上下游城镇的环境安全与共生关系。调整上游城镇的产业结构与发展方式，建立水源涵养区、退耕还林还草区，减轻生态压力，并统筹规划协调上下游配水份额，节约水资源，保护水环境。在河谷发展带可以建立城镇产业利润的生态回报体系，构建下游对上游的补偿机制，把下游水资源开发利用与上游水源涵养、水质保护结合起来，保障整个流域的生态安全。

3）优先对受损的直接影响区和间接影响区进行生态修复。采取生物措施、工程措施和农耕措施相结合的综合修复措施，通过梯田工程、造林种草、护坡护岸工程，加强生态自我恢复能力，减少水土流失等环境问题。开发建设中避让直接影响区。

4）护育流域内生态脆弱地区，保持良好植被覆盖度。加强对大面积天然森林植被的保护，减少人为干扰；对植被破坏较严重的地区，通过陡坡退耕还林、缓坡耕地改梯地等措施控制水土流失。

图 9-13 灾后重建新县城用地布局规划图（附后）。

图 9-14 灾后重建新县城综合防灾规划图（附后）。

图 9-15 灾后重建新县城水系规划图（附后）。

图 9-16 灾后重建新县城基础设施分布图（附后）。

图 9-17 灾后重建新县城公共活动空间规划图（附后）。

附　　图

1. 第 8 章　小城镇灾后重建防灾减灾附图

图 8-1　四川都江堰中兴镇孟河（2013.7）暴雨急流。

图 8-2　北川老县城“5·12”地震遗址（2013.7）遭遇 50 年最强洪水劫难。

图 8-1　四川都江堰中兴镇孟河暴雨急流

图 8-2　北川老县城“5·12”地震遗址遭遇 50 年最强洪水劫难

图 8-3　老鹰山片区用地布局规划图。

图 8-4　老鹰山片区排水工程规划图。

图 8-3　老鹰山片区用地布局规划图

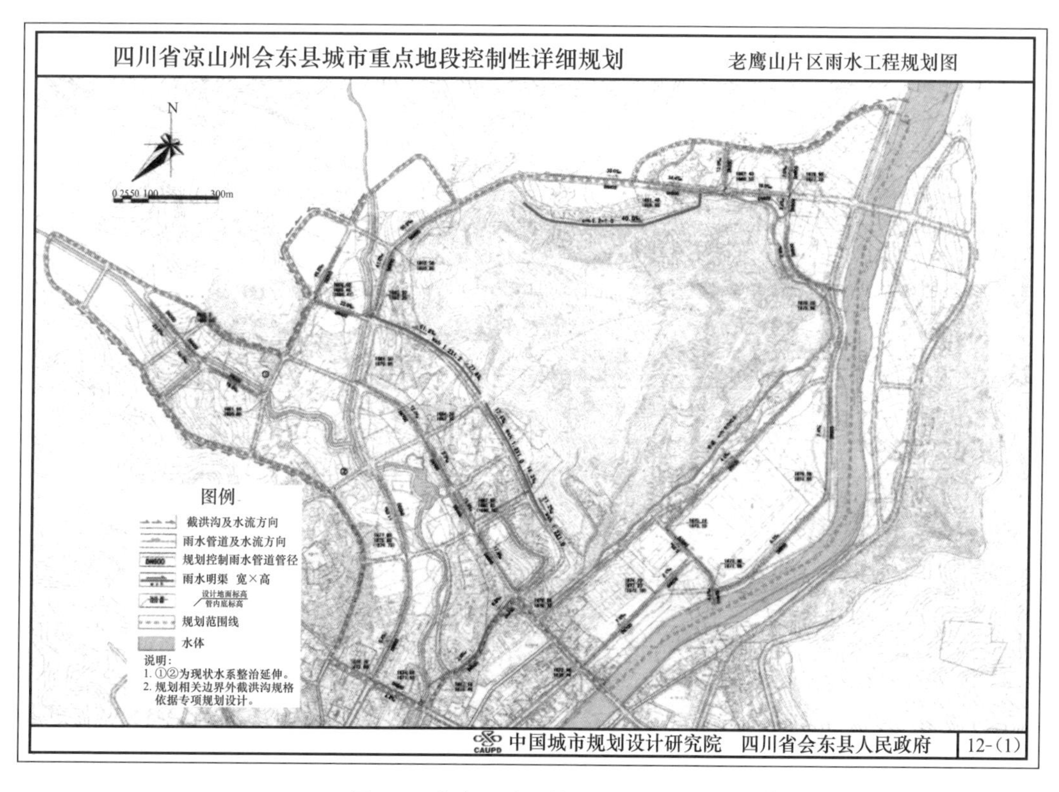

图 8-4　老鹰山片区排水工程规划图

图 8-5　鲹鱼河水系生态与景观图。

峰澜宜居景观区整体鸟瞰图

CAUPD 中国城市规划设计研究院　四川省会东县人民政府

彩虹桥东市民广场鸟瞰

CAUPD 中国城市规划设计研究院　四川省会东县人民政府

图 8-5　鲹鱼河水系生态与景观图

2. 第 9 章　小城镇防灾减灾及相关规划案例示范分析附图

图 9-1　店口镇镇域生态分区及管治图。

图 9-2　店口镇用地分区规划图。

图 9-3　店口镇土地利用规划图。

图 9-4　明城镇防灾工程规划图。

图 9-5　明城镇镇域用地分区管制规划图。

图 9-6　明城镇镇域土地利用规划图。

图 9-7　会东县城综合防灾规划图。

图 9-8　会东县城用地适宜性评价图。

图 9-9　会东县域生态功能区划图。

图 9-10　会东县城市规划区空间管制图。

图 9-11　灾后重建新县城规划区建设用地适宜性分区划定图。

图 9-12　灾后重建新县城规划区建设用地适宜性评价图。

图 9-13　灾后重建新县城用地布局规划图。

图 9-14　灾后重建新县城综合防灾规划图。

图 9-15　灾后重建新县城水系规划图。

图 9-16　灾后重建新县城基础设施分布图。

图 9-17　灾后重建新县城公共活动空间规划图。

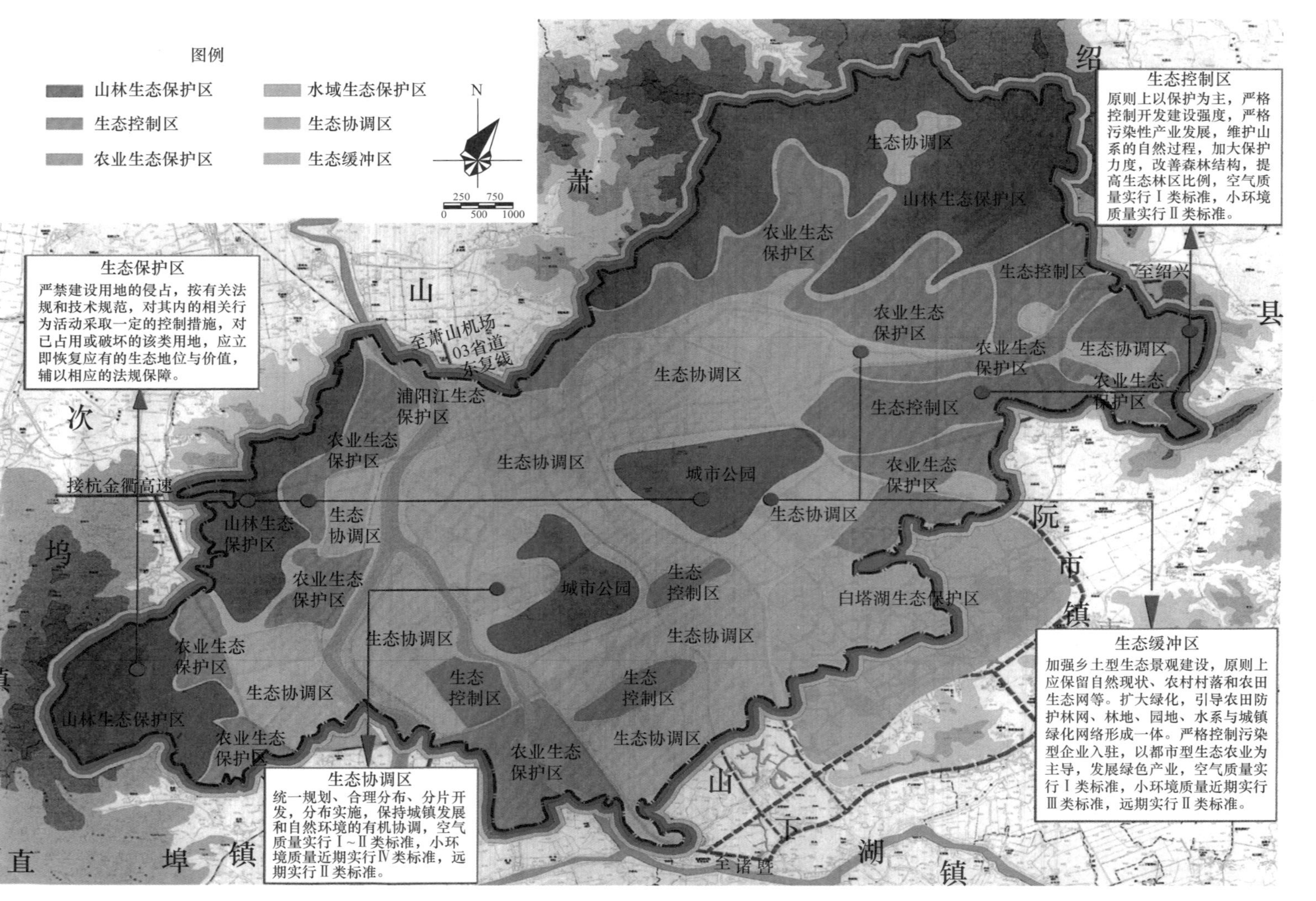

图 9-1　店口镇镇域生态分区及管治图

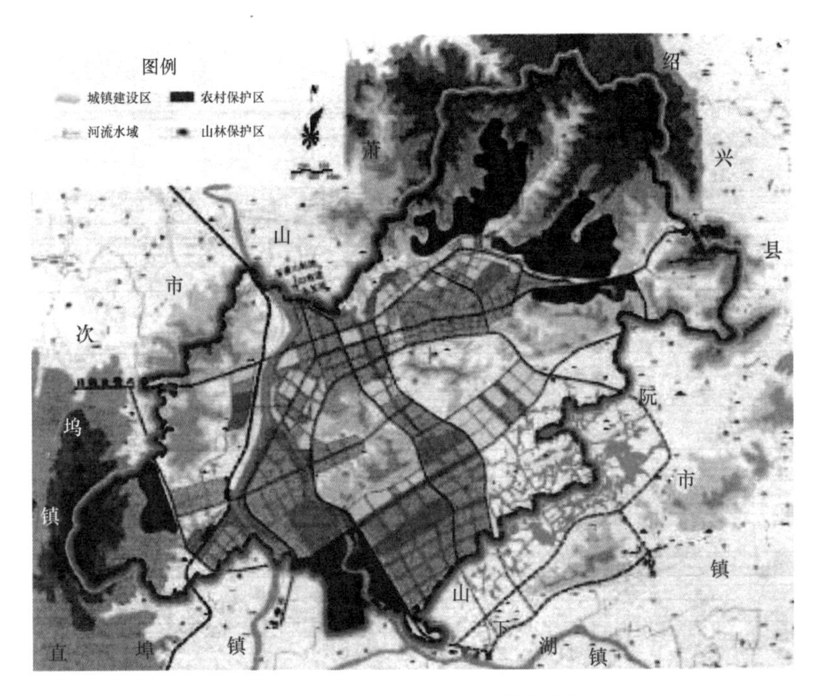

图 9-2　店口镇用地分区规划图

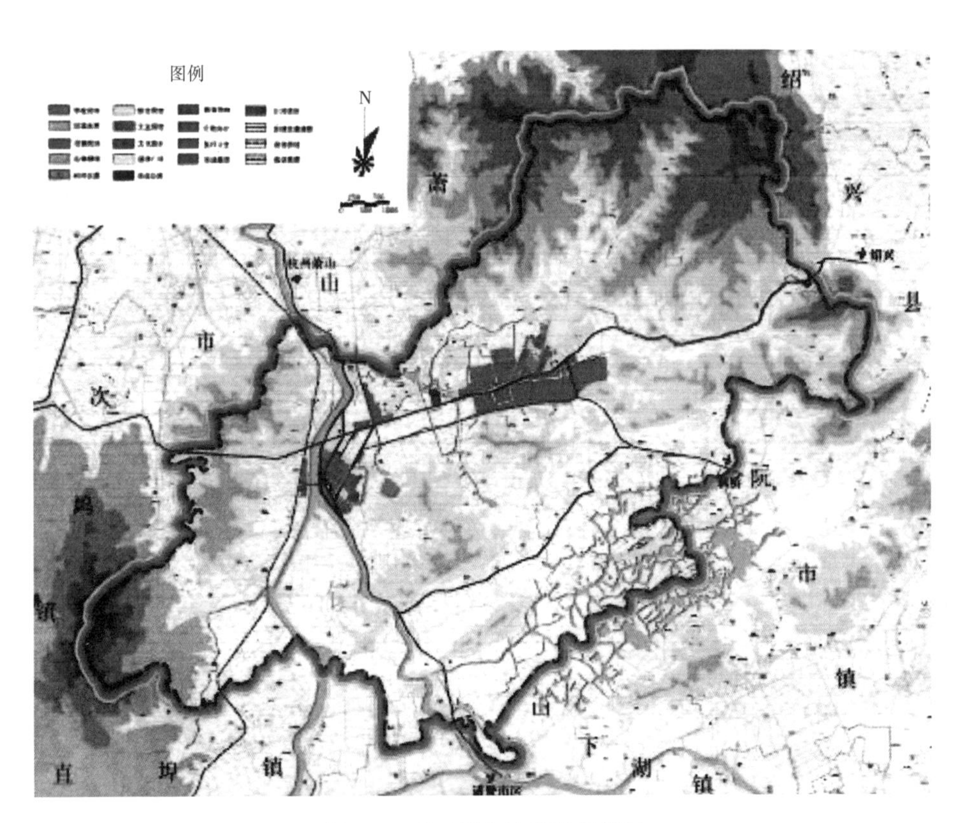

图 9-3　店口镇土地利用规划图

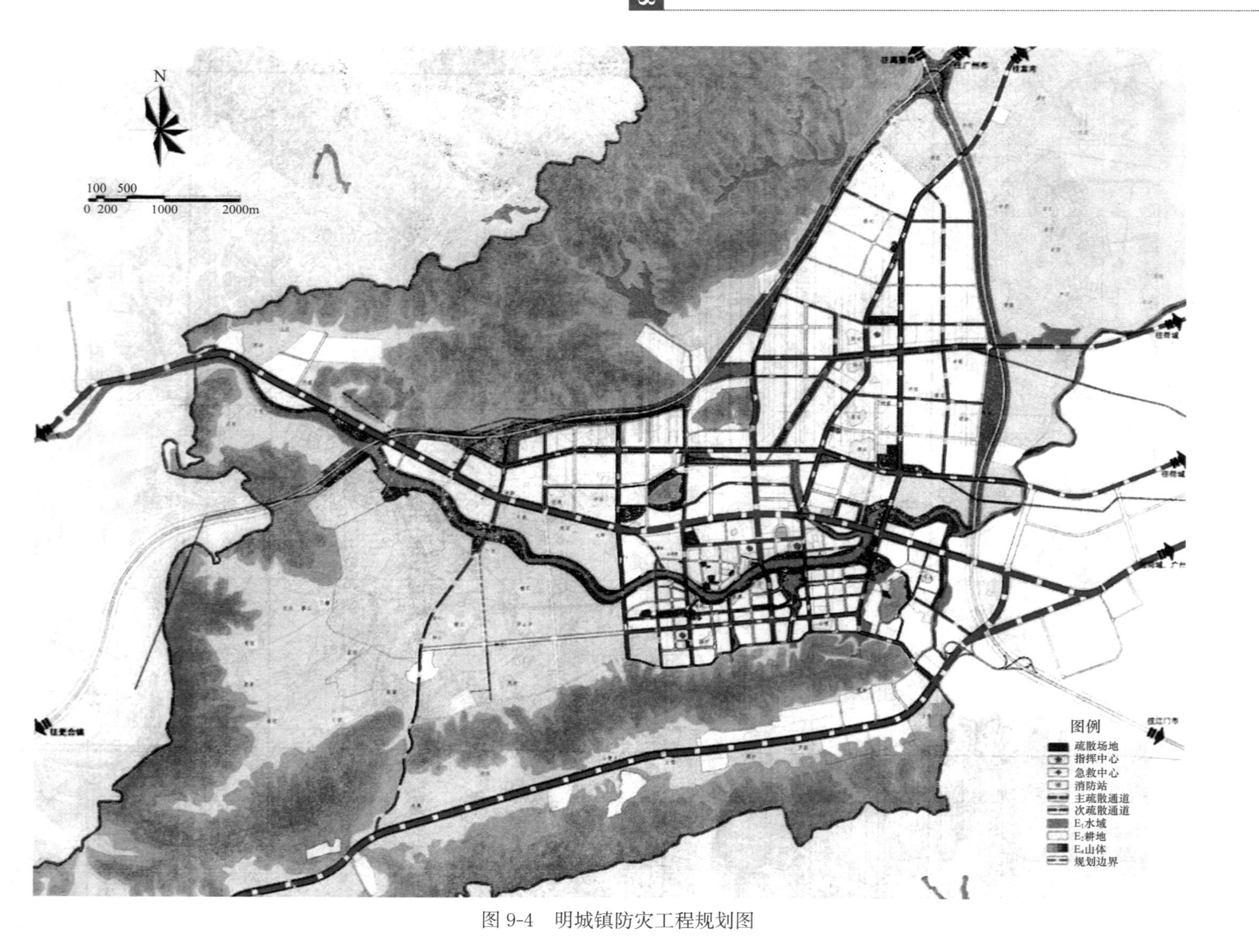

图 9-4　明城镇防灾工程规划图

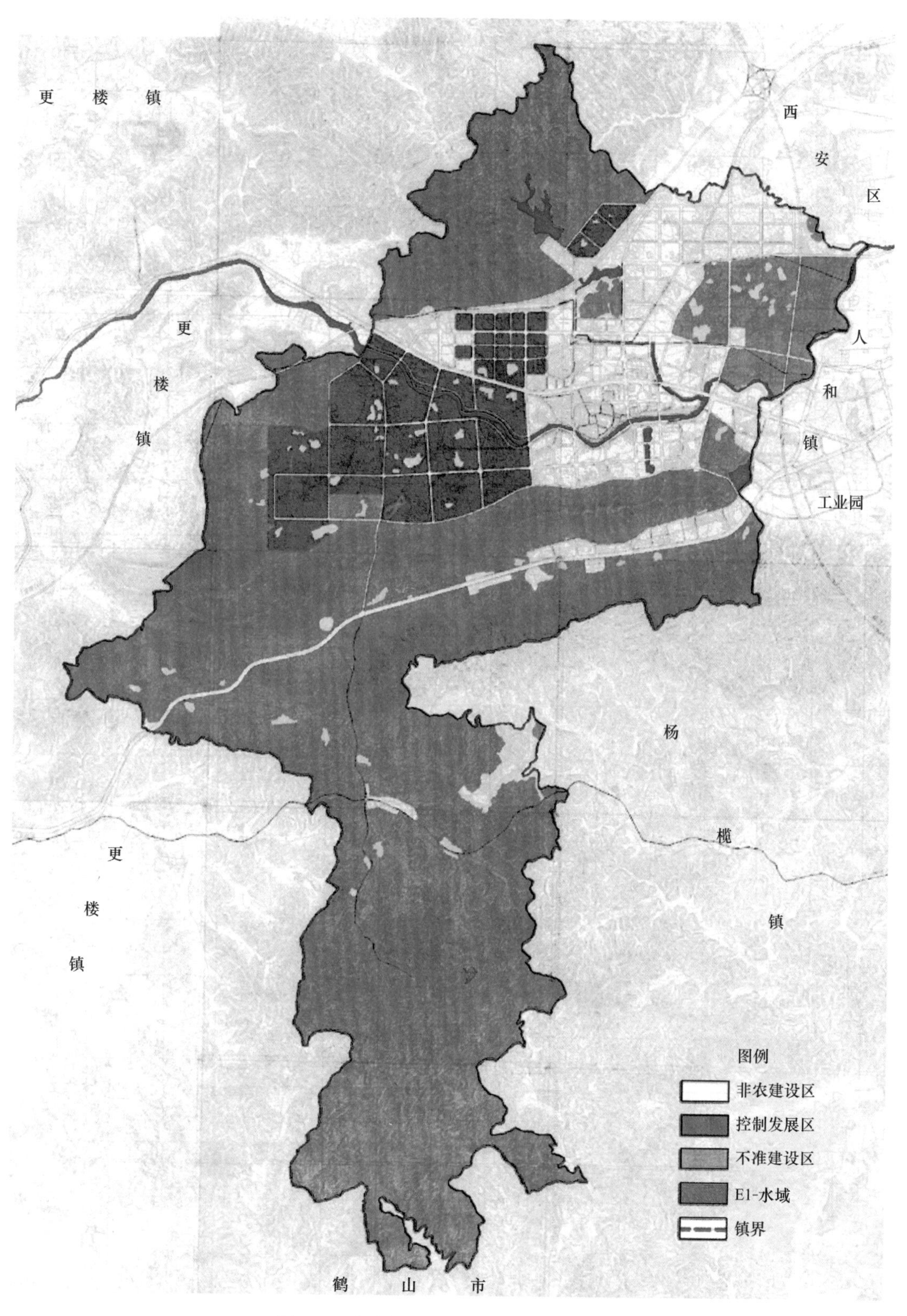

图 9-5 明城镇镇域用地分区管制规划图

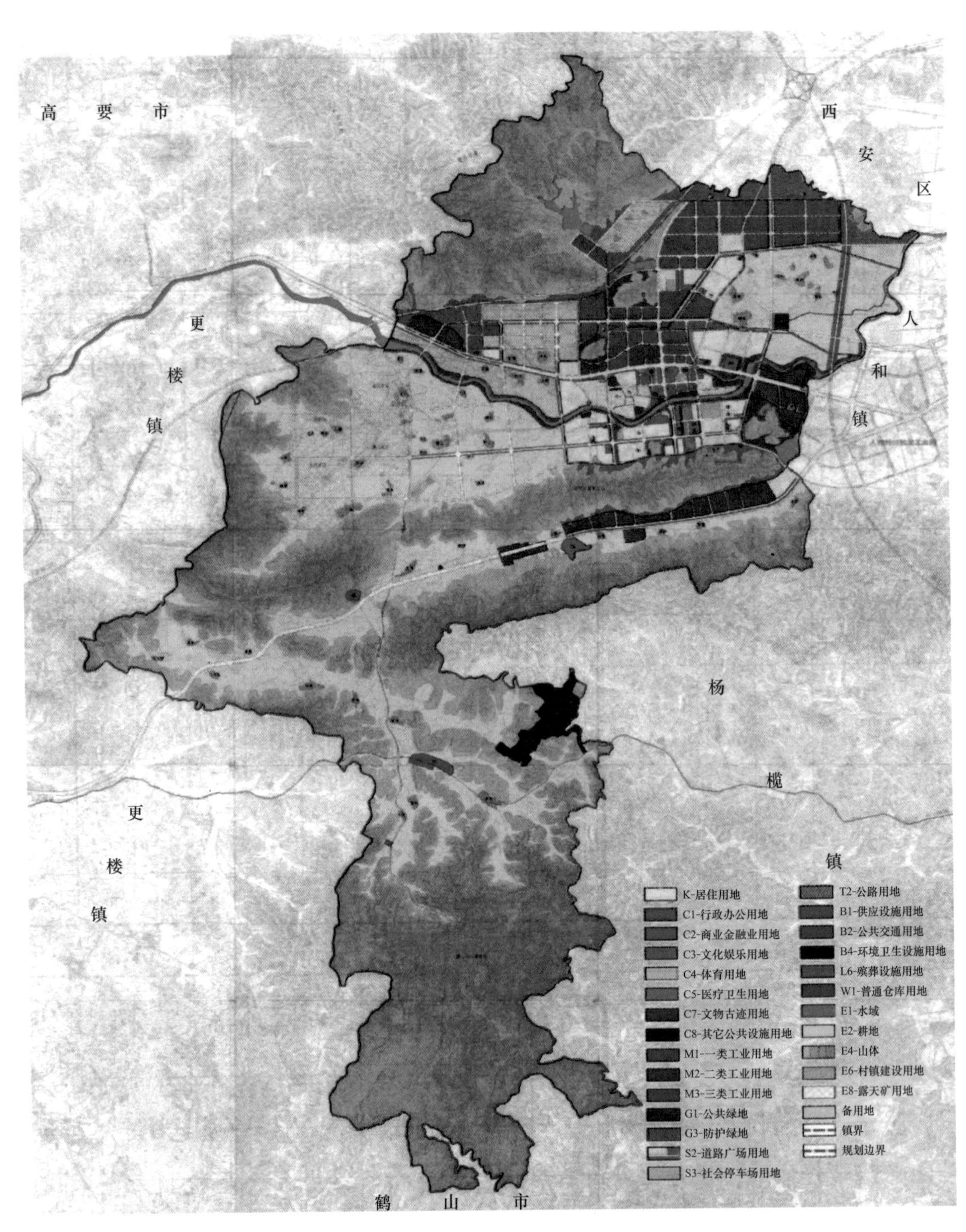

图 9-6　明城镇镇域土地利用规划图

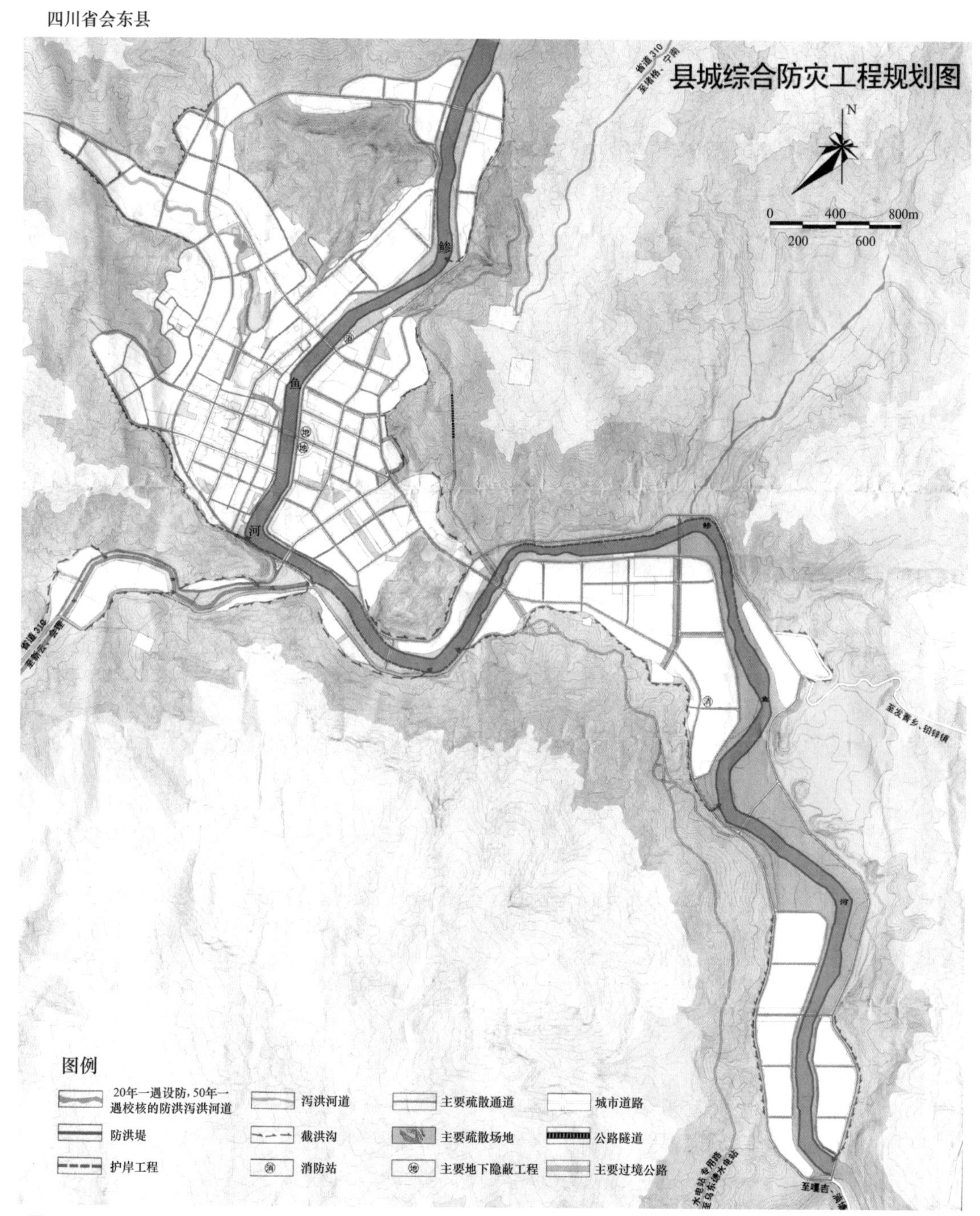

图 9-7 会东县城综合防灾规划图

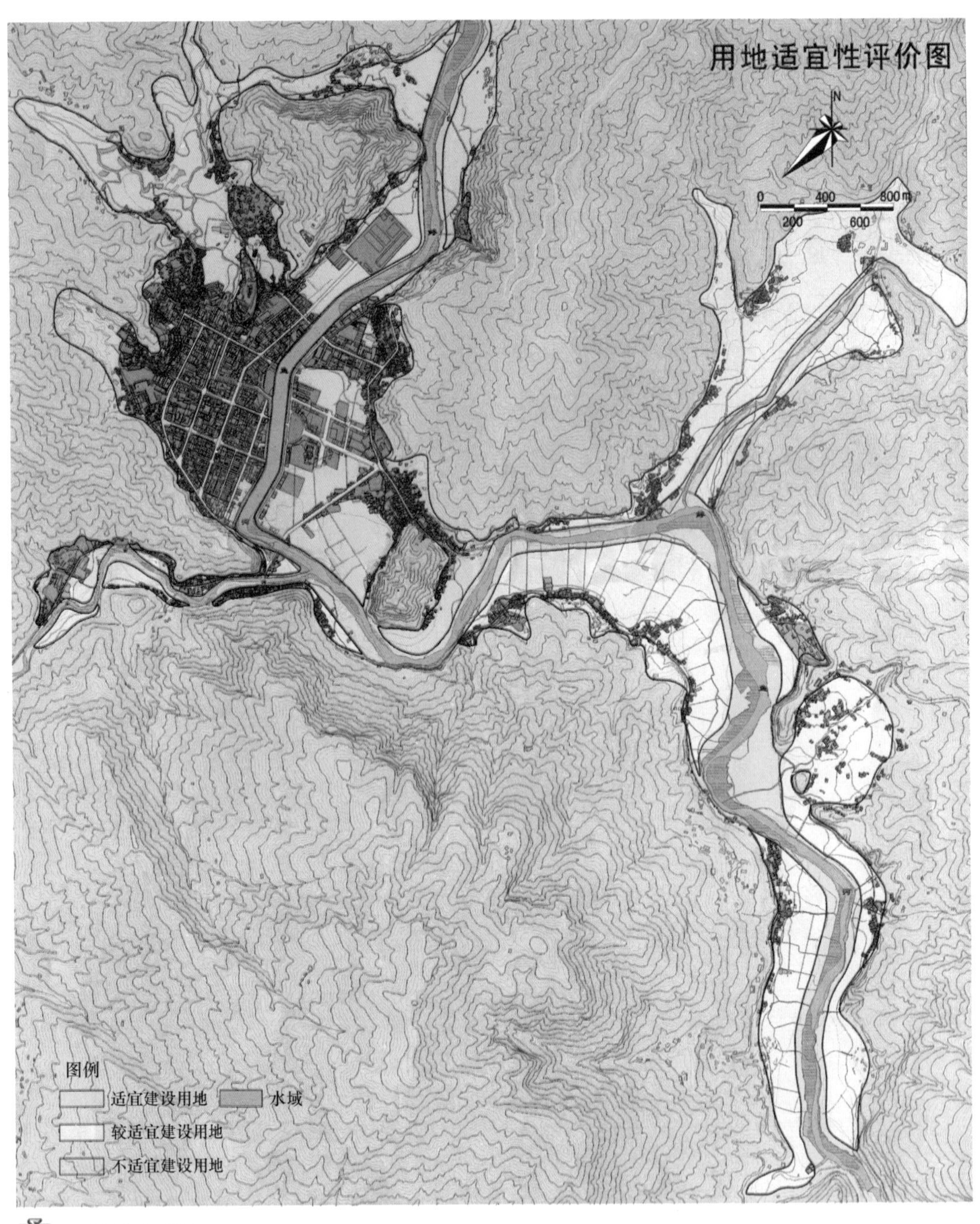

中国城市规划设计

图 9-8　会东县城用地适宜性评价图

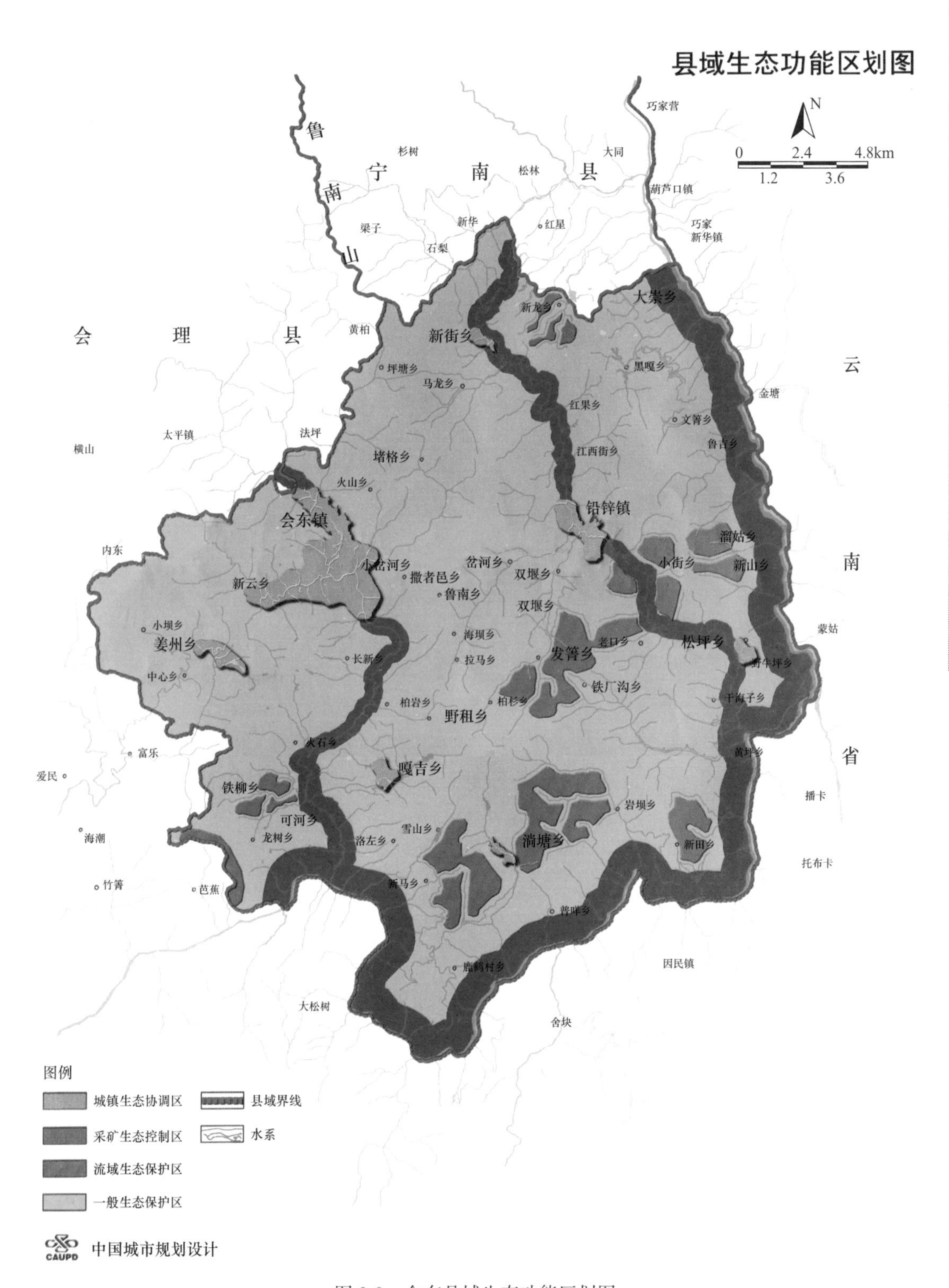

图 9-9 会东县域生态功能区划图

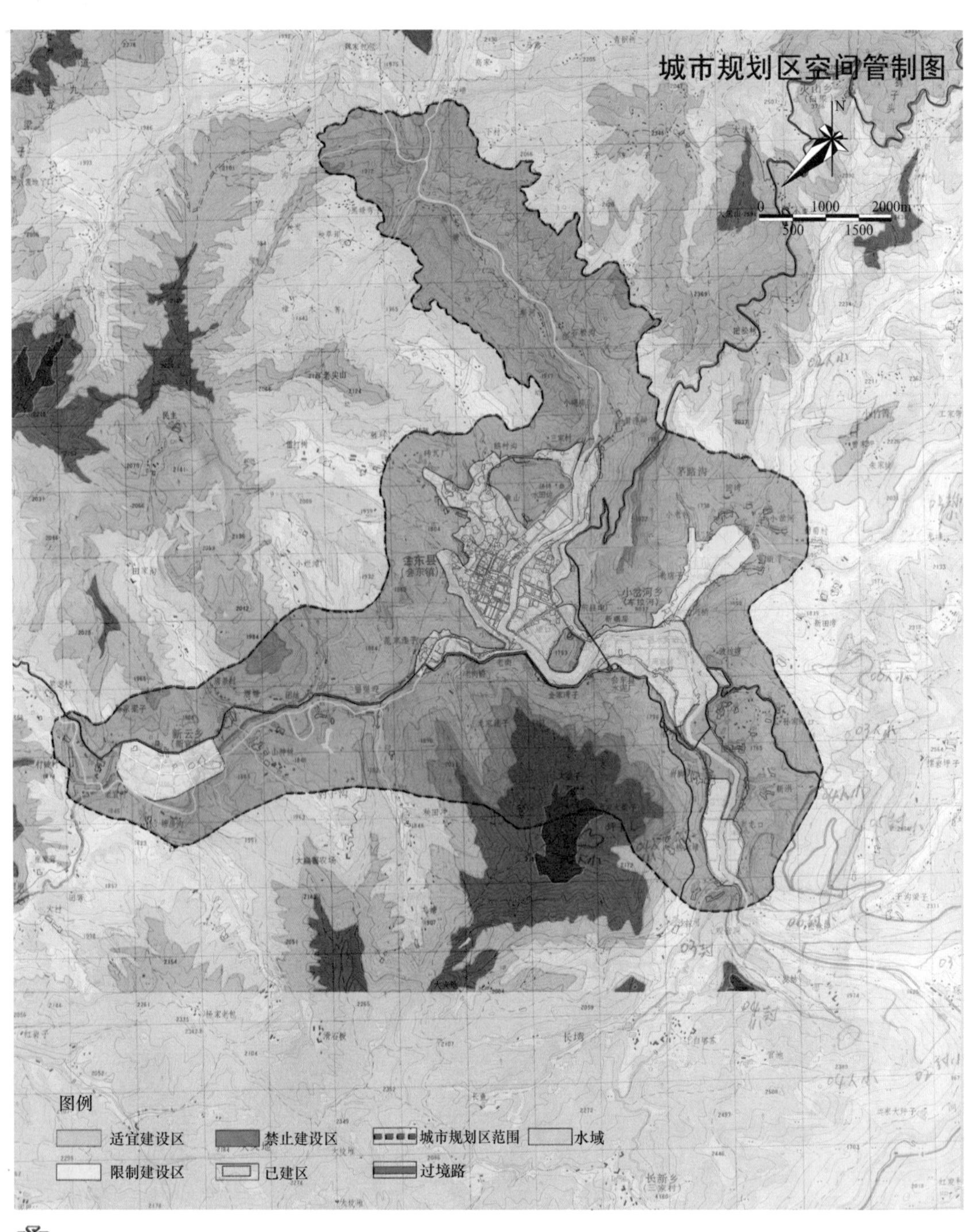

中国城市规划设计

图 9-10　会东县城市规划区空间管制图

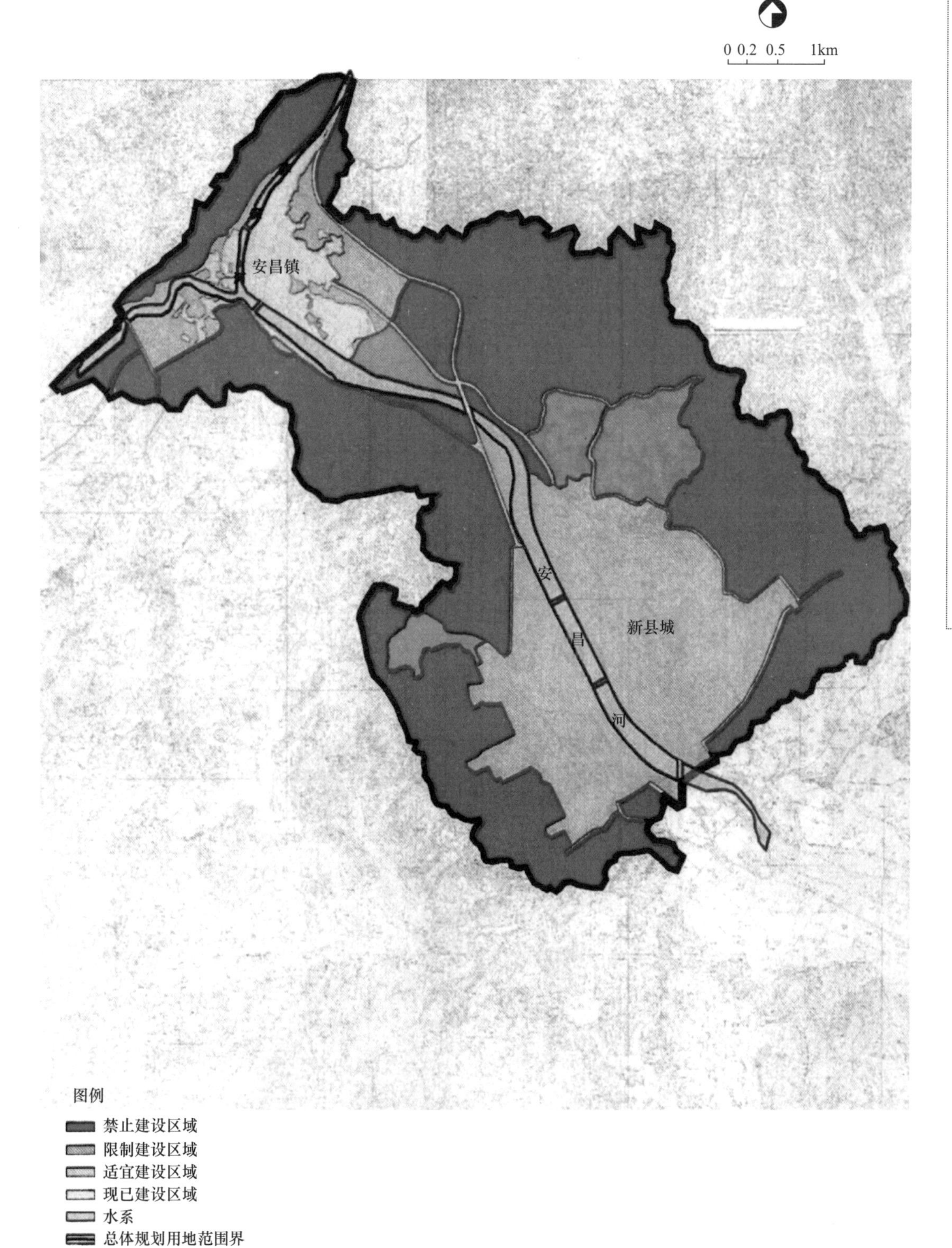

图 9-11　灾后重建新县城规划区建设用地适宜性分区划定图

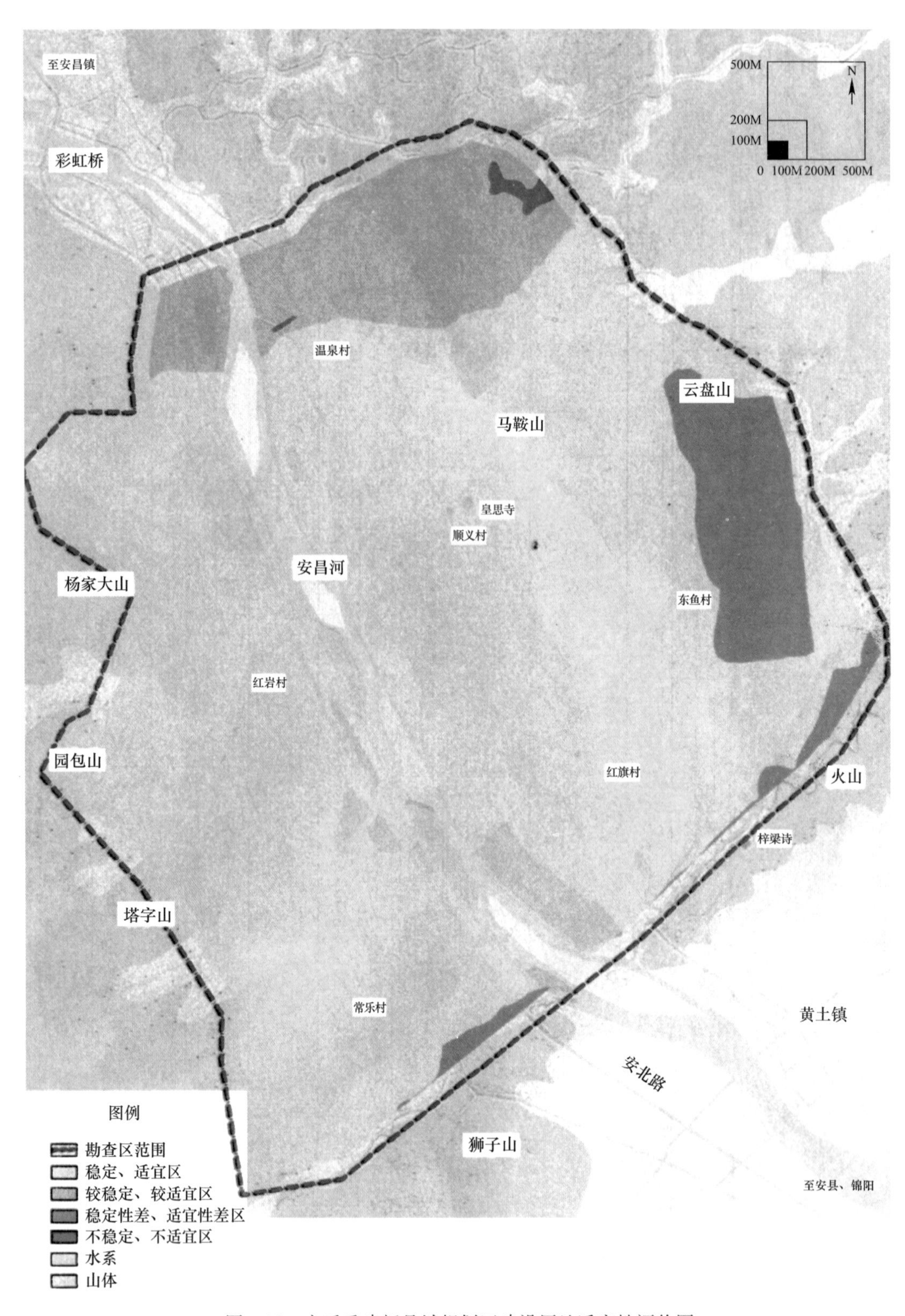

图 9-12　灾后重建新县城规划区建设用地适宜性评价图

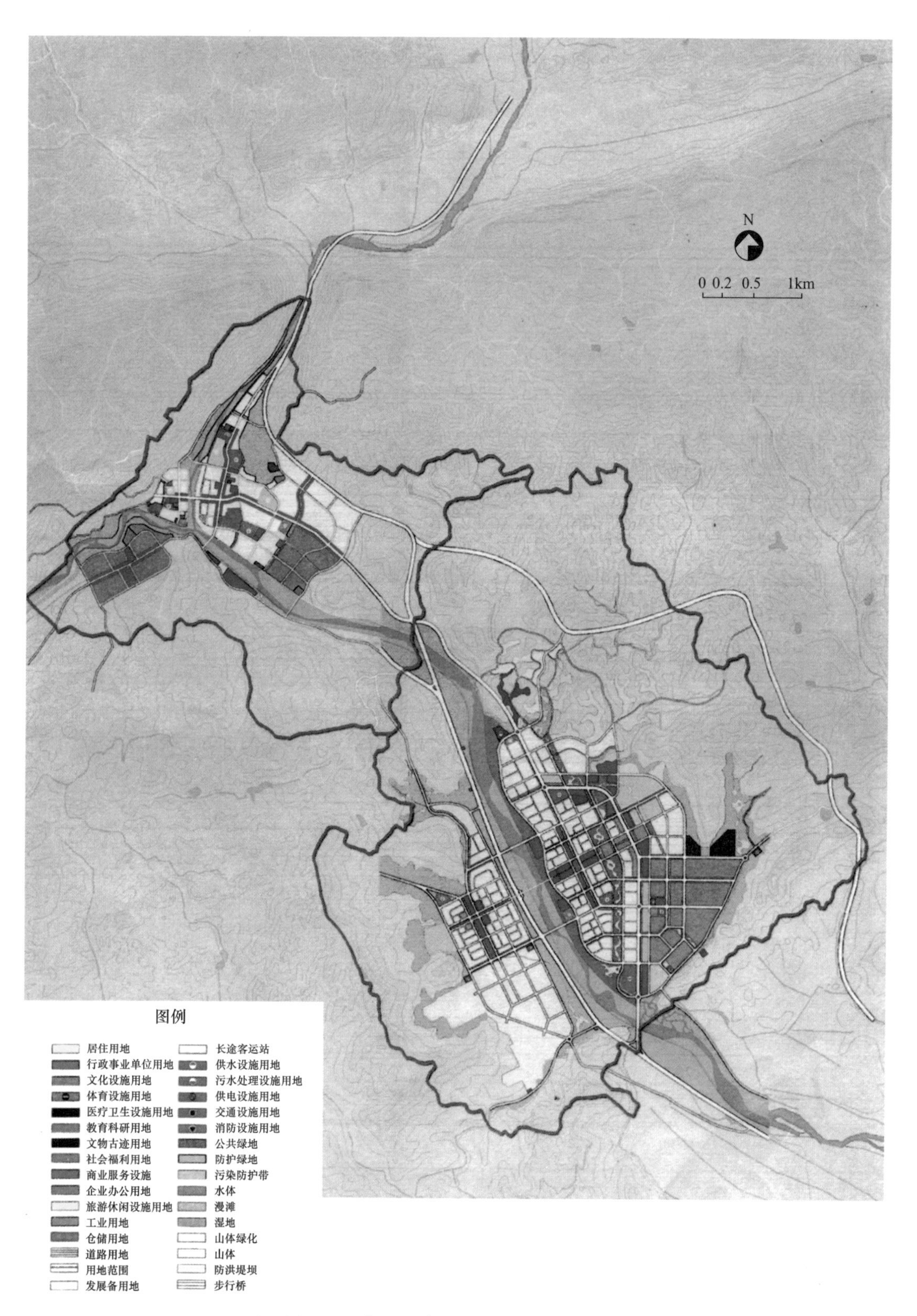

图 9-13　灾后重建新县城用地布局规划图

图 9-14　灾后重建新县城综合防灾规划图

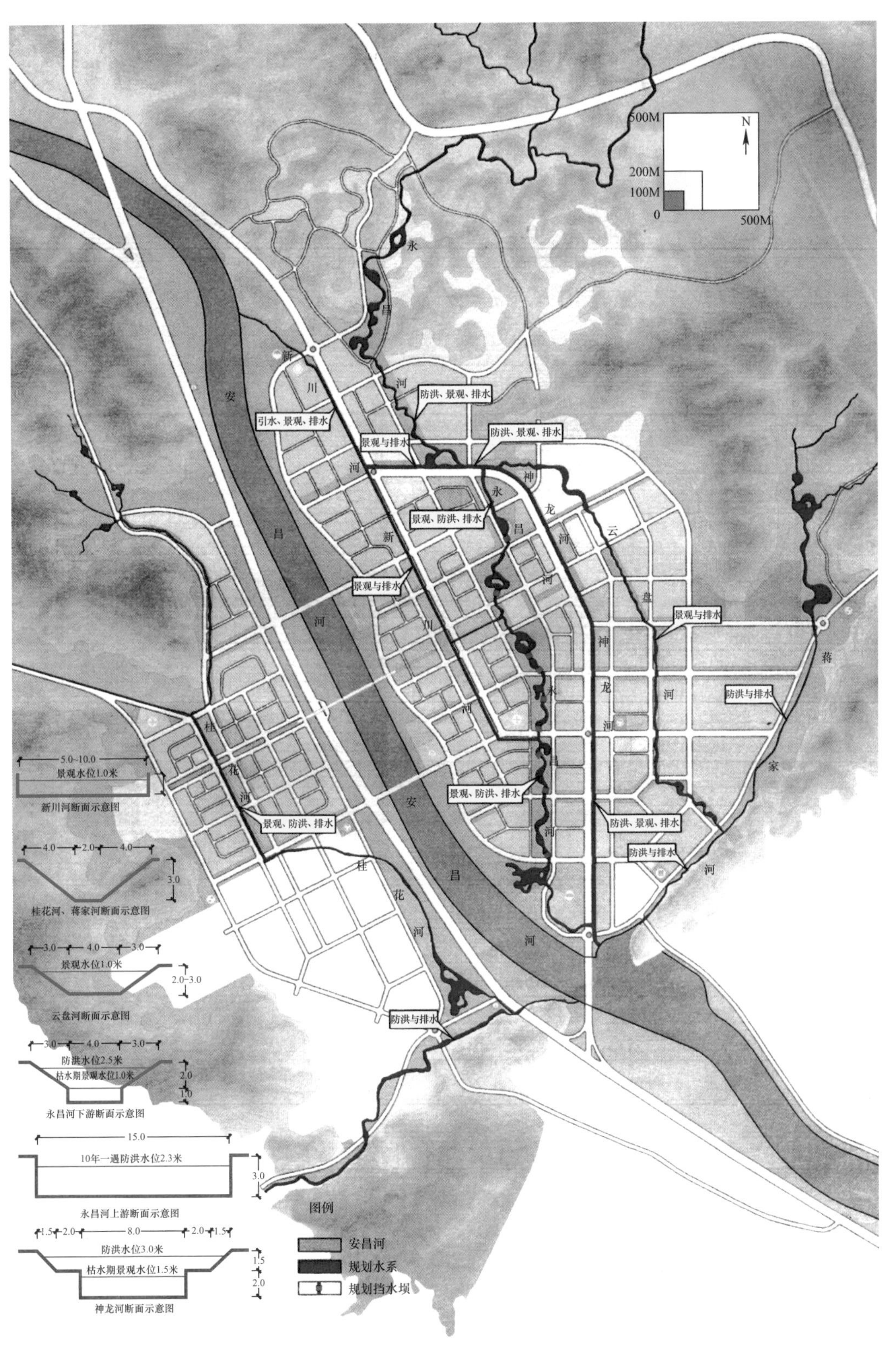

图 9-15　灾后重建新县城水系规划图

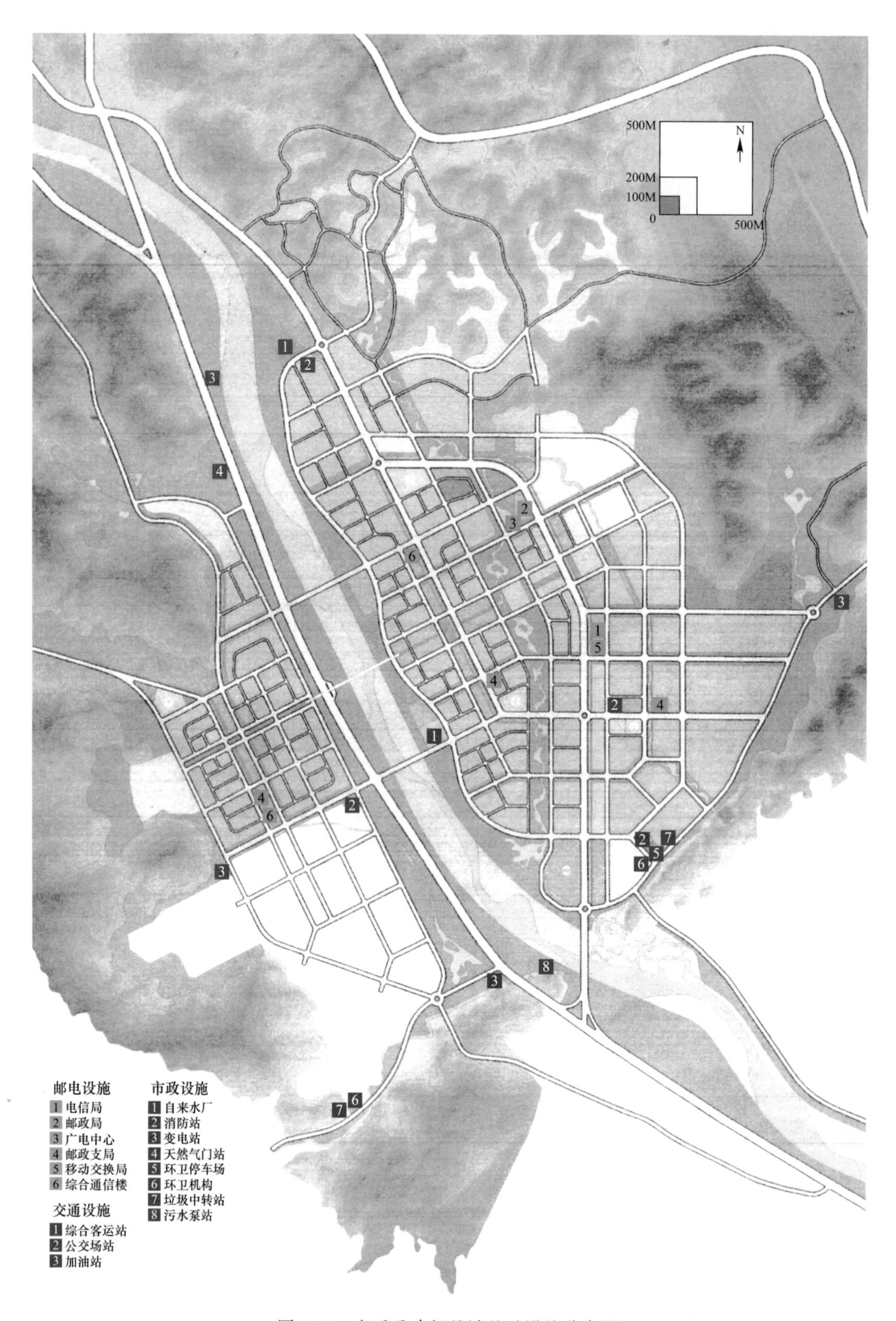

图 9-16　灾后重建新县城基础设施分布图

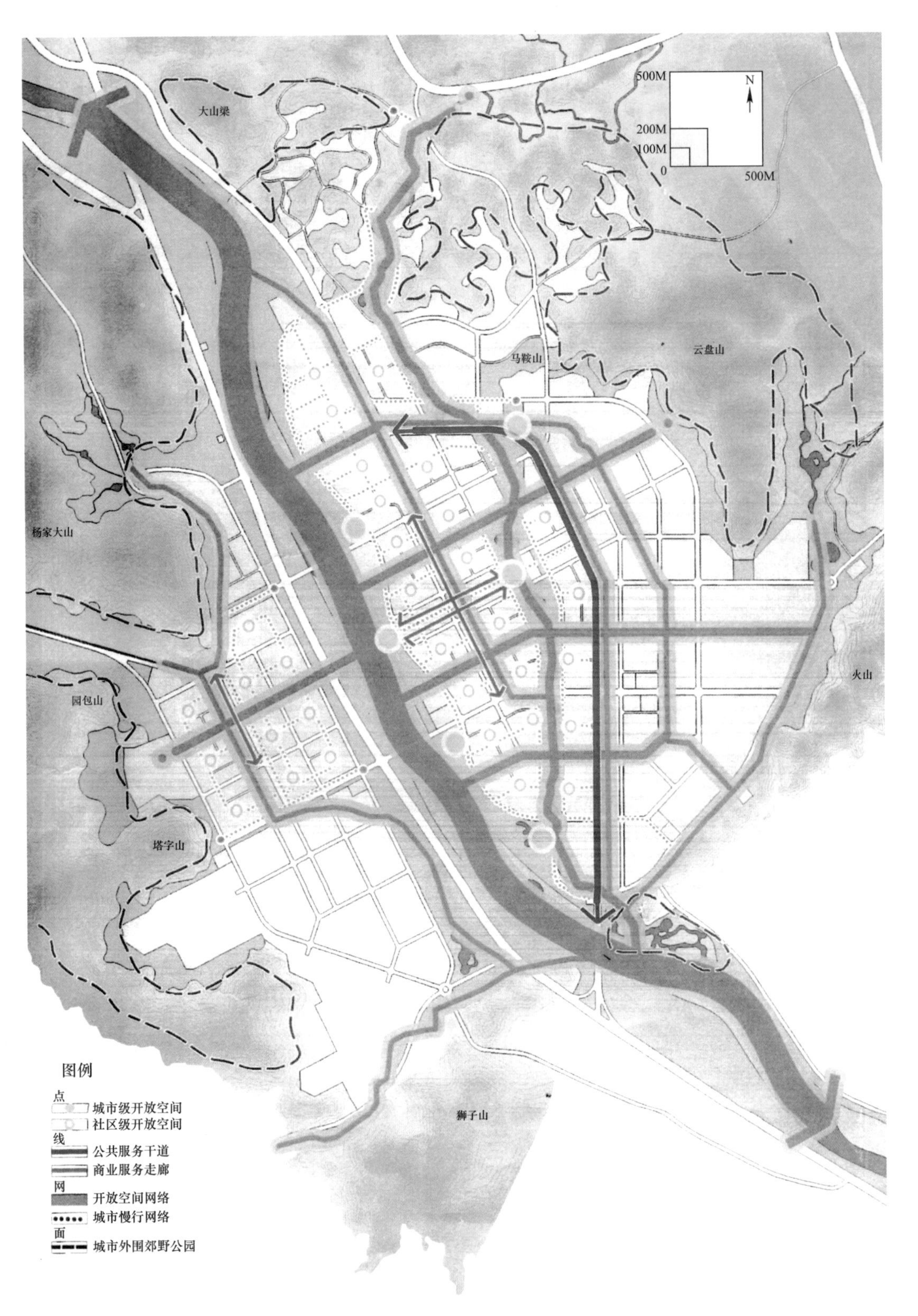

图 9-17　灾后重建新县城公共活动空间规划图

参考文献

1. 中国城市规划设计研究院. 小城镇规划及相关技术标准研究. 北京：中国建筑工业出版社，2009.
2. 沈阳建筑大学，中国建筑设计研究院，中国城市规划设计研究院. 小城镇及相关区域规划设计导则与标准研究，2005.
3. 沈阳建筑大学. 城市市政管网突发事故灾害应急预案编制研究，2010.
4. 金磊主编. 中国城市减灾与可持续发展战略. 南宁：广西科学技术出版社，2000.
5. 李宏男主编. 建筑抗震设计原理. 北京：中国建筑工业出版社，2001.
6. 周长兴. 城市综合防灾减灾规划. 北京：机械工业出版社，2011.
7. 刘亚臣，常春光，孔凡文. 城市化与中国城镇安全. 沈阳：东北大学出版社，2010.
8. 汤铭潭主编. 小城镇基础设施工程规划. 北京：中国建筑工业出版社，2007.
9. 汤铭潭，谢映霞，蔡运龙，祁黄雄. 小城镇生态环境规划. 北京：中国建筑工业出版社，2007.
10. 汤铭潭主编. 小城镇规划案例——技术应用示范. 北京：机械工业出版社，2010.
11. 国家地震局. 中国地震烈度区划图（1990）及说明书. 北京：地震出版社，1991.
12. 张相庭. 工程抗风设计计算手册. 北京：中国建筑工业出版社，1998.
13. 建筑抗震设防分类标准（GB 50223—1995）. 北京：中国建筑工业出版社，1995.
14. 岩土工程勘察规范（GB 50021—2001）
15. 防洪标准（GB 50201—1994）
16. 城市防洪工程设计规范（GB/T 50805—2012）
17. 中华人民共和国减灾规划（1998－2010 年）
18. 中华人民共和国消防法（2008 年 10 月修订）
19. 建筑设计防火规范
20. 堤防工程设计规范（GB 50286—2013）
21. 周锡元. 建筑结构抗震设防策略的发展. 工程抗震. 1997. 3.
22. 汪颖富. 我国的抗震设防标准及其设计参数取值. 四川地震. 1994. 2.
23. 窦远明等. 城市抗震设防区划中设计地震动参数的确定. 地震工程与工程振动. 2002. 2.
24. 鄢家全等. 抗震设防地震的概率标定. 中国地震局地球物理研究所（00A C2033）.
25. 胡岩，赵成文. 我国小城镇抗震设防标准技术研究，建筑技术，2002.
26. 李亚琦. 中国地震危险性特征区划. 中国地震局工程力学研究所，1999.
27. 谢礼立等. 论工程抗震设防标准. 四川地震，1996.
28. 谢礼立等. 强地震动估计和地震危险性评定. 地震工程与工程振动，2000. 6.
29. 洪峰，谢礼立. 工程结构抗震设防标准的决策分析. 地震工程与工程振动，1999.
30. 岳卫玺. 村镇建设中抗震设防的思考，工程抗震，2002. 3.
31. 赵少飞. 6 度区农林佳宅的抗震设防. 工程抗震，2000. 3.
32. 全江军等. 我国地面沉降灾害现状与防灾减灾对策，灾害学，2007. 1.
33. 李树德. 中国滑坡，泥石流灾害的时空分布特点. 水土保持研究，1999.
34. 张绪教等. 昆明市泥石流风险性评价研究. 地质灾害与环境保护，2008. 2.
35. 吕振平等. 浙江省台风灾害及应急机制建设. 灾害学，2006. 3.

36. 刘永贵等. 吉林省靖宇县地裂缝成因分析及危险性预测. 中国地质灾害与防治学报，2010. 1.
37. 易顺民. 广东省地面塌陷特征及防治对策. 中国地质灾害与防治学报，2007. 2.
38. 张东亚等. “城市地震安全社区”建设方法研究——以昌平区为例. 防灾科技学院学报，2009. 1.
39. 魏立陈等. 河北省沙尘暴的危害性与预防对策. 河北农业种子，2008. 6
40. 田孟琪. 沙尘暴成因及防治对策浅析. 内蒙古林业，2009. 5.
41. 庄丽. 中日美地震应急管理模式比较. 世界地震工程，2009. 3.
42. 钟敦伦等. 泥石流与人类经济活动. 长江流域资源与环境，1999. 4.